COURS

D'ANALYSE

DE L'ÉCOLE POLYTECHNIQUE.

ΑΕΙ Ο ΘΕΟΣ ΓΕΩΜΕΤΡΕΙ

COURS
D'ANALYSE

DE

L'ÉCOLE POLYTECHNIQUE,

Par M. C. JORDAN,

MEMBRE DE L'INSTITUT, PROFESSEUR A L'ÉCOLE POLYTECHNIQUE.

TOME DEUXIÈME.

CALCUL INTÉGRAL.

INTÉGRALES DÉFINIES ET INDÉFINIES.

PARIS,

GAUTHIER-VILLARS, IMPRIMEUR-LIBRAIRE

DU BUREAU DES LONGITUDES, DE L'ÉCOLE POLYTECHNIQUE,

SUCCESSEUR DE MALLET-BACHELIER,

Quai des Augustins, 55.

1883

PRÉFACE.

Ce second Volume a pour objet la théorie des intégrales.

Les trois premiers Chapitres sont consacrés à l'exposition des principales méthodes qui peuvent être employées pour le calcul des intégrales indéfinies, et des intégrales définies simples ou multiples.

Dans le Chapitre IV, nous passons à la considération des fonctions représentées par des intégrales définies. Après avoir exposé les règles pour la différentiation et l'intégration sous le signe $\int$, nous donnons une série d'applications, dont les principales ont pour objet l'intégration des différentielles totales, la théorie des intégrales eulériennes et les éléments de la théorie du potentiel.

Dans le Chapitre V, nous étudions les développements en séries trigonométriques, ainsi que celui d'une fonction de deux angles suivant les fonctions de Laplace.

Le Chapitre VI est consacré à l'étude des principes de la théorie des fonctions d'une variable imaginaire. Enfin le Chapitre VII contient l'exposé des éléments de la théorie des

fonctions elliptiques, jusqu'à la transformation inclusive-
ment.

Outre les Traités d'ensemble sur le Calcul intégral cités
dans la Préface de notre premier Volume, et les Mémoires
classiques d'Abel, Cauchy, Dirichlet, Gauss et Jacobi, nous
signalerons, comme nous ayant été particulièrement utiles :
le Traité des intégrales définies de M. Mayer, les Leçons de
Dirichlet sur le potentiel, les travaux de MM. du Bois-Rey-
mond, Dini, Heine et Neumann sur les développements en
série, les Livres de MM. Enneper et Königsberger sur les
fonctions elliptiques, et surtout la Théorie des fonctions
doublement périodiques de MM. Briot et Bouquet. Les Chapitres VI et VII du présent Volume ne sont guère qu'un
résumé de ce bel Ouvrage.

Nous devons tous nos remerciements à M. Cyprien Seguy,
pour le concours empressé qu'il a bien voulu nous donner
pour la correction de nos épreuves.

TABLE DES MATIÈRES.

DEUXIÈME PARTIE.

CALCUL INTÉGRAL.

INTÉGRALES DÉFINIES ET INDÉFINIES.

CHAPITRE I.

INTÉGRALES INDÉFINIES.

CHAPITRE II.

INTÉGRALES DÉFINIES.

I. — *Définitions.*

II. — *Calcul des intégrales définies.*

III. — *Calcul approché des intégrales définies.*

CHAPITRE III.

INTÉGRALES MULTIPLES.

CHAPITRE IV.

DES FONCTIONS REPRÉSENTÉES PAR DES INTÉGRALES DÉFINIES.

I. — *Différentiation et intégration sous le signe $\int$.*

II. — *Intégrales eulériennes.*

III. — *Potentiel.*

CHAPITRE V.

DÉVELOPPEMENTS EN SÉRIE.

I. — *Formules de Fourier.*

II. — *Séries trigonométriques.*

III. — *Fonctions de Laplace.*

CHAPITRE VI.

VARIABLES IMAGINAIRES.

I. — *Fonctions d'une variable imaginaire.*

II. — *Intégrales des fonctions monodromes.*

III. — *Théorèmes généraux sur les fonctions monodromes.*

IV. — *Fonctions doublement périodiques.*

CHAPITRE VII.

FONCTIONS ELLIPTIQUES.

I. — *Intégrales des fonctions algébriques.*

II. — *Définition et premières propriétés des fonctions elliptiques.*

ERRATA.

Pages	Lignes	*au lieu de*	*lisez*
14	21, 22, 25	p, q	p_1, q_1
15	3	Id.	Id.
64	18	dans le premier ou le quatrième quadrant	entre $-\dfrac{\pi}{2}$ et $\dfrac{\pi}{2}$
74	16	fini et déterminé.	continu.
125	17	$d\sigma', d\sigma$	$\Delta\sigma', \Delta\sigma$
159	9	de a et b	de a à b
203	2	$+$	$-$
221	6	$\displaystyle\int_0$	$\displaystyle\int_0^b$
225	8	finie et déterminée	finie
246	4	a_{n+2k}	a_n
246	18	il deviendra	il viendr
314	28	$f(a - t)$	$f(a + t)$

COURS

D'ANALYSE

DE

L'ÉCOLE POLYTECHNIQUE.

DEUXIÈME PARTIE.

CALCUL INTÉGRAL.

INTÉGRALES DÉFINIES ET INDÉFINIES.

CHAPITRE I.

INTÉGRALES INDÉFINIES.

I. — Procédés d'intégration.

1. La première question traitée dans le Calcul différentiel était la suivante :

Une fonction $f(x)$ étant donnée, trouver sa dérivée.

Le Calcul intégral devra donc débuter par le problème inverse :

Trouver les fonctions qui ont pour dérivée une fonction donnée $f(x)$.

On doit tout d'abord se demander si ce problème admet

des solutions. Cette question, envisagée dans toute sa généralité, est assez délicate. Nous nous bornerons à énoncer le théorème suivant, que nous nous réservons de démontrer ultérieurement :

THÉORÈME. — *Si la fonction $f(x)$ est continue pour toutes les valeurs de x comprises entre $x = a$ et $x = b$, il existera une fonction $F(x)$ ayant pour dérivée $f(x)$, dans le même intervalle.*

On voit d'ailleurs immédiatement qu'il existe une infinité de fonctions ayant également $f(x)$ pour dérivée, depuis $x = a$ jusqu'à $x = b$. Ces fonctions auront pour forme générale $F(x) + C$, où C est une constante arbitraire.

Soit, en effet, $\Phi(x)$ une de ces fonctions : $\Phi(x) - F(x)$, ayant pour dérivée $f(x) - f(x) = 0$, sera une constante, d'ailleurs quelconque.

Ces fonctions en nombre infini qui ont pour dérivée $f(x)$, et pour différentielle $f(x)\,dx$, se nomment les *fonctions primitives* de $f(x)$, ou les *intégrales* de la différentielle $f(x)\,dx$. On les représente par la notation

$$\int f(x)\,dx,$$

en sous-entendant la constante arbitraire qui les distingue les unes des autres.

2. Les résultats trouvés dans le Calcul différentiel nous permettent d'écrire immédiatement les intégrales d'un certain nombre de différentielles simples.

$1°$ On sait, par exemple, que $(x - a)^m$ a pour différentielle $m(x - a)^{m-1}\,dx$. Changeant m en $m + 1$, et divisant par $m + 1$, ce qui est permis si $m \gtrless -1$, on voit que $\dfrac{(x - a)^{m+1}}{m + 1}$ a pour différentielle $(x - a)^m\,dx$. Ayant ainsi une des intégrales de $(x - a)^m\,dx$, on aura pour la forme générale de ces intégrales

$$\int (x-a)^m\,dx = \frac{(x-a)^{m+1}}{m+1} + C.$$

2° Examinons le cas particulier où $m = -1$, qui échappe à l'analyse précédente.

Si a est réel, on sait que $\dfrac{dx}{x-a}$ est la différentielle de $\log(x-a)$. Ce résultat subsiste encore si a est imaginaire. Soit, en effet, $a = \alpha + \beta i$. On aura par définition

$$\log(x-\alpha-\beta i) = \tfrac{1}{2}\log\big[(x-\alpha)^2 + \beta^2\big] - i\arctan\frac{-\beta}{x-\alpha}$$

$$= \tfrac{1}{2}\log\big[(x-\alpha)^2 + \beta^2\big] + i\arctan\frac{x-\alpha}{\beta} - \frac{i\pi}{2}.$$

Sa différentielle sera

$$\frac{(x-\alpha)}{(x-\alpha)^2 + \beta^2}\,dx + \frac{i\beta}{(x-\alpha)^2 + \beta^2}\,dx$$

ou, en réunissant les deux fractions et supprimant le facteur $x-\alpha+i\beta$, commun au numérateur et au dénominateur,

$$\frac{dx}{x-\alpha-\beta i}.$$

Donc, $\log(x-a)$ est bien l'une des intégrales de $\dfrac{dx}{x-a}$, même lorsque a est imaginaire. On aura, par suite,

$$\int \frac{dx}{x-a} = \log(x-a) + C.$$

3° On a

$$d\arctan x = \frac{dx}{1+x^2};$$

donc

$$\int \frac{dx}{1+x^2} = \arctan x + C.$$

4° On a

$$de^{mx} = me^{mx}\,dx, \quad \text{d'où} \quad d\frac{e^{mx}}{m} = e^{mx}\,dx;$$

donc

$$\int e^{mx}\,dx = \frac{e^{mx}}{m} + C.$$

5° On a

$$d\sin mx = \quad m\cos mx\,dx, \quad \text{ou} \quad d\,\frac{\sin mx}{m} = \cos mx\,dx,$$

$$d\cos mx = -\,m\sin mx\,dx, \quad \text{ou} \quad d\,\frac{\cos mx}{-m} = \sin mx\,dx;$$

donc

$$\int \cos mx\,dx = \frac{\sin mx}{m} + C,$$

$$\int \sin mx\,dx = -\,\frac{\cos mx}{m} + C.$$

6° On a

$$d\,\operatorname{arc\,sin} x = \frac{dx}{\sqrt{1 - x^2}};$$

donc

$$\int \frac{dx}{\sqrt{1 - x^2}} = \operatorname{arc\,sin} x + C.$$

Etc.

3. Sans multiplier davantage ces exemples, nous allons exposer les principaux artifices à l'aide desquels on peut effectuer l'intégration des différentielles plus compliquées. Ces artifices sont au nombre de trois.

1° *Décomposition en éléments simples.* — Soit

$$f(x) = a\,\varphi(x) + b\,\psi(x) + \ldots,$$

a, b étant des constantes.

On aura évidemment

$$\int f(x)\,dx = a\int \varphi(x)\,dx + b\int \psi(x)\,dx + \ldots,$$

et, si l'on sait calculer les diverses intégrales du second membre, leur somme donnera l'intégrale cherchée

$$\int f(x)\,dx.$$

Une fonction quelconque $f(x)$ pouvant être décomposée en plusieurs parties d'une infinité de manières, on tâchera d'effectuer cette décomposition de telle sorte que chaque partie, prise isolément, soit intégrable.

4. *Exemple.* — Supposons que $f(x)$ soit une fonction entière

$$f(x) = a x^m + b x^n + \dots$$

On aura immédiatement

$$\int f(x)\, dx = a \int x^m dx + b \int x^n dx + \dots$$
$$= \frac{a \cdot x^{m+1}}{m+1} + \frac{b \cdot x^{n+1}}{n+1} + \dots + C.$$

5. 2° *Changement de variable.* — Soit à trouver une intégrale y de l'expression $f(x)\, dx$. Posons $x = \varphi(t)$, t étant une nouvelle variable. On en déduira

$$dx = \varphi'(t)\, dt.$$

Cela posé, y ayant $f(x)$ pour dérivée par rapport à x, sa dérivée par rapport à t sera

$$f(x) \frac{dx}{dt} = f[\varphi(t)]\varphi'(t).$$

On aura donc

$$\int f(x)\, dx = \int f[\varphi(t)]\varphi'(t)\, dt.$$

La transformation de l'intégrale s'obtiendra donc en remplaçant, sous le signe $\int$, x et dx par les valeurs $\varphi(t)$ et $\varphi'(t)\, dt$.

Si l'on sait intégrer l'expression transformée, on aura y exprimé en fonction de t; et, pour l'obtenir en fonction de x, il suffira d'y remplacer t par sa valeur tirée de l'équation $x = \varphi(t)$.

6. *Exemple.* — Soit à calculer l'intégrale

$$y = \int \frac{A\,x + B}{(x - \alpha)^2 + \beta^2}\, dx.$$

On a identiquement

$$A\,x + B = A(x - \alpha) + A\alpha + B$$

et, par suite,

$$y = \int \frac{A(x - \alpha)}{(x - \alpha)^2 + \beta^2}\, dx + \int \frac{A\alpha + B}{(x - \alpha)^2 + \beta^2}\, dx.$$

Pour calculer la première intégrale, on posera

$$(x - \alpha)^2 + \beta^2 = t, \quad \text{d'où} \quad 2(x - \alpha)\, dx = dt,$$

et, par suite,

$$\int \frac{A(x - \alpha)}{(x - \alpha)^2 + \beta^2}\, dx = \int \frac{A}{2} \frac{dt}{t} = \frac{A}{2} \log t + \text{const.}$$

$$= \frac{A}{2} \log\left[(x - \alpha)^2 + \beta^2\right] + \text{const.}$$

Dans la seconde intégrale, nous poserons

$$x - \alpha = \beta t, \quad \text{d'où} \quad dx = \beta\, dt$$

et, par suite,

$$\int \frac{A\alpha + B}{(x - \alpha)^2 + \beta^2}\, dx = \int \frac{A\alpha + B}{\beta} \frac{dt}{1 + t^2}$$

$$= \frac{A\alpha + B}{\beta} \operatorname{arc\,tang} t + \text{const.}$$

$$= \frac{A\alpha + B}{\beta} \operatorname{arc\,tang} \frac{x - \alpha}{\beta} + \text{const.}$$

7. *3° Intégration par parties.* — Ce procédé est fondé sur la formule connue

$$d\,uv = u\,dv + v\,du = uv'\, dx + vu'\, dx,$$

où v, u sont deux fonctions quelconques de x.

On en déduit, en intégrant les deux membres,

$$uv = \int uv' \, dx + \int vu' \, dx.$$

Cette équation permet de calculer l'une des deux intégrales $\int uv' \, dx$, $\int vu' \, dx$, lorsque l'autre sera connue.

Pour appliquer cette remarque à l'intégration d'une expression telle que $\int f(x) \, dx$, il faut décomposer $f(x)$ en un produit de deux facteurs u et v', dont le second soit la dérivée d'une fonction connue, ces deux facteurs étant d'ailleurs choisis de telle sorte que l'intégrale $\int vu' \, dx$ soit plus simple à obtenir que la proposée, laquelle sera alors donnée par la formule

$$\int f(x) \, dx = \int uv' \, dx = uv - \int vu' \, dx.$$

8. *Exemple.* — Soit proposé d'intégrer l'expression

$$\int \frac{dx}{\left[(x - \alpha)^2 + \beta^2 \right]^n},$$

où n est un entier positif.

Nous la simplifierons d'abord par un changement de variable, en posant $x - \alpha = \beta t$, d'où $dx = \beta \, dt$.

L'intégrale cherchée deviendra

$$\int \frac{dt}{\beta^{2n-1} (1 + t^2)^n} = \frac{1}{\beta^{2n-1}} I_n$$

en posant, pour abréger,

$$I_n = \int \frac{dt}{(1 + t^2)^n}.$$

Cette intégrale peut s'écrire ainsi

$$I_n = \int \frac{(1 + t^2 - t^2) \, dt}{(1 + t^2)^n}$$

$$= \int \frac{dt}{(1 + t^2)^{n-1}} - \int \frac{t^2 \, dt}{(1 + t^2)^n} = I_{n-1} - \int \frac{t^2 \, dt}{(1 + t^2)^n}.$$

Nous appliquerons à cette dernière intégrale le procédé d'intégration par parties, en posant

$$u = t, \quad v' = \frac{t}{(1 + t^2)^n},$$

ce dernier facteur étant la dérivée de la fonction

$$v = \frac{1}{2(1 - n)} \frac{1}{(1 + t^2)^{n-1}}.$$

Appliquant la formule générale, il viendra

$$\int \frac{t^2\, dt}{(1 + t^2)^n} = \frac{1}{2(1 - n)} \frac{t}{(1 + t^2)^{n-1}} - \int \frac{1}{2(1 - n)} \frac{1}{(1 + t^2)^{n-1}}\, dt$$

$$= - \frac{1}{2n - 2} \frac{t}{(1 + t^2)^{n-1}} + \frac{1}{2n - 2} I_{n-1}.$$

Substituant cette valeur dans l'expression de I_n, il vient

$$I_n = I_{n-1} + \frac{1}{2n - 2} \frac{t}{(1 + t^2)^{n-1}} - \frac{1}{2n - 2} I_{n-1}$$

$$= \frac{1}{2n - 2} \frac{t}{(1 + t^2)^{n-1}} + \frac{2n - 3}{2n - 2} I_{n-1}.$$

Cette formule ramène le calcul de l'intégrale I_n à celui de l'intégrale plus simple I_{n-1}. Celle-ci pourra de même se ramener à l'intégrale I_{n-2} au moyen de la formule

$$I_{n-1} = \frac{1}{2n - 4} \frac{t}{(1 + t^2)^{n-2}} + \frac{2n - 5}{2n - 4} I_{n-2},$$

qui se déduit de la précédente en y changeant n en $n - 1$, et ainsi de suite. On se trouvera ramené en dernier lieu à l'intégrale connue

$$I_1 = \int \frac{dt}{1 + t^2} = \text{arc tang}\, t + \text{const.}$$

9. La formule de l'intégration par parties est susceptible d'une généralisation souvent utile.

Supposons que la fonction $f(x)$ soit décomposée en un produit de deux autres fonctions u et $D^m v$, dont la dernière soit la dérivée $m^{\text{ième}}$ d'une fonction connue v. On aura, en intégrant par parties ($D^m v$ étant la dérivée de $D^{m-1} v$),

$$\int f(x)\,dx = \int u\,D^m v\,dx = u\,D^{m-1} v - \int Du\,D^{m-1} v\,dx.$$

Mais $D^{m-1} v$ étant la dérivée de $D^{m-2} v$, une nouvelle intégration par parties donnera

$$\int Du\,D^{m-1} v\,dx = Du\,D^{m-2} v - \int D^2 u\,D^{m-2} v\,dx,$$

et en substituant cette valeur

$$\int u\,D^m v\,dx = u\,D^{m-1} v - Du\,D^{m-2} v - \int D^2 u\,D^{m-2} v\,dx.$$

Si $m > 2$, on pourra encore intégrer par parties; continuant ainsi, on trouvera la formule

$$\int u\,D^m v\,dx$$
$$= u\,D^{m-1} v - Du\,D^{m-2} v - D^2 u\,D^{m-3} v - \ldots - (-1)^m \int D^m u.v\,dx.$$

II. — Intégration des fractions rationnelles.

10. Soit à intégrer l'expression

$$\int \frac{f(x)}{F(x)}\,dx,$$

où $f(x)$ et $F(x)$ sont deux polynômes entiers, ayant respectivement pour degrés m et n.

Si $m \gtreqless n$, on ordonnera ces deux polynômes suivant les puissances décroissantes de x, et l'on effectuera la division, en s'arrêtant au moment où il faudrait écrire au quotient des puissances négatives de x.

On aura pour quotient un polynôme $Q(x)$ de degré $m - n$, et pour reste un polynôme $R(x)$ de degré $< n$.

Cela posé, de l'égalité

$$\frac{f(x)}{F(x)} = Q(x) + \frac{R(x)}{F(x)}$$

on déduira

$$\int \frac{f(x)}{F(x)}\, dx = \int Q(x)\, dx + \int \frac{R(x)}{F(x)}\, dx.$$

$Q(x)$ étant une fonction entière, on pourra calculer l'intégrale $\int Q(x)\, dx$.

11. Reste à déterminer l'intégrale $\int \frac{R(x)}{F(x)}\, dx$, dans laquelle le numérateur $R(x)$ est d'un degré moins élevé que le dénominateur et peut être supposé n'avoir avec lui aucun facteur commun; car, s'il existait un semblable facteur, on n'aurait qu'à le supprimer.

À cet effet, on décomposera $\dfrac{R(x)}{F(x)}$ en fractions simples, en s'appuyant sur le théorème suivant, dont nous rappelons brièvement la démonstration.

THÉORÈME. — *Soient a, b, … les racines de l'équation $F(x) = 0$; α, β, … leurs degrés de multiplicité; on aura*

$$\frac{R(x)}{F(x)} = \frac{A_1}{x-a} + \frac{A_2}{(x-a)^2} + \ldots + \frac{A_\alpha}{(x-a)^\alpha}$$
$$+ \frac{B_1}{x-b} + \frac{B_2}{(x-b)^2} + \ldots + \frac{B_\beta}{(x-b)^\beta}$$
$$\ldots \ldots \ldots \ldots \ldots \ldots \ldots \ldots \ldots \ldots \ldots$$

A_1, A_2, …, B_1, B_2, … *étant des constantes convenablement choisies.*

En effet, posons, pour abréger, $(x-b)^\beta \ldots = \varphi(x)$, et soit A une constante indéterminée; nous aurons

$$\frac{R(x)}{F(x)} - \frac{A}{(x-a)^\alpha} = \frac{R(x)}{(x-a)^\alpha\, \varphi(x)} - \frac{A}{(x-a)^\alpha} = \frac{R(x) - A\,\varphi(x)}{(x-a)^\alpha\, \varphi(x)}.$$

On peut faire en sorte que le numérateur de cette expression soit divisible par $x - a$. Il suffira, en effet, de déterminer A de telle sorte qu'on ait

$$R(a) - A\varphi(a) = 0,$$

ce qui est toujours possible, $\varphi(x)$ ne s'annulant pas pour $x = a$. Soit A_α la valeur de A ainsi déterminée; on aura

$$R(x) - A_\alpha\varphi(x) = (x - a)R_1(x),$$

$R_1(x)$ étant un nouveau polynôme de degré moindre que $(x - a)^{\alpha-1}\varphi(x)$; car $R(x)$, et $\varphi(x)$, et par suite $R(x) - A\varphi(x)$ sont de degré moindre que $(x - a)^\alpha\varphi(x)$.

On aura par suite

$$\frac{R(x)}{F(x)} = \frac{A_\alpha}{(x - a)^\alpha} + \frac{R_1(x)}{(x - a)^{\alpha-1}\varphi(x)}.$$

On trouverait de même

$$\frac{R_1(x)}{(x - a)^{\alpha-1}\varphi(x)} = \frac{A_{\alpha-1}}{(x - a)^{\alpha-1}} + \frac{R_2(x)}{(x - a)^{\alpha-2}\varphi(x)},$$

d'où

$$\frac{R(x)}{F(x)} = \frac{A_\alpha}{(x - a)^\alpha} + \frac{A_{\alpha-1}}{(x - a)^{\alpha-1}} + \frac{R_2(x)}{(x - a)^{\alpha-2}\varphi(x)},$$

$R_2(x)$ étant de degré moindre que $(x - a)^{\alpha-2}\varphi(x)$.

Continuant ainsi, on trouvera

$$\frac{R(x)}{F(x)} = \frac{A_\alpha}{(x - a)^\alpha} + \ldots + \frac{A_1}{(x - a)} + \frac{R_\alpha(x)}{\varphi(x)}.$$

Soit maintenant $\varphi(x) = (x - b)^\beta \psi(x)$. On trouvera de même

$$\frac{R_\alpha(x)}{\varphi(x)} = \frac{B_\beta}{(x - b)^\beta} + \ldots + \frac{B_1}{x - b} + \frac{R_{\alpha+\beta}(x)}{\psi(x)},$$

et ainsi de suite. On aura donc finalement

$$\frac{R(x)}{F(x)} = \frac{A_\alpha}{(x - a)^\alpha} + \ldots + \frac{A_1}{x - a} + \frac{B_\beta}{(x - b)^\beta} + \ldots + \frac{B_1}{x - b} + \ldots$$

La possibilité de la décomposition étant ainsi reconnue, il reste à indiquer un moyen plus commode de calculer les coefficients A_α. ..., A_1, B_β, ..., B_1, ...

12. Proposons-nous, par exemple, de déterminer A_α, $A_{\alpha-1}$, ..., A_1. Nous poserons dans l'équation ci-dessus $x = a + h$; elle deviendra

$$\frac{R(a+h)}{F(a+h)} = \frac{A_\alpha}{h^\alpha} + \frac{A_{\alpha-1}}{h^{\alpha-1}} + \ldots + \frac{A_1}{h} + \frac{B_\beta}{(a-b+h)^\beta}$$
$$+ \frac{B_{\beta-1}}{(a-b+h)^{\beta-1}} + \ldots$$

Ordonnons les deux polynômes $R(a+h)$ et $F(a+h)$ suivant les puissances croissantes de h; $R(x)$ n'étant pas divisible par $x - a$, $R(a+h)$ ne sera pas divisible par h; on aura donc

$$R(a+h) = \lambda_0 + \lambda_1 h + \lambda_2 h^2 + \ldots,$$

le premier coefficient λ_0 étant $\gtrless 0$.

D'autre part, $F(x)$ admettant le facteur $(x-a)^\alpha$, $F(a+h)$ sera divisible par h^α, et sera de la forme

$$F(a+h) = \mu_\alpha h^\alpha + \mu_{\alpha+1} h^{\alpha+1} + \ldots.$$

Effectuons la division de $R(a+h)$ par $F(a+h)$, en arrêtant le calcul au moment où l'on introduirait au quotient des termes n'ayant plus h en dénominateur. Il viendra

$$\frac{R(a+h)}{F(a+h)} = \frac{\mathcal{A}_\alpha}{h^\alpha} + \frac{\mathcal{A}_{\alpha-1}}{h^{\alpha-1}} + \ldots + \frac{\mathcal{A}_1}{h} + \frac{S}{F(a+h)},$$

S étant un polynôme dont le premier terme est en h^α.

Cela posé, on aura

$$A_\alpha = \mathcal{A}_\alpha, \quad A_{\alpha-1} = \mathcal{A}_{\alpha-1}, \quad \ldots, \quad A_1 = \mathcal{A}_1.$$

En effet, les deux expressions trouvées pour $\dfrac{R(a+h)}{F(a+h)}$ doivent être identiques quel que soit h. Mais si, après les avoir multipliées par h^α, on pose $h = 0$, elles se réduiront respectivement à A_α et à A'_α. Donc, ces deux coefficients sont égaux. Supprimant de part et d'autre les termes égaux $\dfrac{A_\alpha}{h^\alpha}$ et $\dfrac{A'_\alpha}{h^\alpha}$, l'identité devra subsister. En multipliant par $h^{\alpha-1}$, puis posant $h = 0$, on trouvera $A_{\alpha-1} = A'_{\alpha-1}$, et ainsi de suite.

On voit par là que la décomposition de $\dfrac{R(x)}{F(x)}$ en fractions simples ne peut s'effectuer que d'une seule manière, chacun des coefficients $A_\alpha, \ldots A_1, B_\beta, \ldots B_1, \ldots$ étant déterminé sans ambiguïté.

Remarquons enfin que, si a est une racine simple de $F(x) = 0$, le coefficient correspondant A_1 sera égal à $\dfrac{R(a)}{F'(a)}$, car on a

$$R(a + h) = R(a) + h R'(a) + \ldots,$$

$$F(a + h) = h F'(a) + \frac{h^2}{1.2} F''(a) + \ldots$$

et, en effectuant la division, on trouvera $\dfrac{R(a)}{F'(a)}$ pour coefficient du terme en $\dfrac{1}{h}$.

13. La détermination des coefficients une fois effectuée, on aura

$$\int \frac{R(x)}{F(x)} dx = \int \frac{A_1}{x-a} dx + \int \frac{A_2}{(x-a)^2} dx + \ldots + \int \frac{A_\alpha}{(x-a)^\alpha} dx$$
$$+ \int \frac{B_1}{x-b} dx + \int \frac{B_2}{(x-b)^2} dx + \ldots + \int \frac{B_\beta}{(x-b)^\beta} dx$$
$$\ldots\ldots\ldots\ldots\ldots\ldots\ldots\ldots\ldots\ldots\ldots\ldots$$
$$= A_1 \log(x-a) - \frac{A_2}{x-a} - \ldots - \frac{A_\alpha}{(\alpha-1)(x-a)^{\alpha-1}}$$
$$+ B_1 \log(x-b) - \frac{B_2}{x-b} - \ldots - \frac{B_\beta}{(\beta-1)(x-b)^{\beta-1}}$$
$$\ldots\ldots\ldots\ldots\ldots\ldots\ldots\ldots\ldots\ldots\ldots + \text{const.}$$

On voit que l'intégrale cherchée, abstraction faite de la

constante arbitraire, se compose de deux parties, l'une transcendante,

$$(1) \qquad A_1 \log(x - a) + B_1 \log(x - b) + \dots$$

l'autre rationnelle,

$$(2) \quad \left\{ \begin{aligned} & -\frac{A_2}{x - a} - \dots - \frac{A_\alpha}{(\alpha - 1)(x - a)^{\alpha - 1}} \\ & -\frac{B_2}{x - b} - \dots - \frac{B_\beta}{(\beta - 1)(x - b)^{\beta - 1}} - \dots \end{aligned} \right.$$

laquelle se présente sous forme d'une somme de fractions simples.

14. Si les racines a, b, ... ne sont pas toutes réelles, l'expression précédente de l'intégrale sera compliquée d'imaginaires. Mais il sera aisé de les faire disparaître.

Soit, par exemple, $a = \mu + \nu i$ une des racines imaginaires. L'équation $F(x) = 0$ admettra la racine conjuguée $\mu - \nu i$, avec le même degré de multiplicité. Soit b cette racine. On aura $\alpha = \beta$. Les coefficients A_1, A_2, ... seront des imaginaires de la forme $p_1 + q_1 i$, $p_2 + q_2 i$, ...: et les coefficients B_1, B_2, ... seront les quantités conjuguées $p_1 - q_1 i$, $p_2 - q_2 i$, ...

Cela posé, on aura

$$A_1 \log(x - a)$$
$$= (p + q i)\log(x - \mu - \nu i)$$
$$= (p + q i)\left\{ \tfrac{1}{2}\log[(x - \mu)^2 + \nu^2] + i \arctan\frac{x - \mu}{\nu} - \frac{i\pi}{2} \right\}.$$

On aura de même

$$B_1 \log(x - b)$$
$$= (p - q i)\left\{ \tfrac{1}{2}\log[(x - \mu)^2 + \nu^2] - i \arctan\frac{x - \mu}{\nu} + \frac{i\pi}{2} \right\}.$$

Effectuant les multiplications et ajoutant, les termes en i disparaîtront, et il viendra, en négligeant les termes constants qu'on peut joindre à la constante arbitraire,

$$A_1 \log(x - a) + B_1 \log(x - b)$$
$$= p \log[(x - \mu)^2 + \nu^2] - 2q \operatorname{arc\,tang} \frac{x - \mu}{\nu}.$$

La partie transcendante de l'intégrale peut donc se mettre sous forme réelle par l'addition des termes conjugués. On arrivera évidemment au même résultat, pour la partie rationnelle, en ajoutant ensemble les fractions simples qui la constituent.

On obtiendra ainsi une fraction de la forme $\frac{M}{P}$, en posant, pour abréger,

$$P = (x - a)^{\alpha - 1}(x - b)^{\beta - 1}\ldots,$$

et M désignant un polynôme de degré moindre que P.

La partie logarithmique de l'intégrale

$$A_1 \log(x - a) + B_1 \log(x - b) + \ldots$$

a pour dérivée

$$\frac{A_1}{x - a} + \frac{B_1}{x - b} + \ldots$$

Ajoutant ces fractions partielles, et posant, pour abréger,

$$Q = (x - a)(x - b)\ldots$$

on obtiendra un résultat de la forme $\frac{N}{Q}$, N désignant un polynôme de degré moindre que Q.

La dérivée de l'intégrale étant d'ailleurs égale à $\frac{R(x)}{F(x)}$, on aura

$$(3) \qquad \frac{R(x)}{F(x)} = \frac{N}{Q} + \left(\frac{M}{P}\right)'.$$

15. M. Hermite a fait cette remarque intéressante, que, pour effectuer le calcul des polynômes M, N, P, Q, il n'est pas nécessaire de résoudre l'équation $F(x) = 0$.

En effet, on sait, par la théorie des racines égales, que le polynôme $P = (x - a)^{\alpha - 1}(x - b)^{\beta - 1}\ldots$ n'est autre chose que le plus grand commun diviseur de $F(x)$ et de sa dérivée (divisé, s'il y a lieu, par le coefficient de son premier terme). Il s'obtiendra donc par de simples divisions.

D'autre part, en désignant par m le coefficient du premier terme de $F(x)$, on aura

$$F(x) = m(x-a)^{\alpha}(x-b)^{\beta}\ldots = m\,PQ,$$

d'où

$$Q = \frac{F(x)}{m\,P}.$$

On obtiendra donc Q en effectuant une division.

Reste à déterminer N et M, de manière à satisfaire à l'équation

$$\frac{R(x)}{F(x)} = \frac{N}{Q} + \left(\frac{M}{P}\right)' = \frac{N}{Q} + \frac{M'P - MP'}{P^2}.$$

Multipliant les deux membres par $F(x) = m\,PQ$, il viendra

$$(4) \qquad R(x) = m\,PN + m\,QM' - M\,m\,\frac{QP'}{P}.$$

Or P' est évidemment divisible par $(x-a)^{\alpha-2}(x-b)^{\beta-2}\ldots$ Donc, QP' est divisible par $(x-a)^{\alpha-1}(x-b)^{\beta-1}\ldots = P$.

Le second membre de l'équation (4) sera donc un polynôme entier, dont les coefficients sont évidemment linéaires par rapport aux coefficients inconnus des polynômes M et N. En identifiant ce polynôme à $R(x)$, on aura un système d'équations linéaires pour déterminer ces coefficients inconnus. Le nombre de ces équations est précisément égal à celui des inconnues.

Soient, en effet, n, k, $n-k$ les degrés respectifs des polynômes $F(x)$, P, Q; M et N seront respectivement de degré $k-1$, $n-k-1$, et contiendront respectivement k et $n-k$ coefficients, soit en tout n inconnues. D'autre part, chaque terme du second membre de l'équation (4), et, par suite, ce second membre lui-même, a pour degré $n-1$. L'identification de ce second membre avec $R(x)$ (dont le degré est $< n$) donnera n équations de condition.

16. Nous pouvons donc, sans résoudre aucune équation de degré supérieur au premier, décomposer la fraction $\dfrac{R(x)}{F(x)}$ en deux parties, l'une $\left(\dfrac{M}{P}\right)'$ immédiatement intégrable ; l'autre $\dfrac{N}{Q}$ dans laquelle le dénominateur n'a plus que des racines simples.

Si N est identiquement nul, cette seconde partie disparaît, et l'intégration est toute faite. Dans le cas contraire, cette seconde partie ne peut être intégrée qu'en la décomposant en fractions simples, ce qui nécessite la résolution de l'équation $Q = 0$.

17. *Exemple.* — Soit à calculer l'intégrale

$$y = \int \frac{x^3 \, dx}{x^4 - 2 x^2 + 1}.$$

Divisant x^3 par le dénominateur, il vient

$$\frac{x^3}{x^4 - 2 x^2 + 1} = 1 + \frac{2 x^2 - 1}{x^4 - 2 x^2 + 1},$$

d'où

$$y = \int dx + \int \frac{(2 x^2 - 1) \, dx}{x^4 - 2 x^2 + 1} = x + \int \frac{2 x^2 - 1}{(x^2 - 1)^2} \, dx.$$

Le dénominateur $(x^2 - 1)^2$ admet les racines doubles $a = +1, b = -1$.

Pour déterminer les coefficients A_1, A_2 relatifs à la première racine, posons $x = 1 + h$. On aura

$$2 x^2 - 1 = 1 + 4 h + 2 h^2,$$
$$(x^2 - 1)^2 = (2 h + h^2)^2 = 4 h^2 + 4 h^3 + h^4.$$

Le quotient sera

$$\frac{1}{4 h^2} + \frac{3}{4 h} + \dots$$

Donc

$$A_2 = \frac{1}{4}, \quad A_1 = \frac{3}{4}.$$

Pour déterminer B_1 et B_2, posons $x = -1 + h$. Il viendra

$$2x^2 - 1 = 1 - 4h + 2h^2, \quad (x^2 - 1)^2 = 4h^2 - 4h^3 + h^4.$$

Le quotient sera

$$\frac{1}{4h^2} - \frac{3}{4h} + \ldots$$

Donc

$$B_2 = \frac{1}{4}, \quad B_1 = -\frac{3}{4}.$$

On aura, par suite,

$$y = x + \frac{3}{4} \log(x - 1) - \frac{1}{4} \frac{1}{x - 1}$$

$$- \frac{3}{4} \log(x + 1) - \frac{1}{4} \frac{1}{x + 1} + \text{const.}$$

18. On peut souvent simplifier notablement l'intégration des fractions rationnelles par un changement de variable.

Supposons, par exemple, que la fonction $\dfrac{f(x)}{F(x)}$ à intégrer puisse se mettre sous la forme

$$\varphi(x^m) x^{m-1},$$

m étant un entier quelconque.

Si nous posons $x^m = t$, d'où $m x^{m-1} dx = dt$, on aura

$$\int \frac{f(x)}{F(x)} dx = \int \varphi(x^m) x^{m-1} dx = \frac{1}{m} \int \varphi(t) dt.$$

L'intégrale cherchée se trouve donc ramenée à l'intégrale plus simple $\int \varphi(t) dt$.

Exemple. — Soit à intégrer l'expression $\dfrac{1}{a + b x^m} \dfrac{dx}{x}$. Cette expression peut s'écrire

$$\frac{1}{x^m(a + b x^m)} x^{m-1} dx = \frac{1}{m} \frac{1}{t(a + bt)} dt.$$

Son intégrale sera

$$\frac{1}{am}\left[\log t - \log(a + bt)\right] + \text{const.}$$

$$= \frac{1}{am}\left[\log x^m - \log(a + b x^m)\right] + \text{const.}$$

Le cas qui se présente le plus souvent est celui où la fonction $\psi(x)$ à intégrer est une fonction impaire.

Lorsque cela aura lieu, il est clair que $\dfrac{\psi(x)}{x}$ sera une fonction paire, laquelle ne dépendra, par conséquent, que de x^2. On aura donc

$$\psi(x) = \varphi(x^2).x,$$

et l'on pourra appliquer la simplification précédente (m étant ici égal à 2).

19. Signalons encore le cas, assez fréquent dans les applications, où le numérateur $f(x)$ de la fonction à intégrer ne diffère de la dérivée du dénominateur que par un facteur constant a. On aura immédiatement

$$\int \frac{f(x)}{F(x)}\,dx = \int \frac{a F'(x)}{F(x)}\,dx = a \log F(x) + \text{const.}$$

III. — Intégration des différentielles algébriques.

20. Considérons l'expression

$$\int f(x, y)\,dx,$$

où f désigne une fonction rationnelle de x et de y ; cette dernière quantité étant elle-même une fonction algébrique, définie par une équation

$$F(x, y) = 0.$$

Si la courbe caractérisée par cette équation est unicursale, on pourra exprimer x et y rationnellement au moyen d'une nouvelle variable t. Soit

$$x = \varphi(t), \quad y = \psi(t).$$

d'où

$$dx = \varphi'(t)\,dt.$$

Prenant t pour nouvelle variable, l'intégrale deviendra

$$\int f[\varphi(t), \psi(t)]\,\varphi'(t)\,dt,$$

et se déterminera sans difficulté, la fonction sous le signe $\int$ étant devenue rationnelle.

21. *Exemples.* — I. Supposons que y soit défini par l'équation

$$A\,y^m + B\,x\,y^{m-1} + \ldots + L\,x^m$$
$$+ a\,y^{m-1} + b\,x\,y^{m-2} + \ldots + k\,x^{m-1} = 0.$$

Posons $y = tx$; l'équation, débarrassée du facteur commun x^{m-1}, donnera

$$x = \frac{a t^{m-1} + b t^{m-2} + \ldots + k}{A\,t^m + B\,t^{m-1} + \ldots + L},$$

d'où

$$y = \frac{a t^m + b t^{m-1} + \ldots + k t}{A\,t^m + B\,t^{m-1} + \ldots + L}.$$

On pourra donc intégrer toute expression de la forme

$$\int f(x, y)\,dx.$$

22. II. Considérons l'intégrale

$$\int f\left[\left(\frac{m\,x + n}{m'\,x + n'}\right)^a, \left(\frac{m\,x + n}{m'\,x + n'}\right)^b, \left(\frac{m\,x + n}{m'\,x + n'}\right)^c, \ldots, x\right]dx,$$

où m, n, m', n' sont des constantes, a, b, c, $\ldots$ des nombres commensurables, et f une fonction rationnelle. Soit μ le plus petit multiple des dénominateurs de a, b, c, ... On posera

$$\frac{m\,x + n}{m'x - n'} = t^{\lambda};$$

d'où

$$x = -\frac{n't^{\lambda} - n}{m't^{\lambda} - m}, \quad dx = \frac{mn' - nm'}{(m't^{\lambda} - m)^2}\,\mu\,t^{\lambda-1}\,dt.$$

Substituant, l'intégrale devient

$$\int f\left(t^{\mu a},\ t^{\mu b},\ t^{\mu c}\ldots\ldots - \frac{n't^{\lambda} - n}{m't^{\lambda} - m}\right)\frac{mn' - nm'}{(m't^{\lambda} - m)^2}\,\mu\,t^{\lambda-1}\,dt.$$

où tout est rationnel, μ, μa, μb, μc. ... étant des entiers.

23. **III.** *Différentielle binôme.* — On donne le nom de *différentielle binôme* à l'expression

$$x^m(a + bx^n)^p\,dx,$$

où m, n, p sont des nombres commensurables, et a, b des constantes différentes de o.

Posons

$$x^n = t,$$

d'où

$$x = t^{\frac{1}{n}}, \quad dx = \frac{1}{n}\,t^{\frac{1}{n} - 1};$$

il viendra

$$x^m(a + bx^n)^p\,dx = \frac{1}{n}\,t^{\frac{m+1}{n} - 1}(a + bt)^p\,dt.$$

Cette nouvelle différentielle sera analogue à la précédente, sauf que l'exposant n est remplacé par l'unité. Elle est intégrable, d'après le numéro précédent :

1º Si p est entier;

2º Si $\dfrac{m+1}{n}$ est entier;

3º Si $\dfrac{m+1}{n} + p$ est entier.

Car ce sera une fonction rationnelle de t, multipliée par une puissance fractionnaire de l'une des trois quantités t.

$a + bt$, $\dfrac{a + bt}{t}$, toutes comprises dans la forme générale

$$\frac{mt + n}{m't + n'}.$$

24. On a démontré qu'en dehors des cas qui précèdent la différentielle binôme ne peut être rendue rationnelle. L'intégrale

$$\int x^m (a + b x^n)^p \, dx$$

représentera alors une transcendante nouvelle, dépendant des trois paramètres m, n, p.

Posons

$$\frac{m + 1}{n} = q,$$

d'où

$$m = qn - 1.$$

Cette intégrale deviendra

$$\int x^{qn-1} (a + b x^n)^p \, dx.$$

Nous la désignerons par I_{pq}, mettant ainsi en évidence les deux paramètres qui jouent le principal rôle dans l'intégration.

On trouve aisément des relations entre les transcendantes qui correspondent à des valeurs de p et de q, qui ne diffèrent que de nombres entiers.

En effet, la décomposition en éléments simples donne immédiatement

$$(1) \qquad I_{pq} = \int x^{qn-1} (a + b x^n)(a + b x^n)^{p-1} \, dx$$
$$= a I_{p-1,\, q} + b I_{p-1,\, q+1}.$$

L'intégration par parties donne, d'autre part,

$$I_{p,\, q} = \frac{x^{qn}}{qn} (a + b x^n)^p - \int \frac{x^{qn}}{qn} \, bpn \, x^{n-1} (a + b x^n)^{p-1} \, dx$$

ou

$$(2) \qquad q\,\mathrm{I}_{pq} = \frac{x^{qn}(a + b\,x^{n})^{p}}{n} - bp\,\mathrm{I}_{p-1,\,q+1}.$$

Entre les équations (1) et (2), éliminons $\mathrm{I}_{p-1,\,q+1}$; il viendra

$$(3) \qquad (p + q)\mathrm{I}_{p,\,q} = \frac{x^{qn}(a - b\,x^{n})^{p}}{n} + ap\,\mathrm{I}_{p-1,\,q}.$$

Éliminant, au contraire, $\mathrm{I}_{p,\,q}$, il viendra

$$(4) \qquad aq\,\mathrm{I}_{p-1,\,q} = \frac{x^{qn}(a - b\,x^{n})^{p}}{n} - b(p + q)\mathrm{I}_{p-1,\,q+1}.$$

On voit, par les formules (3) et (4), que deux intégrales I se ramènent l'une à l'autre, lorsqu'elles ont un indice commun, l'autre indice différant d'une unité. On pourra donc, en appliquant plusieurs fois de suite ces formules, ramener l'une à l'autre deux intégrales $\mathrm{I}_{p,q}$, $\mathrm{I}_{p+k,\,q+k'}$, dont les indices diffèrent de nombres entiers quelconques k et k'.

25. Si l'une des trois quantités p, q, $p + q$ est égale à zéro (on se trouve alors dans un des cas d'intégrabilité signalés plus haut), l'une des intégrales qui figurent dans ces formules disparaît. La formule donne alors, sous forme algébrique, la valeur de l'autre intégrale, mais n'apprend rien sur celle dont le coefficient est nul. Celle-ci doit être calculée directement en effectuant la substitution qui rend la différentielle rationnelle.

Les formules (3) et (4) peuvent néanmoins être appliquées avec avantage, même dans les cas d'intégrabilité, pour ramener une intégrale quelconque I_{pq} aux intégrales les plus simples dont le calcul direct est facile.

26. IV. Soit proposée l'intégrale

$$\int f(x,y)\,dx,$$

où f est une fonction rationnelle, et où y représente le radical

$$\sqrt{\mathrm{A}\,x^{2} + 2\,\mathrm{B}\,x + \mathrm{C}}.$$

Considérons la conique

$$y = \sqrt{A x^2 + 2 B x + C},$$

et soient μ et $\nu = \sqrt{A \mu^2 + 2 B \mu + C}$ les coordonnées d'un point quelconque de cette courbe. Par ce point, faisons passer un faisceau de droites définies par l'équation

$$y - \nu = t(x - \mu).$$

Chacune de ces droites rencontrera la conique en un seul autre point, dont les coordonnées seront exprimables en fonction rationnelle de la nouvelle variable t.

Pour déterminer ces coordonnées, nous aurons les équations

$$y - \nu = t(x - \mu),$$
$$y^2 = A x^2 + 2 B x + C.$$

Éliminant y, il vient

$$[t(x - \mu) + \nu]^2 = A x^2 + 2 B x + C.$$

En effectuant les calculs et remplaçant ν^2 par sa valeur $A \mu^2 + B \mu + C$, il viendra

$$t^2(x - \mu)^2 + 2 \nu t(x - \mu) = A x^2 + 2 B x - A \mu^2 - 2 B \mu,$$

et, en supprimant le facteur commun $x - \mu$,

$$t^2(x - \mu) + 2 \nu t = A(x + \mu) + 2 B.$$

On en déduit

$$x = \frac{A \mu + 2 B - 2 \nu t + \mu t^2}{t^2 - A};$$

dx s'en déduira par différentiation, et y par l'équation

$$y = t(x - \mu) + \nu.$$

Ces valeurs, substituées dans la différentielle proposée, la rendront rationnelle.

27. Le point (μ, ν) pouvant être pris arbitrairement sur la

conique, la transformation peut être variée d'une infinité de manières.

1° Choisissons, par exemple, l'un des points où la courbe coupe l'axe des y. On aura $\nu = 0$, et la nouvelle variable t sera donnée par la formule

$$y = (x - \mu)t,$$

où μ désigne l'une des racines de l'équation

$$A x^2 + 2 B x + C = 0.$$

2° Choisissons l'un des points où elle coupe l'axe des x. On aura $\mu = 0$, $\nu = \sqrt{C}$, le radical pouvant être pris avec le signe qu'on voudra, et la formule de transformation sera

$$y - \sqrt{C} = t.x.$$

3° On pourrait encore couper la conique par un faisceau de droites

$$y = x \sqrt{A} + t,$$

parallèles à l'une de ses asymptotes. On aura, dans ce cas, pour déterminer l'abscisse du point d'intersection, l'équation

$$A x^2 + 2 B x + C = y^2 = \left(x \sqrt{A} + t \right)^2,$$

d'où

$$2 B x + C = 2 t x \sqrt{A} + t^2,$$

$$x = \frac{t^2 - C}{2 B - 2 t \sqrt{A}}.$$

Le signe de $\sqrt{A}$ peut être choisi à volonté dans cette formule.

28. Il est en général avantageux, avant de rendre rationnelle la différentielle

$$f\left(x, \sqrt{A x^2 + 2 B x + C}\right) dx,$$

de la simplifier par une substitution de la forme

$$x = m + n z.$$

On en déduit $dx = n\,dz$, et l'expression à intégrer devient

$$\int\left[m + nz, \sqrt{A\,n^2 z^2 + (2\,A\,mn + 2\,B\,n)z + A\,m^2 + 2\,B\,m + C}\right]n\,dz.$$

Cette expression est analogue à l'expression primitive; mais elle contient les deux indéterminées m, n, qui pourront être choisies de manière à simplifier l'expression du radical.

Nous ferons tout d'abord disparaître le terme en z, en posant

$$2\,A\,mn + 2\,B\,n = 0,$$

d'où

$$m = -\frac{B}{A}.$$

Nous pourrons ensuite disposer de n de manière à donner au coefficient $A\,n^2$ de z^2 une valeur arbitraire (sans toutefois pouvoir changer son signe, si nous voulons que n reste réel). Quant au dernier coefficient, il aura pour valeur

$$A\,m^2 + 2\,B\,m + C = \frac{AC - B^2}{A}.$$

29. Soit, par exemple, à calculer l'intégrale

$$\int \frac{dx}{\sqrt{A\,x^2 + 2\,B\,x + C}}.$$

Posant, comme il vient d'être dit,

$$x = -\frac{B}{A} + nz,$$

elle deviendra

$$\int \frac{n\,dz}{\sqrt{A\,n^2 z^2 + K}},$$

en posant, pour abréger,

$$\frac{AC - B^2}{A} = K.$$

Divers cas seront ici à distinguer :

1° Si A est positif, on posera

$$A n^2 = 1, \quad \text{d'où} \quad n = \frac{1}{\sqrt{A}},$$

et l'intégrale deviendra

$$\frac{1}{\sqrt{A}} \int \frac{dz}{\sqrt{z^2 + K}}.$$

Pour l'obtenir, nous poserons, suivant la méthode générale,

$$\sqrt{z^2 + K} = -z + t,$$

d'où

$$K = -2 t z + t^2.$$

et, en différentiant,

$$0 = 2(-z + t) dt - 2 t dz.$$

On en déduit

$$\frac{dz}{\sqrt{z^2 + K}} = \frac{dz}{-z + t} = \frac{dt}{t},$$

d'où

$$\frac{1}{\sqrt{A}} \int \frac{dz}{\sqrt{z^2 + K}} = \frac{1}{\sqrt{A}} \int \frac{dt}{t} = \frac{1}{\sqrt{A}} \log t + \text{const.}$$

$$= \frac{1}{\sqrt{A}} \log \left(\sqrt{z^2 + K} + z \right) + \text{const.}$$

2° Si, A étant négatif, K l'est également, le radical et, par suite, l'intégrale seront imaginaires, quel que soit x. On pourra donc appliquer le calcul précédent, bien qu'il conduise à un résultat imaginaire.

3° Soit enfin $A < 0$, mais $K > 0$. Pour éviter les imaginaires qui figureraient sans nécessité dans l'expression de l'intégrale, on posera

$$A n^2 = -K, \quad \text{d'où} \quad n = \sqrt{-\frac{K}{A}}.$$

L'intégrale deviendra

$$\int \frac{\sqrt{-\dfrac{K}{A}}\,dz}{\sqrt{-Kz^2+K}} = \sqrt{-\frac{1}{A}} \int \frac{dz}{\sqrt{1-z^2}}$$

$$= \sqrt{-\frac{1}{A}}\ \arcsin z + \text{const.}$$

$$= \sqrt{-\frac{1}{A}}\ \arcsin \frac{x+\dfrac{B}{A}}{\sqrt{-\dfrac{K}{A}}} + \text{const.}$$

$$= \sqrt{-\frac{1}{A}}\ \arcsin \frac{Ax+B}{\sqrt{B^2-AC}} + \text{const.}$$

30. Soit encore à intégrer l'expression

$$\int \frac{dx}{(x-\mu)\sqrt{Ax^2+2Bx+C}}.$$

Posons

$$\nu = \sqrt{A\mu^2+2B\mu+C}.$$

Le point (μ, ν) étant un point de la conique

$$y = \sqrt{Ax^2+2Bx+C},$$

on rendra rationnelle la fonction à intégrer en posant

$$y - \nu = t(x-\mu),$$

d'où

$$(5)\qquad t^2(x-\mu) + 2\nu t = A(x+\mu) + 2B.$$

Cette équation, différentiée, donnera

$$[2t(x-\mu)+2\nu]\,dt + (t^2-A)\,dx = 0,$$

d'où

$$-\frac{2\,dt}{t^2-A} = \frac{dx}{t(x-\mu)+\nu} = \frac{dx}{y}$$

et

$$\frac{dx}{(x-\mu)y} = -\frac{2\,dt}{(t^2-A)(x-\mu)}.$$

Mais l'équation (5) peut s'écrire ainsi :

$$(t^2 - \mathrm{A})(x - \mu) = 2\mathrm{A}\mu + 2\mathrm{B} - 2\nu t.$$

L'intégrale cherchée $\displaystyle\int \frac{dx}{(x - \mu)^3}$ sera donc égale à

$$\int \frac{-dt}{\mathrm{A}\mu + \mathrm{B} - \nu t} = \frac{1}{\nu} \log(\nu t - \mathrm{A}\mu - \mathrm{B}) + \mathrm{const.}$$

31. *Remarque.* — L'intégrale

$$\int f(x, \sqrt{ax - b}, \sqrt{cx + d})\, dx.$$

où f est une fonction rationnelle, se ramène à celles que nous venons de traiter.

Posons, en effet,

$$\sqrt{ax + b} = t.$$

d'où

$$x = \frac{t^2 - b}{a}, \quad dx = \frac{2t\, dt}{a}.$$

L'intégrale deviendra

$$\int f\left[\frac{t^2 - b}{a}, t, \sqrt{\frac{c(t^2 - b)}{a} + d} \right] \frac{2t\, dt}{a},$$

expression qui ne contient plus qu'un seul radical.

IV. — Intégrales elliptiques et hyperelliptiques.

32. Considérons l'intégrale

$$\int f(x, \sqrt{\mathrm{X}})\, dx.$$

où f est une fonction rationnelle et X un polynôme en x.

Le cas où X est un polynôme du second degré a déjà été traité. On a vu que l'intégrale se réduit à celle d'une fonction rationnelle, et par suite est exprimable par des logarithmes et des fonctions circulaires.

Il n'en est pas de même en général si le degré n de X est supérieur à 2. On se trouve en présence de transcendantes nouvelles auxquelles on donne le nom d'*intégrales elliptiques* si $n = 3$ ou 4, d'*intégrales hyperelliptiques* si $n > 4$. Proposons-nous d'étudier ces transcendantes.

33. Théorème. — *Toute fonction rationnelle de x et $\sqrt{X}$ peut se mettre sous la forme $\dfrac{R}{\sqrt{X}} + S$, où R et S sont des fonctions rationnelles de x.*

En effet, $\sqrt{X}$ ayant pour carré X, qui est rationnel en x, toute fonction entière de x et $\sqrt{X}$ sera évidemment de la forme

$$P + Q\sqrt{X},$$

où P et Q sont entiers en x.

Une fonction rationnelle, étant le quotient de deux fonctions entières, sera de la forme

$$\frac{P + Q\sqrt{X}}{P_1 + Q_1\sqrt{X}},$$

ou, en multipliant au numérateur et au dénominateur par $P_1 - Q_1\sqrt{X}$,

$$\frac{(P_1Q - PQ_1)\sqrt{X} + PP_1 - QQ_1 X}{P_1^2 - Q_1^2 X} = M\sqrt{X} + S,$$

M et S étant rationnels en x.

D'ailleurs,

$$M\sqrt{X} = \frac{MX}{\sqrt{X}} = \frac{R}{\sqrt{X}},$$

R étant rationnel en x. Le théorème est donc démontré.

Cette fonction aura pour intégrale

$$\int \frac{R}{\sqrt{X}}\, dx + \int S\, dx.$$

L'intégrale $\int S\, dx$ s'obtenant par les méthodes précédemment exposées, il ne reste à étudier que la première intégrale $\int \frac{R}{\sqrt{X}}\,dx$.

34. A cet effet, décomposons R en fractions simples. On aura un résultat de la forme

$$R = E + \frac{A_1}{x-a} + \ldots + \frac{A_\alpha}{(x-a)^\alpha}$$
$$+ \frac{B_1}{x-b} + \ldots + \frac{B_\beta}{(x-a)^\beta} + \ldots,$$

E désignant un polynôme entier en x.

On aura donc

$$\int \frac{R\,dx}{\sqrt{X}} = \int \frac{E\,dx}{\sqrt{X}} + A_1 \int \frac{dx}{(x-a)\sqrt{X}} + \ldots + A_\alpha \int \frac{dx}{(x-a)^\alpha \sqrt{X}}$$
$$+ B_1 \int \frac{dx}{(x-b)\sqrt{X}} + \ldots + B_\beta \int \frac{dx}{(x-b)^\beta \sqrt{X}} + \ldots.$$

35. Pour simplifier cette expression, nous aurons recours à l'identité

$$\left(\frac{\sqrt{X}}{(x-a)^m}\right)' = \frac{-m\sqrt{X}}{(x-a)^{m+1}} + \frac{X'}{(x-a)^m\, 2\sqrt{X}}$$
$$= \frac{-mX + \frac{1}{2}(x-a)X'}{(x-a)^{m+1}\sqrt{X}},$$

où m est un entier quelconque > 0.

Posons, dans le numérateur de cette expression, $x = a + h$. On obtiendra un polynôme en h de la forme

$$\lambda + \lambda_1 h + \ldots + \lambda_{m-1} h^{m-1} + \ldots,$$

ou, en remettant $x - a$ à la place de h,

$$\lambda + \lambda_1(x-a) + \ldots + \lambda_{m-1}(x-a)^{m-1} + \ldots.$$

et, par suite,

$$\left(\frac{\sqrt{X}}{(x-a)^m}\right)' = \frac{\lambda}{(x-a)^{m+1}\sqrt{X}} + \frac{\lambda_1}{(x-a)^m\sqrt{X}} + \ldots + \frac{F}{\sqrt{X}},$$

F étant un polynôme entier.

Multiplions par dx et intégrons. En posant, pour abréger,

$$\int \frac{dx}{(x-a)^\mu\sqrt{X}} = I_\mu,$$

il viendra

$$(1) \qquad \frac{\sqrt{X}}{(x-a)^m} = \lambda I_{m+1} + \lambda_1 I_m + \ldots + \int \frac{F}{\sqrt{X}}\,dx.$$

Supposons d'abord que a ne soit pas une racine de l'équation $X = 0$. Le coefficient λ, qui est la valeur que prend pour $x = a$ l'expression $mX - \frac{1}{2}(x-a)X'$, sera différent de zéro, quelque valeur positive que l'on donne à l'entier m. La formule précédente permettra donc d'exprimer I_{m+1} au moyen des intégrales d'ordre inférieur $I_m, \ldots$ et d'une intégrale de la forme $\int \frac{F}{\sqrt{X}}\,dx$; mais, en changeant m en $m-1$, on exprimera de même I_m en fonction de I_{m-1}, $I_{m-2}, \ldots$. En fin de compte, on obtiendra pour I_{m+1} une expression de la forme

$$I_{m+1} = kI_1 + \int \frac{\Phi\,dx}{\sqrt{X}} + Q\sqrt{X},$$

où k est une constante, Φ une fonction entière, et Q une somme de fractions simples

$$\frac{A_m}{(x-a)^m} + \frac{A_{m-1}}{(x-a)^{m-1}} + \ldots$$

Supposons, au contraire, que a soit racine de l'équation $X = 0$. Ce ne peut être une racine double, car rien n'empêcherait, dans ce cas, de faire sortir le facteur $x-a$ du radical $\sqrt{X}$, en abaissant ainsi le degré de la quantité soumise au radical. On aura donc $X = (x - a)\Psi(x)$, $\Psi(x)$ ne s'annulant plus pour $x = a$. Dans ce cas, λ s'annulera, mais λ_1 ne s'annulera pas, car il est égal à la valeur que prend, pour $x = a$, l'expression

$$\frac{mX - \frac{1}{2}(x-a)X'}{x-a} = m\Psi(x) - \frac{1}{2}X',$$

et cette valeur sera

$$(m - \tfrac{1}{2})\Psi(a).$$

Dans ce cas, la formule (1) donnera l'expression de I_m en fonction de $I_{m-1}\dots$ et d'une intégrale $\int \frac{F}{\sqrt{X}}\,dx$, et permettra, par suite, de mettre toutes les intégrales I, y compris I_1, sous la forme

$$\int \frac{\Phi\,dx}{\sqrt{X}} - Q\sqrt{X}.$$

Supposons, pour plus de simplicité, que a, b, … ne soient pas racines de l'équation $X = 0$.

Appliquons les formules précédentes aux diverses intégrales

$$I_2 = \int \frac{dx}{(x-a)^2\sqrt{X}}, \quad \dots, \quad I_\alpha = \int \frac{dx}{(x-a)^\alpha\sqrt{X}}.$$

qui figurent dans l'expression de $\int \frac{R\,dx}{\sqrt{X}}$; opérons une réduction semblable sur les termes analogues

$$\int \frac{dx}{(x-b)^2\sqrt{X}}, \quad \dots$$

correspondants aux autres racines b, ….

Les termes $\int \frac{\Phi\,dx}{\sqrt{X}}$, …, introduits par les réductions, pourront se réunir au terme analogue $\int \frac{E\,dx}{\sqrt{X}}$.

D'autre part, les termes algébriques, ajoutés ensemble, donneront un résultat de la forme $T\sqrt{X}$, où T est une fraction ayant pour dénominateur $(x - a)^{\alpha-1}(x - b)^{\beta-1}\ldots$ On aura, par suite, une équation de la forme

$$\int \frac{\mathrm{R}\,dx}{\sqrt{\mathrm{X}}} = \int \frac{\mathrm{E}\,dx}{\sqrt{\mathrm{X}}} + \mathrm{A}\int \frac{dx}{(x - a)\sqrt{\mathrm{X}}}$$
$$+ \mathrm{B}\int \frac{dx}{(x - b)\sqrt{\mathrm{X}}} + \ldots + \mathrm{T}\sqrt{\mathrm{X}}.$$

36. Soit maintenant

$$\mathrm{E} = \mathrm{M}\,x^{\mu} + \mathrm{M}_1\,x^{\mu-1} + \ldots + \mathrm{M}_{\mu}.$$

On aura, en posant, pour abréger, $\displaystyle\int \frac{x^m\,dx}{\sqrt{\mathrm{X}}} = \mathrm{J}_m$,

$$\int \frac{\mathrm{E}\,dx}{\sqrt{\mathrm{X}}} = \mathrm{M}\mathrm{J}_{\mu} + \mathrm{M}_1\mathrm{J}_{\mu-1} + \ldots + \mathrm{M}_{\mu}\mathrm{J}_0.$$

Cette expression pourra se réduire si $\mu > n - 2$, n étant le degré de X.

On a, en effet, m étant un entier quelconque positif ou nul,

$$\left(x^m\sqrt{\mathrm{X}}\right)' = m\,x^{m-1}\sqrt{\mathrm{X}} + \frac{x^m\mathrm{X}'}{2\sqrt{\mathrm{X}}} = \frac{m\,x^{m-1}\mathrm{X} + \frac{1}{2}x^m\mathrm{X}'}{\sqrt{\mathrm{X}}}.$$

Le numérateur de cette expression est un polynôme de degré $n + m - 1$, tel que

$$\mathrm{N}\,x^{n+m-1} + \mathrm{N}_1 x^{n+m-2} + \ldots,$$

où le premier coefficient N n'est pas nul, car il est égal à $(m + \frac{1}{2}n)\mathrm{A}$, A désignant le premier coefficient de X.

L'égalité précédente, étant intégrée, donnera donc

$$x^m\sqrt{\mathrm{X}} = \mathrm{N}\mathrm{J}_{n+m-1} + \mathrm{N}_1\mathrm{J}_{n+m-2} + \ldots.$$

Cette égalité permettra d'exprimer l'intégrale J_{n+m-1} par les intégrales d'ordre inférieur et par un terme algébrique, pourvu que m soit $\gtrless 0$.

En donnant successivement à m les valeurs $\mu - n + 1$, $\mu - n, \ldots, 0$, on pourra éliminer successivement de l'expression de $\displaystyle\int \frac{E\,dx}{\sqrt{X}}$ les intégrales $J_{2}, J_{3-1}, \ldots, J_{n-1}$, et obtenir, pour cette intégrale, une expression de la forme

$$M J_{n-2} + M_{1} J_{n-3} + \ldots + M_{n-2} J_{0} + P\sqrt{X},$$

P étant un polynôme entier.

Donc, en dernière analyse, on aura

$$\int \frac{R\,dx}{\sqrt{X}} = M \int \frac{x^{n-2}\,dx}{\sqrt{X}} + \ldots + M_{n-2} \int \frac{dx}{\sqrt{X}}$$
$$+ A \int \frac{dx}{(x-a)\sqrt{X}} + B \int \frac{dx}{(x-b)\sqrt{X}} + \ldots$$
$$+ (T + P)\sqrt{X}.$$

L'étude de cette transcendante se ramène donc à celle des transcendantes élémentaires

$$\int \frac{x^{m}\,dx}{\sqrt{X}}, \quad \text{où} \quad m < n - 1,$$

et

$$\int \frac{dx}{(x-a)\sqrt{X}}.$$

37. Réunissons en un seul ceux des termes de $\displaystyle\int \frac{R\,dx}{\sqrt{X}}$ qui sont sur une même ligne, et posons, pour abréger,

$$(x-a)\ (x-b)\ \ldots = U,$$
$$(x-a)^{\alpha-1}(x-b)^{\beta-1}\ldots = V,$$

il viendra

$$\int \frac{R\,dx}{\sqrt{X}} = \int \frac{\pi\,dx}{\sqrt{X}} + \int \frac{\varphi\,dx}{U\sqrt{X}} + \frac{\psi}{V}\sqrt{X},$$

où π est un polynôme de degré $n-2$, φ un polynôme d'ordre moins élevé que U, et ψ un polynôme.

D'ailleurs il n'est pas nécessaire, pour effectuer cette décomposition de l'intégrale en trois parties, d'exécuter la décomposition de R en fractions simples, qui nous a servi de moyen de démonstration.

En effet, les polynômes U et V s'obtiennent aisément en cherchant le plus grand commun diviseur entre le dénominateur de R et sa dérivée. Cela fait, l'identité

$$\frac{R}{\sqrt{X}} = \frac{\pi}{\sqrt{X}} + \frac{\varphi}{U\sqrt{X}} + \left(\frac{\psi}{V}\sqrt{X}\right)'$$

fera connaître immédiatement le degré du polynôme ψ et fournira, en chassant les dénominateurs, un système d'équations linéaires pour déterminer les coefficients de π, φ, ψ.

38. Si X a pour degré un nombre impair $2p + 1$. les intégrales

$$\int \frac{x^m\,dx}{\sqrt{X}}, \quad \text{où} \quad m < 2p$$

sont au nombre de $2p$.

Celles pour lesquelles $m = 0, 1, \ldots, p - 1$ se nomment *intégrales de première espèce.*

Les suivantes se nomment *intégrales de seconde espèce.*

Enfin, les intégrales

$$\int \frac{dx}{(x - a)\sqrt{X}}$$

sont dites de *troisième espèce.*

39. Le cas où X est un polynôme de degré pair peut se ramener au précédent, comme nous allons le faire voir.

Soit

$$X = A(x - \alpha)(x - \beta)(x - \gamma)\ldots$$

un polynôme de degré $2p$. Posons

$$\frac{x - \alpha}{x - \beta} = t,$$

d'où

$$x = \frac{\alpha - \beta t}{1 - t}, \quad dx = \frac{(\alpha - \beta)\,dt}{(1 - t)^2}, \quad x - \alpha = t\,\frac{\alpha - \beta}{1 - t},$$

$$x - \beta = \frac{\alpha - \beta}{1 - t}, \quad x - \gamma = \frac{\alpha - \gamma - (\gamma - \beta)t}{1 - t}, \quad \ldots$$

On aura

$$\sqrt{X} = \frac{\alpha - \beta}{(1 - t)^p}\,\sqrt{A\,t[\alpha - \gamma - (\gamma - \beta)t]\ldots},$$

$$R\,dx = T\,dt,$$

T étant une fonction rationnelle de t. On voit que la substitution a réduit d'une unité le degré du polynôme sous le radical.

40. Dans le cas particulier des intégrales elliptiques, le polynôme sous le radical pourrait ainsi être abaissé au troisième degré. Mais on préfère, en général, employer une transformation un peu différente, par laquelle ce polynôme sera le produit de deux facteurs réels du second degré, ne contenant que des puissances paires de la variable.

Supposons d'abord que X soit du troisième degré. Soit α l'une des racines de l'équation $X = 0$, on aura

$$\sqrt{X} = \sqrt{A (x - \alpha)(x^2 - px + q)}.$$

Posons $x = \alpha - t^2$, il viendra

$$\sqrt{X} = t\sqrt{A[(\alpha - t^2)^2 - p(\alpha - t^2) + q]}.$$

On se trouve donc ramené au cas où le polynôme sous le radical est du quatrième degré, cas que nous allons traiter.

Si X a ses coefficients réels, l'équation $X = 0$ aura au moins une racine réelle. En la prenant pour α, la transformation qui vient d'être indiquée sera réelle.

41. Supposons maintenant X du quatrième degré. On

pourra écrire

$$\sqrt{X} = \sqrt{X(x^2 + px + q)(x^2 + p'x + q')},$$

p, q, p', q' étant réels, si X a ses coefficients réels.

Si $p = p'$, on fera disparaître les puissances impaires de la variable en posant $x = t - \frac{1}{2}p$.

On obtiendra le même résultat, si $p \gtrless p'$, par une substitution de la forme

$$x = \frac{\lambda + \mu t}{1 + t}.$$

Cette substitution donnera, en effet,

$$\sqrt{X} = \frac{1}{(1+t)^2}\sqrt{X[(\lambda + \mu t)^2 + p(\lambda + \mu t)(1 + t) + q(1 + t)^2][(\lambda + \mu t)^2 + p'(\lambda + \mu t)(1 + t) + \ldots]}$$

Les termes du premier degré en t disparaîtront dans chacun des facteurs sous le radical, si l'on pose

$$2\lambda\mu + p(\lambda + \mu) + 2q = 0,$$
$$2\lambda\mu + p'(\lambda + \mu) + 2q' = 0.$$

On déduit de ces équations

$$\lambda + \mu = -2\frac{q - q'}{p - p'},$$
$$\lambda\mu = \frac{qp' - pq'}{p - p'}.$$

Donc λ et μ seront les racines de l'équation

$$\lambda^2 + 2\frac{q - q'}{p - p'}\lambda + \frac{qp' - pq'}{p - p'} = 0.$$

Ces racines seront réelles si l'on a

$$(q - q')^2 - (qp' - pq')(p - p') > 0.$$

Or, si l'on appelle α, β les racines de l'équation

$$x^2 + px + q = 0,$$

γ, δ celles de l'équation

$$x^2 + p' x + q' = 0,$$

on aura

$$p = -(\alpha + \beta), \quad q = \alpha\beta.$$
$$p' = -(\gamma + \delta), \quad q' = \gamma\delta.$$

Substituant ces valeurs dans l'équation de condition précédente, elle devient

$$(\alpha\beta - \gamma\delta)^2 - [(\alpha + \beta)\gamma\delta - (\gamma + \delta)\alpha\beta](\alpha + \beta - \gamma - \delta) > 0.$$

ou

$$[\alpha^2 - (\gamma - \delta)\alpha - \gamma\delta][\beta^2 - (\gamma + \delta)\beta + \gamma\delta] > 0,$$

ou enfin

$$(\alpha - \gamma)(\alpha - \delta)(\beta - \gamma)(\beta - \delta) > 0.$$

Cette condition sera nécessairement satisfaite si les quatre quantités α, β, γ, δ, ou seulement deux d'entre elles, α et β par exemple, sont imaginaires ; car les quatre facteurs du produit seront conjugués deux à deux, et le produit de deux imaginaires conjuguées est une somme de deux carrés.

Si α, β, γ, δ sont tous réels, on pourra supposer la décomposition de X en deux facteurs effectuée de telle sorte que les racines α, β du premier facteur soient plus grandes que les deux autres γ et δ. Chacun des facteurs $\alpha - \gamma$, $\alpha - \delta$, $\beta - \gamma$, $\beta - \delta$ étant positif dans cette hypothèse, la condition sera satisfaite.

42. Les intégrales elliptiques peuvent donc dans tous les cas se ramener, par un changement de variables qui sera réel si X est lui-même réel, à la forme

$$\int \frac{F(x)\, dx}{\sqrt{X}},$$

où $F(x)$ est une fonction rationnelle, et X un polynôme de la forme $(ax^2 + b)(a'x^2 + b')$.

Cette expression peut s'écrire

$$\frac{1}{2} \int \frac{F(x) - F(-x)}{\sqrt{X}}\, dx + \frac{1}{2} \int \frac{F(x) - F(-x)}{\sqrt{X}}\, dx.$$

Mais $F(x) - F(-x)$, étant une fonction impaire, sera de la forme $\varphi(x^2)x$. Si donc on pose dans la seconde intégrale $x^2 = t$, d'où $2x\,dx = dt$, elle deviendra

$$\frac{1}{4} \int \frac{\varphi(t)\,dt}{\sqrt{(at+b)(a't+b')}},$$

expression qui peut s'intégrer par les méthodes de la section précédente.

Il ne restera donc à étudier que la première intégrale, où le numérateur est une fonction paire,

$$\tfrac{1}{2}\left[F(x) + F(-x)\right] = \psi(x^2).$$

43. Nous aurons divers cas à distinguer dans cette étude, suivant les signes de a, b, a', b'.

Supposons d'abord que a et b soient de signes contraires. On pourra supposer $b > 0$, $a < 0$; car l'on ne change pas X en changeant simultanément les signes de a, b, a', b'.

Ce cas se subdivisera, d'après le signe des quantités a', b', en quatre autres :

$$1^{er} \text{ cas} \dots \quad a < 0, \quad b > 0, \quad a' < 0, \quad b' > 0.$$
$$2^e \text{ cas} \dots \quad a < 0, \quad b > 0, \quad a' < 0, \quad b' < 0.$$
$$3^e \text{ cas} \dots \quad a < 0, \quad b > 0, \quad a' > 0, \quad b' > 0.$$
$$4^e \text{ cas} \dots \quad a < 0, \quad b > 0, \quad a' > 0, \quad b' < 0.$$

Si a et b sont de même signe, on devra supposer également que a' et b' sont de même signe; sinon, en échangeant a et b avec a' et b', on retomberait sur les cas précédents. Comme l'on peut d'ailleurs supposer b positif, on n'aura que deux cas à distinguer :

$$5^e \text{ cas} \dots \quad a > 0, \quad b > 0, \quad a' > 0, \quad b' > 0.$$
$$6^e \text{ cas} \dots \quad a > 0, \quad b > 0, \quad a' < 0, \quad b' < 0.$$

Ce dernier cas, où le radical $\sqrt{X}$ sera imaginaire quel que soit x, se ramène immédiatement au cinquième en faisant sortir du radical le facteur $\sqrt{-1}$.

44. Reste à examiner les cas 1, 2, 3, 4, 5. Il est aisé de les ramener les uns aux autres.

Posons, en effet,

$$a x^2 + b = t^2,$$

d'où

$$x^2 = \frac{t^2 - b}{a}, \quad dx = \frac{t\,dt}{a x} = \frac{t\,dt}{\sqrt{a}\,\sqrt{t^2 - b}},$$

$$\sqrt{X} = t\sqrt{a'\,\frac{t^2 - b}{a} + b'} = \frac{t}{\sqrt{a}}\sqrt{a't^2 + ab' - ba'},$$

et, par suite,

$$\frac{\psi(x^2)\,dx}{\sqrt{X}} = \frac{\psi\left(\frac{t^2 - b}{a}\right)dt}{\sqrt{(-t^2 + b)(-a't^2 - ab' + ba')}}.$$

Si l'intégrale primitive rentrait dans l'un des cas 3, 4, 5, sa transformée rentrerait dans le premier ou le second cas, les coefficients des termes en t^2 sous le nouveau radical étant tous deux négatifs.

En particulier, si l'intégrale primitive rentrait dans le troisième cas, la transformée rentrerait dans le premier; car l'on aurait

$$a < 0, \quad b > 0, \quad a' > 0, \quad b' > 0,$$

et, par suite,

$$- ab' + ba' > 0.$$

Le second cas se réduit d'ailleurs au troisième en posant

$$x = \frac{1}{t},$$

d'où

$$dx = - \frac{dt}{t^2},$$

$$\sqrt{X} = \frac{1}{t^2}\sqrt{(a - bt^2)(a' - b't^2)} = \frac{1}{t^2}\sqrt{(-bt^2 - a)(-b't^2 - a')},$$

et

$$\frac{\psi(x^2)\,dx}{\sqrt{X}} = \frac{-\psi\left(\dfrac{1}{t^2}\right)dt}{\sqrt{(-bt^2-a)(-b't^2-a')}},$$

car, ayant

$$a < 0, \quad b > 0. \quad a' < 0, \quad b' < 0,$$

on aura

$$-b < 0. \quad -a > 0, \quad -b' > 0, \quad -a' > 0.$$

Le troisième cas pouvant à son tour se réduire au premier, ainsi qu'on l'a vu plus haut, les cinq cas se ramènent en dernière analyse à celui-ci.

45. Mettant en évidence les signes négatifs de a et a', nous aurons donc à considérer les intégrales de la forme

$$\int \frac{\psi(t^2)\,dt}{\sqrt{(b-at^2)(b'-a't^2)}} = \frac{1}{\sqrt{bb'}} \int \frac{\psi(t^2)\,dt}{\sqrt{\left(1-\dfrac{a}{b}t^2\right)\left(1-\dfrac{a'}{b'}t^2\right)}}.$$

Si $\dfrac{a}{b}$ était égal à $\dfrac{a'}{b'}$, on pourrait extraire la racine carrée, et l'on n'aurait plus à intégrer qu'une fonction rationnelle. S'ils sont inégaux, supposons, pour fixer les idées, $\dfrac{a}{b} > \dfrac{a'}{b'}$ et soit

$$\frac{a'}{b'} = k^2 \frac{a}{b}.$$

Posons

$$\sqrt{\frac{a}{b}}\,t = x,$$

x désignant une nouvelle variable; l'intégrale deviendra

$$\frac{1}{\sqrt{ab'}} \int \frac{\psi\left(\dfrac{b\,x^2}{a}\right)dx}{\sqrt{(1-x^2)(1-k^2x^2)}} = \int \frac{\varphi(x^2)\,dx}{\sqrt{(1-x^2)(1-k^2x^2)}},$$

φ désignant une fonction rationnelle.

46. On voit donc qu'on peut, par une substitution réelle, transformer l'intégrale primitive en une autre intégrale analogue, mais où le polynôme X ait la forme *canonique*

$$(1 - x^2)(1 - k^2 x^2).$$

k étant une constante comprise entre 0 et 1.

Nous avons admis implicitement dans toute cette réduction que le polynôme existant sous le radical primitif avait ses coefficients réels. S'ils étaient imaginaires, on pourrait encore réduire ce polynôme à la forme

$$\left(1 - \frac{a}{b} t^2\right)\left(1 - \frac{a'}{b'} t^2\right),$$

avec d'autant plus de facilité que nous n'aurions plus à nous préoccuper, comme tout à l'heure, de conserver aux coefficients leur réalité.

Cela posé, admettons, pour fixer les idées, que l'on ait

$$\operatorname{mod} \frac{a}{b} > \operatorname{mod} \frac{a'}{b'}.$$

On aura

$$\frac{a'}{b'} = k^2 \frac{a}{b},$$

k étant une constante réelle ou imaginaire, dont le module est au plus égal à 1. Et si l'on pose

$$\sqrt{\frac{a}{b}}\, t = x,$$

l'intégrale prendra encore la forme

$$\int \frac{\varphi(x^2)\, dx}{\sqrt{(1 - x^2)(1 - k^2 x^2)}}.$$

47. Appliquons à l'intégrale ainsi transformée les procédés de réduction exposés plus haut (n°s 34 à 38). On pourra l'exprimer au moyen des quatre intégrales suivantes

$$\int \frac{dx}{\sqrt{(1-x^2)(1-k^2x^2)}}, \quad \int \frac{x\,dx}{\sqrt{(1-x^2)(1-k^2x^2)}},$$

$$\int \frac{x^2\,dx}{\sqrt{(1-x^2)(1-k^2x^2)}}, \quad \int \frac{dx}{(x-a)\sqrt{(1-x^2)(1-k^2x^2)}}.$$

Mais si l'on pose $x^2 = t$, on aura

$$\int \frac{x\,dx}{\sqrt{(1-x^2)(1-k^2x^2)}} = \frac{1}{2} \int \frac{dt}{\sqrt{(1-t)(1-k^2t)}},$$

intégrale exprimable par logarithmes, le radical ne portant plus que sur un polynôme du second degré.

On a d'autre part

$$\int \frac{x^2\,dx}{\sqrt{(1-x^2)(1-k^2x^2)}}$$

$$= \int \frac{\frac{1}{k^2} - \frac{1}{k^2}(1-k^2x^2)}{\sqrt{(1-x^2)(1-k^2x^2)}}\,dx$$

$$= \frac{1}{k^2} \int \frac{dx}{\sqrt{(1-x^2)(1-k^2x^2)}} - \frac{1}{k^2} \int \frac{\sqrt{1-k^2x^2}}{\sqrt{1-x^2}}\,dx.$$

Enfin

$$\int \frac{dx}{(x-a)\sqrt{(1-x^2)(1-k^2x^2)}}$$

$$= \int \frac{x\,dx}{(x^2-a^2)\sqrt{(1-x^2)(1-k^2x^2)}}$$

$$+ \int \frac{a\,dx}{(x^2-a^2)\sqrt{(1-x^2)(1-k^2x^2)}}.$$

La première de ces deux intégrales devient encore exprimable par logarithmes si l'on pose $x^2 = t$.

La seconde peut s'écrire

$$-\frac{1}{a}\int\frac{dx}{(1-mx^2)\sqrt{(1-x^2)(1-k^2x^2)}},$$

en posant $m = -\dfrac{1}{a^2}$.

Les intégrales elliptiques se ramèneront donc en fin de compte aux trois transcendantes

$$\int\frac{dx}{\sqrt{(1-x^2)(1-k^2x^2)}}, \qquad \int\sqrt{\frac{1-k^2x^2}{1-x^2}}\,dx.$$

$$\int\frac{dx}{(1+mx^2)\sqrt{(1-x^2)(1-k^2x^2)}},$$

auxquelles Legendre a donné le nom d'*intégrales elliptiques* de *première*, *seconde* et *troisième espèce*.

La constante k, qui figure dans ces intégrales, se nomme le *module* des intégrales elliptiques considérées.

Si l'on change de variable en posant $x = \sin\varphi$, ces intégrales prendront les formes suivantes

$$\int\frac{d\varphi}{\sqrt{1-k^2\sin^2\varphi}}, \qquad \int\sqrt{1-k^2\sin^2\varphi}\,d\varphi.$$

$$\int\frac{dx}{(1+m\sin^2\varphi)\sqrt{1-k^2\sin^2\varphi}}.$$

V. — Intégration des fonctions transcendantes.

48. I. Soit à intégrer

$$\int f(e^{ax})\,dx,$$

f désignant une fonction rationnelle.

On rendra rationnelle la différentielle, en posant $e^{ax} = t$, d'où

$$x = \frac{1}{a}\log t, \quad dx = \frac{dt}{at},$$

49. II. Soit à intégrer

$$\int f(\sin x, \cos x)\, dx,$$

f étant une fonction rationnelle

On posera

$$\tan g \tfrac{1}{2} x = t,$$

d'où

$$x = 2 \operatorname{arc\,tang} t, \quad dx = \frac{2\, dt}{1 + t^2},$$

$$\sin x = 2 \sin \tfrac{1}{2} x \cos \tfrac{1}{2} x = \frac{2 \tan g \tfrac{1}{2} x}{1 + \tan g^2 \tfrac{1}{2} x} = \frac{2t}{1 + t^2},$$

$$\cos x = \cos^2 \tfrac{1}{2} x - \sin^2 \tfrac{1}{2} x = \frac{1 - \tan g^2 \tfrac{1}{2} x}{1 + \tan g^2 \tfrac{1}{2} x} = \frac{1 - t^2}{1 + t^2},$$

et la différentielle en t sera rationnelle.

Exemple. — Soit à intégrer

$$\int \frac{dx}{a \sin x + b \cos x}.$$

Posons

$$\frac{a}{\sqrt{a^2 + b^2}} = \cos \varphi \quad \text{et} \quad \frac{b}{\sqrt{a^2 + b^2}} = \sin \varphi;$$

l'intégrale deviendra

$$\frac{1}{\sqrt{a^2 + b^2}} \int \frac{dx}{\sin x \cos \varphi + \cos x \sin \varphi} = \frac{1}{\sqrt{a^2 + b^2}} \int \frac{dx}{\sin(x + \varphi)}.$$

Si nous posons $x + \varphi = y$, elle deviendra

$$\frac{1}{\sqrt{a^2 + b^2}} \int \frac{dy}{\sin y}.$$

Posons maintenant, comme il a été expliqué,

$$\tan g \tfrac{1}{2} y = t;$$

elle deviendra

$$-\frac{1}{\sqrt{a^2+b^2}}\int\frac{dt}{t}=\frac{1}{\sqrt{a^2+b^2}}\log t+\text{const.}$$

$$=\frac{1}{\sqrt{a^2+b^2}}\log\tan\tfrac{1}{2}(x+\varphi)+\text{const.}$$

50. *Remarques.* — 1° Si la fonction $f(\sin x, \cos x)$ est paire, par rapport aux sinus et cosinus, il sera plus simple de poser $\tan x = t$, d'où

$$dx=\frac{dt}{1+t^2}, \quad \sin x=\frac{t}{\sqrt{1+t^2}}, \quad \cos x=\frac{1}{\sqrt{1+t^2}},$$

et la différentielle sera encore rationnelle, le radical $\sqrt{1+t^2}$ n'y figurant qu'à des puissances paires.

Exemple. — Soit à intégrer

$$\int\frac{dx}{A\sin^2 x+2B\sin x\cos x+C\cos^2 x};$$

le résultat de la substitution sera

$$\int\frac{dt}{A t^2+2B t+C}.$$

2° Si $f(\sin x, \cos x)$ est impaire en $\cos x$, c'est-à-dire de la forme

$$F(\sin x, \cos^2 x)\cos x,$$

il sera encore plus simple de poser $\sin x = t$, d'où $\cos x\, dx = dt$. L'intégrale deviendra

$$\int F(t, 1-t^2)\, dt.$$

3° Si f était impaire en $\sin x$, on poserait de même

$$\cos x = t.$$

4° Si f est une fonction entière, elle sera composée d'une somme de termes de la forme $A\sin^m x\cos^n x$. La recherche de l'intégrale reviendra donc à celle d'intégrales de la forme suivante

$$\int \sin^m x \cos^n x\, dx.$$

Si m ou n sont impairs, l'intégrale s'obtient aisément, comme il vient d'être indiqué.

Reste à déterminer les intégrales de la forme

$$\int \sin^{2m} x \cos^{2n} x\, dx,$$

que nous désignerons par $I_{m,n}$.

On a

$$I_{m,n} = \int \sin^{2m-1} x \cos^{2n} x \sin x\, dx,$$

et, en intégrant par parties,

$$I_{m,n} = -\sin^{2m-1} x\, \frac{\cos^{2n+1} x}{2n+1} + \frac{2m-1}{2n+1} \int \sin^{2m-2} x \cos^{2n+2} x\, dx.$$

Mais, d'autre part,

$$\int \sin^{2m-2} x \cos^{2n+2} x\, dx = \int \sin^{2m-2} x \cos^{2n} x (1 - \sin^2 x)\, dx$$
$$= I_{m-1,n} - I_{m,n}.$$

Substituant dans l'équation précédente, on aura une formule de réduction ramenant l'intégrale $I_{m,n}$ à l'intégrale $I_{m-1,n}$. Celle-ci se ramènera de même à $I_{m-2,n}$, et ainsi de suite.

Écrivons, d'autre part,

$$I_{m,n} = \int \cos^{2n-1} x \sin^{2m} x \cos x\, dx,$$

et intégrons par parties ; on trouvera d'une manière analogue une formule de réduction pour ramener $I_{m,n}$ à $I_{m,n-1}$, puis celle-ci à $I_{m,n-2}, \ldots$

Par ces deux procédés de réduction, on sera finalement

conduit à l'intégrale

$$I_{0,0} = \int dx = x + \text{const.}$$

51. III. Soit à calculer

$$\int f(x, e^{ax}, e^{bx}, \ldots, \sin \alpha x, \cos \alpha x, \sin \beta x, \cos \beta x \ldots) \, dx,$$

f désignant une fonction entière.

Remplaçons les sinus et cosinus par leurs valeurs en exponentielles

$$\sin \alpha x = \frac{e^{\alpha i x} - e^{-\alpha i x}}{2 i}, \qquad \cos \alpha x = \frac{e^{\alpha i x} + e^{-\alpha i x}}{2}, \qquad \ldots,$$

f deviendra une fonction entière de x, e^{ax}, ..., $e^{\alpha i x}$, $e^{-\alpha i x}$, ... et sera composée d'une somme de termes de la forme

$$A x^m e^{nx}.$$

Nous aurons donc à calculer l'intégrale

$$\int x^m e^{nx} \, dx,$$

que nous désignerons par I_m.

L'intégration par parties donne

$$I_m = x^m \frac{e^{nx}}{n} - \frac{m}{n} \int x^{m-1} e^{nx} \, dx = x^m \frac{e^{nx}}{n} - \frac{m}{n} I_{m-1}.$$

Répétant la réduction, on arrivera à l'intégrale

$$I_0 = \int e^{nx} \, dx = \frac{e^{nx}}{n}.$$

L'intégration faite, il conviendra de remplacer les expo-

nentielles imaginaires par leurs valeurs en sinus et cosinus ;
les imaginaires disparaîtront alors de l'intégrale.

52. IV. Soit à calculer

$$\int f(x)\, e^{nx}\, dx,$$

$f(x)$ étant une fraction rationnelle.

Cette fraction pourra se décomposer en une partie entière E
et en fractions simples de la forme $\dfrac{A}{(x-a)^m}$.

L'intégrale $\int E e^{nx} dx$ s'obtient par la méthode qui vient
d'être exposée.

Restent les intégrales de la forme

$$\int \frac{e^{nx}}{(x-a)^m}\, dx.$$

Si $m > 1$, l'intégration par parties donnera

$$\int \frac{e^{nx}}{(x-a)^m}\, dx$$
$$= e^{nx} \frac{1}{(-m+1)(x-a)^{m-1}} - \frac{n}{-m+1} \int \frac{e^{nx}}{(x-a)^{m-1}}\, dx.$$

Cette formule de réduction permet de ramener le calcul de
l'intégrale cherchée à celui de l'intégrale

$$\int \frac{e^{nx}}{x-a}\, dx.$$

Posons $x = a + \dfrac{t}{n}$; d'où $dx = \dfrac{dt}{n}$. Cette intégrale devient

$$\int \frac{e^{an+t}}{t}\, dt = e^{an} \int \frac{e^t}{t}\, dt.$$

Toute la question est donc ramenée au calcul de la transcendante unique

$$\int \frac{e^t}{t}\, dt.$$

Posant enfin $e^t = y$, cette intégrale se transformera en

$$\int \frac{dy}{\log y}.$$

Cette transcendante (où l'on déterminera la constante d'intégration de telle sorte qu'elle s'annule pour $y = 0$) se nomme le *logarithme intégral* de y.

53. V. Les intégrales

$$\int f(x, \log x)\,dx \quad \text{et} \quad \int f(x, \arcsin x)\,dx,$$

où f désigne une fonction entière, se ramènent à celles qui viennent d'être étudiées, en prenant respectivement $\log x$, $\arcsin x$ pour nouvelle variable.

CHAPITRE II.

INTÉGRALES DÉFINIES.

I. — Définitions.

54. Soit $f(x)$ une fonction de x, continue de $x = a$ à $x = b$. On pourra, par définition, pour toute valeur de x comprise dans cet intervalle et quelque petite que soit la quantité ε, déterminer une autre quantité η, telle que l'on ait, pour toute valeur de h qui ne surpasse pas η en valeur absolue, la relation

$$\mathrm{mod}[f(x + h) - f(x)] < \varepsilon.$$

On dira que la fonction est *uniformément continue* dans cet intervalle, si l'on peut assigner à η une valeur indépendante de x, et qui satisfasse à la condition précédente dans tout l'intervalle considéré.

Admettons que $f(x)$ soit uniformément continue de $x = a$ à $x = b$ (¹).

Soient x_0 et X deux valeurs quelconques de x comprises dans cet intervalle. Désignons par x_1, x_2, ..., x_n une série de valeurs intermédiaires entre x_0 et X; par ξ_0, ξ_1, ..., ξ_n des valeurs choisies à volonté dans l'intervalle de x_0 à x_1, dans celui de x_1 à x_2, ..., et formons la somme

$$S = (x_1 - x_0)f(\xi_0) + (x_2 - x_1)f(\xi_1) + \ldots + (X - x_n)f(\xi_n).$$

(¹) On peut établir que toute fonction continue est nécessairement uniformément continue; mais nous renverrons au Tome III pour la démonstration de cette proposition.

On aura la proposition suivante :

Théorème. — *Si nous faisons croître le nombre des valeurs intermédiaires x_1, ... x_n de telle sorte que l'étendue de chacun des intervalles $x_1 - x_0$, $x_2 - x_1$, ... $X - x_n$ décroisse au delà de toute limite, la somme S tendra vers une limite fixe, indépendante du choix des valeurs particulières $x_1, x_2, \ldots, x_n, \xi_0, \xi_1, \ldots, \xi_n$.*

Soit, en effet,

$$S = (x'_1 - x_0)f(\xi_0) + (x'_2 - x'_1)f(\xi_1) + \ldots + (X - x'_n)f(\xi_n)$$

une somme analogue à S, correspondante à de nouvelles valeurs intermédiaires $x'_1, \ldots, x'_n, \xi_0, \ldots, \xi_n$. Supposons que les valeurs intermédiaires aient été assez multipliées tant dans S que dans S' pour que chacun des intervalles $x_1 - x_0$, $x_2 - x_1$, ..., $X - x_n$, $x'_1 - x_0$, $x'_2 - x'_1$, ..., $X - x'_n$ soit $< \frac{1}{2}r$. Cherchons à évaluer la différence S' — S.

Admettons, pour fixer les idées, que les quantités $x_1, \ldots, x_n, \ldots, x'_1, \ldots, x'_n$, rangées par ordre de grandeur, se présentent dans l'ordre suivant :

$$x_1, \quad x'_1, \quad x'_2, \quad x_2. \ldots$$

On peut évidemment écrire

$$S = (x_1 - x_0)f(\xi_0)$$
$$+ [(x'_1 - x_1) + (x'_2 - x'_1) + (x_2 - x'_2)]f(\xi_1) + \ldots$$
$$S' = [(x_1 - x_0) + (x'_1 - x_1)]f(\xi_0)$$
$$+ (x'_2 - x'_1)f(\xi_1) + [(x_2 - x'_2) + \ldots]f(\xi_2) + \ldots$$

Comparons, dans ces deux expressions, deux termes correspondants, par exemple ceux qui contiennent en facteur $x_2 - x'_2$. Leur différence est égale à

$$(x_2 - x'_2)[f(\xi_2) - f(\xi_1)].$$

D'ailleurs ξ_1, étant compris entre x_1 et x_2, sera de la forme $x_1 + \theta(x_2 - x_1)$, θ étant compris entre o et 1. De même $\xi_2 = x'_2 + \theta'(x'_3 - x'_2)$, θ' étant compris entre o et 1. Enfin x'_2, étant compris entre x_1 et x_2, sera de la forme $x_1 + \theta''(x_2 - x_1)$, θ'' étant compris entre o et i. On aura donc

$$\xi_2' = x_1 + \theta''(x_2 - x_1) + \theta'(x_3' - x_2')$$

et, par suite,

$$\xi_2' - \xi_1 = \theta'(x_3' - x_2') + (\theta'' - \theta)(x_2 - x_1).$$

Or $x_3' - x_2'$ et $x_2 - x_1$ sont, par hypothèse, moindres que $\frac{1}{2}\eta$ en valeur absolue. On aura donc

$$\operatorname{mod}(\xi_2' - \xi_1) < \eta,$$

et, par suite,

$$\operatorname{mod}[f(\xi_2') - f(\xi_1)] < \varepsilon.$$

La différence des deux termes considérés est donc inférieure en valeur absolue à

$$(x_2 - x_2')\varepsilon.$$

Le même raisonnement s'appliquant à deux termes quelconques, on aura

$$S' - S < \varepsilon[(x_1 - x_0) + (x_1' - x_1) + (x_2' - x_1') + \ldots] < \varepsilon(X - x_0),$$

expression qui deviendra aussi petite que l'on voudra, si η est choisi suffisamment petit.

55. La limite dont nous venons d'établir l'existence se nomme *l'intégrale définie* de la fonction $f(x)$, prise entre les limites x_0 et X.

Si nous posons, pour abréger,

$$x_1 - x_0 = \Delta x_0, \quad \ldots, \quad X - x_n = \Delta x_n,$$

on pourra écrire

$$S = f(\xi_0)\Delta x_0 + \ldots + f(\xi_n)\Delta x_n = \Sigma f(\xi)\Delta x.$$

L'intégrale définie sera la limite de cette expression. Cette limite étant indépendante du choix des quantités $\xi_0, \xi_1, \ldots$ (pourvu qu'elles soient comprises respectivement dans l'intervalle de x_0 à x_1, de x_1 à $x_2, \ldots$), on pourra, sans nuire à la généralité, supposer $\xi_0 = x_0$, $\xi_1 = x_1$...... L'intégrale définie sera donc égale à

$$\lim \Sigma f(x)\Delta x.$$

On la représente par la notation suivante

$$\int^X_{x_0} f(x)dx.$$

56. Il est clair que l'intégrale définie

$$\int^X_{x_0} f(x)dx$$

ne dépend en aucune façon de la variable x par rapport à laquelle on effectue la sommation. Mais, en revanche, l'intégrale dépendra de la nature de la fonction f et des limites x_0 et X de l'intégration.

Si donc on rencontrait, comme il arrive souvent, une expression de la forme

$$\int^x_{x_0} f(x)dx,$$

il ne faudrait pas oublier que la lettre x qui y figure présente deux significations essentiellement distinctes. En tant que figurant dans $f(x)dx$, elle représente la variable par rapport à laquelle se fait la sommation, et pourrait être remplacée par une autre lettre quelconque. L'intégrale ne dépend pas de cet x là, mais c'est une fonction de l'autre x qui représente la limite d'intégration.

57. De la définition de l'intégrale définie résultent immédiatement plusieurs propriétés importantes :

1° La première est exprimée par l'égalité évidente

$$\int^X_{x_0} f(x)dx + \int^{X_1}_{X} f(x)dx = \int^{X_1}_{x_0} f(x)dx.$$

2° La seconde, par la formule

$$\int_{x_0}^{X} f(x)\,dx = -\int_{X}^{x_0} f(x)\,dx.$$

Pour la démontrer, il suffit de remarquer que le premier membre est, par définition, la limite de la somme

$$f(\xi_0)(x_1 - x_0) + f(\xi_1)(x_2 - x_1) + \ldots + f(\xi_n)(X - x_n).$$

D'autre part, le second membre est la limite de la somme

$$f(\xi_n)(x_n - X) + f(\xi_{n-1})(x_{n-1} - x_n) + \ldots + f(\xi_0)(x_0 - x_1),$$

dont les éléments sont respectivement égaux et de signe contraire aux précédents.

3° On a enfin, en désignant par h un infiniment petit, positif ou négatif

$$\lim_{h=0} \int_{x_0}^{X+h} f(x)\,dx = \int_{x_0}^{X} f(x)\,dx.$$

En effet, la différence entre les deux intégrales

$$\int_{x_0}^{X+h} f(x)\,dx \quad \text{et} \quad \int_{x_0}^{X} f(x)\,dx$$

a pour valeur

$$\int_{X}^{X+h} f(x)\,dx = \lim\left[f(\xi_0)(x_1 - X) + f(\xi_1)(x_2 - x_1) + \ldots\right],$$

$x_1, x_2, \ldots, \xi_0, \xi_1, \ldots$ étant des quantités comprises entre X et $X + h$.

Or soit M le maximum du module de $f(x)$ dans l'intervalle de X à $X + h$. Le module de la somme précédente ne pourra surpasser la quantité

$$M\left[\operatorname{mod}(x_1 - X) + \operatorname{mod}(x_2 - x_1) + \ldots\right] = M \operatorname{mod} h,$$

laquelle tend vers zéro avec h.

58. On voit par là que l'intégrale $\int_{x_0}^{X} f(x)\,dx$, définie comme précédemment, est une fonction continue de sa limite X. Les mêmes considérations fournissent la valeur de sa dérivée par rapport à X. En effet, la fonction $f(x)$ étant supposée continue pour la valeur $x = X$, on pourra prendre h assez petit pour que, dans tout l'intervalle de X à $X + h$, $f(x)$ soit compris entre $f(X) + \varepsilon$ et $f(X) - \varepsilon$, ε étant d'une petitesse arbitraire. L'intégrale $\int_{X}^{X+h} f(x)\,dx$ sera donc comprise entre

$$[f(X) - \varepsilon]h \quad \text{et} \quad [f(X) - \varepsilon]h.$$

Divisant par h et passant à la limite, on trouvera $f(X)$ pour valeur de la dérivée cherchée.

Ainsi se trouve établi le théorème énoncé au n° 1, d'après lequel toute fonction $f(X)$ continue dans l'intervalle de $X = a$ à $X = b$ admet une fonction primitive.

59. La notion de l'intégrale définie, que nous avons obtenue par une voie purement analytique, peut être interprétée géométriquement d'une manière fort simple.

Considérons, en effet, la courbe $y = f(x)$. Menons la série

Fig. 1.

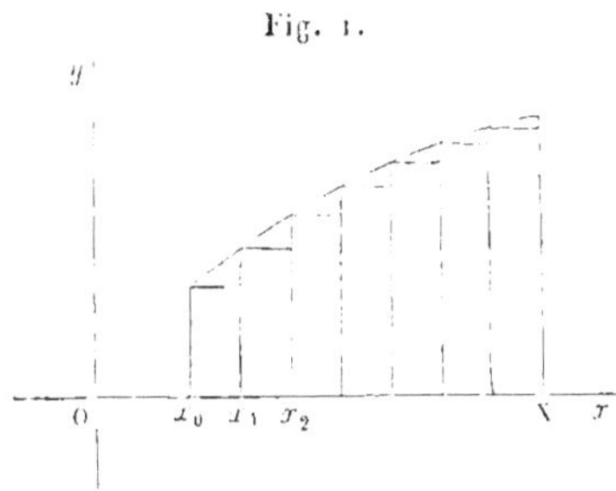

des ordonnées correspondantes aux abscisses x_0, x_1, ..., x_n, X, puis, par les points où ces ordonnées rencontrent la courbe, menons des parallèles à l'axe des x. Nous formerons ainsi une série de rectangles inscrits, ayant respectivement pour surface

$$f(x_0)(x_1 - x_0), \quad f(x_1)(x_2 - x_1), \quad \ldots, \quad f(x_n)(X - x_n).$$

Si l'on multiplie indéfiniment ces rectangles, leur somme tendra, comme on l'a vu, vers la limite fixe

$$\int_{x_0}^{X} f(x)\,dx,$$

que nous considérerons comme représentant l'*aire* comprise entre la courbe, l'axe des x et les deux ordonnées x_0 et X.

60. On remarquera que, d'après cette définition, chacun des rectangles infiniment petits qui forment les éléments de l'aire a un signe déterminé. Si $X > x_0$, chacun des facteurs $x_1 - x_0, \ldots, x_k - x_{k-1}, \ldots$ sera positif. Un rectangle quelconque, tel que $f(x_k)(x_k - x_{k-1})$, aura donc le même signe que son ordonnée. Le contraire aura lieu si $X < x_0$.

Si donc nous supposons, par exemple, que la courbe

Fig. 2.

$y = f(x)$ ait la forme représentée par la *fig.* 2, la portion B de l'aire représentée par l'intégrale définie $\int_{x_0}^{X} f(x)\,dx$ aura un signe négatif. On aura donc, en désignant par A, B, C les aires des trois portions de la figure prises positivement,

$$\int_{x_0}^{X} f(x)\,dx = A - B + C.$$

61. Nous avons supposé, dans la définition de l'intégrale

$$\int_{x_0}^{X} f(x)\,dx,$$

que la fonction $f(x)$ restait continue de x_0 à X, et que ces deux limites étaient finies. Si ces conditions ne sont pas remplies, un complément de définition deviendra nécessaire. Nous l'obtiendrons en étendant à ces cas exceptionnels les propriétés établies au n° 57.

1° Ainsi, supposons d'abord que $f(x)$ devienne discontinue pour une des limites, telle que X. Nous définirons l'intégrale $\int_{x_0}^{X} f(x)\,dx$ par l'équation

$$\int_{x_0}^{X} f(x)\,dx = \lim_{\varepsilon = 0} \int_{x_0}^{X-\varepsilon} f(x)\,dx.$$

Cette définition deviendrait illusoire, et le symbole $\int_{x_0}^{X} f(x)\,dx$ devrait être rejeté comme manquant de sens précis, si le second membre de l'équation précédente ne tendait pas vers une limite finie et déterminée, quand ε tend vers zéro.

Si nous supposons que $f(x)$, tout en devenant discontinue pour $x = X$, conserve néanmoins une valeur limitée, la limite que suppose la définition précédente existera toujours, et l'on aura encore

$$\int_{x_0}^{X} f(x)\,dx = \lim \sum_{x_0}^{X} f(\xi)\Delta x.$$

Soit, en effet, α l'une des valeurs successives que prend la variable ε en tendant vers zéro. On aura

$$\int_{x_0}^{X-\varepsilon} - \int_{x_0}^{X-\alpha} + \int_{X-\alpha}^{X-\varepsilon} = \int_{x_0}^{X-\alpha} + \lim \sum_{X-\alpha}^{X-\varepsilon} f(\xi)\Delta x.$$

Or soit M le maximum du module de $f(x)$ dans le champ de l'intégration; on aura évidemment, quelles que soient les quantités Δx,

$$\operatorname{mod} \sum_{X-\alpha}^{X-\varepsilon} f(\xi)\Delta x \lesseqgtr M \sum_{X-\alpha}^{X-\varepsilon} \operatorname{mod} \Delta x \lesseqgtr M \operatorname{mod}(\alpha-\varepsilon) < M \operatorname{mod}\alpha.$$

Cette quantité tend vers zéro avec α; on peut donc prendre α assez petit pour que les valeurs de l'intégrale $\displaystyle\int_{x_0}^{X-\varepsilon}$ correspondantes aux valeurs de ε inférieures à α diffèrent aussi peu qu'on voudra les unes des autres. Elles tendent donc vers une limite commune.

On a d'ailleurs

$$\lim \sum_{x_0}^{X} f(\xi)\Delta x = \lim \sum_{x_0}^{X-\varepsilon} f(\xi)\Delta x + \lim \sum_{X-\varepsilon}^{X} f(\xi)\Delta x$$

$$= \int_{x_0}^{X-\varepsilon} f(x)dx + \lim \sum_{X-\varepsilon}^{X} f(\xi)\Delta x.$$

Si l'on fait décroître ε indéfiniment, le premier terme du second membre tend, par définition, vers $\displaystyle\int_{x_0}^{X} f(x)dx$; et le second terme tend vers zéro, car on a, quels que soient les Δx,

$$\operatorname{mod} \sum_{X-\varepsilon}^{X} f(\xi)\Delta x \lesssim M \operatorname{mod}\varepsilon.$$

On aura donc, comme nous l'avons annoncé,

$$\lim \sum_{x_0}^{X} f(\xi)\Delta x = \int_{x_0}^{X} f(x)dx.$$

$2°$ Supposons plus généralement que $f(x)$ devienne discontinue pour des valeurs $m, m_1, \ldots, m_k$ en nombre limité, comprises dans le champ de l'intégration.

Soient μ, μ_1, ... des nombres quelconques respectivement intermédiaires entre m et m_1, entre m_1 et m_2, ... On définira $\int_{x_0}^{X} f(x)\,dx$ par l'équation

$$
\begin{aligned}
(1)\quad \int_{x_0}^{X} &= \int_{x_0}^{m} + \int_{m}^{\mu} + \int_{\mu}^{m_1} - \int_{m_1}^{\mu_1} - \cdots - \int_{m_k}^{X} \\
&= \lim\left(\int_{x_0}^{m-\varepsilon} + \int_{m-\tau}^{\mu} + \int_{\mu}^{m_1-\varepsilon_1} + \int_{m_1-\tau_1}^{\mu_1} + \cdots + \int_{m_k+\tau_k}^{X} \right),
\end{aligned}
$$

lorsque les quantités ε, τ_1, ε_1, τ_{11}, ... tendent séparément vers zéro.

Si $f(x)$, tout en devenant discontinue aux points m, m_1, ..., conserve une valeur limitée, cette limite existera toujours, et l'on pourra écrire

$$
\int_{x_0}^{X} = \lim \sum_{x_0}^{X} f(\xi)\,\Delta x.
$$

Mais si $f(x)$ passe par l'infini, la définition précédente deviendra parfois illusoire, le second membre de l'équation (1) ayant alors une limite infinie ou indéterminée.

Il peut arriver, dans ce dernier cas, que ce second membre devienne fini et déterminé, lorsqu'on assujettit les quantités τ, τ_{11}, ... à être respectivement égales à ε, ε_1, ... Le résultat obtenu dans cette hypothèse se nomme la *valeur principale* de l'intégrale $\int_{x_0}^{X}$.

3° Enfin, on est convenu de représenter par $\int_{x_0}^{\infty} f(x)\,dx$ la limite vers laquelle tend $\int_{x_0}^{X} f(x)\,dx$ lorsque X tend vers ∞ ; par $\int_{-\infty}^{\infty} f(x)\,dx$ la limite vers laquelle tend cette intégrale, lorsque x_0 et X tendent indépendamment l'un de l'autre vers $-\infty$ et vers $+\infty$.

Cette limite peut être infinie ou indéterminée. Il peut arriver, dans ce cas, qu'on obtienne une limite finie et déterminée lorsque x_0 et X tendent vers ∞, de telle sorte qu'ils restent constamment égaux et de signe contraire. Cette expression

$$\lim \int_X^X f(x)\,dx \quad \text{pour} \quad X = \infty$$

se nommera la *valeur principale* de l'intégrale $\displaystyle\int_{-\infty}^{\infty} f(x)\,dx$.

II. — Calcul des intégrales définies.

62. THÉORÈME. — *Soit* $F(x)$ *l'une quelconque des fonctions qui ont pour dérivée* $f(x)$. *On aura généralement*

$$\int_a^b f(x)\,dx = F(b) - F(a),$$

pourvu que $F(x)$ *soit continue dans tout l'intervalle de* a *à* b.

Supposons d'abord que $f(x)$ soit elle-même continue dans cet intervalle. Assignons successivement à x une série de valeurs $x_1, x_2, \ldots, x_n$, b infiniment voisines les unes des autres et intermédiaires entre a et b. On aura

$$F(x_1) - F(a) = [F'(a) + \varepsilon](x_1 - a)$$
$$= f(a)(x_1 - a) + \varepsilon(x_1 - a),$$
$$F(x_2) - F(x_1) = f(x_1)(x_2 - x_1) + \varepsilon_1(x_2 - x_1),$$
$$\cdots\cdots\cdots\cdots\cdots\cdots\cdots\cdots\cdots\cdots\cdots\cdots$$
$$F(b) - F(x_n) = f(x_n)(b - x_n) + \varepsilon_n(b - x_n),$$

$\varepsilon_1, \varepsilon_2, \ldots, \varepsilon_n$ étant des infiniment petits.

Ajoutant ces équations, il viendra

$$F(b) - F(a) = f(a)(x_1 - a) + f(x_1)(x_1 - x_1) + \cdots$$
$$+ \varepsilon(x_1 - a) + \varepsilon_1(x_2 - x_1) + \cdots.$$

Faisant croître n indéfiniment,

$$f(a)(x_1 - a) + f(x_1)(x_2 - x_1) + \ldots$$

tendra par définition vers l'intégrale définie $\int_a^b f(x)\,dx$; d'autre part, la somme $\varepsilon(x_1 - a) + \varepsilon_1(x_2 - x_1) + \ldots$ ayant son module inférieur à $\eta\,\mathrm{mod}(b - a)$, où η est le maximum du module des quantités ε, tendra évidemment vers zéro, si $b - a$ est une quantité finie.

Cette dernière restriction est d'ailleurs inutile, car l'égalité

$$\int_a^b f(x)\,dx = F(b) - F(a),$$

étant démontrée pour toutes les valeurs finies de a et de b, subsistera évidemment à la limite quand ces quantités deviennent infinies.

63. Supposons maintenant que $f(x)$ devienne discontinue pour une valeur c de la variable comprise dans l'intervalle de a à b. On aura, par définition,

$$\int_a^b f(x)\,dx = \lim\left[\int_a^{c-\varepsilon} f(x)\,dx + \int_{c-\eta}^b f(x)\,dx\right]$$

pour $\varepsilon = 0$, $\eta = 0$.

Appliquant à chacune des deux intégrales ci-dessus le théorème précédent, il viendra

$$\int_a^b f(x)\,dx = \lim[F(c-\varepsilon) - F(a) + F(b) - F(c+\eta)]$$
$$= F(b) - F(a) + \lim[F(c-\varepsilon) - F(c+\eta)].$$

Or, si la fonction F reste continue pour $x = c$ (et à cette condition seulement), $F(c-\varepsilon) - F(c+\eta)$ tendra vers zéro en même temps que ε et η, et l'on aura encore

$$\int_a^b f(x)\,dx = F(b) - F(a).$$

Nous conviendrons de désigner la différence $F(b) - F(a)$ par la notation $[F(x)]_a^b$.

64. Si la fonction $F(x)$ n'a qu'une seule valeur pour chaque valeur de x, la formule précédente donnera immédiatement la valeur de l'intégrale définie cherchée. Mais si cette fonction a plusieurs valeurs pour chaque valeur de x, l'expression $F(b) - F(a)$ sera ambiguë, et une discussion sera nécessaire pour distinguer celle de ses valeurs qui est égale à la quantité parfaitement déterminée $\int_a^b f(x)\,dx$.

Considérons, par exemple, l'intégrale

$$\int_a^b \frac{f'(x)\,dx}{1 + f(x)^2}.$$

La formule précédente donne, pour sa valeur, l'expression

$$\operatorname{arc\ tang} f(b) - \operatorname{arc\ tang} f(a).$$

Mais on sait que $\operatorname{arc\ tang} x$ a une infinité de valeurs de la forme

$$\operatorname{Arc\ tang} x + m\pi,$$

$\operatorname{Arc\ tang} x$ désignant celle de ces valeurs qui se trouve comprise dans le premier ou le quatrième quadrant.

On aura, par suite,

$$\operatorname{arc\ tang} f(b) = \operatorname{Arc\ tang} f(b) + m\pi,$$
$$\operatorname{arc\ tang} f(a) = \operatorname{Arc\ tang} f(a) + n\pi,$$

$$\int_a^b \frac{f'(x)}{1 + f(x)^2}\,dx = \operatorname{Arc\ tang} f(b) - \operatorname{Arc\ tang} f(a) + (m - n)\pi.$$

Pour ôter l'ambiguïté de cette formule, il faut déterminer $m - n$. Considérons, à cet effet, un cercle de rayon 1, et soit AM (*fig.* 3) un des arcs dont la tangente est $f(x)$. Tant que $f(x)$ en variant ne passe pas par l'infini, le point M se promènera sur le cercle, mais en restant toujours du même côté de la ligne PQ. Au contraire, chaque fois que $f(x)$ changera de signe en passant par l'infini, le point M fran-

chira cette ligne, soit en P, soit en Q. Ce mouvement s'effectuera dans le sens indiqué par la flèche si $f(x)$ passe du
positif au négatif, dans le sens contraire s'il passe du négatif
au positif.

Fig. 3.

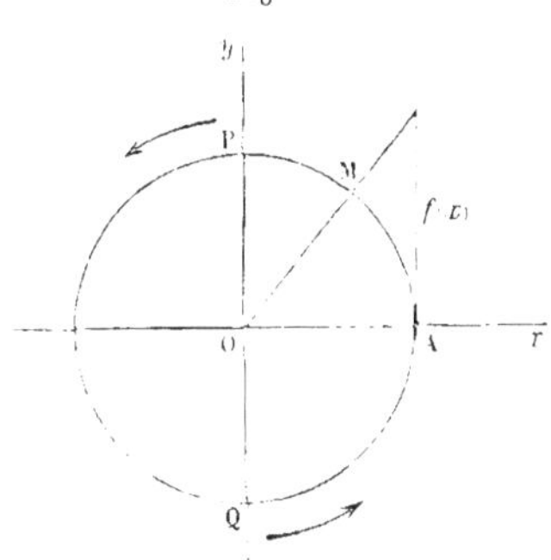

Cela posé, parmi les valeurs de arc tang $f(x)$ correspondantes à $x = a$, considérons particulièrement la valeur
Arc tang $f(a)$, et voyons quel accroissement prendra la fonction quand x variera d'une manière continue de a à b. Si, dans
cet intervalle, $f(x)$ ne change pas de signe en passant par ∞,
le point mobile M restera compris entre $-\dfrac{\pi}{2}$ et $+\dfrac{\pi}{2}$. Donc,
pour $x = b$, la valeur de l'arc tangente sera devenue
Arc tang $f(b)$. On aura, par suite,

$$\int_a^b \frac{f'(x)\,dx}{1 + f(x)^2} = \text{Arc tang}\,f(b) - \text{Arc tang}\,f(a).$$

Ce cas se présentera, par exemple, si $f(x) = x$. On aura
donc

$$\int_a^b \frac{dx}{1 + x^2} = \text{Arc tang}\,b - \text{Arc tang}\,a.$$

Supposons plus généralement que de $x = a$ à $x = b$ la
fonction $f(x)$ ait passé par l'infini, k fois en allant du positif
au négatif, et k' fois en allant du négatif au positif. Le point
M aura franchi k fois la ligne PQ dans le sens des flèches,

et rétrogradé k' fois. La valeur de l'arc tangente pour $x = b$ sera donc devenue

$$\operatorname{Arc\ tang} f(b) + (k - k')\pi,$$

et l'on aura

$$\int_a^b \frac{f'(x)}{1 + f(x)^2}\, dx = \operatorname{Arc\ tang} f(b) - \operatorname{Arc\ tang} f(a) + (k - k')\pi.$$

65. Considérons en second lieu l'intégrale

$$\int_a^b \frac{dx}{x - \alpha - \beta i}.$$

Supposons d'abord $\beta \gtrless 0$. La fonction à intégrer étant la dérivée de l'expression

$$\tfrac{1}{2} \operatorname{Log}\left[(x - \alpha)^2 + \beta^2\right] + i \operatorname{arc\ tang} \frac{x - \alpha}{\beta},$$

où Log désigne un logarithme arithmétique, on aura

$$\int_a^b \frac{dx}{x - \alpha - \beta i} = \tfrac{1}{2} \operatorname{Log}\left[(b - \alpha)^2 + \beta^2\right] - \tfrac{1}{2} \operatorname{Log}\left[(a - \alpha)^2 + \beta^2\right]$$
$$+ i\left(\operatorname{arc\ tang} \frac{b - \alpha}{\beta} - \operatorname{arc\ tang} \frac{a - \alpha}{\beta}\right).$$

La partie réelle de cette expression est complètement déterminée. Quant aux arcs tangentes qui figurent dans le terme imaginaire, ils ne sont déterminés qu'aux multiples près de π; mais nous avons vu au numéro précédent le moyen de lever cette ambiguïté. La fonction $\dfrac{x - \alpha}{\beta}$ ne devenant pas infinie quand x varie de a à b, on aura dans ce cas

$$\operatorname{arc\ tang} \frac{b - \alpha}{\beta} - \operatorname{arc\ tang} \frac{a - \alpha}{\beta}$$
$$= \operatorname{Arc\ tang} \frac{b - \alpha}{\beta} - \operatorname{Arc\ tang} \frac{a - \alpha}{\beta}.$$

Soit maintenant $\beta = 0$. On a dans cette hypothèse

$$\int \frac{dx}{x - \alpha} = \log(x - \alpha) + \text{const.},$$

d'où

$$\int_a^b \frac{dx}{x - \alpha} = \log(b - \alpha) - \log(a - \alpha) = \log\left(\frac{b - \alpha}{a - \alpha}\right).$$

Si α n'est pas compris entre a et b, $\dfrac{b - \alpha}{a - \alpha}$ sera positif, et l'on aura

$$\int_a^b \frac{dx}{x - \alpha} = \log\left(\frac{b - \alpha}{a - \alpha}\right) = \mathrm{Log}\left(\frac{b - \alpha}{a - \alpha}\right) + 2\,m\pi\,i,$$

m étant un entier qui reste à déterminer.

Mais l'intégrale, ayant tous ses éléments réels, est évidemment réelle. Il faut donc prendre $m = 0$, d'où

$$\int_a^b \frac{dx}{x - \alpha} = \mathrm{Log}\left(\frac{b - \alpha}{a - \alpha}\right).$$

Supposons, au contraire, que α soit compris entre a et b: $\dfrac{b - \alpha}{a - \alpha}$, étant négatif, n'aura que des logarithmes imaginaires: aucun d'eux ne pourra être égal à l'intégrale réelle $\displaystyle\int_a^b \frac{dx}{x - \alpha}$.

Ce paradoxe provient de ce que, la fonction

$$\mathrm{F}(x) = \log(x - \alpha)$$

devenant infinie pour la valeur $x = \alpha$ comprise entre a et b, le théorème du n° 62 cesse d'être exact.

Il est aisé de voir que l'intégrale $\displaystyle\int_a^b \frac{dx}{x - \alpha}$ est indéterminée dans l'hypothèse actuelle. En effet, on a par définition

$$\int_a^b \frac{dx}{x - \alpha} = \lim\left(\int_a^{\alpha - \varepsilon} \frac{dx}{x - \alpha} + \int_{\alpha + \eta}^b \frac{dx}{x - \alpha}\right)$$

$$= \lim\left(\mathrm{Log}\frac{-\varepsilon}{a - \alpha} + \mathrm{Log}\frac{b - \alpha}{\eta}\right)$$

$$= \mathrm{Log}\frac{-(b - \alpha)}{a - \alpha} + \lim \mathrm{Log}\frac{\varepsilon}{\eta},$$

expression évidemment indéterminée, tant que le rapport $\dfrac{\varepsilon}{\eta}$ reste arbitraire.

En posant $\varepsilon = \eta$, on aura pour valeur principale de l'intégrale l'expression

$$\operatorname{Log} \frac{-(b-x)}{a-x}.$$

66. On peut employer pour le calcul des intégrales définies les trois procédés d'intégration signalés au Chapitre I.

1° *Décomposition en parties*. — Si

$$f(x) = \alpha\varphi(x) + \beta\psi(x) + \ldots,$$

il est clair qu'on aura

$$\int_a^b f(x)\,dx = \lim \Sigma\left[\alpha\varphi(x) + \beta\psi(x) + \ldots\right]\Delta x$$
$$= \alpha \lim \Sigma\varphi(x)\Delta x + \beta \lim \Sigma\psi(x)\Delta x + \ldots$$
$$= \alpha \int_a^b \varphi(x)\,dx + \beta \int_a^b \psi(x)\,dx + \ldots.$$

Ce raisonnement suppose que $f(x)$ reste fini dans le champ d'intégration et que les limites sont finies. Mais le résultat subsiste toujours, pourvu que les intégrales qui y figurent soient finies et déterminées.

En effet, le résultat étant vrai pour toute valeur finie de b restera vrai si b croît indéfiniment.

D'autre part, si $f(x)$ devient infini pour une valeur $x = m$ située dans le champ de l'intégration, on aura, quels que soient ε et η,

$$\int_a^{m-\varepsilon} f(x)\,dx = \alpha \int_a^{m-\varepsilon} \varphi(x)\,dx + \beta \int_a^{m-\varepsilon} \psi(x)\,dx + \ldots.$$
$$\int_{m+\eta}^b f(x)\,dx = \alpha \int_{m+\eta}^b \varphi(x)\,dx + \beta \int_{m+\eta}^b \psi(x)\,dx + \ldots.$$

Ajoutons, et faisons tendre ε et η vers zéro; il viendra

$$\int_a^b f(x)\,dx = \alpha \int_a^b \varphi(x)\,dx + \beta \int_a^b \psi(x)\,dx + \ldots$$

67. 2° *Changement de la variable*. — Soit $\displaystyle\int_{x_0}^{X} f(x)\,dx$
une intégrale définie, où nous supposerons provisoirement
que les limites x_0 et X sont finies, et la fonction $f(x)$ continue dans tout le champ de l'intégration. Posons

$$x = \varphi(t),$$

φ étant une fonction dont la dérivée soit continue et conserve le même signe, sans jamais s'annuler, dans tout l'intervalle de x_0 à X.

Donnons à x une série de valeurs infiniment voisines x_0,
$x_1, \ldots, x_n$, X intermédiaires entre x_0 et X. Soient t_0,
$t_1, \ldots, t_n$, T les valeurs correspondantes de t. On aura

$$x_1 - x_0 = \varphi(t_1) - \varphi(t_0) = \left[\varphi'(t_0) + \varepsilon_0\right](t_1 - t_0).$$

$$\cdots\cdots\cdots\cdots\cdots\cdots\cdots\cdots\cdots\cdots$$

$$x_{k+1} - x_k = \varphi(t_{k+1}) - \varphi(t_k) = \left[\varphi'(t_k) + \varepsilon_k\right](t_{k+1} - t_k),$$

$$\cdots\cdots\cdots\cdots\cdots\cdots\cdots\cdots\cdots\cdots$$

$\varepsilon_0, \ldots, \varepsilon_k, \ldots$ étant des infiniment petits.

Les dérivées $\varphi'(t_0), \ldots, \varphi'(t_k), \ldots$ sont, par hypothèse, finies et de même signe. D'autre part, les quantités
$x_1 - x_0, \ldots, x_{k+1} - x_k, \ldots$ sont infiniment petites et de
même signe. Donc les différences $t_1 - t_0, \ldots, t_{k+1} - t_k, \ldots$
seront infiniment petites et de même signe.

Cela posé, on a, par définition,

$$\int_{x_0}^{X} f(x)\,dx = \lim \sum_0^n f(x_k)\,(x_{k+1} - x_k)$$

$$= \lim \sum_0^n f[\varphi(t_k)]\left[\varphi'(t_k) + \varepsilon_k\right](t_{k+1} - t_k).$$

L'expression du second membre se compose de deux parties. La première

$$\sum_0^n f[\varphi(t_k)]\,\varphi'(t_k)\,(t_{k+1} - t_k)$$

a pour limite, d'après la définition, l'intégrale définie

$$\int_{t_0}^{1} f[\varphi(t)]\,\varphi'(t)\,dt.$$

La seconde

$$\sum_0^n f[\varphi(t_k)]\,\varepsilon_k(t_{k+1} - t_k)$$

a pour limite zéro. Soient, en effet, M le maximum du module de la fonction $f(x) = f[\varphi(t)]$ dans l'intervalle que nous considérons; η le maximum du module des quantités ε; le module de la somme ci-dessus aura pour limite supérieure

$$M\eta\,\Sigma\,\mathrm{mod}(t_{k+1} - t_k) = M\eta\,\mathrm{mod}(T - t_0).$$

À la limite, η tend vers zéro; M est fini, et il en est de même de $T - t_0$. On a, en effet,

$$X - x_0 = \mu(T - t_0),$$

μ désignant une quantité intermédiaire entre le maximum et le minimum de la fonction $f'(t)$ dans l'intervalle considéré. Or on admet que dans cet intervalle $f'(t)$ conserve le même signe et ne s'annule pas. Donc μ est différent de zéro; d'ailleurs $X - x_0$ est fini; donc $T - t_0$ le sera.

On aura donc finalement

$$\int_{x_0}^{X} f(x)\,dx = \int_{t_0}^{T} f[\varphi(t)]\,\varphi'(t)\,dt,$$

ce qui nous permettra de formuler la règle suivante pour effectuer le changement de variable :

Dans la différentielle à intégrer on remplacera x et dx par leurs valeurs déduites de l'équation $x = \varphi(t)$, et l'on donnera pour limites à la nouvelle intégrale les valeurs de t correspondantes aux anciennes limites de la variable x.

68. Nous avons fait dans la démonstration qui précède diverses hypothèses restrictives dont il importe de se débarrasser autant que possible.

Supposons d'abord qu'à l'une des extrémités du champ d'intégration, par exemple pour $x = X$, $t = T$, $f(x) = f[\varphi(t)]$ devienne discontinue, ou $\varphi'(t)$ nulle ou discontinue. Soit $T - \tau$ une valeur de t très voisine de T et comprise entre t_0 et T; soit $X - \xi$ la valeur correspondante de x.

On aura, d'après ce qui précède,

$$\int_{t_0}^{X-\xi} f(x)\,dx = \int_{t_0}^{T-\tau} f[\varphi(t)]\varphi'(t)\,dt.$$

Faisons décroître τ indéfiniment. Le second membre aura évidemment pour limite

$$\int_{t_0}^{T} f[\varphi(t)]\varphi'(t)\,dt,$$

et le premier aura de même pour limite $\int_{t_0}^{X} f(x)\,dx$ si ξ tend vers zéro en même temps que τ, c'est-à-dire si la fonction $\varphi(t)$ reste continue.

Supposons, en second lieu, qu'il existe dans le champ d'intégration un nombre limité de valeurs de t pour lesquelles $f(x)$ devienne discontinue, ou $\varphi'(t)$ nulle ou discontinue. On n'aura qu'à subdiviser le champ en diverses portions limitées à ces points singuliers. Le théorème sera applicable à chacune de ces intégrales partielles, pourvu que $\varphi(t)$ reste continue. Ajoutant les résultats obtenus, le théorème sera démontré pour l'intégrale totale.

Enfin, si l'égalité

$$\int_{x_0}^{X} f(x)\,dx = \int_{t_0}^{T} f[\varphi(t)]\,\varphi'(t)\,dt$$

est satisfaite pour toute valeur de X comprise entre x_0 et ∞, on pourra, dans cette égalité, faire tendre X vers ∞, et l'on trouvera

$$\int_{x_0}^{\infty} f(x)\,dx = \int_{t_0}^{\Theta} f[\varphi(t)]\,\varphi'(t)\,dt,$$

Θ désignant la valeur de t pour $x = \infty$.

69. *Exemples.* — Considérons l'intégrale

$$\int_{a}^{b} f(x)\,dx.$$

Posons

$$x = \frac{1}{t}, \quad \text{d'où} \quad dx = -\frac{dt}{t^2}.$$

Si a et b sont de même signe, lorsque x variera de a à b, t variera de $\frac{1}{a}$ à $\frac{1}{b}$, et la quantité $\varphi'(t) = -\frac{1}{t^2}$ restera finie et différente de zéro. On aura donc

$$\int_{a}^{b} f(x)\,dx = -\int_{\frac{1}{a}}^{\frac{1}{b}} f\left(\frac{1}{t}\right)\frac{dt}{t^2}.$$

Mais si a et b sont de signes contraires, x passera par la valeur zéro, pour laquelle on a $t = \infty$ et $\varphi'(t) = 0$. Il faudra donc, avant d'appliquer la règle, décomposer l'intégrale en deux intégrales partielles

$$\int_{a}^{b} f(x)\,dx = \int_{a}^{0} f(x)\,dx + \int_{0}^{b} f(x)\,dx$$

$$= \lim\left[\int_{a}^{t} f(x)\,dx + \int_{\eta}^{b} f(x)\,dx\right],$$

les infiniment petits ε et η, ayant respectivement le signe de a et celui de b.

Transformant séparément les deux intégrales et passant à la limite, il viendra, si $a < 0$, $b > 0$,

$$\int_a^b f(x)\,dx = -\int_{\frac{1}{a}}^{-\infty} f\left(\frac{1}{t}\right) \frac{dt}{t^2} - \int_\infty^{\frac{1}{b}} f\left(\frac{1}{t}\right) \frac{dt}{t^2}.$$

Si $a > 0$, $b < 0$, on aura la même formule, sauf le signe des infinis.

70. Considérons, en second lieu, l'intégrale $\displaystyle\int_0^\pi \sin^2 x\,dx$. Posons

$$\sin x = t, \quad \text{d'où} \quad dx = \frac{dt}{\sqrt{1 - t^2}}.$$

On aura à intégrer la différentielle

$$t^2 \frac{dt}{\sqrt{1 - t^2}}.$$

Pour $x = 0$ et pour $x = \pi$, on a $t = 0$. Les deux limites de la nouvelle intégration se confondant, il semble que l'intégrale soit nulle ; résultat absurde, car $\displaystyle\int_0^\pi \sin^2 x\,dx$ est une somme d'une infinité d'éléments tous positifs.

Ce paradoxe provient de ce qu'on n'a pas tenu compte de l'ambiguïté du signe du radical $\sqrt{1 - t^2}$.

Or, lorsque x croît de 0 à $\dfrac{\pi}{2}$, t croît également ; donc dx et dt ont le même signe ; mais, lorsque x varie de $\dfrac{\pi}{2}$ à π, t décroît ; donc dt est de signe contraire à dx. On a donc

$$dx = \frac{dt}{+\sqrt{1 - t^2}}, \quad \text{de } x = 0 \text{ à } x = \frac{\pi}{2},$$

$$dx = \frac{dt}{-\sqrt{1 - t^2}}, \quad \text{de } x = \frac{\pi}{2} \text{ à } x = \pi.$$

L'intégrale $\int_0^{\pi} \sin^2 x\, dx$ devra donc être décomposée en deux autres

$$\int_0^{\frac{\pi}{2}} \sin^2 x\, dx, \qquad \int_{\frac{\pi}{2}}^{\pi} \sin^2 x\, dx,$$

dans chacune desquelles on devra substituer la valeur correspondante de dx. On trouvera ainsi, en remarquant que $t = 1$ pour $x = \dfrac{\pi}{2}$,

$$\int_0^{\pi} \sin^2 x\, dx = \int_0^1 \frac{x^2\, dx}{+\sqrt{1-x^2}} + \int_1^0 \frac{x^2\, dx}{-\sqrt{1-x^2}}$$
$$= 2 \int_0^1 \frac{x^2\, dx}{\sqrt{1-x^2}},$$

résultat qui est exact.

71. *Intégration par parties.* — De l'égalité

$$[f(x)\varphi(x)]' = f(x)\,\varphi'(x) + \varphi(x)f'(x),$$

on déduit

$$\int_a^b [f(x)\,\varphi(x)]'\, dx = \int_a^b f(x)\,\varphi'(x)\, dx + \int_a^b \varphi(x)f'(x)\, dx.$$

D'ailleurs, on a, d'après le n° **62**,

$$\int_a^b [f(x)\,\varphi(x)]'\, dx = [f(x)\,\varphi(x)]_a^b,$$

pourvu que $f(x)\,\varphi(x)$ reste fini et déterminé dans le champ de l'intégration. On aura donc, sous cette condition,

$$\int_a^b f(x)\,\varphi'(x)\, dx = [f(x)\varphi(x)]_a^b - \int_a^b \varphi(x)f'(x)\, dx.$$

72. *Applications.* — Soit à calculer l'intégrale définie

$$I_m = \int_0^{\frac{\pi}{2}} \sin^m x \, dx,$$

m étant un entier positif.

Pour $m = 0$, on aura

$$I_0 = \int_0^{\frac{\pi}{2}} dx = (x)_0^{\frac{\pi}{2}} = \frac{\pi}{2}.$$

Pour $m = 1$,

$$I_1 = \int_0^{\frac{\pi}{2}} \sin x \, dx = (-\cos x)_0^{\frac{\pi}{2}} = 1.$$

On a, d'autre part, quel que soit m,

$$I_m = \int_0^{\frac{\pi}{2}} \sin^{m-1} x \sin x \, dx,$$

et, en intégrant par parties,

$$I_m = (-\cos x \sin^{m-1} x)_0^{\frac{\pi}{2}} - \int_0^{\frac{\pi}{2}} (-\cos x)(m-1) \sin^{m-2} x \cos x \, dx.$$

Le terme tout intégré s'annule aux deux limites 0 et $\frac{\pi}{2}$. Quant à l'intégrale du second membre, elle est égale à

$$(m-1) \int_0^{\frac{\pi}{2}} \sin^{m-2} x \, (1 - \sin^2 x) \, dx = (m-1)(I_{m-2} - I_m).$$

On aura donc

$$I_m = (m-1)(I_{m-2} - I_m),$$

d'où

$$I_m = \frac{m-1}{m} I_{m-2}$$

Supposons, d'abord, que m soit un nombre pair $2n$. Cette formule donnera successivement

$$(1)\quad\begin{cases} I_{2n} = \dfrac{2n-1}{2n}\, I_{2n-2} \\[2mm] \phantom{I_{2n}}= \dfrac{2n-1}{2n}\dfrac{2n-3}{2n-2}\, I_{2n-4} \\[2mm] \phantom{I_{2n}}= \dots\dots\dots\dots \\[2mm] \phantom{I_{2n}}= \dfrac{(2n-1)(2n-3)\dots 1}{2n(2n-2)\dots 2}\, I_0 \\[2mm] \phantom{I_{2n}}= \dfrac{(2n-1)(2n-3)\dots 1}{2n(2n-2)\dots 2}\,\dfrac{\pi}{2}. \end{cases}$$

Si $m = 2n+1$, on trouvera de même

$$(2)\quad\begin{cases} I_{2n+1} = \dfrac{2n}{2n+1}\, I_{2n-1} \\[2mm] \phantom{I_{2n+1}}= \dfrac{2n(2n-2)}{(2n+1)(2n-1)}\, I_{2n-3} \\[2mm] \phantom{I_{2n+1}}= \dots\dots\dots\dots\dots \\[2mm] \phantom{I_{2n+1}}= \dfrac{2n(2n-2)\dots 2}{(2n+1)(2n-1)\dots 3}\, I_1 \\[2mm] \phantom{I_{2n+1}}= \dfrac{2n(2n-2)\dots 2}{(2n+1)(2n-1)\dots 3}. \end{cases}$$

On déduit des formules (1) et (2) la relation suivante :

$$\frac{\pi}{2} = \frac{[2n(2n-2)\dots 2]^2}{(2n-1)(2n-3)\dots 1.(2n+1)(2n-1)\dots 3}\,\frac{I_{2n}}{I_{2n+1}}.$$

Il est d'ailleurs aisé de trouver deux limites supérieure et inférieure du rapport $\dfrac{I_{2n}}{I_{2n+1}}$. En effet, on a, en général,

$$I_m - I_{m+1} = \int_0^{\frac{\pi}{2}} \sin^m x\,(1 - \sin x)\,dx.$$

Cette intégrale est positive; car, de 0 à $\frac{\pi}{2}$, les facteurs $\sin x$, $1 - \sin x$ et dx sont tous positifs. Chacun des éléments dont la somme constitue l'intégrale est donc positif.

Posant successivement $m = 2n - 1$ et $m = 2n$ dans cette relation, il viendra

$$I_{2n-1} > I_{2n} > I_{2n+1}.$$

d'où

$$1 < \frac{I_{2n}}{I_{2n+1}} < \frac{I_{2n-1}}{I_{2n+1}},$$

et par suite, d'après la formule (2),

$$1 < \frac{I_{2n}}{I_{2n+1}} < \frac{2n+1}{2n}.$$

Si n tend vers ∞, $\dfrac{I_{2n}}{I_{2n+1}}$ converge donc vers l'unité, de telle sorte qu'on aura

$$\frac{\pi}{2} = \lim_{n \to \infty} \frac{(2.4\ldots.2n)^2}{1.3\ldots(2n-1).3.5\ldots(2n+1)}.$$

C'est la formule de Wallis, déjà trouvée dans le Calcul différentiel.

73. Considérons, en second lieu, l'intégrale

$$\int_{-1}^{+1} (1 - x^2)^n \cos zx \, dx,$$

n désignant un entier.

Posons, pour abréger,

$$(1 - x^2)^n = F(x),$$

et opérons une suite d'intégrations par parties portant sur le facteur transcendant. Il viendra

$$\int_{-1}^{+1} (1 - x^2)^n \cos zx\, dx$$

$$= \left[\frac{F(x)\sin zx}{z} \right]_{-1}^{+1} - \int_{-1}^{+1} \frac{F'(x)\sin zx}{z}\, dx$$

$$= \left[\frac{F(x)\sin zx}{z} \right]_{-1}^{+1} + \left[\frac{F'(x)\cos zx}{z^2} \right]_{-1}^{+1} - \int_{-1}^{+1} \frac{F''(x)\cos zx}{z^2}\, dx$$

$$= \dots \dots \dots \dots \dots \dots \dots \dots \dots \dots \dots$$

$$\left\{ \sin zx \left[\frac{F(x)}{z} - \frac{F''(x)}{z^3} + \dots + (-1)^n \frac{F^{2n}(x)}{z^{2n+1}} \right] \atop + \cos zx \left[\frac{F'(x)}{z^2} - \frac{F'''(x)}{z^4} + \dots + (-1)^{n-1} \frac{F^{2n-1}(x)}{z^{2n}} \right] \right\}_{-1}^{+1}$$

$$+ (-1)^{n+1} \int_{-1}^{+1} \frac{F^{2n+1}(x)\sin zx}{z^{2n+1}}\, dx$$

Or F est un polynôme de degré $2n$; on aura donc $F^{2n+1}(x) = 0$, et l'intégrale du second membre se réduira à zéro.

D'autre part, $F(x)$ étant une fonction paire, il en sera de même de ses dérivées d'ordre pair $F''(x)$, ..., $F^{2n}(x)$; au contraire, $F'(x)$, ..., $F^{2n-1}(x)$ seront des fonctions impaires. Les termes tout intégrés prendront donc pour $x = +1$ et pour $x = -1$ des valeurs égales et contraires. On aura, par suite, en substituant ces deux limites, et faisant la différence des résultats

$$(3) \qquad \int_{-1}^{+1} (1 - x^2)^n \cos zx\, dx = 2(M \sin z + N \cos z),$$

en posant, pour abréger,

$$M = \frac{F(1)}{z} - \frac{F''(1)}{z^3} + \dots + (-1)^n \frac{F^{2n}(1)}{z^{2n+1}},$$

$$N = \frac{F'(1)}{z^2} - \frac{F'''(1)}{z^4} + \dots + (-1)^{n-1} \frac{F^{2n-1}(1)}{z^{2n}}.$$

Pour calculer les constantes $F(1)$, $F'(1)$, ..., $F^{2n}(1)$, on remarquera que la série de Taylor donne

$$F(1 + h) = F(1) + \frac{F'(1)}{1} h + \ldots + F^k(1) \frac{h^k}{1 \cdot 2 \ldots k} + \ldots$$

Mais on a d'autre part

$$F(1 + h) = [1 - (1 + h)^2]^n = (-1)^n (2h + h^2)^n$$
$$= A_n h^n + A_{n+1} h^{n+1} + \ldots + A_{2n} h^{2n},$$

$A_n, A_{n+1}, \ldots, A_{2n}$ étant des entiers. On aura donc, en comparant ces deux expressions,

$$F(1) = 0, \quad \ldots, \quad F^{n-1}(1) = 0,$$
$$F^n(1) = 1 \cdot 2 \ldots n\, A_n, \quad \ldots, \quad F^{2n}(1) = 1 \cdot 2 \ldots 2n\, A_{2n}.$$

Substituons ces valeurs dans la formule (3), et mettons $\frac{1 \cdot 2 \ldots n}{z^{2n+1}}$ en facteur commun; il viendra

$$(4) \quad \int_1^{+1} (1 - x^2)^n \cos zx\, dx = \frac{1 \cdot 2 \ldots n}{z^{2n+1}} (P \sin z - Q \cos z),$$

P et Q étant des polynômes en z, de degré inférieur à $2n + 1$ et à coefficients entiers.

74. Cette formule permet de démontrer aisément que π *est incommensurable.* Supposons, en effet, que $\frac{\pi}{2}$ fût égal à une fraction rationnelle $\frac{b}{a}$. Posons $z = \frac{\pi}{2}$ dans la formule (4). On aura $\cos z = 0$, $\sin z = 1$, $\frac{P}{z^{2n+1}} = \frac{E_n}{b^{2n+1}}$, E_n désignant un entier; et, par suite,

$$\int_{-1}^{+1} (1 - x^2)^n \cos \frac{\pi}{2} x \cdot dx = \frac{1 \cdot 2 \ldots n}{b^{2n+1}} E_n,$$

d'où

$$(5) \quad E_n = \frac{b^{2n+1}}{1 \cdot 2 \ldots n} \int_{-1}^{+1} (1 - x^2)^n \cos \frac{\pi}{2} x \cdot dx.$$

On devrait avoir une égalité de ce genre pour toute valeur de n. Mais cela est absurde, si n est suffisamment grand.

En effet, $1 - x^2$ et $\cos \dfrac{\pi}{2} x$ étant positifs, mais moindres que 1 dans toute l'étendue du champ d'intégration, l'intégrale $\displaystyle\int_{-1}^{+1} (1 - x^2)^n \cos \dfrac{\pi}{2} x \,.\, dx$ sera positive, mais ses éléments seront moindres que ceux de l'intégrale $\displaystyle\int_{-1}^{+1} dx$, qui est égale à 2. On aura donc

$$\int_{-1}^{+1} (1 - x^2)^n \cos \dfrac{\pi}{2} x \,.\, dx = \theta,$$

θ étant positif, mais < 2.

D'autre part, le facteur $\dfrac{b^{2n+1}}{1\,.\,2\ldots n}$ décroît rapidement quand n augmente : car, en changeant n en $n + 1$, on le multiplie par le facteur $\dfrac{b^2}{n + 1}$, qui est très petit pour de grandes valeurs de n. Si donc on prend n assez grand, le second membre de l'équation (5) sera une fraction positive et moindre que l'unité, tandis que le premier membre est un entier. L'hypothèse de π commensurable conduit donc à une contradiction.

III. — Calcul approché des intégrales définies.

75. Lorsque les méthodes précédentes ne permettent pas d'assigner la valeur exacte d'une intégrale définie, on a recours à des procédés d'approximation que nous allons exposer.

La première question qui se présente dans cet ordre d'idées est la suivante.

Problème I. — *Assigner des limites entre lesquelles*

se trouve comprise la valeur d'une intégrale définie

$$\int_a^b f(x)\,dx.$$

Il est permis de supposer $b > a$; car le cas contraire se ramènerait à celui-là en appliquant la relation

$$\int_a^b f(x)\,dx = -\int_b^a f(x)\,dx.$$

Cela posé, soient $F(x)$ et $F_1(x)$ deux fonctions quelconques, telles que l'on ait, pour toute valeur de x comprise entre a et b,

$$F(x) \gtreqless f(x) \gtreqless F_1(x);$$

on aura

$$\int_a^b F(x)\,dx \gtreqless \int_a^b f(x)\,dx \gtreqless \int_a^b F_1(x)\,dx.$$

On a, en effet,

$$\int_a^b F(x)\,dx - \int_a^b f(x)\,dx = \int_a^b [F(x) - f(x)]\,dx,$$

$$\int_a^b f(x)\,dx - \int_a^b F_1(x)\,dx = \int_a^b [f(x) - F_1(x)]\,dx.$$

Or les intégrales qui forment les seconds membres de ces identités ont tous leurs éléments positifs ou nuls; car, x croissant de a à b, dx sera positif, et, d'autre part, les facteurs $F(x) - f(x)$, $f(x) - F_1(x)$ seront positifs (ou nuls). Donc ces intégrales auront une valeur positive (ou nulle).

Pour utiliser cette remarque, il restera à choisir les fonctions $F(x)$ et $F_1(x)$ de telle sorte qu'on puisse calculer la valeur des intégrales définies

$$\int_a^b F(x)\,dx, \quad \int_a^b F_1(x)\,dx.$$

Soient, par exemple, M la valeur maximum et m la valeur

minimum de la fonction $f(x)$ dans l'intervalle de a à b. On aura

$$M \gtreqqless f(x) \gtreqqless m$$

et, par suite,

$$\int_a^b M\, dx \gtreqqless \int_a^b f(x)\, dx \gtreqqless \int_a^b m\, dx,$$

ou

$$M(b-a) \gtreqqless \int_a^b f(x)\, dx \gtreqqless m(b-a).$$

Plus généralement, supposons que $f(x)$ puisse se décomposer en un produit de deux fonctions $\varphi(x)$ et $\psi(x)$, dont la seconde, $\psi(x)$, soit constamment positive de $x = a$ à $x = b$. Soient M le maximum et m le minimum de $\varphi(x)$ dans cet intervalle; on aura

$$M \gtreqqless \varphi(x) \gtreqqless m,$$

et, comme $\psi(x)$ est positif,

$$M\psi(x) \gtreqqless \varphi(x)\,\psi(x) \gtreqqless m\,\psi(x),$$

d'où

$$M\int_a^b \psi(x)\, dx \gtreqqless \int_a^b \varphi(x)\,\psi(x)\, dx \gtreqqless m\int_a^b \psi(x)\, dx.$$

Si l'intégrale $\int_a^b \psi(x)\, dx$ est de celles que l'on sait calculer, ces inégalités fourniront deux limites entre lesquelles se trouve comprise la valeur de l'intégrale cherchée.

Il résulte, d'ailleurs, de ces inégalités que l'on aura

$$\int_a^b \varphi(x)\,\psi(x)\, dx = \mu \int_a^b \psi(x)\, dx,$$

μ étant une quantité intermédiaire entre M et m.

Cette proposition est connue sous le nom de *Théorème de la moyenne*.

76. Les théorèmes qui précèdent permettent de recon-

naître, dans un grand nombre de cas, si l'intégrale $\int_a^b f(x)\,dx$ reste finie et déterminée lorsque la fonction $f(x)$ devient infinie dans le champ de l'intégration, ou que le champ de l'intégration devient infini.

Supposons, par exemple, que la fonction $f(x)$ devienne infinie pour une valeur c comprise entre a et b. On aura par définition

$$\int_a^b f(x)\,dx = \int_a^c f(x)\,dx + \int_c^b f(x)\,dx,$$

et, pour que l'intégrale soit finie et déterminée, il faut et il suffit évidemment que chacune des deux intégrales partielles le soit.

Mais on a par définition

$$\int_a^c f(x)\,dx = \lim_{\varepsilon=0} \int_a^{c-\varepsilon} f(x)\,dx,$$

et, pour que cette limite existe réellement, il faut et il suffit évidemment que la différence

$$\int_a^{c-\lambda} f(x)\,dx - \int_a^{c-\varepsilon} f(x)\,dx = \int_{c-\lambda}^{c-\varepsilon} f(x)\,dx$$

tende vers zéro en même temps que λ et ε, quel que soit le rapport de ces deux infiniment petits.

Cela posé, admettons que, pour $x = 0$, $f(x)$ devienne infini d'ordre α : on aura, par définition,

$$f(x) = (x-c)^{-\alpha}\,\varphi(x),$$

$\varphi(x)$ étant une fonction qui tend vers une limite A différente de zéro lorsque x tend vers c.

Cela posé, on a

$$\int_{c-\lambda}^{c-\varepsilon} f(x)\,dx = (-1)^{\alpha} \int_{c-\lambda}^{c-\varepsilon} (c-x)^{-\alpha}\,\varphi(x)\,dx.$$

Mais le facteur $(c-x)^{-\alpha}$ ne change pas de signe dans le champ de l'intégration; l'intégrale aura donc pour valeur

$$(-1)^{\alpha}\,\mu.\int_{c-\lambda}^{c-\varepsilon}(c-x)^{-\alpha}\,dx,$$

μ désignant une quantité intermédiaire entre le maximum et le minimum de $\varphi(x)$ dans le champ de l'intégration, qui tous deux convergent vers la constante A, lorsque λ et ε tendent vers zéro. Le facteur hors du signe d'intégration converge donc vers $(-1)^{\alpha}$A, quantité finie et différente de zéro.

Quant à l'intégrale $\int_{c-\lambda}^{c-\varepsilon}(c-x)^{-\alpha}\,dx$, elle a pour valeur

$$\left[-\frac{(c-x)^{-\alpha+1}}{-\alpha+1}\right]_{c-\lambda}^{c-\varepsilon}=\frac{\lambda^{-\alpha+1}-\varepsilon^{-\alpha+1}}{-\alpha+1},\ \text{si}\ \alpha\gtrless 1,$$

ou

$$\left[-\log(c-x)\right]_{c-\lambda}^{c-\varepsilon}=\log\lambda-\log\varepsilon,\ \text{si}\ \alpha=1.$$

Les deux termes de cette expression tendront chacun vers zéro, si $\alpha<1$; vers ∞, si $\alpha\gtreqless 1$. Pour que l'intégrale $\int_{a}^{c}f(x)\,dx$ soit finie et déterminée, il est donc nécessaire et suffisant qu'on ait $\alpha<1$.

On voit de même que la seconde intégrale $\int_{c}^{b}f(x)\,dx$ sera finie et déterminée, si l'intégrale $\int_{c+\varepsilon}^{c+\lambda}f(x)\,dx$ tend vers zéro avec λ et ε. Mais on a

$$\int_{c+\varepsilon}^{c+\lambda}f(x)\,dx=\int_{c+\varepsilon}^{c+\lambda}(x-c)^{-\alpha}\varphi(x)\,dx$$

$$=\mu'\int_{c+\varepsilon}^{c+\lambda}(x-c)^{-\alpha}\,dx,$$

μ' tendant vers A quand λ et ε tendent vers zéro, tandis que l'intégrale $\displaystyle\int_{c+\varepsilon}^{c+\lambda}(x-c)^{-\alpha}\,dx$ a pour valeur

$$\frac{\lambda^{-\alpha+1}-\varepsilon^{-\alpha+1}}{-\alpha+1}\ \text{si}\ \alpha\lessgtr 1,\quad \log\lambda-\log\varepsilon\ \text{si}\ \alpha=1.$$

La seconde intégrale reste donc finie et déterminée en même temps que la première, d'où ce résultat :

L'intégrale $\displaystyle\int_a^b f(x)\,dx$ reste finie et déterminée lorsque $f(x)$ devient infinie dans le champ de l'intégration, si son ordre d'infinitude est inférieur à l'unité; elle cesse de l'être si l'ordre d'infinitude atteint ou surpasse l'unité.

77. Passons au cas où l'une des limites devient infinie. On a par définition

$$\int_a^\infty f(x)\,dx=\lim_{p=\infty}\int_a^p f(x)\,dx.$$

Pour que cette limite existe, il faut et il suffit évidemment que l'expression

$$\int_a^q f(x)\,dx-\int_a^p f(x)\,dx=\int_p^q f(x)\,dx$$

tende vers zéro quand p et q croissent indéfiniment et quel que soit, d'ailleurs, le rapport de ces deux quantités.

Cela posé, admettons que l'on ait

$$f(x)=x^{-\alpha}\varphi(x),$$

$\varphi(x)$ tendant, pour $x=\infty$, vers une limite A finie et différente de zéro. On aura

$$\int_p^q f(x)\,dx=\int_p^q x^{-\alpha}\varphi(x)\,dx=\mu\int_p^q x^{-\alpha}\,dx,$$

μ étant intermédiaire entre le maximum et le minimum de $\varphi(x)$, qui tous deux convergent vers A.

Quant à l'intégrale $\displaystyle\int_p^q x^{-\alpha}\,dx$, elle a pour valeur

$$\frac{q^{-\alpha+1}-p^{-\alpha+1}}{-\alpha+1}, \quad \text{si } \alpha \gtrless 1,$$

$$\log q - \log p, \quad \text{si } \alpha = 1.$$

Ses deux termes tendront vers zéro si $\alpha > 1$, vers ∞ si $\alpha \lessgtr 1$. On a donc le résultat suivant :

L'intégrale $\displaystyle\int_a^\infty f(x)\,dx$ *est finie et déterminée si, pour* $x = \infty$, $f(x)$ *est un infiniment petit d'ordre supérieur au premier ; elle cesse de l'être si* $f(x)$ *est infiniment petit d'ordre égal ou inférieur au premier.*

78. Nous allons appliquer les règles qui précèdent à quelques exemples.

Considérons l'intégrale d'une fraction rationnelle irréductible

$$\int_a^b \frac{f(x)}{\varphi(x)}\,dx.$$

Si les limites a et b sont finies, *il faut et il suffit, pour que l'intégrale soit finie et déterminée, que le dénominateur* $\varphi(x)$ *ne s'annule pas entre ces limites.*

En effet, si cette condition est remplie, la fraction ne deviendra pas infinie dans le champ de l'intégration. Si l'on suppose, au contraire, que l'équation $\varphi(x) = 0$ admette une racine c comprise entre a et b, soit α son degré de multiplicité. La fraction deviendra infinie d'ordre α pour $x = c$, et comme α est un entier au moins égal à 1, l'intégrale sera infinie ou indéterminée.

Si l'une des limites est infinie, la condition ci-dessus ne

sera plus suffisante. Il faudra appliquer, en outre, la règle du n° **77**.

Soit

$$f(x) = A\,x^m + \ldots, \quad \varphi(x) = B\,x^n + \ldots.$$

$\dfrac{f(x)}{\varphi(x)}$ sera du même ordre que x^{m-n}.

Il faudra donc que l'on ait

$$m - n < -1,$$

et, comme m et n sont des entiers,

$$m - n \lessgtr -2.$$

Il faudra donc que le degré n du dénominateur surpasse de deux unités au moins celui du numérateur.

79. Considérons l'intégrale

$$K = \int_0^1 \frac{dx}{\sqrt{(1 - x^2)(1 - k^2 x^2)}},$$

où k^2 est supposé < 1.

La fonction à intégrer devient infinie pour $x = 1$. Mais l'ordre d'infinitude est $\frac{1}{2}$: l'intégrale est donc finie. Pour assigner des limites à sa valeur, mettons-la sous la forme

$$\int_0^1 \frac{dx}{\sqrt{1 - x}\,\sqrt{(1 + x)(1 - k^2 x^2)}}.$$

Le facteur $\dfrac{1}{\sqrt{1 - x}}$ restant positif dans toute l'étendue de l'intégration, on aura (**75**), en désignant par M et m des limites supérieure et inférieure à la valeur de l'autre facteur,

$$M \int_0^1 \frac{dx}{\sqrt{1 - x}} > K > m \int_0^1 \frac{dx}{\sqrt{1 - x}}.$$

D'ailleurs,

$$\int_0^1 \frac{dx}{\sqrt{1-x}} = \left(-2\sqrt{1-x}\right)_0^1 = 2.$$

D'autre part, x étant compris entre o et 1, $1 + x$ sera compris entre 1 et 2, et $1 - k^2 x^2$ entre 1 et $1 - k^2$; on aura donc

$$2 > (1 + x)(1 - k^2 x^2) > 1 - k^2.$$

On pourra donc poser

$$m = \frac{1}{\sqrt{2}}, \quad M = \frac{1}{\sqrt{1-k^2}},$$

et l'on aura, en fin de compte,

$$\frac{2}{\sqrt{1-k^2}} > K > \frac{2}{\sqrt{2}}.$$

80. Soit encore l'intégrale

$$\int_0^1 \log \sin x \, dx.$$

La fonction $\log \sin x$ étant constamment négative, l'intégrale a tous ses éléments négatifs; sa valeur aura donc zéro pour limite supérieure.

Pour obtenir une limite inférieure, mettons-la sous la forme suivante :

$$\int_0^1 \log\left(x\,\frac{\sin x}{x}\right) dx = \int_0^1 \log x \, dx + \int_0^1 \log \frac{\sin x}{x} \, dx.$$

L'intégration par parties donne

$$\int_0^1 \log x \, dx = [x \log x]_0^1 - \int_0^1 x\,\frac{dx}{x} = -1.$$

D'autre part, la fonction $\frac{\sin x}{x}$ étant évidemment décroissante de o à 1, la plus petite valeur de $\log \dfrac{\sin x}{x}$ correspondra à cette dernière limite, et l'on aura

$$\int_0^1 \log \frac{\sin x}{x}\, dx \gtreqless \int_0^1 \log \sin(1)\, dx \gtreqless \log \sin(1).$$

On aura donc finalement

$$\int_0^1 \log \sin x\, dx \gtreqless -1 + \log \sin(1).$$

81. Considérons en dernier lieu l'intégrale

$$\int_0^\infty e^{-x^2} dx,$$

dont tous les éléments sont positifs. Pour lui assigner une limite supérieure, décomposons-la dans les deux suivantes :

$$\int_0^1 e^{-x^2} dx + \int_1^\infty e^{-x^2} dx.$$

Dans la première intégrale, e^{-x^2} est toujours < 1. Elle sera donc moindre que la suivante

$$\int_0^1 dx = 1.$$

Dans la seconde, e^{-x^2} est $< e^{-x}$. Elle sera donc inférieure à celle-ci

$$\int_1^\infty e^{-x} dx = \left[-e^{-x}\right]_1^\infty = e^{-1}.$$

On aura donc

$$\int_0^\infty e^{-x^2} dx < 1 + e^{-1}.$$

82. THÉORÈME. — *Soient $f(x)$ et $\varphi(x)$ deux fonctions finies et n'ayant qu'un nombre limité de discontinuités*

dans l'intervalle de x_0 à X ; supposons, en outre, que dans tout cet intervalle $f(x)$ varie toujours dans le même sens. On aura

$$\int_{x_0}^{X} f(x)\,\varphi(x)\,dx$$

$$= f(x_0)\int_{x_0}^{X} \varphi(x)\,dx + [f(X) - f(x_0)]\int_{\xi}^{X} \varphi(x)\,dx,$$

ξ désignant une quantité intermédiaire entre x_0 et X.

En effet, soit, comme d'habitude, $x_0, x_1, \ldots, x_n, X = x_{n+1}$ une série de valeurs infiniment voisines, comprises entre x_0 et X. Posant, pour abréger,

$$f(x_k) = M_k, \quad \varphi(x_k)(x_{k+1} - x_k) = N_k,$$

on aura, par définition,

$$\int_{x_0}^{X} f(x)\,\varphi(x)\,dx = \lim(M_0 N_0 + \ldots + M_n N_n)$$

$$= \lim \left\{ \begin{array}{l} M_0(N_0 + \ldots + N_n) \\ + (M_1 - M_0)(N_1 + \ldots + N_n) \\ + \ldots\ldots\ldots\ldots\ldots\ldots\ldots\ldots\ldots \\ + (M_n - M_{n-1})N_n \\ + (M_{n+1} - M_n)N_n \end{array} \right\}.$$

Le terme $(M_{n+1} - M_n)N_n$, que nous ajoutons ici, disparaît à la limite, M_{n+1} et M_n étant finis, et N_n infiniment petit.

Le premier terme de cette expression a évidemment pour limite

$$f(x_0)\int_{x_0}^{X} \varphi(x)\,dx.$$

Dans les autres termes, les facteurs $M_1 - M_0, \ldots, M_\rho - M_{\rho-1}, \ldots$ étant tous de même signe, la somme totale sera égale à

$$\mu[(M_1 - M_0) + (M_2 - M_1) + \ldots] = \mu[f(X) - f(x_0)],$$

μ étant une quantité intermédiaire entre la plus grande et la plus petite des sommes

$$N_\rho + \ldots + N_n,$$

par lesquelles ils sont multipliés. D'ailleurs, à la limite, ces sommes tendent vers les intégrales

$$\int_{x_\rho}^{X} \varphi(x)\,dx.$$

On aura donc

$$\int_{x_0}^{X} f(x)\,\varphi(x)\,dx = f(x_0) \int_{x_0}^{X} \varphi(x)\,dx + \mu[f(X) - f(x_0)],$$

μ désignant une quantité intermédiaire entre le maximum et le minimum de l'intégrale

$$\int_{\alpha}^{X} \varphi(x)\,dx$$

lorsque la limite inférieure α varie de x_0 à X.

Or, l'intégrale précédente étant évidemment une fonction continue de α, on pourra donner à cette variable une valeur ξ telle que l'on ait précisément

$$\int_{\xi}^{X} \varphi(x)\,dx = \mu,$$

ce qui démontre le théorème énoncé.

Cette proposition importante, établie pour la première fois par M. Bonnet, est connue sous le nom de *second théorème de la moyenne*. On peut évidemment l'écrire sous la forme suivante

$$\int_{x_0}^{X} f(x)\,\varphi(x)\,dx = f(x_0) \int_{x_0}^{\xi} \varphi(x)\,dx + f(X) \int_{\xi}^{X} \varphi(x)\,dx.$$

83. Passons à la question suivante :

PROBLÈME II. — *Calculer la valeur approchée d'une intégrale définie* $\int_a^b f(x)\,dx$.

Il existe, pour la solution de cette question, trois méthodes principales, que nous allons exposer sommairement

84. PREMIÈRE MÉTHODE : *Développement en série.* — Si $f(x)$ peut être développée en une série

$$u_1 + u_2 + \ldots + u_n + \ldots,$$

dont chaque terme soit une fonction de x que l'on sache intégrer, on aura évidemment

$$\int_a^b f(x)\,dx = \int_a^b u_1\,dx + \ldots + \int_a^b u_n\,dx + \int_a^b R_n\,dx,$$

R_n désignant le reste de la série.

Supposons que cette série soit uniformément convergente de a à b. On pourra, quelque petite que soit la constante ε, déterminer n de telle sorte qu'on ait, dans tout l'intervalle de a à b, $\mathrm{mod}\,R_n < \varepsilon$, d'où

$$\mathrm{mod}\int_a^b R_n\,dx < \int_a^b \varepsilon\,dx < \varepsilon(b-a).$$

On aura donc, en faisant tendre ε vers o et, par suite, n vers l'infini,

$$\int_a^b f(x)\,dx = \int_a^b u_1\,dx + \int_a^b u_2\,dx + \ldots.$$

85. COROLLAIRE. — *Si, dans un certain intervalle, la série*

$$S = u_1 + u_2 + \ldots,$$

où u_1, u_2, ... *sont des fonctions de x, est convergente, et la
série*

$$S' = u'_1 + u'_2 + \ldots$$

*des dérivées de u_1, u_2, ... uniformément convergente,
S aura pour dérivée S' dans ce même intervalle.*

Soient, en effet, a et x deux valeurs de la variable contenues dans cet intervalle, on aura

$$\int_a^x S' \, dx = \int_a^x u'_1 \, dx + \int_a^x u'_2 \, dx + \ldots$$

$$= \left[u_1 + u_2 + \ldots \right]_a^x = S - A,$$

A désignant la valeur de S pour $x = a$. Donc $S - A$ a pour
dérivée S'; et, comme A est une constante, S aura également
pour dérivée S'.

86. *Applications.* — Cherchons le développement de la
fonction

$$\arcsin x = \int_0^x \frac{dx}{\sqrt{1 - x^2}}$$

suivant les puissances croissantes de x.

Si le module de x est < 1, le radical pourra être développé suivant les puissances ascendantes de x en une série
convergente

$$(1 - x^2)^{-\frac{1}{2}}$$
$$= 1 + \frac{1}{2} x^2 + \frac{1}{2} \frac{3}{2} \frac{x^4}{1.2} + \ldots + \frac{1.3 \ldots (2n - 1)}{2.4 \ldots 2n} x^{2n} + \ldots$$

Intégrant de o à x, il viendra

$$\arcsin x = x + \frac{1}{2} \frac{x^3}{3} + \ldots + \frac{1.3 \ldots (2n - 1)}{2.4 \ldots 2n} \frac{x^{2n+1}}{2n + 1} + \ldots$$

87. Considérons, en second lieu, l'intégrale elliptique de première espèce

$$F(\Phi) = \int_0^\Phi \frac{d\varphi}{\sqrt{1 - k^2 \sin^2\varphi}};$$

on aura, k étant < 1,

$$(1 - k^2 \sin^2\varphi)^{-\frac{1}{2}}$$
$$= 1 + \tfrac{1}{2} k^2 \sin^2\varphi + \ldots + \frac{1.3\ldots(2n-1)}{2.4\ldots2n} k^{2n} \sin^{2n}\varphi + \ldots$$

Intégrant de o à Φ, et posant, pour abréger,

$$\int_0^\Phi \sin^{2n}\varphi\, d\varphi = I_{2n},$$

il viendra

$$(1) \quad F(\Phi) = \Phi + \tfrac{1}{2} I_2 k^2 + \ldots + \frac{1.3\ldots(2n-1)}{2.4\ldots2n} I_{2n} k^{2n} + \ldots$$

L'*amplitude* Φ du champ d'intégration une fois donnée, il restera à déterminer les intégrales I. Le procédé le plus avantageux consistera à les calculer de proche en proche au moyen des formules récurrentes qui lient deux intégrales successives (**50**).

88. Le cas le plus intéressant est celui où $\Phi = \dfrac{\pi}{2}$. On a, dans ce cas (**72**),

$$I_{2n} = \frac{1.3\ldots(2n-1)}{2.4\ldots2n} \frac{\pi}{2},$$

d'où

$$F\left(\frac{\pi}{2}\right) = \frac{\pi}{2} \left\{ 1 + \left(\frac{1}{2}\right)^2 k^2 + \ldots + \left[\frac{1.3\ldots(2n-1)}{2.4\ldots2n}\right]^2 k^{2n} + \ldots \right\}.$$

89. Si k est voisin de l'unité, la série (1) sera peu convergente. Posons, dans ce cas,

$$k^2 = 1 - k'^2,$$

d'où

$$(1 - k^2 \sin^2 \varphi)^{-\frac{1}{2}} = (\cos^2 \varphi + k'^2 \sin^2 \varphi)^{-\frac{1}{2}}$$

$$= \frac{1}{\cos \varphi} \left[1 - \tfrac{1}{2} k'^2 \tan g^2 \varphi + \ldots \right.$$

$$\left. + (-1)^n \frac{1 . 3 \ldots (2n-1)}{2 . 4 \ldots 2n} k'^{2n} \tan g^{2n} \varphi + \ldots \right],$$

et intégrons de 0 à Φ; il viendra

$$(2) \qquad \left\{ \begin{array}{l} F(\Phi) = J_0 - \tfrac{1}{2} J_2 k'^2 + \ldots \\[2mm] \qquad + (-1)^n \dfrac{1 . 3 \ldots (2n-1)}{2 . 4 \ldots 2n} J_{2n} k'^{2n} + \ldots, \end{array} \right.$$

en désignant par J_{2n} l'intégrale

$$\int_0^\Phi \tan g^{2n} \varphi \, \frac{d\varphi}{\cos \varphi} = \int_0^\Phi \sin^{2n} \varphi \cos^{-2n-1} \varphi \, d\varphi.$$

On a d'ailleurs, en posant $\varphi = \dfrac{\pi}{2} - \psi$,

$$J_0 = \int_0^\Phi \frac{d\varphi}{\cos \varphi} = - \int_{\frac{\pi}{2}}^{\frac{\pi}{2} - \Phi} \frac{d\psi}{\sin \psi}$$

$$= - \left(\log \tan g \, \tfrac{1}{2} \psi \right)_{\frac{\pi}{2}}^{\frac{\pi}{2} - \Phi} = - \log \tan g \left(\frac{\pi}{4} - \frac{\Phi}{2} \right).$$

Quant aux autres intégrales, elles pourront se calculer de proche en proche par les formules de réduction du n° 50.

90. Si k n'est ni très petit, ni très voisin de l'unité, les séries (1) et (2) seront toutes deux peu convergentes. On peut, dans ce cas, par un changement de variables dû à Landen, transformer l'intégrale elliptique donnée en une autre dont le module soit plus avantageux.

Considérons, à cet effet, un cercle de rayon 1 et un point A situé sur le diamètre BC, à une distance $AO = k$ du centre

($fig.$ 4). Soit P un point quelconque du cercle. Joignons PO, PA, PB. Soient φ et ψ les deux angles PAO, PBO. On aura POC $= 2\psi$, APO $= 2\psi - \varphi$.

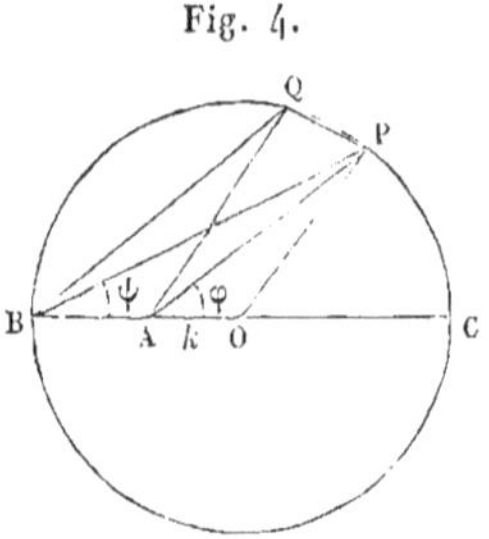

Fig. 4.

Cela posé, le triangle APO donnera

$$AP^2 = 1 + k^2 + 2k\cos 2\psi = (1+k)^2 - 4k\sin^2\psi$$

et

$$\sin(2\psi - \varphi) = k\sin\varphi,$$

d'où

$$\cos(2\psi - \varphi) = \sqrt{1 - k^2\sin^2\varphi}.$$

Soit maintenant Q un point du cercle infiniment voisin de P. Joignons QP, QA, QB, et posons PAQ $= d\varphi$, PBQ $= d\psi$. Le triangle infiniment petit APQ donnera

$$\frac{\sin d\varphi}{PQ} = \frac{\sin APQ}{AQ}.$$

Mais on a sensiblement

$$\sin d\varphi = d\varphi,$$
$$PQ = \text{arc}\,PQ\ \ = 2\,d\psi,$$
$$\sin APQ = \cos APO = \cos(2\psi - \varphi) = \sqrt{1 - k^2\sin^2\varphi},$$
$$AQ = AP = \sqrt{(1+k)^2 - 4k\sin^2\psi},$$

et, par suite,

$$\frac{d\varphi}{2\,d\psi} = \frac{\sqrt{1 - k^2\sin^2\varphi}}{\sqrt{(1+k)^2 - 4k\sin^2\psi}},$$

ou

$$\frac{d\varphi}{\sqrt{1-k^2\sin^2\varphi}} = \frac{2}{1+k}\frac{d\psi}{\sqrt{1-k_1^2\sin^2\psi}},$$

en posant, pour abréger,

$$k_1 = \frac{2\sqrt{k}}{1+k}.$$

Intégrons cette équation de $\varphi = 0$ à $\varphi = \Phi$, il viendra

$$\int_0^\Phi \frac{d\varphi}{\sqrt{1-k^2\sin^2\varphi}} = \frac{2}{1+k}\int_0^\Psi \frac{d\psi}{\sqrt{1-k_1^2\sin^2\psi}},$$

la limite supérieure Ψ de la nouvelle intégrale étant déterminée par l'équation

$$\sin(2\Psi - \Phi) = k\sin\Phi.$$

91. Le calcul de l'intégrale proposée se trouve ramené par cette formule à celui de l'intégrale analogue

$$(3)\qquad \int_0^\Psi \frac{d\psi}{\sqrt{1-k_1^2\sin^2\psi}}.$$

Le nouveau module k_1 est encore inférieur à l'unité, car on a

$$1-k_1 = \frac{1-k-2\sqrt{k}}{1+k} = \frac{(1-\sqrt{k})^2}{1+k} > 0;$$

mais il est $> \sqrt{k}$, car on a $\dfrac{2}{1+k} > 1$.

Une transformation semblable à la précédente ramènera le calcul de l'intégrale (3) à celui d'une nouvelle intégrale dont le module k_2 sera $> \sqrt{k_1}$, et ainsi de suite, jusqu'à ce qu'on arrive à une intégrale dont le module soit assez voisin de l'unité pour que la formule (2) puisse lui être appliquée commodément.

92. Il est clair qu'on pourrait opérer en sens inverse et ramener le calcul d'une intégrale elliptique d'un module quel-

conque k, à celui d'une intégrale d'un module moindre k, et ainsi de suite, jusqu'à ce qu'on arrive à une intégrale où le module soit assez petit pour qu'on puisse employer la série (1).

93. On peut réciproquement tirer de la considération des intégrales définies une règle de convergence importante pour les séries à termes positifs.

Soit, en effet,

$$S = f(1) + \ldots + f(n) + \ldots$$

une semblable série. Admettons, ce qui aura lieu dans un grand nombre de cas, que le rapport $\dfrac{f(n+\theta)}{f(n)}$ reste constamment compris entre deux limites m et M différentes de zéro, pour toute valeur entière de n non inférieure à un entier donné k et pour toute valeur de θ comprise entre 0 et 1. On aura, si $n \geq k$,

$$\int_n^{n+1} f(x)\,dx = \int_0^1 f(n+\theta)\,d\theta < \int_0^1 M f(n)\,d\theta = M f(n).$$

On trouvera de même

$$\int_n^{n+1} f(x)\,dx > m f(n),$$

et, par suite,

$$\frac{1}{m}\int_n^{n+1} f(x)\,dx > f(n) > \frac{1}{M}\int_n^{n+1} f(x)\,dx.$$

Posons successivement $n = k, k+1, \ldots$, et ajoutons les inégalités obtenues ; en posant, pour abréger,

$$f(k) + f(k+1) + \ldots = R,$$

il viendra

$$\frac{1}{m}\int_k^\infty f(x)\,dx > R > \frac{1}{M}\int_k^\infty f(x)\,dx.$$

La série $S = f(1) + \ldots + f(k) + R$ sera donc convergente ou non, suivant que l'intégrale $\int_k^\infty f(x)\,dx$ sera finie ou infinie.

Soit, par exemple, $f(n) = \dfrac{1}{n^\alpha}$. L'intégrale sera finie (77), et la série S convergente, si $\alpha > 1$. L'intégrale sera, au contraire, infinie et la série S divergente, si $\alpha \leq 1$. Ce résultat avait déjà été établi par d'autres considérations (*Calcul différentiel*, n° 114).

Soit, en second lieu, $f(n) = \dfrac{1}{n(\log n)^\alpha}$; on aura, en posant $\log x = y$,

$$\int_k^\infty \frac{dx}{x(\log x)^\alpha} = \int_{\log k}^\infty \frac{dy}{y^\alpha},$$

et, pour que l'intégrale soit finie et la série convergente, il sera encore nécessaire et suffisant qu'on ait $\alpha > 1$.

Si $f(n) = \dfrac{1}{n \log n (\log \log n)^\alpha}$, on arrivera à un résultat analogue, en posant $\log \log x = y$, et ainsi de suite.

94. DEUXIÈME MÉTHODE : *Formule d'Euler*. — Cette formule a pour objet de donner la valeur approchée de l'intégrale $\int_a^{a+h} f(x)\,dx$ en fonction des valeurs que prennent la fonction $f(x)$ et ses dérivées d'ordre impair aux deux limites de l'intégration.

Pour l'établir, nous partirons de l'identité

$$\int_a^{a+h} \varphi'(z)\,dz = \varphi(a+h) - \varphi(a).$$

Posant $z = a + h - u$, elle deviendra

$$\varphi(a+h) - \varphi(a) = \int_0^h \varphi'(a+h-u)\,du.$$

En intégrant par parties $2p$ fois de suite, il viendra successivement

$$(4) \quad \begin{cases} \varphi(a+h) - \varphi(a) \\ \quad = h\varphi'(a) + \displaystyle\int_0^h \varphi''(a+h-u)\,u\,du \\ \quad = \dots\dots\dots\dots\dots\dots\dots\dots \\ \quad = h\varphi'(a) + \dfrac{h^2}{1.2}\varphi''(a) + \dots + \dfrac{h^{2p}}{1.2\dots2p}\varphi^{2p}(a) \\ \quad + \displaystyle\int_0^h \varphi^{2p+1}(a+h-u)\,\dfrac{u^{2p}\,du}{1.2\dots2p}. \end{cases}$$

C'est la formule de Taylor, où le reste est exprimé par une intégrale définie.

Remplaçons successivement, dans cette formule, la fonction φ par ses dérivées φ', φ'', ..., φ^{2p-1}, en remplaçant en même temps $2p$ par $2p-1$, $2p-2$, ..., il viendra

$$\begin{aligned} &\varphi'(a+h) - \varphi'(a) \\ &\quad = h\varphi''(a) + \dots + \dfrac{h^{2p-1}}{1.2\dots(2p-1)}\varphi^{2p}(a) \\ &\quad + \int_0^h \varphi^{(2p+1)}(a+h-u)\,\dfrac{u^{2p-1}\,du}{1.2\dots(2p-1)}, \\ &\dots\dots\dots\dots\dots\dots\dots\dots\dots\dots\dots, \\ &\varphi^{2p-1}(a+h) - \varphi^{2p-1}(a) \\ &\quad = h\varphi^{2p}(a) + \int_0^h \varphi^{2p+1}(a+h-u)\,u\,du. \end{aligned}$$

Ajoutons ces équations à l'équation (4), après les avoir respectivement multipliées par des coefficients $A_1 h$, ..., $A_{2p-1} h^{2p-1}$, choisis de telle sorte que les termes en $\varphi''(a)$, ..., $\varphi^{2p}(a)$ disparaissent du second membre. Il viendra

$$(5 \quad \begin{cases} \varphi(a+h) - \varphi(a) + A_1 h[\varphi'(a+h) - \varphi'(a)] + \dots \\ \quad + A_{2p-1} h^{2p-1}[\varphi^{2p-1}(a+h) - \varphi^{2p-1}(a)] \\ \quad = h\varphi'(a) + \displaystyle\int_0^h \varphi^{2p+1}(a+h-u)\,\mathrm{F}(u)\,du, \end{cases}$$

en posant, pour abréger,

$$F(u) = \frac{u^{2p}}{1.2\ldots 2p} - A_1 \frac{hu^{2p-1}}{1.2\ldots(2p-1)} + \ldots + A_{2p-1} h^{2p-1} u.$$

Les coefficients $A_1, \ldots, A_{2p-1}$ seront déterminés par les équations de condition suivantes :

$$\frac{1}{1.2} + A_1 = 0,$$

$$\frac{1}{1.2.3} + \frac{A_1}{1.2} + A_2 = 0,$$

$$\ldots\ldots\ldots\ldots\ldots\ldots\ldots,$$

$$\frac{1}{1.2\ldots 2p} + \frac{A_1}{1.2\ldots 2p-1)} + \ldots + A_{2p-1} = 0,$$

auxquelles on satisfera en posant

$$A_1 = -\tfrac{1}{2}, \quad A_3 = 0, \quad \ldots, \quad A_{2p-1} = 0,$$

$$A_2 = \frac{B_1}{1.2}, \quad \ldots, \quad A_{2k} = \frac{(-1)^{k-1} B_k}{1.2\ldots 2k}, \quad \ldots,$$

$B_1, \ldots, B_k, \ldots$ désignant les nombres de Bernoulli. En effet, les équations qui résultent de la substitution de ces valeurs de $A_1, A_2, \ldots$ coïncident avec celles qui déterminent ces nombres (*Calcul différentiel*, n° 87).

95. Prenons maintenant pour $\varphi(x)$ l'une quelconque des fonctions qui ont pour dérivée $f(x)$. On aura

$$\varphi(a+h) - \varphi(a) = \int_a^{a+h} f(x)\,dx,$$

et la formule (5) donnera, en y substituant, pour $A_1, A_2, \ldots$, leurs valeurs

$$\int_a^{a+h} f(x)\,dx$$

$$= h\,\frac{f(a+h) + f(a)}{2} - \tfrac{1}{2} B_1 h^2 [f'(a+h) - f'(a)] + \ldots$$

$$+ \frac{(-1)^{p-1} B_{p-1} h^{2p-2}}{1.2\ldots(2p-2)} [f^{2p-3}(a+h) - f^{2p-3}(a)] + R,$$

en désignant, pour abréger, par R l'intégrale définie

$$\int_0^h f^{2p}(a+h-u)\,du\left[\frac{u^{2p}}{1.2\ldots 2p}-\frac{1}{2}\,\frac{h u^{2p-1}}{1.2\ldots(2p-1)}\right.$$
$$\left.+\frac{B_1}{1.2}\,\frac{h^2 u^{2p-2}}{1.2\ldots(2p-2)}\ldots\right].$$

En négligeant ce reste, on obtiendra la formule d'Euler.

96. Pour apprécier l'erreur commise, on remarquera que le polynôme entre parenthèses, dans la formule précédente, n'est autre chose que $h^{2p}\varphi_{2p-1}\left(\frac{u}{h}\right)$, si l'on désigne par $\varphi_\alpha(n)$ le coefficient de x^α dans le développement de $\frac{e^{nx}-1}{e^x-1}$, suivant les puissances de x (*Calcul différentiel*, n° 88). Or, de l'équation

$$(6)\qquad \frac{e^{nx}-1}{e^x-1}=n+\varphi_1(n)x+\ldots+\varphi_\alpha(n)x^\alpha+\ldots,$$

qui sert de définition aux polynômes $\varphi_1, \ldots, \varphi_\alpha, \ldots$ on déduit aisément plusieurs propriétés essentielles de ces polynômes :

1° Ils s'annulent pour $n=0$ et pour $n=1$; car, dans l'un comme dans l'autre cas, on a $\frac{e^{nx}-1}{e^x-1}=n$.

2° Prenons la dérivée de l'équation précédente par rapport à n, il viendra

$$\frac{xe^{nx}}{e^x-1}=1+\varphi_1'(n)x+\ldots+\varphi_\alpha'(n)x^\alpha+\ldots.$$

Mais on a, d'autre part,

$$\begin{aligned}\frac{xe^{nx}}{e^x-1}&=x\left(\frac{e^{nx}-1}{e^x-1}\right)+\frac{x}{e^x-1}\\&=x[n+\varphi_1(n)x+\ldots+\varphi_\alpha(n)x^\alpha+\ldots]\\&\quad+\left(-\frac{x}{2}+1+\frac{B_1x^2}{1.2}-\frac{B_2x^4}{1.2.3.4}+\frac{B_3x^6}{1.2\ldots6}-\ldots\right).\end{aligned}$$

On aura donc, en égalant les coefficients des mêmes puissances de x,

$$\varphi'_{2k}(n) = \varphi_{2k-1}(n) = (-1)^{k-1} \frac{B_k}{1 \cdot 2 \ldots 2k},$$

$$\varphi'_{2k+1}(n) = \varphi_{2k}(n).$$

On en conclut aisément que $\varphi_{2k+1}(n)$ ne peut reprendre plus de deux fois la même valeur dans l'intervalle de o à 1. En effet, s'il prenait trois fois la même valeur, sa dérivée $\varphi'_{2k+1}(n) = \varphi_{2k}(n)$ s'annulerait pour deux valeurs au moins comprises entre o et 1. Elle s'annule d'ailleurs à ces deux limites. Donc elle s'annulerait au moins quatre fois, et sa dérivée $\varphi_{2k-1}(n)$ au moins trois fois. Donc $\varphi_{2k-1}(n)$ reprendrait trois fois au moins la même valeur. Il en serait évidemment de même de $\varphi_{2k-3}(n)$. ... et enfin de $\varphi_{1}(n)$, ce qui est absurde, $\varphi_{1}(n)$ étant un polynôme du second degré.

D'ailleurs φ_{2k+1} s'annule aux deux limites o et 1; donc il ne pourra s'annuler entre ces deux limites, et conservera toujours le même signe.

Cela posé, dans l'intégrale

$$R = \int_0^h f^{2p}(a + h - u) h^{2p} \varphi_{2p+1}\left(\frac{u}{h}\right) du,$$

$\frac{u}{h}$ varie de o à 1 dans les limites de l'intégration. Le facteur $\varphi_{2p+1}\left(\frac{u}{h}\right)$ ne change donc pas de signe, et l'on pourra poser

$$R = \mu h^{2p} \int_0^h \varphi_{2p+1}\left(\frac{u}{h}\right) du.$$

μ étant une valeur intermédiaire entre le maximum et le minimum du facteur $f^{2p}(a + h - u)$. L'argument $a + h - u$ variant de $a + h$ à a dans le cours de l'intégration, on aura évidemment

$$\mu = f^{2p}(a + \theta h),$$

θ étant compris entre o et 1.

On a, d'autre part, en posant $\dfrac{u}{h} = t$.

$$\int_0^h \varphi_{2p-1}\left(\frac{u}{h}\right) du = h \int_0^1 \varphi_{2p-1}(t)\, dt$$

$$= h \int_0^1 \left[\varphi'_{2p}(t) + \frac{(-1)^p B_p}{1.2\ldots 2p} \right] dt$$

$$= h \left| \varphi_{2p}(t) + \frac{(-1)^p B_p}{1.2\ldots 2p}\, t \right|_0^1,$$

et, comme $\varphi_{2p}(t)$ s'annule aux deux limites, on aura enfin

$$R = f^{2p}(a + \theta h)\, \frac{(-1)^p B_p}{1.2\ldots 2p}\, h^{2p+1}.$$

97. Les nombres B_1, B_2, ... croissant avec une rapidité extrême, la formule d'Euler deviendra le plus souvent divergente si l'on fait croître p indéfiniment. Toutefois, en donnant à ce nombre une valeur convenable, ni trop petite ni trop grande, on obtiendra généralement une approximation largement suffisante. L'expression du reste, donnée ci-dessus, permettra d'ailleurs d'agir avec sûreté.

98. Pour appliquer cette formule au calcul de l'intégrale définie

$$\int_a^b f(x)\, dx,$$

il suffira évidemment de poser $h = b - a$.

Lorsque le champ de l'intégrale est un peu étendu, il conviendra, pour obtenir plus d'exactitude, de le subdiviser en plusieurs portions égales, en posant

$$h = \frac{b - a}{n},$$

$$\int_a^b f(x)\, dx = \int_a^{a+h} f(x)\, dx + \int_{a+h}^{a+2h} f(x)\, dx + \ldots$$

$$+ \int_{a+(n-1)h}^{a+nh} f(x)\, dx.$$

Appliquant la formule d'Euler à chacune de ces intégrales partielles, et ajoutant les résultats, il viendra

$$\int_a^b f(x)\,dx = h\left\{\tfrac{1}{2}f(a) - f(a+h) - \ldots - f[a+(n-1)h] - \tfrac{1}{2}f(b)\right\}$$
$$- \tfrac{1}{2}B_1 h^2[f'(b) - f'(a)] + \ldots$$
$$+ \frac{(-1)^{p-1}B_{p-1}h^{2p-2}}{1.2\ldots(2p-2)}\,[f^{2p-3}(b) - f^{2p-3}(a)].$$

et le reste R sera donné par la formule

$$n\mu \cdot \frac{(-1)^p B_p}{1.2\ldots 2p}\, h^{2p+1},$$

μ étant compris entre le minimum et le maximum de $f^{2p}(x)$ dans l'intervalle de a à b.

99. Troisième méthode : *Interpolation.* — Calculer l'intégrale $\int_a^b f(x)\,dx$, c'est, comme nous l'avons vu, mesurer l'aire comprise entre la courbe $y = f(x)$, l'axe des x et les ordonnées $x = a$, $x = b$.

Marquons, sur la ligne ab, n points a_1, a_2, ... a_n, et menons les ordonnées correspondantes $a_1 A_1$, ... $a_n A_n$ (*fig.* 5). Soient $y_1, y_2, \ldots, y_n$ leurs longueurs. Par les points

Fig. 5.

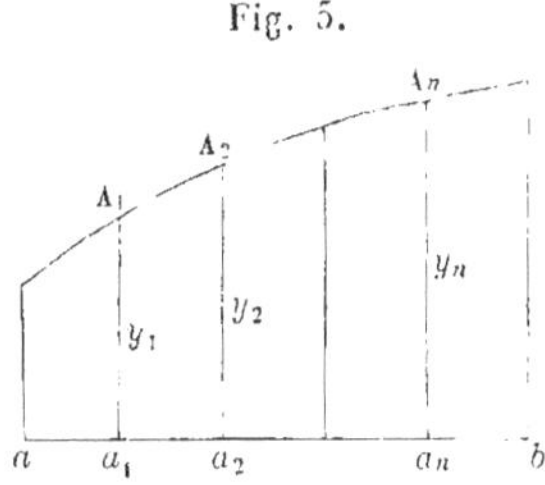

A_1, ..., A_n, faisons passer une autre courbe $y = \varphi(x)$. Cette courbe, ayant une série de points communs avec la proposée, dans l'intervalle de a à b, s'en éloignera vraisemblablement assez peu, et pourra lui être substituée dans le calcul de l'aire. Ce calcul pourra dès lors s'effectuer sans difficulté, si l'on a eu soin de choisir pour $\varphi(x)$ une fonction dont on connaisse l'intégrale indéfinie.

Le plus habituellement, on prend pour $\varphi(x)$ un polynôme de degré $n-1$. On voit immédiatement que ce polynôme aura l'expression suivante :

$$\varphi(x) = y_1 \frac{(x-a_2)\dots(x-a_n)}{(a_1-a_2)\dots(a_1-a_n)} + \dots + y_n \frac{(x-a_1)\dots(x-a_{n-1})}{(a_n-a_1)\dots(a_n-a_{n-1})}.$$

En effet, pour $x = a_1$, tous les termes de cette expression s'annulent, sauf le premier, qui se réduit à y_1; pour $x = a_2$, tous s'annulent, sauf le second, qui se réduit à y_2, etc.

Intégrant ce polynôme de a à b, on aura, pour l'aire cherchée,

$$y_1 I_1 + \dots + y_n I_n,$$

en désignant, pour abréger, par $I_1, \dots, I_n$ les intégrales

$$\int_a^b \frac{(x-a_2)\dots(x-a_n)}{(a_1-a_2)\dots(a_1-a_n)}\,dx, \quad \dots \quad \int_a^b \frac{(x-a_1)\dots(x-a_{n-1})}{(a_n-a_1)\dots(a_n-a_{n-1})}\,dx,$$

lesquelles sont indépendantes de la nature de la courbe $y = f(x)$.

139. Le calcul de ces intégrales n'offre aucune difficulté. On le simplifiera un peu en changeant de variable, de telle sorte que les limites deviennent 0 et 1. À cet effet, on posera

$$x = a + (b-a)t.$$

Soit, en outre,

$$a_1 = a + (b-a)\theta_1, \quad \dots \quad a_n = a + (b-a)\theta_n;$$

il viendra

$$I_1 = (b-a)J_1, \quad \dots \quad I_n = (b-a)J_n.$$

en posant, pour abréger,

$$J_1 = \int_0^1 \frac{(t-\theta_2)\ldots(t-\theta_n)}{(\theta_1-\theta_2)\ldots(\theta_1-\theta_n)},$$

$$\ldots\ldots\ldots\ldots\ldots\ldots\ldots\ldots$$

$$J_n = \int_0^1 \frac{(t-\theta_1)\ldots(t-\theta_{n-1})}{(\theta_n-\theta_1)\ldots(\theta_n-\theta_{n-1})}.$$

Ces nouvelles intégrales ne dépendent plus de l'amplitude du champ d'intégration, mais seulement des rapports $\theta_1, \ldots, \theta_n$ des intervalles $a_1 - a, \ldots, a_n - a$ à l'intervalle total $b - a$. Si l'on détermine ces rapports toujours de la même manière, on pourra calculer, une fois pour toutes, les constantes $J_1, \ldots, J_n$; cela fait, quelle que soit la courbe $f(x)$, on n'aura plus, pour trouver une valeur approchée de son aire, qu'à mesurer ou calculer les ordonnées $y_1, \ldots, y_n$, et à les substituer dans la formule

$$(b-a)(y_1 J_1 + \ldots + y_n J_n).$$

101. Cotes, qui a indiqué cette méthode, suppose les ordonnées équidistantes, et pose, en conséquence, $\theta_1 = 0$, $\theta_2 = \frac{1}{n-1}$, $\theta_3 = \frac{2}{n-1}$, $\ldots$, $\theta_n = 1$.

Nous allons effectuer le calcul en supposant $n = 3$. On aura, dans ce cas,

$$J_1 = \int_0^1 \frac{(t-\frac{1}{2})(t-1)}{\frac{1}{2}}\,dt$$

$$= \int_0^1 (2t^2 - 3t + 1)\,dt = \left(\frac{2t^3}{3} - \frac{3t^2}{2} + t\right)_0^1 = \frac{1}{6}.$$

$$J_2 = \int_0^1 \frac{t(t-1)}{\frac{1}{2}(\frac{1}{2}-1)}\,dt = \int_0^1 (-4t^2 + 4t)\,dt = (-\tfrac{4}{3}t^3 + \tfrac{4}{2}t^2)_0^1 = \tfrac{4}{6}.$$

$$J_3 = \int_0^1 \frac{t(t-\frac{1}{2})}{1(1-\frac{1}{2})}\,dt = \int_0^1 (2t^2 - t)\,dt = (\tfrac{2}{3}t^3 - \tfrac{1}{2}t^2)_0^1 = \tfrac{1}{6}.$$

L'aire cherchée $\mathcal{A}$ sera donc donnée par la formule

$$\mathcal{A} = \frac{b-a}{6}\,(y_1 + 4y_2 + y_3).$$

On trouverait de même, pour $n = 4$,

$$\mathcal{A} = \frac{b-a}{8}\,(y_1 + 3y_2 + 3y_3 + y_4);$$

pour $n = 5$,

$$\mathcal{A} = \frac{b-a}{90}\,(7y_1 + 32y_2 + 12y_3 + 32y_4 + 7y_5),$$

. . . .

102. Gauss choisit autrement les quantités $\theta_1, \ldots, \theta_n$. Il se propose de les déterminer de manière à atténuer autant que possible les chances d'erreur résultant de l'application de la méthode.

Pour évaluer cette erreur, concevons qu'on ait développé $f(x)$ en une série de la forme

$$\alpha_0 + \alpha_1 x + \ldots + \alpha_m x^m + \ldots;$$

on aura

$$\int_a^b f(x)\,dx = \Sigma\,\alpha_m \int_a^b x^m\,dx.$$

D'autre part, $\varphi(x)$ étant une fonction linéaire des ordonnées $y_1, \ldots, y_n$, on aura évidemment

$$\varphi(x) = \Sigma\,\alpha_m \varphi_m(x),$$

$\varphi_m(x)$ étant ce que deviendrait $\varphi(x)$ si $f(x)$ se réduisait à x^m.

L'erreur commise en substituant $\varphi(x)$ à $f(x)$ sera

$$\int_a^b [f(x) - \varphi(x)]\,dx = \Sigma\,\alpha_m k_m,$$

en posant, pour abréger,

$$\int_a^b [x^m - \varphi_m(x)]\,dx = k_m.$$

103. On peut donner une autre forme à cette intégrale. Effectuons, en effet, la division de x^m par le polynôme de degré n

$$(x - a_1)\ldots(x - a_n) = \mathrm{P}(x);$$

il viendra

$$x^m = \mathrm{P}(x)\,\mathrm{Q}_m(x) + \mathrm{R}_m(x),$$

$\mathrm{Q}_m(x)$ étant égal à zéro si $m < n$, à un polynôme de degré $m - n$ dans le cas contraire, et $\mathrm{R}_m(x)$ étant un polynôme de degré $< n$. D'ailleurs $\mathrm{R}_m(x)$, devenant égal à x^m pour les valeurs $a_1, \ldots a_n$ qui annulent $\mathrm{P}(x)$, ne sera autre chose que $\varphi_m(x)$.

On aura donc

$$x^m - \varphi_m(x) = \mathrm{P}(x)\,\mathrm{Q}_m(x),$$

d'où

$$k_m = \int_a^b \mathrm{P}(x)\,\mathrm{Q}_m(x)\,dx;$$

$\mathrm{Q}_0(x)\ldots, \mathrm{Q}_{n-1}(x)$ étant nuls, on aura

$$k_0 = k_1 = \ldots = k_{n-1} = 0;$$

mais $k_n, k_{n+1}, \ldots$ différeront en général de zéro.

Néanmoins, si l'on peut déterminer les n quantités $a_1, \ldots, a_n$ qui figurent dans l'expression de $\mathrm{P}(x)$ de manière à satisfaire aux n relations

$$(7) \qquad k_n = 0, \quad \ldots \quad k_{2n-1} = 0,$$

on fera ainsi disparaître de l'expression de l'erreur les termes en $\alpha_n, \ldots \alpha_{2n-1}$, lesquels sont vraisemblablement les plus importants, pour peu que la convergence de la série $\Sigma \alpha_m x^m$ soit rapide.

104. Pour satisfaire aux équations (7), il suffira, ainsi qu'on va le voir, de poser

$$\mathrm{P}(x) = \frac{d^n[(x-a)(x-b)]^n}{dx^n}.$$

Tout d'abord, les racines $a_1, \dots, a_n$ du polynôme d'ordre n ainsi défini seront réelles et comprises entre a et b, ainsi que cela est nécessaire.

En effet, le polynôme $[(x-a)(x-b)]^n = X$ ayant n racines égales à a et n racines égales à b, sa dérivée X' aura $n-1$ racines égales à a, $n-1$ égales à b et une racine réelle ξ comprise entre a et b : cela résulte du théorème de Rolle; X'', dérivée de X', aura de même $n-2$ racines égales à a, $n-2$ racines égales à b et deux racines ζ_1, ζ_2 respectivement comprises entre a et ξ, et entre ξ et b; et ainsi de suite, jusqu'à $X^{(n)}$, qui n'est autre que $P(x)$.

En second lieu, chacune des quantités $k_n, \dots k_{2n-1}$ est de la forme

$$\int_a^b Q X^{(n)}\, dx,$$

Q étant un polynôme d'ordre $< n$. Or cette intégrale est nulle. En effet, l'intégration par parties donne

$$\int_a^b Q X^{(n)}\, dx = (Q X^{(n-1)} - Q' X^{(n-2)} + \dots \mp Q^{(n-1)} X)_a^b$$
$$= \pm \int_a^b Q^{(n)} X\, dx.$$

Or la partie tout intégrée s'annule pour $x = a$ et $x = b$, chacune des quantités $X^{(n-1)}, X^{(n-2)}, \dots, X$ s'annulant pour ces limites. D'autre part, l'intégrale s'annule, car, Q étant d'ordre $< n$, sa dérivée $n^{\text{ième}}$ est nulle.

105. Il conviendra, ainsi que nous l'avons expliqué, de transformer l'intégrale de telle sorte qu'elle ait pour limites 0 et 1; $P(x) = \dfrac{d^n [x(x-1)]^n}{dx^n}$ sera alors un polynôme parfaitement défini, et l'on pourra calculer une fois pour toutes ses racines, ainsi que les valeurs correspondantes des intégrales $J_1, J_2, \dots$.

Si les limites de l'intégrale, au lieu d'être 0 et 1, étaient

— 1 et — 1, le polynôme $P(x) = \dfrac{d^n (x^2 - 1)^n}{dx^n}$ se confondrait, à un facteur constant près, avec le polynôme X_n de Legendre, que nous avons précédemment étudié (*Calcul différentiel,* 91 à 95).

106. La méthode de Gauss, étant en général celle qui donne le résultat le plus précis pour un nombre déterminé d'ordonnées, devra être employée de préférence lorsque ces ordonnées seront difficiles à calculer. Mais, s'il s'agit de trouver l'aire d'une courbe graphique, sur laquelle les ordonnées peuvent être mesurées immédiatement, on obtiendra de bons résultats par des méthodes plus simples que nous allons indiquer.

107. *Méthode des trapèzes.* — On divise l'aire à évaluer en n parties par des ordonnées équidistantes (*fig.* 6). A

Fig. 6.

chacun des trapèzes curvilignes ainsi obtenus, on substitue le trapèze rectiligne ayant les mêmes sommets. En désignant par $y_0, \ldots, y_n$ les ordonnées, ces nouveaux trapèzes auront pour aires respectives

$$\frac{y_0 + y_1}{2} \frac{b - a}{n}, \quad \frac{y_1 + y_2}{2} \frac{b - a}{n}, \quad \ldots \quad \frac{y_{n-1} + y_n}{2} \frac{b - a}{n},$$

et l'aire totale sera

$$\frac{b - a}{n} \left(\frac{y_0}{2} + y_1 + \ldots + y_{n-1} + \frac{y_n}{2} \right).$$

108. *Méthode de Simpson.* — Simpson divise encore l'aire en n parties, mais dans chacun des trapèzes curvilignes il mesure l'ordonnée médiane, pour substituer à la courbe une parabole, suivant la méthode de Cotes (*fig.* 7). Il trouve

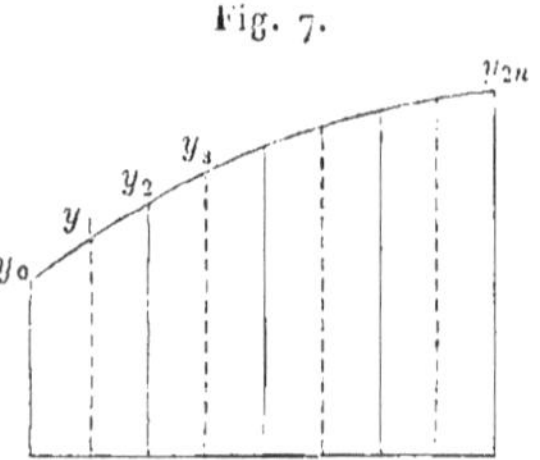

Fig. 7.

ainsi, pour les aires des trapèzes successifs, en désignant par $y_0, \ldots y_{2n}$ les ordonnées,

$$(y_0 + 4y_1 + y_2)\,\frac{b-a}{6n}, \quad (y_2 + 4y_3 + y_4)\,\frac{b-a}{6n}, \quad \ldots$$

et pour l'aire totale

$$\left[y_0 + y_{2n} + 2(y_2 + \ldots + y_{2n-2}) + 4(y_1 + y_3 + \ldots + y_{2n-1})\right]\frac{b-a}{6n}.$$

IV. — Applications géométriques.

109. *Aire des courbes planes.* — L'aire comprise entre une courbe $y = f(x)$, l'axe des x et les deux ordonnées $x = a$, $x = b$ est égale, par définition, à l'intégrale définie

$$\int_a^b f(x)\,dx.$$

Si donc on sait calculer cette intégrale définie, elle donnera l'aire demandée.

1° Si, par exemple, la courbe est une parabole $y = x^2$, l'aire cherchée sera

$$\int_a^b x^2\,dx = \left(\frac{x^3}{3}\right)_a^b = \frac{b^3}{3} - \frac{a^3}{3}.$$

2° Pour l'hyperbole équilatère $xy = m$, on aura

$$\int_a^b \frac{m\,dx}{x} = (m \log x)_a^b = m(\log b - \log a).$$

3° Pour la cycloïde (*fig.* 8), on a

$$x = a(t - \sin t), \quad y = a(1 - \cos t).$$

a désignant le rayon du cercle générateur.

On en déduit

$$y\,dx = a^2(1 - \cos t)^2\,dt = a^2\left(1 - 2\cos t + \frac{1 + \cos 2t}{2}\right)dt.$$

Si c'est l'aire totale AMB que l'on demande, il faudra

Fig. 8.

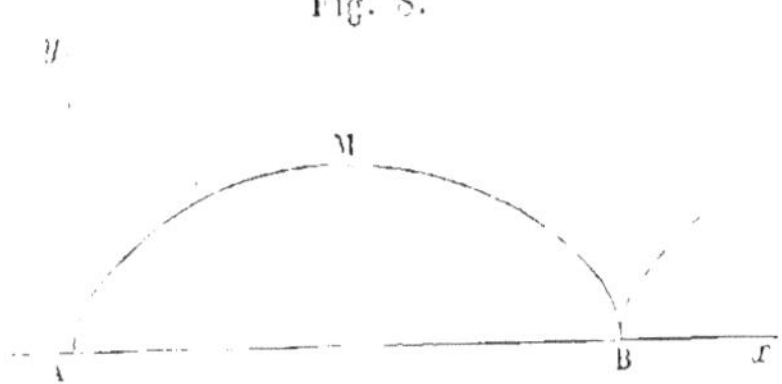

intégrer de $t = 0$ à $t = 2\pi$. Or on a

$$\int_0^{2\pi} a^2\left(1 - 2\cos t + \frac{1 + \cos 2t}{2}\right)dt$$

$$= a^2\left(t - 2\sin t + \frac{t}{2} + \frac{\sin 2t}{4}\right)_0^{2\pi}.$$

Cette expression s'annule pour $t = 0$ et se réduit à $3\pi a^2$ pour $t = 2\pi$. L'aire cherchée sera donc $3\pi a^2$.

110. Soit à calculer l'aire d'une courbe fermée MNPQ (*fig.* 9).

On la décomposera en tranches infiniment petites par des droites parallèles à l'axe des y.

Soient ABCD l'une de ces tranches; Δx son épaisseur; y_1 et y_2 les ordonnées des points A et C. Par ces points, menons des parallèles $\Lambda\beta$, $C\delta$ à l'axe des x; on aura

$$\mathrm{ABCD} = \mathrm{A}\beta\mathrm{C}\delta - \mathrm{CD}\delta + \mathrm{AB}\beta = (y_1 - y_2)\Delta x + \varepsilon,$$

ε étant un infiniment petit d'ordre supérieur au premier.

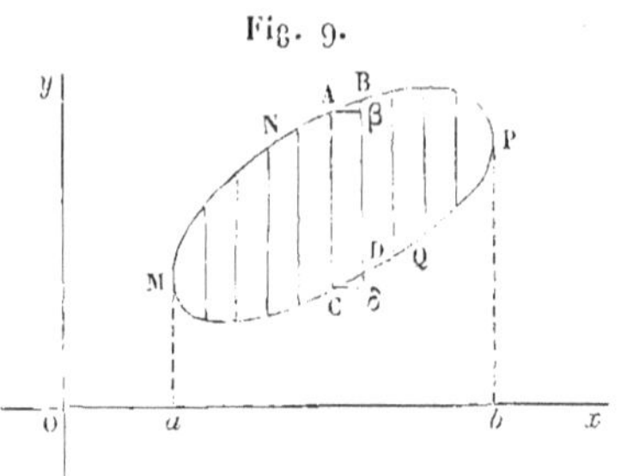

Fig. 9.

Faisant la somme des aires de toutes les tranches, on aura pour l'aire cherchée l'expression

$$\Sigma(y_1 - y_2)\Delta x + \Sigma\varepsilon.$$

Mais, si l'on multiplie indéfiniment les tranches, $\Sigma\varepsilon$ tendra vers zéro, et $\Sigma(y_1 - y_2)\Delta x$ deviendra

$$\int_a^b (y_1 - y_2)\,dx,$$

a et b étant les abscisses des tangentes menées à la courbe parallèlement à l'axe des y.

Les quantités y_1, y_2 sont des fonctions de x, qu'on pourra déduire de l'équation de la courbe. On substituera ces valeurs dans l'intégrale précédente, dont on effectuera ensuite le calcul.

111. Soit à trouver, par exemple, l'aire de l'ellipse

$$\frac{x^2}{a^2} + \frac{y^2}{b^2} = 1;$$

on aura

$$y = \pm \frac{b}{a}\sqrt{a^2 - x^2},$$

le signe $+$ correspondant à y_1 et le signe $-$ à y_2. Les limites
de l'intégration seront $-a$ et $+a$.

On aura donc, pour l'aire cherchée,

$$\frac{2b}{a} \int_{-a}^{+a} \sqrt{a^2 - x^2}\, dx$$

ou, en posant $x = at$,

$$2ab \int_{-1}^{+1} \sqrt{1 - t^2}\, dt.$$

Or on a, d'une part,

$$\int_{-1}^{+1} \sqrt{1 - t^2}\, dt = \int_{-1}^{+1} \frac{dt}{\sqrt{1 - t^2}} - \int_{-1}^{+1} \frac{t^2\, dt}{\sqrt{1 - t^2}}.$$

D'autre part, l'intégration par parties donne

$$\int \frac{t^2\, dt}{\sqrt{1 - t^2}} = - t \sqrt{1 - t^2} + \int \sqrt{1 - t^2}\, dt.$$

d'où, en substituant les limites -1 et $+1$, et remarquant
que le terme tout intégré s'annule aux deux limites,

$$\int_{-1}^{+1} \frac{t^2\, dt}{\sqrt{1 - t^2}} = \int_{-1}^{+1} \sqrt{1 - t^2}\, dt.$$

Substituant cette valeur dans l'équation précédente, il vient

$$\int_{-1}^{+1} \sqrt{1 - t^2}\, dt$$

$$= \tfrac{1}{2} \int_{-1}^{+1} \frac{dt}{\sqrt{1 - t^2}} = \tfrac{1}{2} \left[\arcsin 1 - \arcsin(-1) \right] = \frac{\pi}{2},$$

ce qui donne, pour l'aire cherchée A, la formule connue

$$A = \pi ab.$$

112. La courbe dont on demande l'aire peut présenter une
forme plus compliquée, comme dans la *fig.* 10, où l'ordonnée
y a deux valeurs y_1, y_2, dans les régions A et B, dont on

pourra calculer l'aire comme il a été expliqué, et quatre valeurs y_1, y_2, y_3, y_4 dans la région intermédiaire. Dans cette

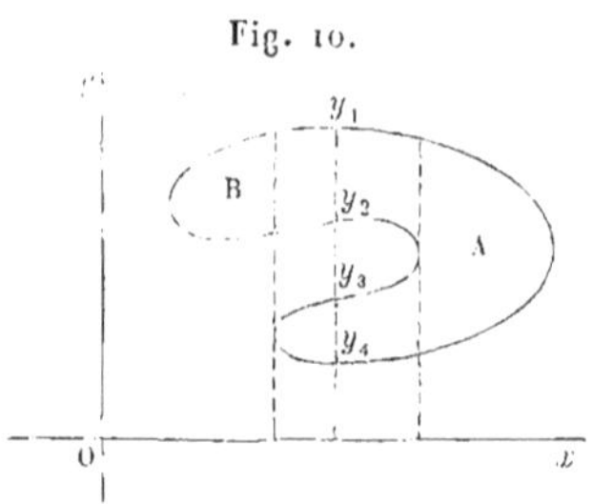

Fig. 10.

dernière région, chaque tranche élémentaire sera sensiblement formée de deux rectangles et aura pour expression

$$(y_1 - y_2)\Delta x + (y_3 - y_4)\Delta x + \varepsilon,$$

ε étant d'ordre supérieur au premier.

Sommant toutes ces tranches et passant à la limite, $\Sigma \varepsilon$
tendra vers zéro et $\Sigma\left[(y_1 - y_2)\Delta x + (y_3 - y_4)\Delta x\right]$ deviendra
l'intégrale

$$\int_c^d (y_1 - y_2 + y_3 - y_4)\,dx,$$

c et d étant les abscisses extrêmes de la région considérée.

113. Soit généralement C une courbe fermée quelconque,

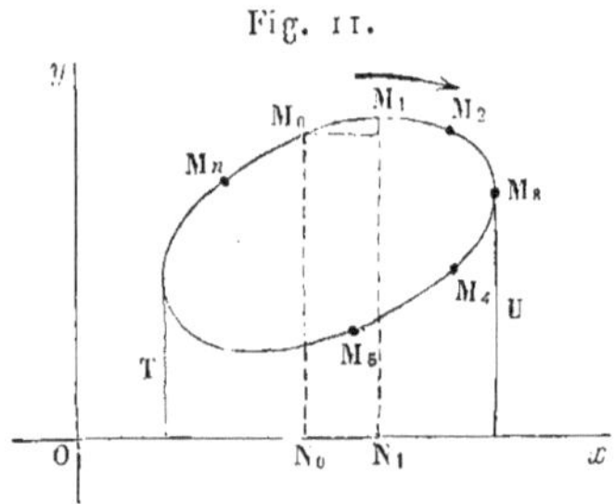

Fig. 11.

sans points doubles. Marquons sur son contour une série de
points infiniment voisins M_0, M_1, M_2, ..., M_n (*fig.* 11).
Soient x_0, y_0; x_1, y_1; x_2, y_2; ...; x_n, y_n leurs coordonnées.

Nous désignerons par le symbole $\int_C y\,dx$ la limite de l'expression

$$y_0(x_1 - x_0) + y_1(x_2 - x_1) + \ldots + y_n(x_0 - x_n) = \Sigma y\,\Delta x,$$

lorsque n croît indéfiniment.

Cette intégrale définie d'un nouveau genre représentera dans tous les cas l'aire de la courbe.

En effet, $y_0(x_1 - x_0)$ représente l'aire du rectangle marqué sur la figure, prise positivement. Cette aire ne diffère de celle du trapèze curviligne $M_0 M_1 N_1 N_0$ que par un infiniment petit ε d'ordre supérieur au premier. On a un résultat analogue pour tous les termes de l'intégrale correspondant à des points situés sur la moitié supérieure de la courbe où x va croissant. La somme de ces termes représentera donc l'aire comprise entre cette moitié de courbe, l'axe des x et les tangentes extrèmes T et U; la partie de l'intégrale correspondant à la partie inférieure de la courbe représentera de même l'aire comprise entre cette portion de courbe, l'axe des x et les ordonnées T, U. D'ailleurs chaque élément de cette aire, tel que $y_3(x_3 - x_4)$, est affecté du signe $-$, $x_3 - x_4$ étant négatif. Donc, cette aire sera retranchée de la précédente, et il restera l'aire de la courbe.

Nous avons supposé sur la figure que les points M_0, M_1, ... se succédaient de telle sorte que le contour C fût décrit dans le sens *rétrograde* (celui du mouvement des aiguilles d'une montre). S'ils étaient disposés en ordre inverse, les différences $x_1 - x_0$, $x_2 - x_1$, ... changeant de signe, l'aire obtenue serait affectée du signe $-$.

114. Admettons maintenant que la courbe C ait un point double (*fig.* 12) et que le contour soit décrit dans le sens de la flèche.

Le contour de la région R étant décrit dans le sens rétrograde et celui de la région R_1 dans le sens *direct*, l'intégrale aura pour valeur

$$\text{aire } R - \text{aire } R_1.$$

En général, quels que soient la forme du contour C et le nombre de ses points doubles, l'espace contenu dans son inté-

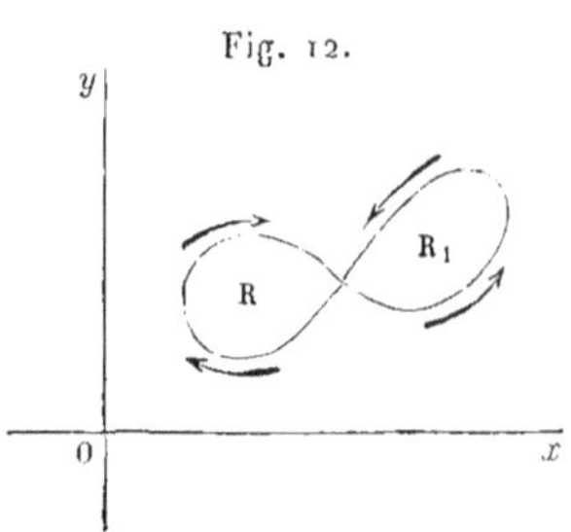

Fig. 12.

rieur sera formé d'un certain nombre de régions R, R_1, ..., et l'intégrale aura pour valeur

$$m\,\mathrm{R} + m_1\,\mathrm{R}_1 + \ldots,$$

m, m_1, ... étant des entiers positifs ou négatifs.

Pour déterminer le coefficient m correspondant à une région R, on y prendra un point quelconque M ($fig.$ 13) par lequel on

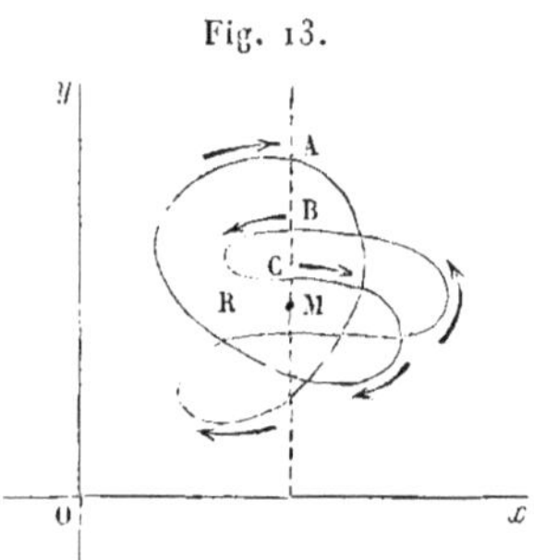

Fig. 13.

mènera une parallèle aux y. Un observateur, suivant le contour dans le sens de l'intégration, franchira un certain nombre de fois la portion de cette ligne située au-dessus du point M. S'il la franchit k fois de gauche à droite et k' fois de droite à gauche, on aura $m = k - k'$, ainsi qu'il est aisé de le vérifier.

115. Soit $\rho = f(\omega)$ l'équation d'une courbe en coordonnées polaires. Proposons-nous de déterminer l'aire comprise entre un arc MN et les rayons vecteurs menés à ses extrémités.

On décomposera cette aire en éléments infiniment petits par une série de rayons vecteurs.

Soit OPQ (*fig.* 14) l'un de ces éléments. On peut lui sub-

Fig. 14.

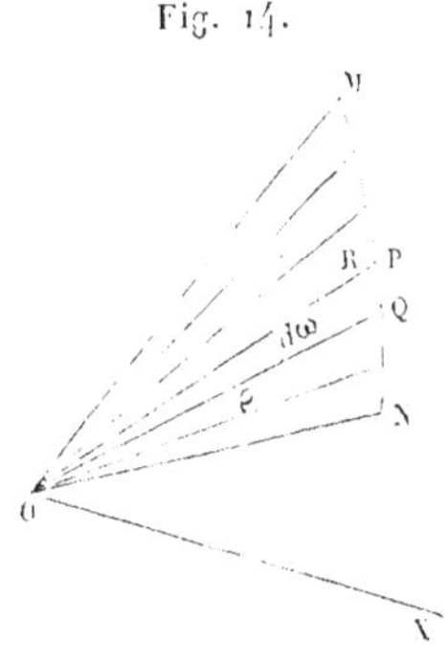

stituer le secteur circulaire OQR, qui n'en diffère que d'une quantité ε d'ordre > 1. Ce secteur a pour aire

$$\tfrac{1}{2}\rho\, RQ = \tfrac{1}{2}\rho^2\, d\omega.$$

Sommant ces secteurs circulaires, on aura pour l'aire cherchée

$$\int_{\omega_0}^{\omega_1} \tfrac{1}{2}\rho^2\, d\omega,$$

ω_0 et ω_1 étant les valeurs de ω correspondant aux extrémités de l'arc.

S'il s'agit d'évaluer une courbe fermée à laquelle O soit intérieur, on aura la même formule, les limites de l'intégrale étant 0 et 2π.

Si O est sur la courbe, on intégrera de ω_0 à $\omega_0 + \pi$, ω_0 étant l'angle de la tangente en O avec l'axe polaire.

Si O est extérieur à la courbe (*fig.* 15), on décomposera de même l'aire en éléments MNPQ, auxquels on substituera

Fig. 15.

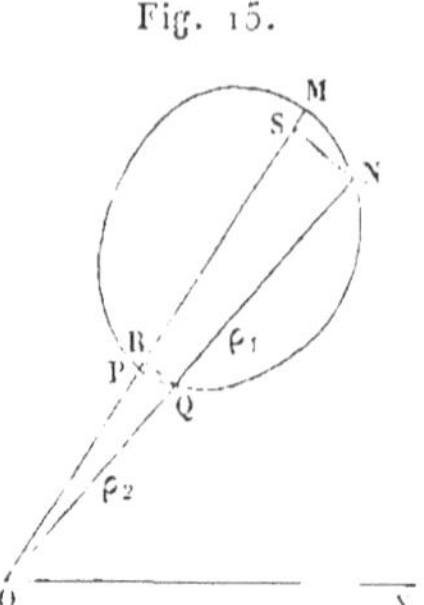

la différence des deux secteurs ONS, ORQ, laquelle est égale à $\frac{1}{2}(\rho_1^2 - \rho_2^2)\,d\omega$. L'aire cherchée sera la somme

$$\int_{\omega_0}^{\omega_1} \tfrac{1}{2}\,(\rho_1^2 - \rho_2^2)\,d\omega,$$

ω_0 et ω_1 étant les valeurs de ω correspondant aux tangentes menées par O à la courbe.

On traitera de même le cas où il y aurait des rayons vecteurs coupant plus de deux fois la courbe.

On voit d'ailleurs, comme pour les coordonnées rectangulaires, que l'intégrale $\int \rho^2 d\omega$ étendue à tout le contour d'une courbe fermée, sans point double, donnera dans tous les cas l'aire de cette courbe avec le signe $+$ ou $-$, suivant le sens dans lequel on marche sur le contour. S'il y a des points doubles, elle sera égale à $m\mathrm{R} + m_1\mathrm{R}_1 + \ldots$; $\mathrm{R}, \mathrm{R}_1, \ldots$ étant les aires des diverses régions qu'on peut distinguer dans l'espace enveloppé par le contour, et $m, m_1, \ldots$ des entiers faciles à déterminer pour chaque région.

116. *Rectification des courbes.* — Nous avons trouvé pour la différentielle ds de l'arc d'une courbe plane la formule

$$ds = \sqrt{dx^2 + dy^2}.$$

Soient

$$x = f(t), \quad y = \varphi(t)$$

les équations qui définissent la courbe. On aura

$$dx = f'(t)\,dt, \quad dy = \varphi'(t)\,dt,$$

d'où

$$ds = \sqrt{f'(t)^2 + \varphi'(t)^2}\,dt,$$

$$s = \int \sqrt{f'(t)^2 + \varphi'(t)^2}\,dt.$$

Cette expression renferme une constante arbitraire, ce qui doit être, tant qu'on n'a pas défini le point de la courbe à partir duquel on compte les arcs.

La longueur $s_1 - s_0$ de l'arc compris entre le point t_0 et le point t_1 sera donnée par l'intégrale définie

$$\int_{t_0}^{t_1} \sqrt{f'(t)^2 + \varphi'(t)^2}\,dt.$$

Si la courbe était rapportée à des coordonnées polaires ρ et ω, on aurait

$$ds = \sqrt{d\rho^2 + \rho^2\,d\omega^2} = \sqrt{\rho'^2 + \rho^2}\,d\omega,$$

et l'arc compris entre les points $\omega = \omega_0$ et $\omega = \omega_1$ aurait pour longueur

$$\int_{\omega_0}^{\omega_1} \sqrt{\rho'^2 + \rho^2}\,d\omega.$$

117. Soit, par exemple, à déterminer la longueur d'un arc de cycloïde. Cette courbe a pour équations

$$x = a(t - \sin t), \quad y = a(1 - \cos t).$$

On en déduit

$$dx = a(1 - \cos t)\,dt, \quad dy = a \sin t\,dt,$$

$$s = \int a\sqrt{2 - 2\cos t}\,dt = 2a \int \sin \tfrac{1}{2}t\,dt = -4a \cos \tfrac{1}{2}t + \text{const.}$$

Si c'est l'arc total AB (*fig.* 16) que l'on demande, il faudra

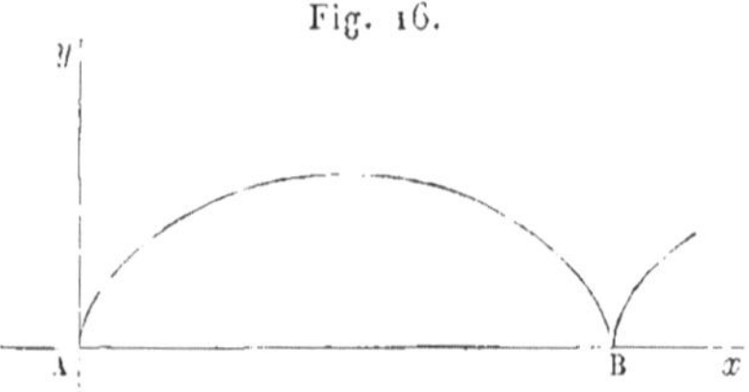

Fig. 16.

prendre l'intégrale entre les limites o et 2π, ce qui donnera

$$-4a\cos\pi + 4a\cos o = 8a.$$

118. Passons à l'arc de parabole. On a

$$y^2 = 2px,$$
$$y\,dy = p\,dx.$$

Choisissant y pour variable indépendante, on aura

$$ds = \sqrt{\frac{y^2\,dy^2}{p^2} + dy^2} = \frac{dy}{p}\sqrt{y^2 + p^2},$$
$$s = \frac{1}{p}\int \sqrt{y^2 + p^2}\,dy.$$

Intégrant par parties, il vient

$$\int \sqrt{y^2 + p^2}\,dy = y\sqrt{y^2 + p^2} - \int \frac{y^2\,dy}{\sqrt{y^2 + p^2}}.$$

Mais

$$\int \frac{y^2\,dy}{\sqrt{y^2 + p^2}} = \int \sqrt{y^2 + p^2}\,dy - p^2 \int \frac{dy}{\sqrt{y^2 + p^2}},$$

et, en substituant dans l'équation précédente,

$$2\int \sqrt{y^2 + p^2}\,dy = y\sqrt{y^2 + p^2} + p^2 \int \frac{dy}{\sqrt{y^2 + p^2}}.$$

Cette deuxième intégrale est égale, comme on l'a vu, à

$$\log\left(\sqrt{y^2 + p^2} + y\right) + \text{const.}$$

On a donc

$$s = \frac{y\sqrt{y'^2 + p^2}}{2p} + \frac{p}{2}\log\left(\sqrt{y'^2 + p^2} + y\right) + \text{const.},$$

et, pour avoir la longueur d'un arc compris entre les points y_0, y_1, il faudra substituer y_0 et y_1 dans cette expression, et retrancher le premier résultat du second.

119. Enfin, pour l'ellipse, on a (*Calcul différentiel*, n° **271**)

$$x = a\cos t, \quad y = b\sin t,$$

$$ds = \sqrt{a^2\sin^2 t + b^2\cos^2 t}\,dt = a\sqrt{1 - \frac{a^2 - b^2}{a^2}\cos^2 t}\,dt,$$

et, en posant $\dfrac{a^2 - b^2}{a^2} = k^2$, $t = \dfrac{\pi}{2} + u$,

$$ds = a\sqrt{1 - k^2\sin^2 u}\,du.$$

L'arc est donc donné par une intégrale elliptique de deuxième espèce.

120. Pour une courbe gauche ayant pour équations

$$x = f(t), \quad y = \varphi(t), \quad z = \psi(t)$$

nous avons trouvé

$$ds = \sqrt{dx^2 + dy^2 + dz^2} = \sqrt{f'^2 + \varphi'^2 + \psi'^2}\,dt;$$

d'où, pour la longueur de l'arc compris entre les points t_0 et t_1,

$$s = \int_{t_0}^{t_1} \sqrt{f'^2 + \varphi'^2 + \psi'^2}\,dt.$$

CHAPITRE III.

INTÉGRALES MULTIPLES.

---

121. Considérons une surface dont l'ordonnée $z = f(x, y)$ soit une fonction uniformément continue de x, y pour tous ceux de ses points qui se projettent sur le plan des xy dans une région donnée R, d'étendue finie. On pourra, par définition, quelque petite que soit la quantité ε, déterminer une seconde quantité η, indépendante de x et de y, et telle que l'on ait, dans toute la région considérée,

$$\operatorname{mod}[f(x + h, y + k) - f(x, y)] < \varepsilon,$$

tant que h et k ne surpasseront pas η en valeur absolue.

Partageons cette région d'une manière quelconque en divers compartiments. Multiplions l'aire $\Delta\sigma$ de chacun d'eux par la valeur $f(x, y)$ de l'ordonnée correspondant à un point arbitraire (x, y) situé dans son intérieur, et formons la somme

$$\Sigma f(x, y) \, \Delta\sigma$$

de tous ces résultats.

Si nous multiplions le nombre des compartiments, de telle sorte que les dimensions de chacun d'eux décroissent indéfiniment, la somme ci-dessus tendra vers une limite indépendante du mode de division adopté et du choix des ordonnées.

Considérons, en effet, deux modes de division distincts, et admettons que les compartiments aient été de part et d'autre assez multipliés pour que leurs dimensions, tant dans le sens des x que dans celui des y, ne surpassent pas $\frac{1}{2}\eta$. Soient

$$\Sigma f(x, y)\,\Delta\sigma \quad \text{et} \quad \Sigma f(x', y')\,\Delta\sigma'$$

les deux sommes correspondantes.

Chaque point de R appartient à la fois à l'un des compartiments de chacune des deux décompositions. Considérons, en particulier, la région ρ formée par les points communs aux deux éléments $\Delta\sigma$ et $\Delta\sigma'$. La portion de la première somme correspondant à cette région sera $f(x, y)\rho$; et la portion de la seconde somme correspondant à cette même région sera $f(x', y')\rho$.

Or les deux éléments $\Delta\sigma$ et $\Delta\sigma'$ ayant une partie commune, et leurs dimensions tant dans le sens des x que dans celui des y ne surpassant pas $\frac{\eta}{2}$, $x' - x$ et $y' - y$ ne surpasseront pas η, en valeur absolue. On aura donc

$$\operatorname{mod}[f(x', y') - f(x, y)] < \varepsilon.$$

d'où

$$\operatorname{mod}[f(x', y')\rho - f(x, y)\rho] < \varepsilon\rho,$$

et enfin

$$\operatorname{mod}\Sigma[f(x', y')\,\Delta\sigma' - \Sigma f(x, y)\,\Delta\sigma]$$
$$\lessgtr \Sigma\operatorname{mod}[f(x', y')\rho - f(x, y)\rho] < \Sigma\varepsilon\rho < \varepsilon\Sigma\rho < \varepsilon A,$$

A désignant l'aire de R.

Or A est fini, par hypothèse, tandis que ε décroît au delà de toute limite, lorsque η tend vers zéro.

L'expression $\lim\Sigma f(x, y)\,\Delta\sigma$, dont nous venons de démontrer la constance, se nomme une *intégrale double*. On la représente par la notation

$$S_R f(x, y)\,d\sigma,$$

où l'indice R indique dans quelle région doit se faire la sommation.

La valeur de cette intégrale double représentera, par définition, le *volume* compris entre la surface $z = f(x, y)$, le plan des xy et le cylindre perpendiculaire à ce plan et ayant pour base la courbe C qui limite R.

Les éléments de surface $\Delta\sigma$ étant tous pris positivement, chacun des éléments de volume aura le signe du facteur $f(x, y)$.

Si donc la surface $z = f(x, y)$ se trouvait au-dessous du plan des xy dans tout ou partie du champ de l'intégration, la partie correspondante du volume serait affectée du signe $-$.

D'après la définition de l'intégrale double, il est évident que, si l'on divise le champ R de l'intégration en plusieurs parties R′, R″...., on aura l'égalité

$$S_R f(x, y) d\sigma = S_{R'} f(x, y) d\sigma + S_{R''} f(x, y) d\sigma + \ldots$$

122. Cherchons à évaluer l'intégrale $S_R f(x, y) d\sigma$.

Nous supposerons, pour plus de simplicité, que le champ de l'intégration est limité par une seule courbe fermée, qu'une parallèle quelconque aux axes des x et des y ne rencontre pas en plus de deux points. Si cette condition n'était pas remplie, on n'aurait qu'à décomposer le champ d'intégration en plusieurs champs partiels jouissant de cette propriété.

Cela posé, décomposons R en éléments infiniment petits par deux séries de plans respectivement perpendiculaires à l'axe des x et à l'axe des y.

En désignant par $\Delta\sigma$ l'aire d'un de ces éléments, par (x, y) un point choisi arbitrairement dans cet élément (nous choisirons, par exemple, l'angle gauche inférieur dudit élément), on aura

$$S_R f(x, y) d\sigma = \lim \Sigma f(x, y) \Delta\sigma.$$

Les éléments contigus au contour (ombrés sur la *fig.* 17) peuvent être négligés à la limite. En effet, si dans chacun d'eux on remplace $f(x, y)$ par la valeur maximum M que prend son module dans la région R, on obtiendra, pour limite supérieure du module de la somme des termes correspondant à ces éléments, la quantité $M\sigma$, σ représentant la somme des aires de ces éléments. Or σ a évidemment zéro pour li-

Fig. 17.

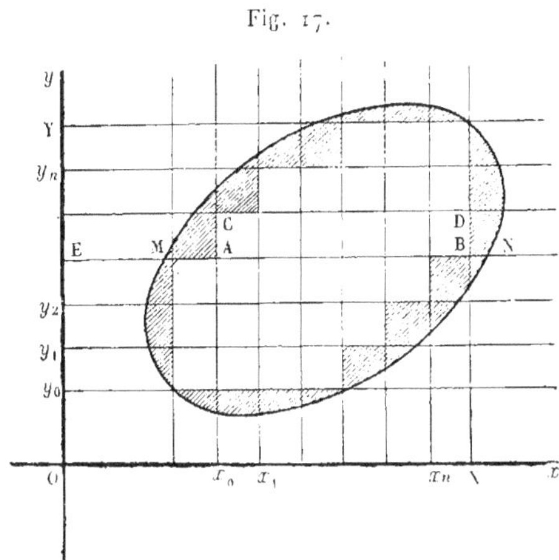

mite, ces éléments formant sur le contour une couronne infiniment mince.

Il reste à évaluer la limite de la somme des termes correspondant aux éléments rectangulaires. Chacun d'eux aura pour valeur

$$f(x, y)\,\Delta x\,\Delta y;$$

Δx et Δy étant les deux dimensions de l'élément qui lui sert de base.

Considérons le système des éléments de volume qui forment une même tranche ABCD parallèle à l'axe des x. Dans tous ces éléments y et Δy auront la même valeur; x prendra successivement les valeurs $x_0, x_1, \ldots, x_n$; Δx les valeurs $x_1 - x_0, x_2 - x_1, \ldots, X - x_n$; et la somme de ces éléments sera

$$\Delta y\,[f(x_0, y)\,(x_1 - x_0) + \ldots + f(x_n, y)\,(X - x_n)].$$

Lorsque les quantités $x_1 - x_0, \ldots, X - x_n$ décroissent indéfiniment, la quantité entre parenthèses a évidemment pour limite l'intégrale définie

$$\int_{x_0}^{X} f(x,y)\,dx,$$

calculée en traitant y comme constante. D'ailleurs il est clair que, à la limite, x_0 et X se rapprochent indéfiniment des abscisses $EM = \alpha$ et $EN = \beta$, qui représentent le minimum et le maximum de la valeur de x dans la tranche considérée. Le volume de cette tranche sera donc, à la limite, égal à

$$\Delta y \int_{\alpha}^{\beta} f(x,y)\,dx.$$

L'intégrale définie qui précède est évidemment indépendante de la variable x par rapport à laquelle on opère la sommation ; mais elle dépend de y et des limites α et β. Celles-ci dépendent elles-mêmes de y, et pourront être calculées en fonction de cette variable lorsqu'on aura précisé la nature de la courbe qui limite le champ d'intégration.

Cette première intégration effectuée, on aura donc, pour le volume de la tranche, une expression de la forme

$$\varphi(y)\,\Delta y.$$

On obtiendra la somme des tranches ainsi déterminées en donnant successivement à y la série des valeurs $y_0, y_1, \ldots y_n$ et à Δy la série des valeurs correspondantes $y_1 - y_0, \ldots, Y - y_n$. La somme ainsi obtenue

$$\varphi(y_0)(y_1 - y_0) + \ldots + \varphi(y_n)(Y - y_n)$$

aura évidemment pour limite l'intégrale définie

$$\int_{y_0}^{Y} \varphi(y)\,dy.$$

D'ailleurs y_0 et Y tendent évidemment vers γ et δ, γ et δ désignant le minimum et le maximum de la valeur de y dans le champ de l'intégration.

On aura donc

$$S_R f(x,y)\,d\tau = \int_\gamma^\delta \varphi(y)\,dy = \int_\gamma^\delta dy\left[\int_\alpha^\beta f(x,y)\,dx\right].$$

et l'on voit que le calcul de cette intégrale double se ramène au calcul de deux intégrales simples successives.

123. On aurait pu opérer autrement, en sommant d'abord les éléments qui forment une tranche parallèle à l'axe des y, puis sommant ces nouvelles tranches. On obtiendrait évidemment ainsi

$$S_R f(x,y)\,d\tau = \int_{\alpha'}^{\beta'} dx\left[\int_{\gamma'}^{\delta'} f(x,y)\,dy\right],$$

γ', δ' étant des fonctions de x, qui représentent les valeurs extrêmes de y dans la tranche qui a pour abscisse x; α' et β' étant des constantes, égales aux valeurs extrêmes de x dans tout le champ d'intégration.

La comparaison des deux valeurs précédentes de l'intégrale double donne l'égalité

$$\int_\gamma^\delta dy\left[\int_\alpha^\beta f(x,y)\,dx\right] = \int_{\alpha'}^{\beta'} dx\left[\int_{\gamma'}^{\delta'} f(x,y)\,dy\right].$$

Dans le cas particulier où le champ d'intégration est un rectangle, on a $\alpha = \alpha'$, $\beta = \beta'$, $\gamma = \gamma'$, $\delta = \delta'$. On aura donc, quelles que soient les constantes α, β, γ, δ,

$$(1)\qquad \int_\gamma^\delta dy\left[\int_\alpha^\beta f(x,y)\,dx\right] = \int_\alpha^\beta dx\left[\int_\gamma^\delta f(x,y)\,dy\right].$$

Cette relation montre que, lorsqu'une fonction doit être intégrée successivement par rapport à deux variables différentes x et y, *on peut renverser l'ordre des intégrations* sans altérer le résultat définitif.

Ce théorème permet de représenter les intégrales (1) par

la notation plus simple

$$\int_{\gamma}^{\delta}\int_{\alpha}^{\beta} f(x,y)\,dx\,dy.$$

Quant à l'intégrale double plus générale

$$S_{\mathrm{R}}\,f(x,y)\,d\sigma,$$

on la représente souvent aussi par le symbole

$$\int\int_{\mathrm{R}} f(x,y)\,dx\,dy.$$

124. Proposons-nous maintenant de trouver le volume d'une région quelconque de l'espace. Nous admettrons, pour plus de simplicité, que la région en question est limitée par une seule surface fermée S, laquelle ne soit pas rencontrée en plus de deux points par une parallèle à l'axe des z. Si cette condition n'était pas remplie, on décomposerait la région donnée en régions partielles, jouissant de cette propriété.

Soient C la courbe de contour apparent de la surface S; K le cylindre vertical circonscrit à la surface le long de cette courbe. Le volume cherché sera évidemment la différence entre les volumes des deux solides limités inférieurement par le plan des xy, latéralement par le cylindre K, et terminés respectivement à leur partie supérieure par la portion de la surface S située au-dessus de C et par celle qui est située au-dessous. Chacun de ces deux volumes se calculera comme nous l'avons exposé.

125. *Application.* — Soit à trouver le volume d'un tétraèdre trirectangle dont les arêtes OA, OB, OC sont dirigées suivant les axes coordonnés et respectivement égales à a, b, c.

L'équation de la face opposée au sommet O sera

$$\frac{x}{a} + \frac{y}{b} + \frac{z}{c} = 1,$$

et l'on aura à calculer l'expression

$$\int\int z\,dx\,dy = \int\int \left(1 - \frac{x}{a} - \frac{y}{b}\right) c\,dx\,dy$$

dans la région limitée par le triangle rectangle OAB (*fig*. 18).

Fig. 18.

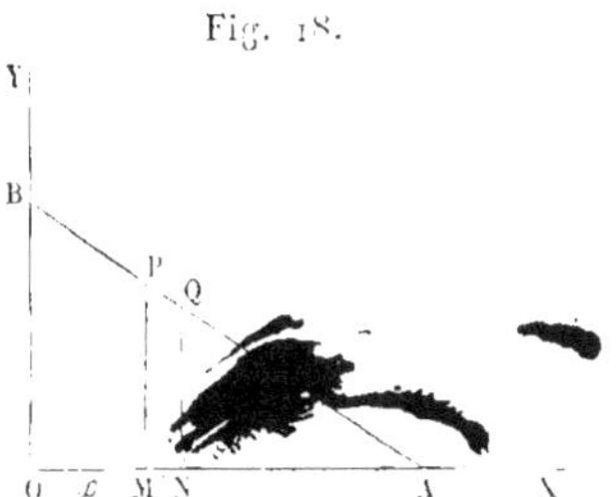

Intégrant d'abord par rapport à y, nous obtiendrons pour le volume de la tranche projetée sur MNPQ l'expression

$$c\,dx \int_0^{MP} \left(1 - \frac{x}{a} - \frac{y}{b}\right) dy = c\,dx \left[\left(1 - \frac{x}{a}\right) y - \frac{y^2}{2\,b}\right]_0^{MP}.$$

Or, MP est l'ordonnée de la droite AB, dont l'équation est $\frac{x}{a} + \frac{y}{b} = 1$. Donc : $MP = b\left(1 - \frac{x}{a}\right)$.

Substituant cette valeur dans la formule précédente, elle devient

$$\tfrac{1}{2}\,bc\,dx \left(1 - \frac{x}{a}\right)^2.$$

Intégrant de $x = 0$ à $x = a$, nous aurons le volume total

$$\tfrac{1}{2}\,bc \int_0^a \left(1 - \frac{x}{a}\right)^2 dx = -\frac{abc}{6}\left[\left(1 - \frac{x}{a}\right)^3\right]_0^a = \frac{abc}{6}.$$

123. On sait qu'une surface est souvent définie par un système de trois équations

$$x = F(u, v), \quad y = \Phi(u, v), \quad z = \Psi(u, v)$$

entre x, y, z et deux paramètres u, v.

Proposons-nous de déterminer le volume compris entre une surface S ainsi définie, le plan des xy et un cylindre perpendiculaire à ce plan.

Admettons, pour plus de simplicité :

1° Qu'à chaque point x, y du champ d'intégration corresponde un seul système de valeurs de u, v, et réciproquement;

2° Que ce champ soit limité par une seule courbe fermée K, laquelle ne soit pas rencontrée en plus de deux points par les courbes obtenues en posant $u =$ const. ou $v =$ const. dans les expressions de x et de y.

On décomposerait, si c'était nécessaire, le champ d'intégration en plusieurs champs partiels satisfaisant à ces conditions.

Prenons pour variables indépendantes, à la place de x, y, les deux quantités u, v, définies par les équations

$$x = F(u, v), \quad y = \Phi(u, v),$$

et décomposons le champ d'intégration en éléments infiniment petits, non plus par des parallèles aux axes des x et des y, mais par des courbes de l'espèce

$$u = \text{const.}$$

et des courbes

$$v = \text{const.}$$

Les éléments de volume correspondant à ceux de ces éléments qui sont au bord du champ peuvent, comme tout à l'heure, être négligés. Restent les éléments dont le contour est exclusivement formé par les courbes $u =$ const. et $v =$ const.

L'aire $\Delta\sigma$ de l'élément qui est compris entre les courbes u, $u + \Delta u$, v, $v + \Delta v$ (*fig.* 19) a pour valeur principale

$$\text{mod} \, C \, \Delta u \, \Delta v,$$

C désignant le déterminant

$$\frac{\partial x}{\partial u} \frac{\partial y}{\partial v} - \frac{\partial x}{\partial v} \frac{\partial y}{\partial u}$$

(*Calcul différentiel*, n° 325).

L'élément de volume correspondant sera donc

$$z(\operatorname{mod} C \, \Delta u \, \Delta v + \varepsilon \, \Delta \sigma),$$

ε étant infiniment petit.

Fig. 19.

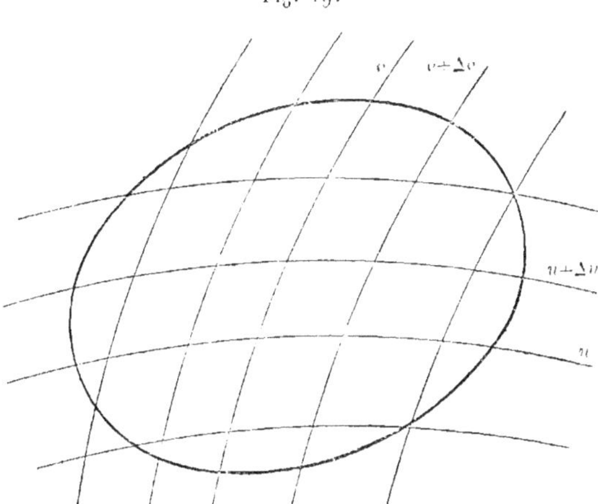

Le volume cherché

$$\lim \Sigma \, z \, \Delta \sigma$$

sera donc égal à

$$\lim \Sigma \, z \operatorname{mod} C \, \Delta u \, \Delta v + \lim \Sigma \, z \varepsilon \, \Delta \sigma.$$

Soient, d'ailleurs, M le maximum du module de z dans le champ de l'intégration; η le maximum du module des quantités ε; on aura

$$\operatorname{mod} \Sigma \, z \varepsilon \, \Delta \sigma \lesseqgtr \Sigma M \eta \, \Delta \sigma \lesseqgtr \mathcal{A} M \eta,$$

$\mathcal{A}$ désignant l'aire totale dans laquelle on intègre.

Or $\mathcal{A}$ et M sont finis; d'autre part, toutes les quantités ε étant infiniment petites, η est infiniment petit. Donc

$$\lim \Sigma \, z \varepsilon \, \Delta \sigma = 0,$$

et il restera à calculer la limite de

$$\Sigma \, z \operatorname{mod} C \, \Delta u \, \Delta v.$$

Pour cela nous sommerons d'abord tous les éléments qui correspondent à une même valeur de v; cette somme sera le produit de Δv par l'intégrale définie

$$\int_\alpha^\beta z \bmod C \, du,$$

prise en supposant v constant dans la fonction $z \bmod C$; α et β étant les valeurs extrêmes de u pour la valeur de v que l'on considère.

Cette intégrale définie est une fonction de v, telle que $\varphi(v)$. Il restera à calculer la limite de la somme $\Sigma \varphi(v) \Delta v$, laquelle sera évidemment

$$\int_\gamma^\delta \varphi(v) \, dv = \int_\gamma^\delta \left(\int_\alpha^\beta z \bmod C \, du \right) dv,$$

γ et δ étant les valeurs extrêmes de v dans tout le champ de l'intégration.

127. *Exemple.* — Soit à déterminer le volume compris entre les plans des xy, des yz, une demi-sphère de rayon r, ayant son centre à l'origine, et un cylindre droit dont la base a pour diamètre le rayon OA (*fig.* 20).

Fig. 20.

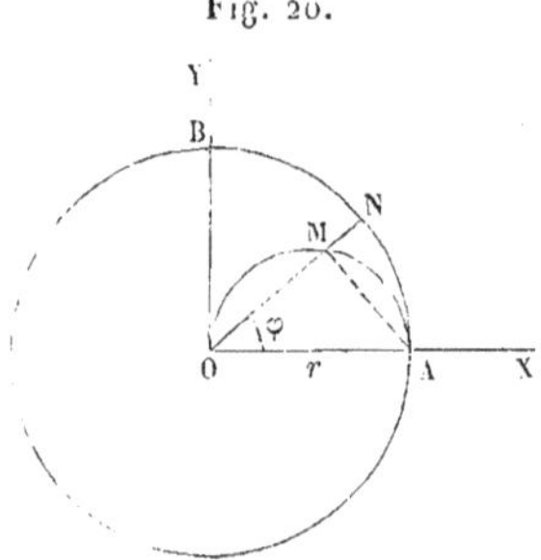

Prenons des coordonnées semi-polaires ρ, φ, z, déterminées par les relations

$$x = \rho \cos\varphi, \quad y = \rho \sin\varphi, \quad z = z.$$

L'ordonnée z de la sphère est évidemment définie par la relation

$$z = \sqrt{r^2 - \rho^2}.$$

On aura, d'autre part,

$$C = \begin{vmatrix} \cos\varphi & -\rho\sin\varphi \\ \sin\varphi & \rho\cos\varphi \end{vmatrix} = \rho.$$

Nous aurons donc à évaluer l'intégrale double

$$\int\int \sqrt{r^2 - \rho^2}\, \rho\, d\rho\, d\varphi,$$

le champ d'intégration étant le triangle curviligne AOB.

Une première intégration par rapport à ρ donnera pour résultat

$$d\varphi \left[-\frac{(r^2 - \rho^2)^{\frac{3}{2}}}{3} \right]_{OM}^{ON},$$

OM et ON étant les valeurs extrêmes de ρ pour une valeur déterminée de φ. Or la figure donne $OM = r\cos\varphi$, $ON = r$. Substituant ces limites, il viendra comme résultat de la première sommation

$$\frac{r^3}{3} \sin^3\varphi\, d\varphi.$$

Intégrant de nouveau entre les limites extrêmes de φ, qui sont ici 0 et $\dfrac{\pi}{2}$, on obtiendra le volume cherché

$$\frac{r^3}{3} \int_0^{\frac{\pi}{2}} \sin^3\varphi\, d\varphi = \frac{r^3}{3} \int_0^{\frac{\pi}{2}} -(1 - \cos^2\varphi)\, d\cos\varphi$$

$$= \frac{r^3}{3}\left(-\cos\varphi + \frac{\cos^3\varphi}{3} \right)_0^{\frac{\pi}{2}} = \frac{2}{9}\, r^3.$$

128. *Aire des surfaces courbes.* — Proposons-nous d'évaluer l'aire d'une portion d'une surface définie par les trois équations

$$x = f(u, v), \quad y = \varphi(u, v), \quad z = \psi(u, v).$$

Nous admettrons : 1° que, dans la région dont il s'agit, chaque point correspond à un système unique de valeurs pour les variables u et v; 2° que la limite de cette région se compose d'un seul contour fermé, qui ne soit coupé qu'en deux points par les courbes $u = $ const. ou $v = $ const. (On décomposerait au besoin cette région en diverses portions, pour chacune desquelles cette condition fût satisfaite.)

Décomposons la région en question en éléments infiniment petits par des courbes $u = $ const. et des courbes $v = $ const. L'aire cherchée sera la somme des aires de ces éléments.

A la limite, les éléments situés sur le contour pourront être négligés, leur somme étant infiniment petite.

Restent les éléments situés en entier dans l'intérieur de la région. Chacun d'eux est limité par quatre courbes u, $u + du$, v, $v + dv$, et son aire sera donnée (*Calcul différentiel*, n° 325) par l'expression

$$d\sigma = \sqrt{A^2 + B^2 + C^2}\, du\, dv,$$

où A, B, C désignent les déterminants

$$A = \frac{\partial y}{\partial u}\frac{\partial z}{\partial v} - \frac{\partial y}{\partial v}\frac{\partial z}{\partial u},$$

$$B = \frac{\partial z}{\partial u}\frac{\partial x}{\partial v} - \frac{\partial z}{\partial v}\frac{\partial x}{\partial u},$$

$$C = \frac{\partial x}{\partial u}\frac{\partial y}{\partial v} - \frac{\partial x}{\partial v}\frac{\partial y}{\partial u},$$

Pour calculer leur somme, on sommera d'abord les éléments qui correspondent à une même valeur de v, ce qui donnera l'intégrale

$$dv \int_\alpha^\beta \sqrt{A^2 + B^2 + C^2}\, du,$$

α, β désignant les valeurs extrêmes de u pour cette valeur de v. Cette première intégration effectuée, on substituera pour α, β leurs valeurs en fonction de v. Soit $dv\, \varphi(v)$ le résultat ainsi obtenu. On l'intégrera par rapport à v entre les limites γ et δ, qui représentent les valeurs extrêmes de v dans la région considérée.

129. Dans le cas particulier où l'on prend x et y pour variables indépendantes, la fonction $\sqrt{A^2 + B^2 + C^2}$ à intégrer se réduira à $\sqrt{1 + p^2 + q^2}$.

130. On remarquera qu'on a en général

$$\sqrt{A^2 + B^2 + C^2}\, du\, dv = \frac{\sqrt{A^2 + B^2 + C^2}}{C} \cdot C\, du\, dv = \frac{d\sigma'}{\cos\varphi},$$

$d\sigma'$ représentant la projection de l'élément $d\sigma$ sur le plan des xy, et φ l'angle aigu formé par la normale avec l'axe des z.

131. Il existe des cas assez étendus où l'une des deux intégrations successives à effectuer pour la détermination des aires ou des volumes peut toujours s'exécuter, de telle sorte que le problème se ramène au calcul d'une intégrale simple.

Considérons, par exemple, une surface réglée, définie par les trois équations

$$x = a + bu,$$
$$y = a_1 + b_1 u,$$
$$z = a_2 + b_2 u,$$

où a, b, a_1, b_1, a_2, b_2 sont des fonctions d'un paramètre v. Prenant u et v pour variables indépendantes, il viendra, en posant, pour abréger, $\dfrac{da}{dv} = a'$, ...,

$$\frac{\partial x}{\partial u} = b, \qquad \frac{\partial y}{\partial u} = b_1, \qquad \frac{\partial z}{\partial u} = b_2,$$

$$\frac{\partial x}{\partial v} = a' + b'u, \quad \frac{\partial y}{\partial v} = a_1' + b_1'u, \quad \frac{\partial z}{\partial v} = a_2' + b_2'u,$$

$$A = b_1 a_2' - b_2 a_1' + (b_1 b_2' - b_2 b_1')u,$$

$$\dotfill$$

et l'intégration des différentielles

$$dV = \pm Cz\,du\,dv, \quad d\sigma = \sqrt{A^2 + B^2 + C^2}\,du\,dv$$

par rapport à u pourra s'effectuer sans difficulté par les méthodes du Chapitre I.

132. Passons aux surfaces de révolution. Prenons pour axe des z l'axe de révolution. Soient (x, y, z) un point de la surface, ω l'angle du méridien correspondant avec le plan des xz, r le rayon du parallèle correspondant. On aura évidemment

$$x = r\cos\omega, \quad y = r\sin\omega, \quad z = f(r),$$

f étant une fonction qui dépend de la nature de la courbe méridienne.

Prenant r et ω pour variables indépendantes, il viendra

$$A = -rf'(r)\cos\omega, \quad B = -rf'(r)\sin\omega, \quad C = r,$$

d'où

$$dV = rf(r)\,dr\,d\omega,$$
$$d\sigma = r\sqrt{f'(r)^2 + 1}\,dr\,d\omega,$$

expressions immédiatement intégrables par rapport à ω.

133. Considérons en dernier lieu l'ellipsoïde

$$(2) \qquad \frac{x^2}{a^2} + \frac{y^2}{b^2} + \frac{z^2}{c^2} = 1.$$

Pour trouver son volume V, on le partagera en tranches par des plans parallèles au plan des xy. Considérons la tranche comprise entre les plans z et $z + dz$. On peut l'assimiler à un cylindre ayant pour hauteur dz et pour base l'ellipse

$$\frac{x^2}{a^2} + \frac{y^2}{b^2} = 1 - \frac{z^2}{c^2}.$$

Les axes de cette ellipse sont

$$a\sqrt{1 - \frac{z^2}{c^2}}, \quad b\sqrt{1 - \frac{z^2}{c^2}}.$$

Son aire sera égale à $\pi ab\left(1-\dfrac{z^2}{c^2}\right)$, et le volume du cylindre sera

$$\pi ab\left(1-\frac{z^2}{c^2}\right)dz.$$

Il reste à sommer tous ces cylindres infiniment petits, en intégrant entre les valeurs extrêmes de z, $-c$ et $+c$. On trouvera ainsi

$$V=\pi ab\left(z-\frac{z^3}{3c^2}\right)_{-c}^{+c}=\frac{4}{3}\pi abc.$$

134. Cherchons enfin l'aire S de la moitié de l'ellipsoïde située au-dessus du plan des xy.

L'angle φ, que la normale en un point de l'ellipsoïde forme avec l'axe des z, sera donné par la formule

$$\cos\varphi=\frac{\dfrac{z}{c^2}}{\sqrt{\dfrac{x^2}{a^4}+\dfrac{y^2}{b^4}-\dfrac{z^2}{c^4}}}.$$

Le lieu des points pour lesquels φ est constant sera donc la courbe définie par l'équation (2) et l'équation

$$\cos^2\varphi\left(\frac{x^2}{a^4}+\frac{y^2}{b^4}+\frac{z^2}{c^4}\right)=\frac{z^2}{c^4}.$$

Éliminant z^2 entre ces deux équations, on aura la projection de cette courbe sur le plan des xy. Ce sera une ellipse, ayant pour équation

$$\frac{x^2}{a^2}\left(1-\frac{a^2-c^2}{a^2}\cos^2\varphi\right)+\frac{y^2}{b^2}\left(1-\frac{b^2-c^2}{b^2}\cos^2\varphi\right)=1-\cos^2\varphi.$$

L'aire U de cette ellipse sera

$$\pi ab\,\frac{1-\cos^2\varphi}{\sqrt{(1-\alpha^2\cos^2\varphi)(1-\beta^2\cos^2\varphi)}},$$

en posant, pour abréger,

$$\frac{a^2-c^2}{a^2}=\alpha^2,\quad \frac{b^2-c^2}{b^2}=\beta^2.$$

La projection de la bande de l'ellipsoïde, comprise entre les courbes φ et $\varphi + d\varphi$, sera évidemment égale à $d\mathrm{U}$, et cette bande elle-même aura pour surface $\dfrac{d\mathrm{U}}{\cos\varphi}$. On obtiendra l'aire cherchée S en sommant toutes les bandes, de o à $\dfrac{\pi}{2}$, ce qui donnera l'intégrale simple

$$\int_{\varphi=0}^{\varphi=\frac{\pi}{2}} \frac{d\mathrm{U}}{\cos\varphi}.$$

135. Considérons d'abord l'intégrale indéfinie. L'intégration par parties donnera

$$\int \frac{d\mathrm{U}}{\cos\varphi} = \frac{\mathrm{U}}{\cos\varphi} - \int \mathrm{U}\, d\,\frac{1}{\cos\varphi},$$

et, en posant

$$\alpha\cos\varphi = \sin\psi, \qquad \frac{\beta^2}{\alpha^2} = k^2,$$

d'où

$$\frac{1}{\pi ab}\,\mathrm{U} = \frac{1 - \dfrac{1}{\alpha^2}\sin^2\psi}{\cos\psi\,\sqrt{1 - k^2\sin^2\psi}},$$

on a

$$d\,\frac{1}{\cos\varphi} = \alpha\, d\,\frac{1}{\sin\psi} = -\alpha\,\frac{\cos\psi\, d\psi}{\sin^2\psi},$$

$$\frac{1}{\pi ab}\int \frac{d\mathrm{U}}{\cos\varphi} = \frac{\alpha^2 - \sin^2\psi}{\alpha\sin\psi\cos\psi\,\sqrt{1 - k^2\sin^2\psi}}$$
$$+ \int \frac{\alpha^2 - \sin^2\psi}{\alpha\sin^2\psi}\,\frac{d\psi}{\sqrt{1 - k^2\sin^2\psi}}.$$

Mais en remplaçant, dans la dernière intégrale, α^2 par $\alpha^2(1 - k^2\sin^2\psi + k^2\sin^2\psi)$, elle deviendra

$$\left(-\frac{1}{\alpha} + \alpha k^2\right)\int \frac{d\psi}{\sqrt{1 - k^2\sin^2\psi}} + \alpha \int \frac{\sqrt{1 - k^2\sin^2\psi}}{\sin^2\psi}\,d\psi.$$

Or

$$\frac{d\psi}{\sin^2\psi} = -d\cot\psi;$$

on aura donc, en intégrant par parties,

$$\int \frac{\sqrt{1 - k^2 \sin^2 \psi}}{\sin^2 \psi}\, d\psi$$

$$= - \sqrt{1 - k^2 \sin^2 \psi}\, \cot \psi - \int \frac{k^2 \cos^2 \psi}{\sqrt{1 - k^2 \sin^2 \psi}}\, d\psi$$

$$= - \sqrt{1 - k^2 \sin^2 \psi}\, \cot \psi$$

$$- (k^2 - 1) \int \frac{d\psi}{\sqrt{1 - k^2 \sin^2 \psi}} - \int \sqrt{1 - k^2 \sin^2 \psi}\, d\psi.$$

Réunissant ces résultats, il vient

$$\frac{1}{\pi ab} \int \frac{dU}{\cos \varphi} = \frac{\alpha^2 - \sin^2 \psi}{\alpha \sin \psi \cos \psi \sqrt{1 - k^2 \sin^2 \psi}} - \alpha \sqrt{1 - k^2 \sin^2 \psi}\, \cot \psi$$

$$+ \left(\alpha - \frac{1}{\alpha} \right) \int \frac{d\psi}{\sqrt{1 - k^2 \sin^2 \psi}} - \alpha \int \sqrt{1 - k^2 \sin^2 \psi}\, d\psi.$$

136. Il ne reste plus qu'à assigner les limites de l'intégration. Or, pour $\varphi = 0$, on a $\psi = \arcsin \alpha$; pour $\varphi = \frac{\pi}{2}$, $\psi = 0$.

On remarquera que la substitution $\psi = 0$ rend infinis les deux termes tout intégrés. Mais leur différence s'annule; ce sont, en effet, des fonctions impaires, dont les valeurs principales $\frac{\alpha}{\psi}$ et $- \frac{\alpha}{\psi}$ se détruisent.

On obtiendra ainsi la formule

$$\frac{1}{\pi ab} S = \sqrt{1 - k^2 \alpha^2} \sqrt{1 - \alpha^2} + \left(\frac{1}{\alpha} - \alpha \right) \int_0^{\arcsin \alpha} \frac{d\psi}{\sqrt{1 - k^2 \sin^2 \psi}}$$

$$+ \alpha \int_0^{\arcsin \alpha} \sqrt{1 - k^2 \sin^2 \psi}\, d\psi.$$

L'aire cherchée s'exprime donc par des intégrales elliptiques de première et de deuxième espèce.

137. *Masse d'un corps hétérogène.* — On nomme *densité moyenne* d'un corps le rapport de sa masse à son volume.

Un corps sera dit *homogène* si, en le décomposant d'une

manière quelconque en plusieurs parties, ces diverses parties ont toutes la même densité moyenne. Dans le cas contraire, le corps sera *hétérogène*.

Considérons un corps hétérogène. Soient P l'un de ses points; Q une portion du corps contenant le point P. Nous admettrons que, si l'on fait décroître indéfiniment et suivant une loi quelconque l'étendue de la région Q, sa densité moyenne tendra vers une limite déterminée et toujours la même.

Cette limite μ se nomme la *densité* au point P. Cette densité variera, en général, d'un point à l'autre. Ce sera donc une fonction des coordonnées du point.

Supposons que la fonction μ soit connue et qu'elle soit continue par rapport à ces coordonnées dans toute l'étendue du corps. Proposons-nous de calculer, d'après ces données, la masse totale du corps.

A cet effet, décomposons le corps en éléments infiniment petits dans tous les sens. Soient ΔV l'un de ces éléments; μ la masse en un point (x, y, z) choisi arbitrairement dans cet élément. La densité moyenne de l'élément sera, par définition, $\mu + \varepsilon$, ε étant une quantité infiniment petite. La masse de l'élément sera donc $(\mu + \varepsilon)\Delta V$, et la masse totale M sera donnée par la formule

$$M = \Sigma(\mu + \varepsilon)\Delta V.$$

Or, si l'on passe à la limite, $\Sigma \varepsilon \Delta V$ tendra vers zéro, car son module est évidemment au plus égal à ηV, η désignant le module de la plus grande des quantités ε, et V le volume total. On aura donc

$$M = \lim \Sigma \mu \Delta V.$$

Une expression de ce genre se nomme une *intégrale triple*, et se représente par

$$S_R \mu \, dV,$$

R désignant le champ de l'intégration.

138. Supposons la position d'un point définie par un sys-

tème de coordonnées curvilignes u, v, w, et admettons qu'à chaque système de valeurs de ces coordonnées corresponde un point unique dans l'étendue du corps (on pourra, si c'est nécessaire, partager le corps en plusieurs régions jouissant chacune de cette propriété). On pourra effectuer la division du corps en éléments infiniment petits par des surfaces $u = $ const., $v = $ const., $w = $ const.

Les éléments situés à la limite du corps pourront être négligés ; car leur volume total et, par suite, leur masse totale, sont infiniment petits.

Restent les éléments intérieurs, limités chacun par six surfaces telles que u, v, w, $u + du$, $v + dv$, $w + dw$.

On peut, sans altérer la limite de la somme, remplacer chacun d'eux par sa valeur principale, laquelle est égale (*Calcul différentiel*, n° 349) à

$$\operatorname{mod} J \, du \, dv \, dw,$$

J désignant le jacobien

$$\begin{vmatrix} \dfrac{\partial x}{\partial u} & \dfrac{\partial x}{\partial v} & \dfrac{\partial x}{\partial w} \\[2mm] \dfrac{\partial y}{\partial u} & \dfrac{\partial y}{\partial v} & \dfrac{\partial y}{\partial w} \\[2mm] \dfrac{\partial z}{\partial u} & \dfrac{\partial z}{\partial v} & \dfrac{\partial z}{\partial w} \end{vmatrix}.$$

On aura donc à effectuer la somme

$$\lim \Sigma \, \mu \operatorname{mod} J \, du \, dv \, dw.$$

139. Sommons d'abord les éléments qui correspondent à un même système de valeurs de v et de w. Leur somme aura évidemment pour valeur

$$dv \, dw \int_{\alpha}^{\beta} \mu \operatorname{mod} J \, du,$$

v et w étant supposés constants dans l'intégration, et α et β désignant les valeurs extrêmes de u dans la file d'éléments que l'on considère. Ces valeurs seront des fonctions de v et w, de telle sorte que l'intégration, une fois effectuée, donnera un résultat de la forme

$$\varphi(v, w)\, dv\, dw.$$

Sommons, en second lieu, les files qui correspondent à une même valeur de w. Leur somme sera donnée par l'intégrale

$$dw \int_{\alpha'}^{\beta'} \varphi(v, w)\, dv = \psi(w)\, dw,$$

w étant supposé constant dans l'intégration, et α', β' représentant les valeurs extrêmes de v dans la tranche qui correspond à la valeur considérée de w.

Une dernière intégration

$$\int_{\alpha''}^{\beta''} \psi(w)\, dw,$$

où α'', β'' sont les valeurs extrêmes de w, donnera la masse totale.

L'intégrale $S_R \mu \bmod J\, du\, dv\, dw$ aura donc pour valeur

$$\int_{\alpha''}^{\beta''} dw \left[\int_{\alpha'}^{\beta'} dv \left(\int_{\alpha}^{\beta} \mu \bmod J\, du \right) \right].$$

Cette expression peut se représenter par la notation plus simple

$$\iiint_R \mu \bmod J\,.\,du\, dv\, dw,$$

qui se justifie par cette considération, qu'on pourrait évidemment changer l'ordre des trois sommations à effectuer.

140. Dans le cas particulier où l'on aura pris pour variables les coordonnées cartésiennes x, y, z, on aura $J = 1$, et l'intégrale deviendra

$$\iiint_R \mu\, dx\, dy\, dz.$$

141. *Centres de gravité. — Moments d'inertie.* — Soient (x, y, z), (x', y', z'), ... des points de masses m, m', ... On nomme *centre de gravité* du système le point dont les coordonnées X, Y, Z sont définies par les équations

$$X = \frac{\Sigma m x}{\Sigma m}, \quad Y = \frac{\Sigma m y}{\Sigma m}, \quad Z = \frac{\Sigma m z}{\Sigma m},$$

et *moment d'inertie* du système par rapport à une droite la somme

$$\Sigma m \delta^2,$$

δ désignant la distance de la droite au point (x, y, z) de masse m.

Si, au lieu d'une série de points isolés, on a un corps continu, ces sommes se changeront en intégrales. Décomposons, en effet, le corps en éléments infiniment petits, comme plus haut.

Soient

ΔV le volume d'un de ces éléments;
μ la densité en un de ses points (x, y, z);
δ la distance de ce point à l'axe par rapport auquel on prend
    les moments d'inertie.

La masse m de l'élément sera sensiblement égale à $\mu \Delta V$. D'autre part, tous les points de l'élément auront sensiblement pour coordonnées x, y, z. et leur distance à l'axe sera sensiblement égale à δ. On aura donc. en passant à la limite,

$$\Sigma m = \lim \Sigma \mu \Delta V = S \mu \, dV.$$
$$\Sigma m x = \lim \Sigma \mu x \Delta V = S \mu x \, dV,$$
$$\cdots\cdots\cdots\cdots\cdots\cdots\cdots\cdots\cdots\cdots$$
$$\Sigma m \delta^2 = \lim \Sigma \mu \delta^2 \Delta V = S \mu \delta^2 \, dV.$$

142. *Application.* — Soit à trouver le moment d'inertie d'une sphère homogène, par rapport à un diamètre. Prenant cette droite pour axe des z et le centre de la sphère pour origine, on aura $\delta^2 = x^2 + y^2$. Il faudra donc calculer l'intégrale

$$S\mu(x^2 + y^2)\,dV.$$

On trouverait de même, pour les moments d'inertie relatifs aux axes des x et des y,

$$S\mu(y^2 + z^2)\,dV \quad \text{et} \quad S\mu(z^2 + x^2)\,dV.$$

Ces trois moments d'inertie étant égaux, chacun d'eux sera égal à la moyenne

$$\tfrac{2}{3} S\mu(x^2 + y^2 + z^2)\,dV.$$

En coordonnées polaires, on aura

$$x^2 + y^2 + z^2 = r^2, \quad dV = r^2 \sin\theta \, dr \, d\theta \, d\psi.$$

On aura donc à calculer l'intégrale

$$\tfrac{2}{3} S\mu\, r^4 \sin\theta \, dr \, d\theta \, d\psi.$$

Dans l'étendue de la sphère, ψ varie de 0 à 2π, θ de 0 à π, r de 0 à R, rayon de la sphère.

Les intégrations sont immédiates et donnent pour résultat

$$\mu \frac{8}{15} \pi R^5.$$

143. Nous avons obtenu, par des considérations géométriques et mécaniques, la notion des intégrales doubles et triples; mais il est clair que cette notion peut s'étendre à un plus grand nombre de variables.

144. Soit $I = \int\int \ldots \int \mu \, dx_1 \, dx_2 \ldots dx_n$ une intégrale multiple d'ordre n. Proposons-nous de trouver la transformée de cette expression, lorsque l'on y remplace une des variables qu'elle contient, telle que x_1, par une autre variable indépendante y_1, déterminée par la relation

$$x_1 = f(y_1, x_2, \ldots, x_n).$$

Nous supposerons, pour plus de simplicité, que $\dfrac{\partial f}{\partial y_1}$ ne change pas de signe dans le champ de l'intégration. On subdiviserait au besoin celui-ci en plusieurs régions satisfaisant chacune à cette condition.

On sait que I peut se calculer en effectuant n sommations successives par rapport aux variables $x_1, \ldots, x_n$. L'ordre des sommations étant d'ailleurs indifférent, nous pourrons supposer qu'on commence par la sommation relative à x_1. Soit

$$I_1 = \int_\alpha^\beta \mu\, dx_1 = \varphi(x_2, \ldots, x_n)$$

le résultat de cette première intégration ; on aura

$$I = \int \int \ldots I_1\, dx_2 \ldots dx_n.$$

Dans la première sommation, $x_2, \ldots, x_n$ sont considérés comme constants. Pour remplacer x_1 par la nouvelle variable y_1, il faudra, comme on sait, substituer à x_1 sa valeur dans l'expression de μ, remplacer dx_1 par $\dfrac{\partial f}{\partial y_1}\, dy_1$, et enfin remplacer les limites α et β par les valeurs correspondantes γ et δ de la nouvelle variable y_1. On aura ainsi

$$I_1 = \int_\gamma^\delta \mu\, \frac{\partial f}{\partial y_1}\, dy_1.$$

D'ailleurs le jacobien J_1 des fonctions $x_1, x_2, \ldots, x_n$ par rapport à $y_1, x_2, \ldots, x_n$ se réduit évidemment à $\dfrac{\partial f}{\partial y_1}$. On aura donc

$$I_1 = \int_\gamma^\delta \mu J_1\, dy_1$$

et

$$I = \int \int \ldots \int \mu J_1\, dy_1\, dx_2 \ldots dx_n.$$

la sommation s'étendant à tous les systèmes de valeurs de

y_1, x_2, ..., x_n qui correspondent aux anciens systèmes de valeurs que l'on devait assigner à x_1, x_2, ..., x_n.

145. Il y a toutefois une remarque essentielle à faire sur le signe de cette expression.

Dans chacune des n sommations successives par lesquelles on détermine la valeur de l'intégrale multiple I, il est tacitement convenu qu'on fait croître la variable d'intégration de sa valeur minimum à sa valeur maximum. Si on la faisait varier en sens contraire, l'intégrale changerait évidemment de signe.

Or, lorsque x_1 croît de α à β, y_1 varie dans le même sens que x, ou en sens contraire, suivant que J_1 est positif ou négatif. Si donc nous voulons conserver, dans le calcul de l'intégrale multiple transformée, la même convention que dans l'intégrale primitive, il faudra, si J_1 est négatif, changer le sens de la variation de y_1 et, par compensation, changer le signe de la fonction à intégrer. La formule de transformation sera donc

$$I = \int \int \ldots \int \mu \, \mathrm{mod} \, J_1 \, dy_1 \, dx_2 \ldots dx_n.$$

146. Supposons maintenant qu'on veuille trouver la transformée de l'intégrale multiple

$$\int \int \ldots \int \mu \, dx_1 \, dx_2 \ldots dx_n$$

lorsque l'on y remplace toutes les variables indépendantes x_1, x_2, ..., x_n par de nouvelles variables y_1, y_2, ..., y_n. Prenons successivement pour variables indépendantes y_1, x_2, ...; x_n, puis y_1, y_2, x_3, ..., x_n, etc.; et soient J_1 le jacobien de x_1, x_2, ..., x_n par rapport à y_1, x_2, ..., x_n; J_2 celui de y_1, x_2, x_3, ..., x_n par rapport à y_1, y_2, x_3, ..., x_n, etc.; enfin J celui de x_1, x_2, ..., x_n par rapport à y_1, y_2, ..., y_n.

On aura (*Calcul différentiel*, n° **60**)

$$J = J_1 J_2 \ldots.$$

et la formule de transformation précédente donnera, d'autre
part,

$$\int\int\ldots\int \varphi\, dx_1\, dx_2 \ldots dx_n$$

$$= \int\int\ldots\int \varphi\, \mathrm{mod}\, \mathrm{J}_1\, dy_1\, dx_2 \ldots dx_n$$

$$= \int\int\ldots\int \varphi\, \mathrm{mod}\, \mathrm{J}_1\, \mathrm{J}_2\, dy_1\, dy_2 \ldots dx_n$$

$$= \ldots\ldots\ldots\ldots\ldots\ldots\ldots\ldots\ldots\ldots\ldots$$

$$= \int\int\ldots\int \varphi\, \mathrm{mod}\, \mathrm{J}\, dy_1\, dy_2 \ldots dy_n.$$

Ce résultat général confirme ceux que nous avons trouvés
plus haut, par des considérations géométriques, pour les
intégrales doubles ou triples.

147. La définition des intégrales multiples, donnée plus
haut, suppose essentiellement :

1° Que la fonction à intégrer reste continue dans tout le
champ de l'intégration ;

2° Que le champ d'intégration est fini.

Un complément de définition sera nécessaire si nous voulons nous débarrasser de ces restrictions.

Considérons, par exemple, une intégrale double $\mathrm{S}\, z\, dz$, à
prendre dans l'intérieur d'un contour K. Il pourra se faire
que la fonction z devienne discontinue en un point de cette
région ou tout le long d'une ligne.

Ainsi, la fonction $z = \dfrac{1}{x^2 - y^2}$, par exemple, deviendra

infinie pour le point $x = 0$, $y = 0$, et la fonction $z = \dfrac{1}{x - y}$
deviendra infinie tout le long de la ligne $x = y$.

Si cette circonstance se présente, on décomposera le
champ de l'intégration en deux régions, R et r, dont l'une,
r, enveloppe le point ou la ligne pour lesquels z est discontinu.

Si, par exemple, il n'y a de discontinuité qu'en un point P

($fig.$ 21), on l'entourera d'un petit contour L; r sera la région intérieure à L. Si z est discontinu sur une ligne AB, on tracera de part et d'autre deux lignes ab et $a'b'$. L'intervalle compris entre ces deux lignes représentera la région r; le reste constituera la région R.

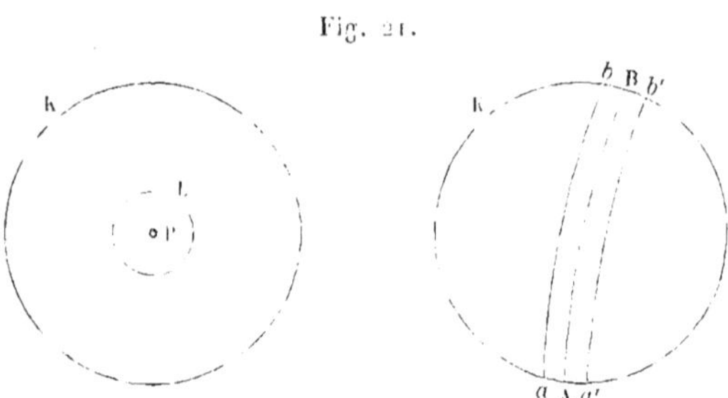

Fig. 21.

La fonction z restant continue dans R, l'intégrale relative à cette région aura une valeur parfaitement déterminée que nous appellerons $S_R z \, d\sigma$. Cela posé, nous appellerons valeur de l'intégrale dans le champ primitivement donné, la limite vers laquelle tend $S_R z \, d\sigma$ lorsque l'on fait décroître indéfiniment l'étendue de la région r qui a été exclue.

Cette définition suppose évidemment que $S_R z \, d\sigma$ tend vers une limite finie, déterminée et indépendante de la forme de la région r.

Voyons dans quel cas cette condition sera remplie.

148. Soient z_1 une fonction égale à z pour tous les points où z est positif, mais égale à zéro lorsque z est négatif; z_2 une autre fonction égale et de signe contraire à z lorsque z est négatif, mais égale à zéro lorsque z est positif. On aura évidemment

$$z = z_1 - z_2 \quad \text{et} \quad S_R z \, d\sigma = S_R z_1 \, d\sigma - S_R z_2 \, d\sigma.$$

Chacune des deux intégrales $S_R z_1 \, d\sigma$, $S_R z_2 \, d\sigma$ croîtra continuellement à mesure que la région R s'accroîtra aux dépens de r. Donc, si elle ne croît pas jusqu'à l'infini, elle tendra vers une limite déterminée, évidemment indépendante de l'ordre suivant lequel les diverses portions de la région r seront successivement ajoutées à la région R. (Car une somme de quantités positives ne varie pas quand on y change l'ordre des termes.) Leur différence $S_R z \, d\sigma$ tendra donc également vers une limite parfaitement déterminée.

Si l'une des sommes $S_R z_1 \, d\sigma$, $S_R z_2 \, d\sigma$ tend vers une limite finie, et l'autre vers l'infini, leur différence $S_R z \, d\sigma$ tendra vers l'infini, positif ou négatif.

Enfin, si les deux sommes tendent chacune vers l'infini, $S_R z \, d\sigma$ sera complètement indéterminée : car, suivant la manière dont on fait croître la région R aux dépens de r, on pourra faire croître, à volonté et indépendamment l'une de l'autre, les deux sommes $S_R z_1 \, d\sigma$ et $S_R z_2 \, d\sigma$.

La condition nécessaire et suffisante pour que notre définition soit acceptable est donc que les deux intégrales $S_R z_1 \, d\sigma$ et $S_R z_2 \, d\sigma$ tendent chacune vers une limite finie ; autrement dit, que leur somme

$$S_R (z_1 + z_2) \, d\sigma = S_R (\operatorname{mod} z) \, d\sigma$$

tende vers une limite finie.

Cette dernière intégrale ayant d'ailleurs tous ses éléments positifs, sa limite sera évidemment indépendante de la forme de la région r, laquelle pourra être choisie dans chaque cas de la manière la plus avantageuse pour la discussion.

149. Parmi les cas où l'intégrale des modules reste finie, on peut citer particulièrement les suivants :

1° Supposons que z devienne infini en un point O, mais de telle sorte que, dans l'intérieur d'un certain cercle ayant ce point pour centre, on ait constamment $\operatorname{mod} z \leqq \dfrac{A}{\rho^\alpha}$, A étant une constante, ρ la distance du point (x, y) au point O, et α un exposant inférieur à 2.

Soient C (*fig.* 22) le cercle donné, a son rayon. L'intégrale comprise entre K et C a une valeur nettement déter-

minée. Il reste à montrer qu'il en est de même pour l'intégrale prise dans l'intérieur du cercle C.

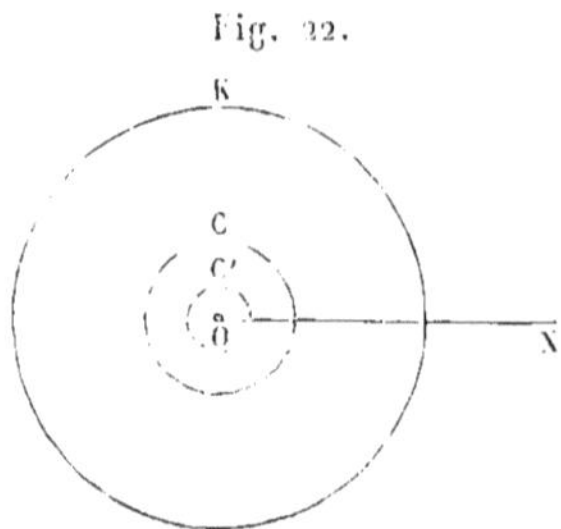

À cet effet, rapportons les points de cette région à des
coordonnées polaires ayant leur centre en O, et considérons
un cercle C' de rayon infiniment petit ε décrit autour de O
comme centre. L'intégrale

$$S(\mathrm{mod}\, z)\, ds = \int\int (\mathrm{mod}\, z)\rho\, d\rho\, d\omega,$$

prise entre les cercles C et C', aura ses éléments au plus égaux
à ceux de l'intégrale

$$\int\int \frac{A}{\rho^{\alpha}}\, \rho\, d\rho\, d\omega = A\int\int \frac{d\rho}{\rho^{\alpha-1}}\, d\omega.$$

Cette intégrale est facile à évaluer, ω variant de o à 2π, et
ρ de ε à a dans le champ de l'intégration.

Effectuant successivement les deux intégrations, il viendra

$$A\int\int \frac{d\rho\, d\omega}{\rho^{\alpha-1}} = 2\pi A \int_{\varepsilon}^{a} \frac{d\rho}{\rho^{\alpha-1}} = \frac{2\pi A}{2-\alpha}\left(a^{2-\alpha} - \varepsilon^{2-\alpha}\right).$$

Si ε tend vers zéro, cette expression tendra vers la limite

finie $\dfrac{2\pi A}{2-\alpha}\, a^{2-\alpha}$.

2° Supposons que z devienne infini le long d'une ligne,
mais de telle sorte que, jusqu'à une certaine distance d de
cette ligne, on ait constamment

$$\mathrm{mod}\, z \lessgtr \frac{A}{\rho^{\alpha}},$$

A étant une constante, ρ la distance du point (x, y) à cette ligne, et α un exposant < 1. On démontrera aisément que l'intégrale a une valeur finie et déterminée.

150. Il nous reste à examiner le cas où le champ de l'intégration s'étend jusqu'à l'infini.

Nous décomposerons de même que tout à l'heure ce champ en deux régions, l'une R finie, l'autre r s'étendant à l'infini.

On pourra calculer sans difficulté l'intégrale $S_R z\, d\sigma$ relative à la première région. Faisant croître indéfiniment cette région aux dépens de l'autre, l'intégrale cherchée sera la limite vers laquelle tend l'intégrale $S_R z\, d\sigma$.

Elle sera finie et déterminée si l'intégrale $S_R (\mathrm{mod}\, z)\, d\sigma$ a une limite finie.

Cette condition sera satisfaite, quel que soit le champ d'intégration, si l'on peut déterminer un cercle C tel que pour tout point extérieur on ait

$$\mathrm{mod}\, z \lessgtr \frac{A}{\rho^\alpha},$$

ρ désignant la distance du point (x, y) au centre O de ce cercle, A une constante et α un exposant > 2.

Nous allons montrer, en effet, que l'intégrale $S (\mathrm{mod}\, z)\, d\sigma$ conserve une valeur finie, même si elle est étendue à tout le plan. Cela est évident pour la portion finie du plan contenue dans l'intérieur du cercle C. Pour montrer qu'il en est de même dans la portion extérieure, traçons dans cette région un cercle C' concentrique au premier. Soient respectivement p et a les rayons de ces deux cercles. L'intégrale $S (\mathrm{mod}\, z)\, d\sigma$ prise entre les deux cercles aura pour limite supérieure l'expression

$$S \frac{A}{\rho^\alpha} \rho\, d\rho\, d\omega = \int_a^p \int_0^{2\pi} \frac{A}{\rho^{\alpha-1}}\, d\rho\, d\omega$$

$$= 2\pi A \int_a^p \frac{d\rho}{\rho^{\alpha-1}} = \frac{2\pi A}{2 - \alpha}\left(\frac{1}{p^{\alpha-2}} - \frac{1}{a^{\alpha-2}}\right).$$

Faisant croître p indéfiniment, cette expression tendra

vers la limite finie

$$\frac{2\pi A}{\alpha - 2}\cdot\frac{1}{a^{\alpha-2}}.$$

151. Nous avons démontré l'égalité

$$\int dx \int f(x, y)\, dy = \int dy \int f(x, y)\, dx,$$

le champ d'intégration étant supposé le même dans les deux membres.

Cette proposition fondamentale a été établie en montrant que les deux expressions ci-dessus représentent toutes deux l'intégrale double

$$S f(x, y)\, d\sigma$$

relative au champ considéré.

Cette intégrale double peut ne présenter aucun sens, si $f(x, y)$ devient infini dans l'intérieur du champ, ou si ce champ lui-même devient infini. Le théorème que nous venons de rappeler cesserait dans ce cas d'être démontré. Nous allons faire voir, par un exemple important, qu'il peut effectivement être en défaut.

152. Considérons la fonction

$$A x^m + B x^{m-1} + \ldots + K x + L,$$

A, B, ..., K, L étant des constantes, que nous supposerons réelles pour plus de simplicité.

Posons

$$x = \rho(\cos\varphi + i\sin\varphi).$$

La fonction prendra la forme

$$P + Q i,$$

en faisant, pour abréger,

$$P = A\rho^m \cos m\varphi + B\rho^{m-1}\cos(m-1)\varphi + \ldots + K\rho\cos\varphi + L,$$
$$Q = A\rho^m \sin m\varphi + B\rho^{m-1}\sin(m-1)\varphi + \ldots + K\rho\sin\varphi.$$

Posons

$$V = \text{arc tang}\,\frac{P}{Q}.$$

On en déduit

$$\frac{\partial V}{\partial \rho} = \frac{Q\,\dfrac{\partial P}{\partial \rho} - P\,\dfrac{\partial Q}{\partial \rho}}{P^2 + Q^2},$$

$$\frac{\partial V}{\partial \varphi} = \frac{Q\,\dfrac{\partial P}{\partial \varphi} - P\,\dfrac{\partial Q}{\partial \varphi}}{P^2 + Q^2},$$

$$\frac{\partial^2 V}{\partial \rho\,\partial \varphi} = \frac{M}{(P^2 + Q^2)^2},$$

M désignant une fonction entière de ρ et des sinus et cosinus des multiples de φ.

Nous allons démontrer que, en désignant par R une quantité suffisamment grande. les deux intégrales

$$\int_0^R d\rho \int_0^{2\pi} \frac{\partial^2 V}{\partial \rho\,\partial \varphi}\, d\varphi$$

et

$$\int_0^{2\pi} d\varphi \int_0^R \frac{\partial^2 V}{\partial \rho\,\partial \varphi}\, d\rho$$

n'auront pas la même valeur.

La première intégrale est égale à

$$\int_0^R d\rho \left(\frac{\partial V}{\partial \rho}\right)_0^{2\pi} = 0.$$

car $\dfrac{\partial V}{\partial \rho}$ reprenant, pour $\varphi = 0$ et $\varphi = 2\pi$, la même valeur, la quantité à intégrer est nulle.

La seconde intégrale a pour valeur

$$\int_0^{2\pi} d\varphi \left(\frac{\partial V}{\partial \varphi}\right)_0^R.$$

Or, pour $\rho = 0$. on a $Q = 0$ et $\dfrac{\partial Q}{\partial \rho} = 0$, d'où $\dfrac{\partial V}{\partial \varphi} = 0$.

Pour $\rho = R$, on aura, en n'écrivant que les termes du degré le plus élevé en R,

$$P = AR^m \cos m\varphi + \ldots$$
$$Q = AR^m \sin m\varphi + \ldots;$$

$$\frac{\partial P}{\partial \varphi} = -m\,AR^m \sin m\varphi + \ldots,$$

$$\frac{\partial Q}{\partial \varphi} = m\,AR^m \cos m\varphi + \ldots;$$

d'où

$$\frac{\partial V}{\partial \varphi} = \frac{-m\,A^2 R^{2m} \cdots}{A^2 R^{2m} \cdots} = -m + \varepsilon,$$

ε étant une quantité très petite, quand R est très grand.

La seconde intégrale aura donc pour valeur

$$\int_0^{2\pi} d\varphi\,(-m + \varepsilon)$$

ou sensiblement

$$\int_0^{2\pi} -m\,d\varphi = -2m\pi$$

quantité différente de zéro.

Les deux intégrales que nous venons de calculer ayant une valeur différente, il faut nécessairement que la fonction $\frac{\partial^2 V}{\partial \rho\, \partial \varphi}$ soit discontinue dans le champ de l'intégration. Mais elle est égale à $\frac{M}{(P^2 + Q^2)^2}$, où M, P, Q sont des fonctions évidemment continues. Elle ne peut donc devenir discontinue que si son dénominateur s'annule. Il existe donc un système de valeurs de ρ et de φ qui annule à la fois P et Q. Donc, il existe une valeur $\rho(\cos\varphi + i\sin\varphi)$ de la variable x qui annule le polynôme $A x^m + B x^{m-1} + \ldots + L$.

Nous avons ainsi démontré cette proposition fondamentale de la théorie des équations, que *toute équation algébrique a une racine.*

153. Les formules relatives aux changements de variables dans les intégrales multiples pourront également être en défaut si la fonction à intégrer devient infinie ou si le champ d'intégration devient infini. En effet, nous en avons donné deux démonstrations : l'une géométrique, applicable aux intégrales doubles ou triples, laquelle suppose que ces intégrales représentent des volumes $S\,z\,d\tau$ ou des masses $S\,\mu\,dV$; l'autre analytique, mais qui suppose qu'on puisse renverser l'ordre des intégrations. Ces conditions pourront n'être pas satisfaites.

CHAPITRE IV.

DES FONCTIONS REPRÉSENTÉES PAR DES INTÉGRALES DÉFINIES.

I. — Différentiation et intégration sous le signe $\int$.

154. La valeur d'une intégrale définie, simple ou multiple, est évidemment indépendante des variables par rapport auxquelles on effectue la sommation ; mais elle dépend des limites entre lesquelles on intègre, ainsi que des paramètres qui peuvent figurer dans l'expression de la fonction à intégrer.

L'étude des fonctions ainsi représentées par des intégrales définies forme une des parties les plus importantes du Calcul intégral.

La première question qui se présente est évidemment de calculer la dérivée ou l'intégrale d'une semblable fonction, par rapport à chacune des quantités dont elle dépend.

155. *Différentiation par rapport aux limites.* — Nous avons trouvé (58) la relation suivante :

$$\frac{\partial}{\partial b} \int_a^b f(x)\,dx = f(b),$$

en supposant que la fonction $f(x)$ soit continue pour $x = b$.

On aura de même

$$\frac{\partial}{\partial a} \int_a^b f(x)\,dx = -\frac{\partial}{\partial a} \int_b^a f(x)\,dx = -f(a),$$

si $f(x)$ est continue pour $x = a$.

156. *Différentiation par rapport à un paramètre.* — Proposons-nous maintenant de trouver la dérivée de l'intégrale

$$I = \int_a^b f(x, z)\, dx.$$

par rapport au paramètre z, en supposant :

1° Que les limites a et b sont des constantes finies, indépendantes de z ;

2° Que la fonction $f'_z(x, t)$ soit continue par rapport aux deux variables x et t, lorsque x varie de a à b, et t dans un intervalle fini, aussi petit d'ailleurs qu'on voudra, mais comprenant dans son intérieur la valeur particulière $t = z$.

Donnons à z un accroissement infiniment petit h ; on aura

$$\frac{dI}{dz} = \lim_{h=0} \frac{\int_a^b f(x, z+h)\, dx - \int_a^b f(x, z)\, dx}{h},$$

$$= \lim \int_a^b \frac{f(x, z+h) - f(x, z)}{h}\, dx,$$

$$= \lim \int_a^b f'_z(x, z+\theta h)\, dx.$$

θ étant une fonction de x, toujours comprise entre 0 et 1.

En vertu de l'hypothèse faite sur la continuité de la dérivée f'_t, on aura

$$f'_z(x, z+\theta h) = f'_z(x, z) + \varepsilon.$$

ε décroissant indéfiniment avec h, quel que soit x. On aura donc

$$\frac{dI}{dz} = \int_a^b f'_z(x, z)\, dx + \lim \int_a^b \varepsilon\, dx.$$

Mais l'intégrale $\int_a^b \varepsilon\, dx$ a pour limite supérieure de son module $\eta\, \mathrm{mod}(b - a)$, η désignant le maximum du module de ε, lequel tendra vers zéro avec h ; donc l'intégrale a pour limite zéro et l'on aura simplement

$$\frac{dI}{da} = \int_a^b f'_a(x, \alpha)\, dx.$$

On obtiendra donc la dérivée cherchée en remplaçant la fonction à intégrer par sa dérivée prise par rapport au paramètre.

157. Cherchons à étendre cette règle au cas où le champ d'intégration devient infini.

On a, en désignant par p une constante quelconque,

$$I = \int_a^\infty f(x, \alpha)\, dx = \int_a^p f(x, \alpha)\, dx + \int_p^\infty f(x, \alpha)\, dx,$$

$$\frac{dI}{d\alpha} = \lim_{h=0} \int_a^p f'_\alpha(x, \alpha + \theta h)\, dx + \lim_{h=0} \int_p^\infty f'_\alpha(x, \alpha + \theta h)\, dx$$

$$= \int_a^p f'_\alpha(x, \alpha)\, dx + \lim_{h=0} \int_p^\infty f'_\alpha(x, \alpha + \theta h)\, dx,$$

et, si nous faisons tendre p vers ∞,

$$\frac{dI}{d\alpha} = \int_a^\infty f'_\alpha(x, \alpha)\, dx + \lim_{p=\infty}\left[\lim_{h=0} \int_p^\infty f'_\alpha(x, \alpha + \theta h)\, dx \right].$$

La règle restera donc vraie si le second terme de l'expression précédente tend vers zéro, lorsque l'on fait tendre d'abord h vers o, puis p vers ∞. Une discussion sera nécessaire pour s'assurer, dans chaque cas, s'il en est ainsi.

158. Admettons, par exemple, que la fonction $f(x, t)$ soit telle que, pour toutes les valeurs de x supérieures à une certaine limite q et pour toute valeur de t comprise dans un intervalle fini qui comprend la valeur α, on ait

$$f'_t(x, t) < \frac{M}{x^\mu},$$

M étant une constante et μ un exposant > 1 ; si nous prenons

$p > q$ et h suffisamment petit, on aura

$$\int_p^\infty f'_\alpha(x, \alpha + \theta h)\,dx < \int_p^\infty \frac{M}{x^\mu}\,dx < \frac{M}{\mu - 1}\,\frac{1}{p^{\mu-1}}.$$

Cette inégalité restera vraie à la limite pour $h = 0$; et, si maintenant nous faisons tendre p vers ∞, nous obtiendrons zéro pour limite.

159. Supposons, enfin, que la fonction dérivée $f'_t(x, t)$ devienne discontinue pour certains systèmes de valeurs de x et de t respectivement compris entre a et b et entre α_0 et α_1. La valeur $t = \alpha$ étant supposée comprise entre α_0 et α_1, décomposons le champ d'intégration en deux parties R et R', dont la seconde comprenne toutes les valeurs de x qui, associées à des valeurs de t comprises entre α_0 et α_1, rendent $f'_t(x, t)$ discontinue. On aura

$$I = \int_R f(x, \alpha)\,dx + \int_{R'} f(x, \alpha)\,dx,$$

$$\frac{dI}{d\alpha} = \frac{d}{d\alpha}\int_R f(x, \alpha)\,dx + \frac{d}{d\alpha}\int_{R'} f(x, \alpha)\,dx$$

$$= \int_R \frac{\partial f}{\partial \alpha}\,dx + \lim_{h=0}\int_{R'} \frac{f(x, \alpha + h) - f(x, \alpha)}{h}\,dx.$$

Si h tend vers zéro, on pourra faire converger vers α les deux quantités α_0 et α_1, qui sont assujetties à la seule condition de renfermer entre elles α et $\alpha + h$. Accroissons en même temps la région R aux dépens de la région R' autant que cela pourra se faire, en respectant les conditions qui les définissent. Admettons (ce qui aura généralement lieu) que l'étendue de la région R', ainsi réduite, décroisse indéfiniment. L'intégrale $\int_R \frac{\partial f}{\partial \alpha}\,dx$ tendra, par définition, vers $\int_a^b \frac{\partial f}{\partial \alpha}\,dx$, et la règle de dérivation sous le signe $\int$ sera applicable si l'intégrale complémentaire $\int_{R'} \frac{f(x, \alpha + h) - f(x, \alpha)}{h}\,dx$ tend vers zéro dans ces conditions. Cette intégrale devra donc être discutée dans chaque cas particulier.

160. Si nous admettons, par exemple, que la fonction $f(x, t)$ reste continue quand x varie de a à b et t de z_0 à z_1, nous pourrons écrire

$$f(x, z + h) - f(x, z) = \int_{z}^{z+h} \frac{\partial f(x, t)}{\partial t}\, dt,$$

et le terme complémentaire deviendra

$$\frac{1}{h} \int_{R'} dx \int_{z}^{z+h} \frac{\partial f(x, t)}{\partial t}\, dt.$$

Le module de cette expression aura pour limite supérieure l'expression

$$\frac{1}{h} \int_{R'} dx \int_{z}^{z+h} \operatorname{mod} \frac{\partial f(x, t)}{\partial t}\, dt$$

ou, en renversant l'ordre des intégrations, ce qui est permis, puisque tous les éléments sont de même signe,

$$\frac{1}{h} \int_{z}^{z+h} dt \int_{R'} \operatorname{mod} \frac{\partial f(x, t)}{\partial t}\, dx.$$

Soit μ le maximum du module de l'intégrale

$$\int_{R'} \operatorname{mod} \frac{\partial f(x, t)}{\partial t}\, dx,$$

lorsque t varie de z à $z + h$. L'expression précédente aura pour limite supérieure de son module

$$\frac{1}{h} \int_{z}^{z+h} \mu\, dt = \mu.$$

La règle de dérivation sous le signe $\int$ sera donc applicable si μ tend vers zéro en même temps que h et R'.

161. Proposons-nous, enfin, de trouver la dérivée de l'intégrale

$$\mathrm{I} = \int_a^b f(x, z)\, dx,$$

où les limites a et b, au lieu d'être des constantes, sont des fonctions connues de z.

On appliquera la règle de dérivation des fonctions composées, qui donne

$$\frac{d\mathrm{I}}{dz} = \frac{\partial \mathrm{I}}{\partial z} + \frac{\partial \mathrm{I}}{\partial b}\frac{db}{dz} + \frac{\partial \mathrm{I}}{\partial a}\frac{da}{dz}$$

$$= \int_a^b f_z'(x, z)\, dx + f(b, z)\frac{db}{dz} - f(a, z)\frac{da}{dz}.$$

On pourrait encore ramener ce problème au précédent par un changement de variable. Posons, en effet,

$$x = a + (b - a)y, \quad \text{d'où} \quad dx = (b - a)dy,$$

l'intégrale sera transformée en celle-ci :

$$\int_0^1 f[a + (b - a)y, z](b - a)dy,$$

où les limites sont constantes.

162. Les raisonnements qui précèdent sont évidemment applicables aux intégrales multiples, et permettront de déterminer leurs dérivées. Mais ici encore une discussion sera nécessaire si le champ d'intégration ou la dérivée de la fonction à intégrer, prise par rapport au paramètre, deviennent infinis.

Lorsqu'une de ces deux circonstances se présente, il arrive souvent que l'intégrale n'ait pas de dérivée finie et déterminée, ou même qu'elle soit une fonction discontinue du paramètre. Nous en rencontrerons plus tard quelques exemples.

163. *Intégration sous le signe $\int$*. — Proposons-nous d'intégrer l'expression

$$\mathrm{I} = \int_a^b f(x, \alpha)\,dx$$

par rapport au paramètre α, entre les limites α_0 et α_1.

Nous admettrons que les limites a et b sont indépendantes de α, les autres cas pouvant se ramener à celui-là, comme on vient de le voir. Cela posé, on aura

$$\int_{\alpha_0}^{\alpha_1} \mathrm{I}\,d\alpha = \int_{\alpha_0}^{\alpha_1} d\alpha \int_a^b f(x, \alpha)\,dx = \int_a^b dx \int_{\alpha_0}^{\alpha_1} f(x, \alpha)\,d\alpha.$$

L'intégrale cherchée s'obtiendra donc en remplaçant la fonction à intégrer par son intégrale définie, prise par rapport à α.

On remarquera que cette règle, reposant sur le renversement de l'ordre des intégrations, ne doit être admise que dans le cas où ce renversement est légitime.

164. *Intégration des différentielles totales*. — On dit qu'une expression de la forme

$$(1) \qquad X_1\,dx_1 + X_2\,dx_2 + \ldots + X_n\,dx_n,$$

où X_1, X_2, ..., X_n sont des fonctions des variables indépendantes x_1, x_2, ..., x_n, est une *différentielle exacte*, s'il existe une fonction u des variables x_1, x_2, ..., x_n dont cette expression soit la différentielle totale.

S'il en est ainsi, on aura, par définition,

$$(2) \qquad \frac{\partial u}{\partial x_1} = X_1, \quad \ldots \quad \frac{\partial u}{\partial x_i} = X_i, \quad \ldots, \quad \frac{\partial u}{\partial x_n} = X_n.$$

On en déduit

$$\frac{\partial^2 u}{\partial x_i\,\partial x_k} = \frac{\partial X_i}{\partial x_k}.$$

Le premier membre de cette relation ne changeant pas quand

on permute i et k, il devra en être de même du second, d'où

$$(3) \qquad \frac{\partial X_i}{\partial x_k} = \frac{\partial X_k}{\partial x_i}, \qquad \text{pour} \quad \begin{cases} i = 1, 2, \dots, n, \\ k = 1, 2, \dots, n. \end{cases}$$

On obtient ainsi un système de $\frac{n(n-1)}{2}$ équations de condition, auxquelles devront satisfaire les fonctions $X_1, \dots, X_n$.

165. Réciproquement, si les équations (3) sont satisfaites, l'expression (1) sera une différentielle exacte. Nous allons montrer, en effet, qu'on pourra déterminer son intégrale u par une série de quadratures.

La première condition à laquelle est assujettie cette fonction inconnue est la suivante :

$$\frac{\partial u}{\partial x_1} = X_1.$$

Une solution de cette équation est donnée par l'intégrale définie

$$\int_{a_1} X_1 \, dx_1,$$

prise en traitant $x_2, \dots, x_n$ comme des constantes (a_1 désignant une constante choisie à volonté). La solution la plus générale de cette même équation sera évidemment

$$u = \int_{a_1} X_1 \, dx_1 + u_1,$$

u_1 étant une quantité indépendante de x_1 et fonction de $x_2, \dots, x_n$ seulement.

Il reste à déterminer u_1 de telle sorte qu'on ait

$$(4) \qquad \frac{\partial u}{\partial x_2} = X_2, \quad \dots \quad \frac{\partial u}{\partial x_n} = X_n.$$

Or on a, en appliquant la règle de la dérivation sous le

signe $\int$.

$$\frac{\partial u}{\partial x_i} = \int_{a_1}^{x_1} \frac{\partial X_1}{\partial x_i} dx_1 + \frac{\partial u_1}{\partial x_i}$$

$$= \int_{a_1}^{x_1} \frac{\partial X_i}{\partial x_1} dx_1 + \frac{\partial u_1}{\partial x_i} - X_i - X_i'' + \frac{\partial u_1}{\partial x_i}, \quad (i = 2, 3, \ldots, n)$$

X_i'' désignant ce que devient X_i quand on y remplace x_1 par la constante a_1.

Substituant ces valeurs des dérivées de u dans les équations (4), elles deviendront

$$(5) \qquad \frac{\partial u_1}{\partial x_2} = X_2^{a_1}, \quad \ldots, \quad \frac{\partial u_1}{\partial x_n} = X_n^{a_1}.$$

D'ailleurs les équations (3) donneront, en posant $x_1 = a_1$,

$$(6) \qquad \frac{\partial X_i^{a_1}}{\partial x_k} = \frac{\partial X_k^{a_1}}{\partial x_i}, \quad \text{pour} \quad \begin{cases} i = 2, 3, \ldots, n, \\ k = 2, 3, \ldots, n. \end{cases}$$

La détermination de u_1 par les équations (5), jointes aux relations (6), est un problème entièrement semblable au problème primitif, sauf une réduction d'une unité dans le nombre des variables. Pour le résoudre, on posera

$$u_1 = \int_{a_2}^{x_2} X_2^{a_1} dx_2 + u_2,$$

a_2 étant une constante choisie à volonté, et u_2 une fonction de $x_3, \ldots, x_n$ seulement, à déterminer par les équations

$$\frac{\partial u_2}{\partial x_3} = X_3^{a_1 a_2}, \quad \ldots, \quad \frac{\partial u_2}{\partial x_n} = X_n^{a_1 a_2},$$

où $X_i^{a_1 a_2}$ représente ce que devient X_i pour $x_1 = a_1$, $x_2 = a_2$.

Continuant ainsi, on trouvera évidemment

$$u = \int_{a_1}^{x_1} X_1 dx_1 + \int_{a_2}^{x_2} X_2^{a_1} dx_2 + \int_{a_3}^{x_3} X_3^{a_1 a_2} dx_3 + \ldots + C,$$

C désignant une constante arbitraire.

Les constantes a_1, a_2, ..., qui figurent dans cette formule, peuvent être choisies à volonté. On les déterminera dans chaque cas particulier, de manière à faciliter autant que possible les intégrations à effectuer.

166. *Applications diverses.* — La différentiation et l'intégration sous le signe $\int$, seules ou combinées avec l'intégration par parties et le développement en série, permettent d'obtenir la valeur d'un grand nombre d'intégrales définies. Nous allons en donner quelques exemples.

Soit à calculer l'intégrale

$$I = \int_0^\infty e^{-x^2}\,dx.$$

Posons $x = \alpha t$; il viendra

$$I = \int_0^\infty e^{-\alpha^2 t^2}\,\alpha\,dt.$$

Multiplions par $e^{-\alpha^2}$ et intégrons par rapport à α de 0 à ∞, il viendra

$$I\int_0^\infty e^{-\alpha^2}\,d\alpha = I^2 = \int_0^\infty dt \int_0^\infty e^{-\alpha^2(1+t^2)}\,\alpha\,d\alpha$$

$$= \int_0^\infty \frac{dt}{2(1+t^2)} = \frac{\pi}{4},$$

d'où

$$I = \tfrac{1}{2}\sqrt{\pi}.$$

Cette intégrale permet d'en obtenir plusieurs autres.

167. Posons, en effet, $x = y\sqrt{a}$, a étant une quantité positive; il viendra

$$I = \int_0^\infty e^{-ay^2}\sqrt{a}\,dy = \tfrac{1}{2}\sqrt{\pi},$$

d'où

$$\int_0^\infty e^{-ay^2}\,dy = \tfrac{1}{2}\sqrt{\pi}\,a^{-\frac{1}{2}}.$$

et, par une suite de dérivations successives par rapport à a,

$$\int_0^\infty y^2 e^{-ay^2}\,dy = \tfrac{1}{2}\sqrt{\pi}\,\tfrac{1}{2}\,a^{-\frac{3}{2}}.$$

. . . .

$$\int_0^\infty y^{2n} e^{-ay^2}\,dy = \tfrac{1}{2}\sqrt{\pi}\,\frac{1.3\ldots(2n-1)}{2^n}\,a^{-\frac{2n+1}{2}}.$$

Il faut toutefois montrer que la règle de dérivation sous le signe $\int$ est applicable dans l'espèce à chacune de nos intégrales, bien que le champ d'intégration soit infini. Pour cela il faut établir (157) que l'intégrale

$$\mathrm{K} = \int_p^\infty y^{2n} e^{-(a+\theta h)y^2}\,dy,$$

où θ est une fonction inconnue de y, comprise entre 0 et 1, tend vers zéro lorsque h tend vers zéro et p vers ∞.

Or, soit α une quantité positive quelconque inférieure à a. Lorsque h sera devenu assez petit, $a + \theta h$ sera $> \alpha$, et l'intégrale K sera inférieure à la suivante :

$$\mathrm{K}_1 = \int_p^\infty y^{2n} e^{-\alpha y^2}\,dy.$$

Mais, pour des valeurs suffisamment grandes de y, on a constamment

$$y^{2n} e^{-\alpha y^2} < \frac{1}{y^2}.$$

Si donc on prend p suffisamment grand, l'intégrale K_1 sera moindre que la suivante :

$$\int_p^\infty \frac{dy}{y^2} = \frac{1}{p},$$

laquelle tend vers 0.

168. Passons à l'intégrale

$$\mathrm{I} = \int_0^\infty e^{-ay^2} \cos 2by\,dy.$$

On peut écrire

$$\mathrm{I} = \int_0^\infty e^{-a x^2}\left[1 - \frac{(2 b x)^2}{1.2} + \frac{(2 b x)^4}{1.2.3.4} - \ldots \right] dx.$$

et, d'après ce qui précède,

$$\mathrm{I} = \frac{1}{2}\sqrt{\pi}\left[a^{-\frac{1}{2}} - \frac{(2 b)^2}{1.2}\,\frac{1}{2}\, a^{-\frac{3}{2}} + \frac{(2 b)^4}{1.2.3.4}\,\frac{1.3}{2^2}\, a^{-\frac{5}{2}} - \ldots \right.$$

$$\left. \cdots \frac{(-1)^n (2 b)^{2n}}{1.2\ldots 2n}\,\frac{1.3\ldots(2n-1)}{2^n}\, a^{-\frac{2n+1}{2}} + \ldots \right]$$

$$= \frac{1}{2}\sqrt{\pi}\, a^{-\frac{1}{2}}\left[1 - \frac{b^2}{a} + \frac{1}{1.2}\left(\frac{b^2}{a}\right)^2 - \ldots + \frac{(-1)^n}{1.2\ldots n}\left(\frac{b^2}{a}\right)^n + \ldots \right]$$

$$= \frac{1}{2}\sqrt{\pi}\, a^{-\frac{1}{2}} e^{-\frac{b^2}{a}}.$$

169. Considérons encore l'intégrale

$$\mathrm{I} = \int_0^\infty e^{-x^2 - \frac{a^2}{x^2}}\, dx.$$

On aura

$$\frac{d\mathrm{I}}{da} = \int_0^\infty \frac{-2 a}{x^2}\, e^{-x^2 - \frac{a^2}{x^2}}\, dx.$$

et, en posant $x = \dfrac{a}{t}$,

$$\frac{d\mathrm{I}}{da} = \int_0^\infty 2 e^{-t^2 - \frac{a^2}{t^2}}\, dt = -2\mathrm{I}.$$

On en déduit

$$\frac{d\mathrm{I}}{\mathrm{I}} = -2\, da,$$

d'où

$$\log \mathrm{I} = -2 a + \log \mathrm{C}, \quad \mathrm{I} = \mathrm{C} e^{-2a}.$$

C désignant une constante.

Pour la déterminer, posons $a = 0$; on aura

$$\mathrm{I} = \int_0^\infty e^{-x^2}\, dx = \frac{1}{2}\sqrt{\pi}.$$

d'où
$$C = \tfrac{1}{2}\sqrt{\pi},$$
et enfin
$$I = \tfrac{1}{2}\sqrt{\pi}\,e^{-2a}.$$

170. Soit encore à calculer l'intégrale
$$I = \int_0^\infty \frac{e^{ix}}{\sqrt{x}}\,dx.$$

On a (167)
$$\frac{1}{\sqrt{x}} = \frac{2}{\sqrt{\pi}}\int_0^\infty e^{-\alpha^2 x}\,d\alpha,$$

et, par suite,
$$I = \frac{2}{\sqrt{\pi}}\int_0^\infty e^{ix}\,dx\int_0^\infty e^{-\alpha^2 x}\,d\alpha,$$

et, en renversant les intégrations,
$$I = \frac{2}{\sqrt{\pi}}\int_0^\infty d\alpha\int_0^\infty e^{(-\alpha^2+i)x}\,dx$$
$$= \frac{2}{\sqrt{\pi}}\int_0^\infty \frac{d\alpha}{\alpha^2 - i} = \frac{2}{\sqrt{\pi}}\int_0^\infty \tfrac{1}{2}e^{-\frac{\pi i}{4}}\,d\alpha\left(\frac{1}{\alpha - e^{\frac{\pi i}{4}}} - \frac{1}{\alpha + e^{\frac{\pi i}{4}}}\right)$$
$$= \frac{e^{-\frac{\pi i}{4}}}{\sqrt{\pi}}\left[\log\left(\alpha - e^{\frac{\pi i}{4}}\right) - \log\left(\alpha + e^{\frac{\pi i}{4}}\right)\right]_0^\infty.$$

On a, d'ailleurs,
$$e^{\frac{\pi i}{4}} = \cos\frac{\pi}{4} + i\sin\frac{\pi}{4} = \frac{1+i}{\sqrt{2}},$$

$$\left[\log\left(\alpha - e^{\frac{\pi i}{4}}\right) - \log\left(\alpha + e^{\frac{\pi i}{4}}\right)\right]_0^\infty$$
$$= \left\{\tfrac{1}{2}\text{Log}\left[\left(\alpha - \frac{1}{\sqrt{2}}\right)^2 + \tfrac{1}{2}\right] - \tfrac{1}{2}\text{Log}\left[\left(\alpha + \frac{1}{\sqrt{2}}\right)^2 + \tfrac{1}{2}\right]\right\}_0^\infty$$
$$+ i\left(\text{arc tang}\frac{-\dfrac{1}{\sqrt{2}}}{\alpha - \dfrac{1}{\sqrt{2}}} - \text{arc tang}\frac{\dfrac{1}{\sqrt{2}}}{\alpha + \dfrac{1}{\sqrt{2}}}\right)_0^\infty.$$

La partie réelle de cette expression peut se mettre sous la forme

$$\left[\tfrac{1}{2}\operatorname{Log}\frac{\left(\alpha+\frac{1}{\sqrt{2}}\right)^2+\frac{1}{2}}{\left(\alpha-\frac{1}{\sqrt{2}}\right)^2+\frac{1}{2}}\right]_0^{\infty}$$

et s'annule aux deux limites, la quantité sous le logarithme se réduisant à l'unité. D'ailleurs, lorsque α varie de zéro à ∞, les deux arcs tangentes varient respectivement de $\frac{\pi}{4}$ à π, et de $\frac{\pi}{4}$ à zéro. La partie imaginaire sera donc égale à πi, et l'on aura

$$I = \frac{e^{-\frac{\pi i}{4}}}{\sqrt{\pi}}\pi i = \frac{\sqrt{\pi}}{\sqrt{2}}(1+i).$$

D'ailleurs $e^{ix} = \cos x + i\sin x$; on aura donc, en séparant la partie réelle de la partie imaginaire,

$$(7)\qquad \int_0^{\infty}\frac{\cos x}{\sqrt{x}}\,dx = \int_0^{\infty}\frac{\sin x}{\sqrt{x}}\,dx = \frac{\sqrt{\pi}}{\sqrt{2}}.$$

171. Nous avons effectué un renversement d'intégrations dont la légitimité doit être démontrée. Remarquons, à cet effet, qu'on a, quelles que soient les constantes finies p et q,

$$\int_0^{p}dx\int_0^{q}e^{-\alpha^2x}e^{ix}\,d\alpha$$
$$=\int_0^{q}d\alpha\int_0^{p}e^{-\alpha^2x}e^{ix}\,dx = \int_0^{p}\int_0^{q}e^{-\alpha^2x}e^{ix}\,dx\,d\alpha.$$

L'intégrale $\int_0^{\infty}dx\int_0^{\infty}e^{-\alpha^2x}e^{ix}\,d\alpha$ sera par définition la limite vers laquelle tend cette expression lorsque l'on fait croître indéfiniment q, puis p; et l'intégrale $\int_0^{\infty}d\alpha\int_0^{\infty}e^{-\alpha^2x}e^{ix}\,dx$

la limite de cette même expression, lorsque l'on y fait croître d'abord p, puis q.

Pour démontrer l'égalité de ces deux expressions, il suffira donc d'établir que, lorsque p et q croissent indéfiniment, l'intégrale double ci-dessus tend vers une limite déterminée et indépendante de l'ordre de grandeur relative de p et de q; autrement dit que, si p et q sont suffisamment grands, on aura, pour toutes valeurs de P et Q supérieures à p et à q,

$$\operatorname{mod}\left(\int_0^P \int_0^Q e^{-\alpha^2 z}\, e^{izx}\, dx\, dz - \int_0^P \int_0^q e^{-\alpha^2 z}\, e^{izx}\, dx\, dz \right) < \varepsilon,$$

ε étant d'une petitesse arbitraire.

Or la différence des deux intégrales ci-dessus se compose des deux parties suivantes :

$$\int_0^P \int_q^Q e^{-\alpha^2 z}\, e^{izx}\, dx\, dz, \quad \text{et} \quad \int_p^P \int_0^q e^{-\alpha^2 z}\, e^{izx}\, dx\, dz.$$

La première de ces deux intégrales a pour limite supérieure de son module

$$\int_0^P \int_q^Q e^{-\alpha^2 z}\, dx\, dz \quad \int_q^Q \left(-\frac{e^{-\alpha^2 z}}{z^2} \right)_0^P dz$$

$$= \int_q^Q \frac{1}{z^2}\left(1 - e^{-\alpha^2 P} \right) dz < \int_q^Q \frac{dz}{z^2} < \frac{1}{q} - \frac{1}{Q},$$

quantité qui tend évidemment vers zéro si q est assez grand.

D'autre part, posons pour abréger

$$\int_0^q e^{-\alpha^2 z}\, dz = \varphi(x),$$

la seconde intégrale deviendra

$$\int_p^P e^{izx}\, \varphi(x)\, dx.$$

Soient $k\pi$ le multiple de π immédiatement supérieur à p, $l\pi$ celui qui est immédiatement inférieur à P. L'intégrale pourra être décomposée en une série d'intégrales partielles, ayant respectivement pour limites p et $k\pi$, $k\pi$ et $(k+1)\pi$, …, $l\pi$ et P.

On a d'ailleurs, en posant $x = z + n\pi$,

$$\int_{n\pi}^{(n+1)\pi} e^{ix}\varphi(x)\,dx = \int_0^{\pi} (-1)^n e^{iz}\varphi(z+n\pi)\,dz.$$

On aura, par suite, en réunissant ensemble toutes les intégrales ainsi ramenées aux mêmes limites,

$$\begin{aligned}
&\int_p^{\mathrm{P}} e^{ix}\varphi(x)\,dx \\
&\quad = \int_p^{k\pi} e^{ix}\varphi(x)\,dx + \int_{l\pi}^{\mathrm{P}} e^{ix}\varphi(x)\,dx \\
&\qquad + \int_0^{\pi} e^{iz}\,dz \left\{(-1)^k\varphi(z+k\pi) + (-1)^{k+1}\varphi[z+(k+1)\pi] + \ldots\right\}.
\end{aligned}$$

Or la fonction φ est évidemment positive, d'après sa définition, et décroît quand la variable croît. Donc la série entre crochets a ses termes de signes alternatifs, et décroissants en valeur absolue. Elle sera donc inférieure en valeur absolue à son premier terme. Supprimant donc les autres termes et remplaçant ensuite chaque élément des intégrales par son module, il viendra

$$\begin{aligned}
&\bmod \int_p^{\mathrm{P}} e^{ix}\varphi(x)\,dx \\
&\quad \leqq \int_p^{k\pi} \varphi(x)\,dx + \int_{l\pi}^{\mathrm{P}} \varphi(x)\,dx + \int_0^{\pi} \varphi(z+k\pi)\,dz \\
&\quad \leqq \int_p^{k\pi} \varphi(p)\,dx + \int_{l\pi}^{\mathrm{P}} \varphi(p)\,dx + \int_0^{\pi} \varphi(p)\,dz \\
&\quad \leqq (k\pi - p + \mathrm{P} - l\pi + \pi)\,\varphi(p) < 3\pi\,\varphi(p).
\end{aligned}$$

Mais on a, d'ailleurs,

$$\varphi(p) = \int_0^{\mathrm{Q}} e^{-\alpha^2 p}\,d\alpha < \int_0^{\infty} e^{-\alpha^2 p}\,d\alpha \leqq \tfrac{1}{2}\sqrt{\pi}\,p^{-\frac{1}{2}},$$

quantité qui tend vers zéro quand p augmente.

172. Si, dans les formules (7), nous posons $x = y^2$, il viendra

$$\int_0^\infty \cos y^2\, dy = \int_0^\infty \sin y^2\, dy = \frac{\sqrt{\pi}}{2\sqrt{2}}.$$

Ces intégrales ont été rencontrées par Fresnel dans la théorie de la diffraction.

173. Si a désigne une constante positive, on aura

$$\int_0^\infty e^{-ax}\, dx = \frac{1}{a},$$

et, en intégrant de $a = \alpha$ à $a = \beta$, α et β étant positifs,

$$\int_0^\infty \frac{e^{-\alpha x} - e^{-\beta x}}{x}\, dx = \log \frac{\beta}{\alpha}.$$

Cette formule permet de reconnaître si l'intégrale

$$\int_0^\infty \left(\frac{A e^{-\alpha x}}{x^m} - \frac{B e^{-\beta x}}{x^n} + \ldots \right) dx.$$

où m, n, ... sont des entiers et α, β, ... des constantes positives, est finie et déterminée, et d'assigner sa valeur.

En effet, intégrons d'abord entre ε et ∞, ε étant une constante positive, que nous ferons décroître ensuite jusqu'à zéro. L'intégration par parties, appliquée au premier terme, donnera

$$\int_\varepsilon^\infty \frac{A e^{-ax}}{x^m}\, dx$$
$$= \left[-\frac{A}{m-1}\, \frac{e^{-ax}}{x^{m-1}} + \frac{A a}{(m-1)(m-2)}\, \frac{e^{-ax}}{x^{m-2}} - \ldots \right]_\varepsilon^\infty$$
$$+ \int_\varepsilon^\infty \frac{(-1)^{m-1} A a^{m-1}}{(m-1)(m-2)\ldots}\, \frac{e^{-ax}}{x}\, dx.$$

La partie intégrée, s'annulant pour $x = \infty$, se réduira à

$$\frac{A}{m-1}\, \frac{e^{-a\varepsilon}}{\varepsilon^{m-1}} + \ldots.$$

Opérant de même sur chacun des autres termes et réunissant les résultats, on obtiendra :

1° Pour la partie intégrée, une somme de termes de la forme

$$\frac{\mathrm{K} e^{-\alpha x}}{x^k} \, ;$$

2° Pour l'intégrale restante, une expression de la forme

$$\int_{x_0}^{x} (\mathrm{A}_1 e^{-\alpha x} - \mathrm{B}_1 e^{-\beta x} - \ldots) \frac{dx}{x} .$$

La partie intégrée est aisément développable suivant les puissances entières et croissantes de ε. Soit

$$\frac{\mathrm{C}_k}{\varepsilon^k} - \frac{\mathrm{C}_{k-1}}{\varepsilon^{k-1}} - \ldots - \mathrm{C}_0 - \mathrm{R}$$

ce développement, R désignant l'ensemble des termes qui contiennent les puissances positives de ε.

D'autre part, si nous posons, pour abréger,

$$\mathrm{A}_1 - \mathrm{B}_1 - \ldots = \mathrm{S},$$

l'intégrale restante pourra s'écrire ainsi :

$$\int_{\varepsilon}^{x} \left[\mathrm{S}\, e^{-\alpha x} - \mathrm{B}_1 (e^{-\beta x} - e^{-\alpha x}) - \ldots \right] \frac{dx}{x} .$$

L'intégrale du premier terme peut se décomposer en deux parties, à savoir $\int_{\varepsilon}^{1} \frac{\mathrm{S}\, e^{-\alpha x}\, dx}{x}$, qui a pour valeur

$$\mathrm{S}\mu \int_{\varepsilon}^{1} \frac{dx}{x} = - \mathrm{S}\mu \log \varepsilon,$$

μ étant une quantité intermédiaire entre les valeurs extrêmes $e^{-\alpha \varepsilon}$ et $e^{-\alpha}$ du facteur $e^{-\alpha x}$; et $\int_{1}^{x} \frac{\mathrm{S}\, e^{-\alpha x}\, dx}{x}$, qui a évidemment une valeur finie que nous représenterons par SD.

L'intégrale de chacun des autres termes, tel que

$$B_1 (e^{-\beta x} - e^{-\alpha x}) \frac{dx}{x},$$

aura également une valeur finie, qui, pour $\varepsilon = 0$, tendra vers $B_1 \log \frac{\alpha}{\beta}$.

La partie de l'intégrale primitive, qui tend vers ∞ quand ε tend vers zéro, sera donc la suivante :

$$\frac{C_h}{\varepsilon^h} + \frac{C_{h-1}}{\varepsilon^{h-1}} + \ldots - S \mu \log \varepsilon.$$

Ces termes, étant d'ordres inégaux, devront s'annuler séparément pour que l'intégrale reste finie, ce qui donnera les conditions

$$C_h = 0, \quad C_{h-1} = 0, \quad \ldots \quad C_1 = 0, \quad S = 0.$$

Si ces conditions sont satisfaites, R s'annulant d'ailleurs pour $\varepsilon = 0$, la valeur de l'intégrale se réduira à

$$C_0 - B_1 \log \frac{\alpha}{\beta} + \ldots = C_0 - A_1 \log \alpha - B_1 \log \beta - \ldots$$

174. *Exemples.* — 1° Appliquons cette formule à l'intégrale

$$\int_0^\infty \left[(n - \tfrac{1}{2}) e^{-x} + \left(\frac{1}{x} + \frac{1}{2} \right) \left(e^{-nx} - e^{-\frac{1}{2}x} \right) \right] \frac{dx}{x}.$$

L'intégration par parties des termes en $\frac{1}{x^2}$ permettra de donner à cette expression la forme suivante :

$$\left(- \frac{e^{-nx} - e^{-\frac{1}{2}x}}{x} \right)_0^\infty + \int_0^\infty \left[(n - \tfrac{1}{2})(e^{-x} - e^{-nx}) \frac{dx}{x} \right].$$

Le terme tout intégré aura pour valeur

$$\lim \left(\frac{e^{-n\varepsilon} - e^{-\frac{1}{2}\varepsilon}}{\varepsilon} \right)_{\varepsilon = 0} = \lim \left(\frac{1 - n\varepsilon + \ldots - 1 + \tfrac{1}{2}\varepsilon - \ldots}{\varepsilon} \right) = -n + \tfrac{1}{2}.$$

Quant à l'intégrale restante, elle aura pour valeur

$$\left(n - \tfrac{1}{2}\right) \log n.$$

On aura donc, pour valeur de l'intégrale totale,

$$\left(n - \tfrac{1}{2}\right) \log n - n + \tfrac{1}{2}.$$

2° Un calcul analogue donnera, pour la valeur de l'intégrale

$$\int_0^\infty \left(\frac{e^{-x} - e^{-2x}}{x^2} - \frac{e^{-2x}}{x} \right) dx,$$

l'expression suivante :

$$1 - \log 2.$$

II. — Intégrales eulériennes.

178. On donne le nom d'*intégrale eulérienne de deuxième espèce* à l'intégrale

$$\Gamma(n) = \int_0^\infty x^{n-1} e^{-x}\, dx.$$

Cette intégrale n'a de sens que si n est positif; car, si n était négatif ou nul, la fonction à intégrer devenant infinie du premier ordre au moins à la limite $x = 0$, l'intégrale serait infinie.

Si n est positif, l'intégrale sera, au contraire, finie et déterminée, car l'ordre d'infinitude de la fonction à intégrer pour $x = 0$ est inférieur à 1; elle est finie dans tout le reste du champ : enfin, pour $x = \infty$, elle devient plus petite qu'une puissance quelconque de x.

On peut varier à volonté la forme de cette intégrale en changeant de variable. Posons, par exemple, $x = y^2$; il viendra

$$\Gamma(n) = \int_0^\infty 2 y^{2n-1} e^{-y^2}\, dy.$$

Soit, en particulier, $n = \frac{1}{2}$; il viendra

$$\Gamma\left(\tfrac{1}{2}\right) = \int_0^\infty 2\, e^{-y^2} dy = \sqrt{\pi}.$$

Posons, d'autre part, $x = \log\frac{1}{z}$, il viendra

$$\Gamma(n) = \int_0^1 \left(\log\frac{1}{z}\right)^{n-1} dz.$$

176. Il est aisé de vérifier l'identité de cette fonction avec le produit Γ étudié dans le *Calcul différentiel* (**173** à **176**).

En effet, soit μ un entier que nous ferons croître indéfiniment; on aura, par définition,

$$\Gamma(n) = \lim_{\mu=\infty} \int_{e^{-\sqrt{\mu}}}^1 \left(\log\frac{1}{z}\right)^{n-1} dz.$$

Or on pourra, sans changer la limite de cette expression, y remplacer $\log\frac{1}{z}$ par $\mu\left(1 - z^{\frac{1}{\mu}}\right)$. Posons, en effet.

$$1 - z^{\frac{1}{\mu}} = h,$$

d'où

$$\mu = \frac{\log z}{\log(1-h)},$$

$$\mu\left(1 - z^{\frac{1}{\mu}}\right) = \frac{h\log z}{\log(1-h)} = -\frac{h}{\log(1-h)} \log\frac{1}{z};$$

on aura

$$\int_{e^{-\sqrt{\mu}}}^1 \mu^{n-1}\left(1 - z^{\frac{1}{\mu}}\right)^{n-1} dz = k^{n-1} \int_{e^{-\sqrt{\mu}}}^1 \left(\log\frac{1}{z}\right)^{n-1} dz,$$

k désignant une valeur intermédiaire entre le maximum et le minimum du facteur $\dfrac{-h}{\log(1-h)}$.

Mais h est une quantité infiniment petite, comprise entre les limites $1 - e^{-\frac{1}{\sqrt{\mu}}}$ et 0 correspondant aux valeurs extrèmes $e^{-\sqrt{\lambda}}$ et 1 de la variable z. Le facteur

$$\frac{-h}{\log(1-h)} = \frac{h}{h - \dfrac{h^2}{2} + \ldots}$$

diffère donc infiniment peu de l'unité, de telle sorte qu'on aura à la limite $k = 1$ et

$$\lim_{\lambda = \alpha} \int_{e^{-\sqrt{\lambda}}}^{1} z^{n-1}\left(1 - z^{\frac{1}{\lambda}}\right)^{n-1} dz = \Gamma(n).$$

On a d'ailleurs

$$\int_{0}^{e^{-\sqrt{\lambda}}} z^{n-1}\left(1 - z^{\frac{1}{\lambda}}\right)^{n-1} dz < \int_{0}^{e^{-\sqrt{\lambda}}} z^{n-1}\, dz < z^{n-1}\, e^{-\sqrt{\lambda}},$$

expression dont la limite est nulle. On pourra donc abaisser jusqu'à zéro la limite inférieure de l'intégrale, et écrire

$$\Gamma(n) = \lim z^{n-1} \int_{0}^{1} \left(1 - z^{\frac{1}{\lambda}}\right)^{n-1} dz.$$

Posons $z = y^{\lambda}$; il viendra

$$\Gamma(n) = \lim z^{\lambda} \int y^{\lambda-1} (1 - y)^{n-1} dy;$$

or l'intégration par parties donne

$$\int_{0}^{1} y^{\lambda-1}(1 - y)^{n-1}\, dy$$

$$= \left[-\frac{1}{n} y^{\lambda-1}(1 - y)^{n} \right]_{0}^{1} - \frac{\lambda - 1}{n} \int_{0}^{1} y^{\lambda-2}(1 - y)^{n}\, dy$$

$$- \frac{\lambda - 1}{n} \int_{0}^{1} y^{\lambda-2}(1 - y)^{n}\, dy$$

$$= \frac{(\lambda - 1)(\lambda - 2)}{n(n+1)} \int_{0}^{1} y^{\lambda-3}(1 - y)^{n+1}\, dy$$

$$= \frac{(\lambda - 1)(\lambda - 2) \ldots 1}{n(n+1) \ldots (n+\lambda-2)} \int_{0}^{1} (1 - y)^{n+\lambda-2}\, dy$$

$$= \frac{(\lambda - 1)(\lambda - 2) \ldots 1}{n(n+1) \ldots (n+\lambda-2)} \cdot \frac{1}{n+\lambda-1}.$$

On aura donc

$$\Gamma(n) = \lim \mu^n \frac{(\mu-1)(\mu-2)\ldots 1}{n(n+1)\ldots(n+\mu-1)}.$$

C'est l'équation qui définit les produits Γ (*Calcul différentiel*, n° 137).

177. L'expression de la fonction $\Gamma(n)$ par une intégrale définie, que nous venons d'obtenir (dans le cas où n est positif), fournit un moyen commode de calculer sa valeur pour chaque valeur donnée de la variable. On peut d'ailleurs démontrer à nouveau, en partant de cette expression, les principales propriétés de la fonction.

Ainsi l'intégration par parties donnera immédiatement

$$\Gamma(n+1) = \int_0^\infty x^n e^{-x} dx$$
$$= (-x^n e^{-x})_0^\infty + n \int_0^\infty x^{n-1} e^{-x} dx = n\Gamma(n),$$

et plus généralement, si k est un entier,

$$\Gamma(n+k) = (n+k-1)\Gamma(n+k-1) = \ldots$$
$$= (n+k-1)(n+k-2)\ldots n\Gamma(n).$$

Cette formule permet de ramener le calcul de la fonction Γ au cas où la variable ne surpasse pas l'unité.

Posons, en particulier, $n = 1$ dans la formule précédente. En remarquant qu'on a

$$\Gamma(1) = \int_0^\infty e^{-x} dx = 1,$$

il viendra

$$\Gamma(1+k) = 1.2\ldots k.$$

178. La fonction $\log \Gamma(n)$ peut également s'exprimer sous forme d'intégrale définie.

A cet effet, prenons la dérivée de l'expression

$$\Gamma(n) = \int_0^\infty x^{n-1} e^{-x} dx,$$

il viendra

$$\Gamma'(n) = \int_0^\infty x^{n-1} e^{-x} \log x \, dx.$$

Cette intégrale peut se décomposer en deux autres, ayant respectivement pour limites 0 et 1, 1 et ∞ et toutes deux finies et déterminées. On pourra dans chacune d'elles remplacer $\log x$ par son expression en intégrale définie (175)

$$\log x = \int_0^\infty \frac{e^{-z} - e^{-xz}}{z} \, dz,$$

puis renverser l'ordre des intégrations, la fonction

$$x^{n-1} e^{-x} \frac{e^{-z} - e^{-xz}}{z}$$

conservant constamment le même signe dans le champ de l'intégration. Réunissant à nouveau les deux intégrales, il viendra

$$\Gamma'(n) = \int_0^\infty \frac{dz}{z} \int_0^\infty x^{n-1} e^{-x} (e^{-z} - e^{-xz}) \, dx.$$

Mais on a

$$\int_0^\infty x^{n-1} e^{-x} e^{-z} \, dx = e^{-z} \Gamma(n).$$

et, d'autre part, en posant $x(1 + z) = y$,

$$\int_0^\infty x^{n-1} e^{-x-xz} \, dx = \int_0^\infty \frac{1}{(1+z)^n} y^{n-1} e^{-y} \, dy = \frac{\Gamma(n)}{(1+z)^n}.$$

Donc

$$\Gamma'(n) = \Gamma(n) \int_0^\infty \frac{dz}{z} \left[e^{-z} - \frac{1}{(1+z)^n} \right].$$

Divisons par $\Gamma(n)$ et intégrons de 1 à n; on aura au premier membre $\log \Gamma(n)$, car $\log \Gamma(1) = \log(1) = 0$.

Au second membre on pourra renverser l'ordre des intégrations.

En effet, décomposons le champ d'intégration relatif à z

en deux parties, l'une de $z = 0$ à $z = 1$, l'autre de $z = 1$ à $z = \infty$. Dans la première, l'inversion pourra se faire sans difficulté. De même dans la seconde, si l'intégrale double

$$\int_1^{\prime\prime} \int_1^{\infty} \operatorname{mod} \frac{dz\,dn}{z} \left[e^{-z} - \frac{1}{(1+z)^n} \right]$$

est finie.

Or cette intégrale a ses éléments inférieurs à ceux de la suivante :

$$\int_1^{\prime\prime} \int_1^{\infty} dz\,dn \left(e^{-z} + \frac{1}{z^{n+1}} \right)$$

$$= \int_1^{\prime\prime} dn \left(-e^{-z} - \frac{1}{n z^n} \right)_1^{\infty}$$

$$= \int_1^{\prime\prime} dn \left(e^{-1} + \frac{1}{n} \right) = (n-1)\, e^{-1} + \log n.$$

Effectuant donc l'intégration par rapport à n, il viendra

$$\log \Gamma(n) = \int_0^{\infty} \frac{dz}{z} \left[(n-1) e^{-z} - \frac{(1+z)^{-1} - (1+z)^{-n}}{\log(1+z)} \right].$$

Posant en particulier $n = 2$, il viendra, en remarquant que $\log \Gamma(2) = \log 1 = 0$,

$$0 = \int_0^{\infty} dz \left[\frac{e^{-z}}{z} - \frac{(1+z)^{-2}}{\log(1+z)} \right].$$

Multipliant par $(n-1)$, et retranchant de la formule précédente, pour se débarrasser du terme en e^{-z}, il vient

$$\log \Gamma(n) = \int_0^{\infty} \left[(n-1)(1+z)^{-2} - \frac{(1+z)^{-1} - (1+z)^{-n}}{z} \right] \frac{dz}{\log(1+z)},$$

et, en posant $\log(1+z) = x$, d'où $z = e^x - 1$,

$$\log \Gamma(n) = \int_0^{\infty} \left[(n-1) e^{-x} - \frac{e^{-x} - e^{-nx}}{1 - e^{-x}} \right] \frac{dx}{x}.$$

179. Le facteur $\dfrac{1}{1 - e^{-x}}$, qui multiplie e^{-nx} dans l'intégrale précédente, étant développé en série suivant les puissances croissantes de x, aura pour premiers termes $\frac{1}{x} + \frac{1}{2}$.

Réunissant ces termes $\left(\frac{1}{x} - \frac{1}{2} \right) e^{-nx}$ à ceux qui sont indépendants de cette exponentielle, il viendra

$$\log \Gamma(n) = \mathrm{F}(n) - \varpi(n),$$

en posant, pour abréger,

$$\mathrm{F}(n) = \int_0^\infty \left[\left(n - 1 - \frac{1}{1 - e^{-x}} \right) e^{-x} + \left(\frac{1}{x} + \frac{1}{2} \right) e^{-nx} \right] \frac{dx}{x}$$

$$\varpi(n) = \int_0^\infty \left(\frac{1}{1 - e^{-x}} - \frac{1}{x} - \frac{1}{2} \right) e^{-nx} \frac{dx}{x}.$$

L'intégrale $\mathrm{F}(n)$ peut se calculer exactement. On a, en effet (174),

$$\mathrm{F}(n) - \mathrm{F}(\tfrac{1}{2})$$
$$= \int_0^\infty \left[\left(n - \tfrac{1}{2} \right) e^{-x} - \left(\frac{1}{x} - \frac{1}{2} \right) \left(e^{-nx} - e^{-\frac{1}{2}x} \right) \right] \frac{dx}{x}$$
$$= \left(n - \tfrac{1}{2} \right) \log n - n + \tfrac{1}{2}.$$

On a, en second lieu,

$$\mathrm{F}(\tfrac{1}{2}) = \log \Gamma(\tfrac{1}{2}) - \varpi(\tfrac{1}{2}) = \tfrac{1}{2} \log \pi - \varpi(\tfrac{1}{2}).$$

Enfin

$$\varpi(\tfrac{1}{2}) = \int_0^\infty \left(\frac{1}{1 - e^{-x}} - \frac{1}{x} - \frac{1}{2} \right) e^{-\frac{1}{2}x} \frac{dx}{x}$$

ou, en changeant x en $2x$,

$$(1) \qquad \varpi(\tfrac{1}{2}) = \int_0^\infty \left(\frac{1}{1 - e^{-2x}} - \frac{1}{2x} - \frac{1}{2} \right) e^{-x} \frac{dx}{x}.$$

Mais on a, d'autre part,

$$\varpi(1) = \int_0^\infty \left(\frac{1}{1 - e^{-x}} - \frac{1}{x} - \frac{1}{2} \right) e^{-x} \frac{dx}{x},$$

et, en changeant x en $2x$,

$$\varpi(1)=\int_0^\infty\left(\frac{1}{1-e^{-2x}}-\frac{1}{2x}-\frac{1}{2}\right)e^{-2x}\frac{dx}{x},$$

et en retranchant

$$0=\int_0^\infty\left(\frac{1}{1-e^{-2x}}-\frac{2-e^{-x}}{2x}-\frac{1-e^{-x}}{2}\right)e^{-x}\frac{dx}{x}.$$

Retranchant cette égalité de la formule (1), il viendra (174)

$$\varpi\left(\tfrac{1}{2}\right)=\tfrac{1}{2}\int_0^\infty\left(\frac{e^{-x}-e^{-2x}}{x^2}-\frac{e^{-2x}}{x}\right)dx=\tfrac{1}{2}-\tfrac{1}{2}\log 2.$$

On aura donc enfin

$$F(n)=\left(n-\tfrac{1}{2}\right)\log n-n+\tfrac{1}{2}\log 2\pi.$$

Quant à la seconde intégrale $\varpi(n)$, elle tend évidemment vers zéro quand n augmente. On peut la développer en série de diverses manières.

180. Développons, par exemple, la fonction qui multiplie e^{-nx} suivant les puissances de x.

On a

$$\frac{1}{1-e^{-x}}-\frac{1}{x}-\frac{1}{2}$$

$$=\frac{1}{2}\,\frac{1+e^{-x}}{1-e^{-x}}-\frac{1}{x}=\frac{1}{2}\,\frac{e^{\frac{x}{2}}+e^{-\frac{x}{2}}}{e^{\frac{x}{2}}-e^{-\frac{x}{2}}}-\frac{1}{x}=\frac{i}{2}\cot\frac{ix}{2}-\frac{1}{x}.$$

Mais on a (*Calcul différentiel*, 136)

$$\pi\cot\pi z-\frac{1}{z}=\sum_{n=1}^{n=\infty}\frac{2z}{z^2-n^2},$$

et, en posant $z=\dfrac{ix}{2\pi}$ et multipliant par $\dfrac{i}{2\pi}$,

$$\frac{i}{2}\cot\frac{ix}{2}-\frac{1}{x}=2\sum_1^\infty\frac{x}{x^2+4n^2\pi^2},$$

et, par suite,

$$\left(\frac{1}{1 - e^{-x}} - \frac{1}{x} - \frac{1}{2} \right) \frac{1}{x}$$

$$= 2 \sum_{1}^{\infty} \frac{1}{x^2 + 4 n^2 \pi^2} = 2 \sum_{1}^{\infty} \left[\frac{1}{4 n^2 \pi^2} - \frac{x^2}{(4 n^2 \pi^2)^2} + \frac{x^4}{(4 n^2 \pi^2)^3} - \cdots \right.$$

$$\left. + (-1)^m \frac{x^{2m}}{(4 n^2 \pi^2)^m (x^2 + 4 n^2 \pi^2)} \right].$$

On a d'ailleurs (*Calcul différentiel,* 156)

$$2 \sum_{1}^{\infty} \frac{1}{(4 n^2 \pi^2)^p} = \frac{1}{2^{2p-1} \pi^{2p}} \sum_{1}^{\infty} \frac{1}{n^{2p}} = \frac{B_p}{1 . 2 \ldots 2 p}.$$

En outre,

$$2 \sum_{1}^{\infty} \frac{1}{(4 n^2 \pi^2)^m (x^2 + 4 n^2 \pi^2)} = 2 \theta \sum_{1}^{\infty} \frac{1}{(4 n^2 \pi^2)^{m+1}}$$

$$= \theta \frac{B_{m+1}}{1 . 2 \ldots (2 m + 2)},$$

θ étant compris entre o et 1. On aura donc

$$\left(\frac{1}{1 - e^{-x}} - \frac{1}{x} - \frac{1}{2} \right) \frac{1}{x} = \frac{B_1}{1 . 2} - \frac{B_2}{1 . 2 . 3 . 4} x^2 + \ldots$$

$$+ (-1)^m \frac{B_{m+1}}{1 . 2 \ldots (2 m + 2)} \theta . x^{2m}.$$

On en déduira $\varpi(n)$, en multipliant par e^{-nx}, et intégrant de o à ∞.

Mais on a

$$\int_0^{\infty} x^{2p} e^{-nx} dx = \frac{\Gamma(2 p + 1)}{n^{2p+1}} = \frac{1 . 2 \ldots 2 p}{n^{2p+1}},$$

$$\int_0^{\infty} \theta . x^{2m} e^{-nx} dx = \theta_1 \int_0^{\infty} x^{2m} e^{-nx} dx = \theta_1 \frac{1 . 2 \ldots 2 m}{n^{2m+1}},$$

θ_1 étant encore compris entre 0 et 1. On trouvera donc

$$\varpi(n) = \frac{B_1}{1.2}\frac{1}{n} - \frac{B_2}{3.4}\frac{1}{n^3} + \ldots + \frac{(-1)^{m-1}B_m}{(2m-1)2m}\frac{1}{n^{2m-1}}$$
$$+ \frac{(-1)^m B_{m+1}}{(2m+1)(2m+2)}\frac{\theta_1}{n^{2m+1}}.$$

181. La série que nous venons d'obtenir pour la valeur de $\varpi(n)$ serait divergente si on la prolongeait jusqu'à l'infini. Toutefois les premiers termes décroissent rapidement pour peu que n soit considérable. L'expression du reste montre d'ailleurs que l'erreur est moindre que le premier terme négligé. En s'arrêtant au moment où les termes commencent à croître de nouveau, on aura donc une valeur de $\varpi(n)$ dont le degré d'exactitude est facile à apprécier, et sera, en général, largement suffisant.

Si n tend vers ∞, $\varpi(n)$ tendra vers zéro et pourra être négligé. On aura donc à la limite

$$\log\Gamma(n) = F(n),$$

et, comme on a

$$\Gamma(n+1) = n\Gamma(n),$$

il viendra

$$\log\Gamma(n+1) = F(n) + \log n = (n + \tfrac{1}{2})\log n - n + \tfrac{1}{2}\log 2\pi.$$

182. Les résultats qui précèdent permettent de calculer, avec une erreur relative d'autant plus faible que n sera plus grand, la valeur d'une factorielle quelconque

$$F = a(a+b)\ldots(a+nb).$$

On a, en effet,

$$F = ab^n\left(\frac{a}{b}+1\right)\ldots\left(\frac{a}{b}+n\right) = ab^n\frac{\Gamma\left(\dfrac{a}{b}+n+1\right)}{\Gamma\left(\dfrac{a}{b}+1\right)},$$

$$\log F = \log a + n\log b + \log\Gamma\left(\frac{a}{b}+n+1\right) - \log\Gamma\left(\frac{a}{b}+1\right).$$

Mais on obtiendra, par la méthode précédente, une valeur approchée de $\log \Gamma\left(\dfrac{a}{b} + n - 1\right)$. Le dernier logarithme se calculera de même, si $\dfrac{a}{b}$ est un grand nombre; sinon, on devra recourir à une Table des valeurs de la fonction Γ.

183. L'une des applications les plus importantes de la formule précédente est relative au Calcul des probabilités.

Soient p et $q = 1 - p$ les probabilités de deux événements contradictoires A et B. On démontre aisément que la probabilité que sur μ épreuves successives l'événement B se présente m fois, et l'événement A, $\mu - m$ fois, est représentée par le terme en $p^{\mu-m} q^{m}$ du développement du binôme $(p + q)^{\mu}$. Ce terme T_m est donné par la formule

$$T_m = \frac{1.2\ldots\mu}{1.2\ldots m\ 1.2\ldots(\mu - m)}\, p^{\mu-m} q^{m}$$

$$= \frac{\Gamma(\mu + 1)}{\Gamma(m + 1)\,\Gamma(\mu - m + 1)}\, p^{\mu-m} q^{m}.$$

On en déduit

$$\frac{T_m}{T_{m-1}} = \frac{\mu - m - 1}{m}\,\frac{q}{p} = \frac{\mu - m + 1}{m}\,\frac{q}{1 - q}.$$

Ce rapport sera > 1 ou < 1, suivant que l'on aura

$$m < (\mu + 1)q \quad \text{ou} \quad > (\mu + 1)q.$$

Le plus grand terme sera donc T_n, n étant le plus grand entier contenu dans $(\mu + 1)q$. Ce nombre n, étant $> (\mu + 1)q - 1$, mais $\leqq (\mu + 1)q$, sera de la forme $\mu q + r$, r étant compris entre $q - 1$ et q.

184. Cela posé, cherchons à évaluer la limite vers laquelle tend, lorsque μ croît indéfiniment, la somme

$$S = T_{n-\lambda} + \ldots + T_n + T_{n-1} + \ldots + T_{n+\lambda-1},$$

λ étant un entier fixe ou variable, mais d'un ordre de grandeur inférieur à celui de $\mu^{\frac{2}{3}}$. Elle est égale (93) à

$$\frac{1}{M} \int_{-\lambda}^{+\lambda} f(x)\, dx,$$

$f(x)$ désignant la fonction

$$\frac{\Gamma(\mu+1)}{\Gamma(n+x+1)\,\Gamma(\mu-n-x+1)}\, p^{\mu-n-x} q^{n+x},$$

qui, pour $x = -\lambda, \ldots, 0, 1, \ldots, \lambda-1$, prend les valeurs particulières $T_{n-\lambda}, \ldots, T_n, T_{n+1}, \ldots, T_{n+\lambda-1}$, et M étant une quantité intermédiaire entre le maximum et le minimum du rapport $\dfrac{f(x+\theta)}{f(x)}$, lorsque θ varie de 0 à 1, et x de $-\lambda$ à $\lambda-1$.

Or on a

$$\log f(x) = \log\Gamma(\mu+1) - \log\Gamma(n+x+1) - \log\Gamma(\mu-n-x+1)$$
$$+ (\mu-n-x)\log p + (n+x)\log q,$$

ou, d'après la formule d'approximation trouvée plus haut,

$$\log f(x) = (\mu+\tfrac{1}{2})\log\mu - \mu + \tfrac{1}{2}\log 2\pi$$
$$- (n+x+\tfrac{1}{2})\log(n+x) + n + x - \tfrac{1}{2}\log 2\pi$$
$$- (\mu-n-x+\tfrac{1}{2})\log(\mu-n-x) + \mu - n - x - \tfrac{1}{2}\log 2\pi$$
$$+ (\mu-n-x)\log p + (n+x)\log q + R,$$

le reste R étant infiniment petit.

Mais on a $n = \mu q + r$, d'où l'on déduit

$$\mu - n = \mu p - r,$$
$$\log(n+x) = \log(\mu q + r + x)$$
$$= \log\mu q + \log\left(1 + \frac{x+r}{\mu q}\right)$$
$$= \log\mu + \log q + \frac{x+r}{\mu q} - \frac{(x+r)^2}{2\mu^2 q^2} + R',$$
$$\log(\mu-n-x) = \log(\mu p - r - x)$$
$$= \log\mu p + \log\left(1 - \frac{x+r}{\mu p}\right)$$
$$= \log\mu + \log p - \frac{x+r}{\mu p} - \frac{(x+r)^2}{2\mu^2 p^2} + R'',$$

les restes R' et R'' étant des infiniment petits d'ordre supérieur au premier (μ étant considéré comme infini du premier
ordre), car x varie entre $-\lambda$ et $+\lambda-1$, qui sont d'ordre
inférieur à $\frac{2}{3}$.

Substituant ces valeurs dans l'expression de $\log f(x)$,
réduisant et négligeant les termes infiniment petits, il
viendra

$$\log f(x) = -\frac{1}{2}\log\mu - \frac{1}{2}\log p - \frac{1}{2}\log q$$
$$-\frac{1}{2}\log 2\pi - \frac{1}{2}\left(\frac{1}{p}+\frac{1}{q}\right)\frac{x^2}{\mu},$$

d'où

$$f(x) = \frac{1}{\sqrt{2\pi pq\mu}}\, e^{-\frac{1}{2}\left(\frac{1}{p}+\frac{1}{q}\right)\frac{x^2}{\mu}} = \frac{1}{\sqrt{2\pi pq\mu}}\, e^{-\frac{x^2}{2pq\mu}}.$$

On en déduit

$$\frac{f(x+\theta)}{f(x)} = e^{-\frac{2\theta x + \theta^2}{2pq\mu}}.$$

quantité qui tend vers l'unité quand μ augmente, l'ordre
de x étant moindre que celui de μ.

On aura donc, pour $\mu = \infty$,

$$\lim M = 1,$$

et

$$\lim S = \lim \int_{-\lambda}^{\lambda} f(x)\,dx = \lim \frac{1}{\sqrt{2\pi pq\mu}} \int_{-\lambda}^{\lambda} e^{-\frac{x^2}{2pq\mu}}\,dx.$$

185. Posons, pour simplifier,

$$x = t\sqrt{2pq\mu}.$$

L'intégrale

$$\int_{-\lambda}^{\lambda} f(x)\,dx$$

deviendra

$$\frac{1}{\sqrt{\pi}} \int_{-\frac{\lambda}{\sqrt{2pq\mu}}}^{\frac{\lambda}{\sqrt{2pq\mu}}} e^{-t^2}\,dt = \frac{2}{\sqrt{\pi}} \int_{0}^{\frac{\lambda}{\sqrt{2pq\mu}}} e^{-t^2}\,dt.$$

Si λ croît moins rapidement que $\sqrt{\mu}$, cette intégrale aura pour limite zéro, le champ d'intégration décroissant indéfiniment. Si $\dfrac{\lambda}{\sqrt{\mu}}$ tend vers une limite finie, l'intégrale aura une valeur variable avec cette limite. Enfin, si $\dfrac{\lambda}{\sqrt{\mu}}$ tend vers ∞, l'intégrale tendra vers

$$\frac{2}{\sqrt{\pi}} \int_0^\infty e^{-t^2}\, dt = 1.$$

Donc, si le nombre μ des épreuves croît indéfiniment, la probabilité que le rapport du nombre des événements B au nombre des événements A reste compris entre les deux limites $\dfrac{n-\lambda}{\mu-n+\lambda}$ et $\dfrac{n+\lambda-1}{\mu-n-\lambda+1}$ tendra vers la certitude, si λ croît plus vite que $\sqrt{\mu}$. Or les deux limites ci-dessus tendent évidemment toutes deux vers $\dfrac{q}{p}$. Donc le rapport du nombre des événements A à celui des événements B tendra vers la même limite.

Cet important résultat est connu sous le nom de *théorème de Bernoulli.*

186. *Produit de deux fonctions* Γ. — On a

$$\Gamma(p)\,\Gamma(q) = \int_0^\infty 2x^{2p-1} e^{-x^2}\, dx \cdot \int_0^\infty 2y^{2q-1} e^{-y^2}\, dy$$

$$= \int_0^\infty \int_0^\infty 4 x^{2p-1} y^{2q-1} e^{-x^2-y^2}\, dx\, dy,$$

et, en posant $x = \rho \cos\varphi$, $y = \rho \sin\varphi$,

$$\Gamma(p)\,\Gamma(q) = \int_0^{\frac{\pi}{2}} \int_0^\infty 4 \cos^{2p-1}\varphi \, \sin^{2q-1}\varphi \, \rho^{2p+2q-1} e^{-\rho^2}\, d\rho\, d\varphi$$

$$= \int_0^{\frac{\pi}{2}} 2\cos^{2p-1}\varphi \, \sin^{2q-1}\varphi \, d\varphi \cdot \int_0^\infty 2\rho^{2p+2q-1} e^{-\rho^2}\, d\rho$$

$$= \mathrm{B}(p, q)\,\Gamma(p+q),$$

en posant, pour abréger,

$$B(p, q) = \int_0^{\frac{\pi}{2}} 2\cos^{2p-1}\varphi \, \sin^{2q-1}\varphi \, d\varphi.$$

Soit en particulier $p = q = \frac{1}{2}$. On aura

$$B(p, q) = \int_0^{\frac{\pi}{2}} 2 \, d\varphi = \pi,$$

$$\Gamma(p + q) = 1$$

et, par suite,

$$\Gamma(\tfrac{1}{2})^2 = \pi,$$

formule déjà obtenue (175).

Posons plus généralement $q = 1 - p$; il viendra (*Calcul différentiel*, 175)

$$B(p, 1-p) = \frac{\Gamma(p)\,\Gamma(1-p)}{\Gamma(1)} = \frac{\pi}{\sin p\pi}.$$

187. L'intégrale $B(p, q)$, que nous venons de ramener aux fonctions Γ, porte le nom d'*intégrale eulérienne de première espèce*. Elle est susceptible de plusieurs autres formes.

Posons, par exemple,

$$\cos^2\varphi = x, \quad \text{d'où} \quad -2\sin\varphi\cos\varphi \, d\varphi = dx;$$

il viendra

$$B(p, q) = \int_0^1 x^{p-1}(1-x)^{q-1} \, dx.$$

Posons encore

$$x = \frac{y}{1+y}, \quad \text{d'où} \quad 1 - x = \frac{1}{1+y}, \quad dx = \frac{dy}{(1+y)^2},$$

il viendra

$$B(p, q) = \int_0^\infty \frac{y^{p-1} \, dy}{(1+y)^{p+q}}.$$

188. Considérons l'intégrale multiple

$$1 = \int\int\int f\left[\left(\frac{x}{a}\right)^{\alpha} + \left(\frac{y}{b}\right)^{\beta} + \left(\frac{z}{c}\right)^{\gamma}\right] x^{p-1} y^{q-1} z^{r-1}\, dx\, dy\, dz$$

prise pour tous les systèmes de valeurs positives des variables qui satisfont à l'inégalité

$$\left(\frac{x}{a}\right)^{\alpha} + \left(\frac{y}{b}\right)^{\beta} + \left(\frac{z}{c}\right)^{\gamma} < 1.$$

Posons

$$x = a x_1^{\frac{1}{\alpha}}, \quad y = b y_1^{\frac{1}{\beta}}, \quad z = c z_1^{\frac{1}{\gamma}},$$
$$p = \alpha p_1, \quad q = \beta q_1, \quad r = \gamma r_1.$$

L'intégrale deviendra

$$\frac{a^p b^q c^r}{\alpha\beta\gamma} \int\int\int f(x_1 + y_1 + z_1)\, x_1^{p_1-1} y_1^{q_1-1} z_1^{r_1-1}\, dx_1\, dy_1\, dz_1,$$

et devra être étendue à tous les systèmes de valeurs positives des variables qui satisfont à la relation

$$x_1 + y_1 + z_1 < 1.$$

Posons maintenant

$$X = x_1 + y_1 + z_1 = \xi,$$
$$Y = \qquad y_1 + z_1 = \xi\eta,$$
$$Z = \qquad\qquad z_1 = \xi\eta\zeta.$$

On en déduit

$$x_1 = \xi(1 - \eta),$$
$$y_1 = \xi\eta(1 - \zeta),$$
$$z_1 = \xi\eta\zeta$$

et

$$dX\, dY\, dZ = dx_1\, dy_1\, dz_1 = \begin{vmatrix} 1 & 0 & 0 \\ \eta & \xi & 0 \\ \eta\zeta & \xi\zeta & \xi\eta \end{vmatrix} d\xi\, d\eta\, d\zeta = \xi^2 \eta\, d\xi\, d\eta\, d\zeta.$$

Enfin ξ, η, ζ varieront de 0 à 1.

Substituant les nouvelles variables à la place de x_1, y_1, z_1, l'intégrale précédente deviendra

$$\frac{a^p b^q c^r}{\alpha\beta\gamma} \int_0^1 \int_0^1 \int_0^1 f(\xi)\, \xi^{p_1+q_1+r_1-1} (1-\eta)^{p_1-1}\, \eta^{q_1+r_1-1} (1-\zeta)^{q_1-1}\, \zeta^{r_1-1}\, d\xi\, d\eta\, d\zeta.$$

Les variables étant complètement séparées, cette intégrale sera le produit des trois suivantes :

$$\int_0^1 f(\xi)\, \xi^{p_1+q_1+r_1-1}\, d\xi,$$

$$\int_0^1 (1-\eta)^{p_1-1}\, \eta^{q_1+r_1-1}\, d\eta = \mathrm{B}(p_1, q_1+r_1) = \frac{\Gamma(p_1)\Gamma(q_1+r_1)}{\Gamma(p_1+q_1+r_1)},$$

$$\int_0^1 (1-\zeta)^{q_1-1}\, \zeta^{r_1-1}\, d\zeta = \mathrm{B}(q_1, r_1) = \frac{\Gamma(q_1)\Gamma(r_1)}{\Gamma(q_1+r_1)}.$$

On aura donc

$$I = \frac{a^p b^q c^r}{\alpha\beta\gamma} \frac{\Gamma(p_1)\Gamma(q_1)\Gamma(r_1)}{\Gamma(p_1+q_1+r_1)} \int_0^1 f(\xi)\, \xi^{p_1+q_1+r_1-1}\, d\xi$$

$$= \frac{a^p b^q c^r}{\alpha\beta\gamma} \frac{\Gamma\!\left(\frac{p}{\alpha}\right)\Gamma\!\left(\frac{q}{\beta}\right)\Gamma\!\left(\frac{r}{\gamma}\right)}{\Gamma\!\left(\frac{p}{\alpha}+\frac{q}{\beta}+\frac{r}{\gamma}\right)} \int_0^1 f(\xi)\, \xi^{\frac{p}{\alpha}+\frac{q}{\beta}+\frac{r}{\gamma}-1}\, d\xi.$$

et l'intégrale multiple sera ainsi réduite à une intégrale simple.

189. Supposons, en particulier, que la fonction f se réduise à une constante K. L'intégrale simple sera égale à $\dfrac{K}{\frac{p}{\alpha}+\frac{q}{\beta}+\frac{r}{\gamma}}$, et I sera complètement calculée en fonction des transcendantes Γ.

Cette formule a de nombreuses applications au calcul des volumes, centres de gravité, moments d'inertie. Cherchons, par exemple, le moment d'inertie d'un ellipsoïde

$$\frac{x^2}{a^2} + \frac{y^2}{b^2} + \frac{z^2}{c^2} = 1,$$

homogène et de densité 1, par rapport à l'axe des z. L'intégrale à calculer sera la suivante :

$$\int\int\int (x^2 + y^2)\, dx\, dy\, dz.$$

On en aura le huitième en se bornant aux valeurs positives des coordonnées.

Le premier terme de cette intégrale s'obtient en posant, dans la formule précédente,

$$\alpha = \beta = \gamma = 2, \quad p = 3, \quad q = r = 1, \quad f = 1.$$

Il aura pour valeur

$$\frac{a^3 bc}{8} \cdot \frac{\Gamma(\tfrac{3}{2})\,\Gamma(\tfrac{1}{2})\,\Gamma(\tfrac{1}{2})}{\Gamma(\tfrac{5}{2})} \cdot \frac{1}{\tfrac{5}{2}} = \frac{a^3 bc}{8} \cdot \frac{\pi}{\tfrac{3}{2}\cdot\tfrac{5}{2}}.$$

Calculant de même le second terme, ajoutant et multipliant par 8, il viendra, pour le moment d'inertie cherché,

$$\tfrac{4}{15}(a^2 + b^2)\,\pi abc.$$

III. — Potentiel.

190. *Potentiel d'un corps à trois dimensions.* — D'après la loi de Newton, deux points de masses m et m' exercent l'un sur l'autre, suivant la droite qui les joint, une attraction F égale à $\dfrac{f m m'}{r^2}$, f désignant une constante et r la distance des deux points.

Supposons, pour plus de simplicité, que la masse m' du point attiré soit égale à $\dfrac{1}{f}$; soient a, b, c ses coordonnées, x, y, z celles du point attirant, on aura

$$F = \frac{m}{r^2}, \quad r^2 = (x - a)^2 + (y - b)^2 + (z - c)^2.$$

La droite qui joint les deux points ayant pour cosinus directeurs $\dfrac{x-a}{r}$, $\dfrac{y-b}{r}$, $\dfrac{z-c}{r}$, les composantes de l'attraction suivant les trois axes coordonnés seront

$$X = \frac{m(x-a)}{r^3}, \quad Y = \frac{m(y-b)}{r^3}, \quad Z = \frac{m(z-c)}{r^3}.$$

Si, au lieu d'un seul point attirant, on en a plusieurs, on aura, pour les trois composantes,

$$X = \sum \frac{m(x-a)}{r^3}, \quad Y = \sum \frac{m(y-b)}{r^3}, \quad Z = \sum \frac{m(z-c)}{r^3}.$$

Enfin, si les points attirants forment un corps continu, on le décomposera en éléments infiniment petits. Soient x, y, z les coordonnées d'un de ces éléments, dV son volume, $\mu = f(x, y, z)$ sa densité; sa masse sera $\mu\, dV$; les composantes de son attraction seront

$$\frac{x-a}{r^3}\,\mu\, dV, \quad \frac{y-b}{r^3}\,\mu\, dV, \quad \frac{z-c}{r^3}\,\mu\, dV$$

et les composantes de l'attraction totale seront données par les intégrales

$$(1) \qquad X = \int \frac{x-a}{r^3}\,\mu\, dV,$$

$$(2) \qquad Y = \int \frac{y-b}{r^3}\,\mu\, dV,$$

$$(3) \qquad Z = \int \frac{z-c}{r^3}\,\mu\, dV.$$

étendues à tout le corps attirant.

191. Ces composantes sont les dérivées partielles par rapport à a, b, c de l'intégrale

$$(4) \qquad U = \int \frac{\mu\, dV}{r};$$

qu'on nomme le *potentiel* du point a, b, c. On a, en effet, d'après une règle connue,

$$\frac{\partial U}{\partial a} = \int -\frac{\mu\, dV}{r^2}\,\frac{\partial r}{\partial a}.$$

D'ailleurs

$$(5) \qquad r^2 = (x - a)^2 + (y - b)^2 + (z - c)^2,$$

d'où

$$r \frac{\partial r}{\partial a} = - (x - a).$$

Substituant dans l'intégrale précédente la valeur de $\frac{\partial r}{\partial a}$ tirée de cette équation, il viendra

$$(6) \qquad \frac{\partial U}{\partial a} = \mathbf{S} \frac{x - a}{r^3} \mu \, dV = X.$$

On trouvera de même

$$(7) \qquad \frac{\partial U}{\partial b} = Y,$$

$$(8) \qquad \frac{\partial U}{\partial c} = Z.$$

Une seconde dérivation donnera

$$(9) \qquad \frac{\partial^2 U}{\partial a^2} = \mathbf{S} \left[- \frac{1}{r^3} + \frac{3(x - a)^2}{r^5} \right] \mu \, dV,$$

et de même

$$(10) \qquad \frac{\partial^2 U}{\partial b^2} = \mathbf{S} \left[- \frac{1}{r^3} + \frac{3(y - b)^2}{r^5} \right] \mu \, dV,$$

$$(11) \qquad \frac{\partial^2 U}{\partial c^2} = \mathbf{S} \left[- \frac{1}{r^3} + \frac{3(z - c)^2}{r^5} \right] \mu \, dV.$$

Ajoutons ces trois équations; il viendra, en tenant compte de (5),

$$(12) \qquad \frac{\partial^2 U}{\partial a^2} + \frac{\partial^2 U}{\partial b^2} + \frac{\partial^2 U}{\partial c^2} = 0.$$

192. Les différentiations sous le signe $\int$, qui nous ont fourni les résultats précédents, ne sont permises, sauf examen ultérieur, que si les fonctions à intégrer restent continues et si le champ d'intégration est fini. Ces conditions seront satis-

faites, si l'on suppose : 1° que le corps attirant a des dimensions finies; 2° que la densité est partout continue; 3° que le point (a, b, c) est extérieur au corps attirant.

Mais, si le point (a, b, c) fait partie du corps attirant, $\frac{1}{r}$ devenant infini en ce point, une nouvelle discussion devient nécessaire. Elle nous fournira successivement les résultats suivants :

193. *Les intégrales* U, X, Y, Z *restent finies et déterminées.*

Posons, en effet,

$$(13) \qquad \begin{cases} x = a + r\sin\theta\cos\psi, \\ y = b + r\sin\theta\sin\psi, \\ z = c + r\cos\theta, \end{cases}$$

d'où

$$dV = r^2\sin\theta\, dr\, d\theta\, d\psi\,;$$

il viendra

$$U = \int\!\!\!\int\!\!\!\int \mu\, r\sin\theta\, dr\, d\theta\, d\psi,$$

$$X = \int\!\!\!\int\!\!\!\int \mu\sin^2\theta\cos\psi\, dr\, d\theta\, d\psi,$$

$$\dots \dots \dots \dots \dots \dots \dots \dots \dots \dots \dots$$

Sous cette nouvelle forme, la fonction à intégrer ne devient plus infinie.

Au contraire, les intégrales (9), (10), (11) conserveront r au dénominateur, et il serait aisé de s'assurer qu'elles sont indéterminées.

194. *L'intégrale* U *a encore pour dérivées partielles* X, Y, Z.

On a en effet (159), en désignant par r' ce que devient r par le changement de a en $a + h$,

$$\frac{\partial U}{\partial a} = X = \lim \int\!\!\!\int\!\!\!\int \frac{1}{h}\left(\frac{\mu}{r'} - \frac{\mu}{r}\right) dV.$$

lorsqu'on fait tendre vers zéro d'abord h, puis le champ de l'intégrale qui figure au second membre.

Or, r, r', h étant les trois côtés d'un triangle, on aura $\operatorname{mod}(r' - r) < h$ et, par suite,

$$\operatorname{mod} \frac{1}{h}\left(\frac{\mu}{r} - \frac{\mu}{r'}\right) = \operatorname{mod} \frac{\mu(r' - r)}{hrr'} < \frac{\mu}{rr'} < \mu\left(\frac{1}{r^2} + \frac{1}{r'^2}\right).$$

Le module de l'intégrale aura donc pour limite supérieure

$$S \frac{\mu\,dV}{r^2} + S \frac{\mu\,dV}{r'^2}.$$

Or, si nous passons aux coordonnées polaires définies par les équations (13), la première de ces deux intégrales deviendra

$$S \mu \sin\theta\,dr\,d\theta\,d\psi$$

et tendra évidemment vers zéro, si le champ d'intégration décroît indéfiniment. Il en sera de même de la seconde intégrale, si l'on prend des coordonnées polaires ayant leur centre au point $(a + h, b, c)$.

Les dérivées partielles X, Y, Z étant toujours finies et déterminées, le potentiel U sera continu dans tout l'espace.

195. *Les fonctions* X, Y, Z *sont également continues dans tout l'espace, et leurs dérivées partielles sont finies et déterminées dans tous les points où les dérivées partielles* $\dfrac{\partial\mu}{\partial x}$, $\dfrac{\partial\mu}{\partial y}$, $\dfrac{\partial\mu}{\partial z}$ *sont elles-mêmes finies et déterminées.*

En effet, considérons, par exemple, l'intégrale X. On peut décomposer le champ d'intégration en deux régions : l'une formée d'une sphère t très petite, ayant pour centre le point (a, b, c) ; l'autre T, comprenant le reste du corps attirant.

Considérons l'intégrale

$$S \frac{x - a - h}{r'^3} \mu\,dV$$

prise dans la sphère. En passant aux coordonnées polaires
ayant pour centre le point $(a-h, b, c)$, elle deviendra

$$\int \rho \sin^2\theta \cos^2\psi \, dr' \, d\theta \, d\psi$$

et tendra évidemment vers zéro, quel que soit h, si le rayon
de la sphère t tend vers zéro. On pourra donc choisir t de
telle sorte que la différence des deux intégrales analogues

$$\int \frac{x-a-h}{r'^3} \rho \, d\lambda - \int \frac{x-a}{r^3} \rho \, d\lambda$$

relatives à la sphère soit en valeur absolue inférieure à toute
quantité donnée ε.

D'autre part, si h est moindre que le rayon de la sphère t,
la fonction à intégrer ne deviendra plus infinie dans l'autre
région T ; l'intégrale partielle $\int_{\mathrm{T}}$ relative à cette région sera
donc une fonction continue, ayant pour dérivée l'intégrale (9).
Donc, en prenant h assez petit, on pourra rendre la variation
de $\int_{\mathrm{T}}$ moindre que ε et, par suite, celle de X moindre
que 2ε. Donc X est bien une fonction continue.

196. Cherchons sa dérivée. On connaît déjà celle de l'in-
tégrale $\int_{\mathrm{T}}$. Quant à celle de l'autre intégrale partielle $\int_t$,
elle est égale, par définition, à la limite vers laquelle tend,
pour $h = 0$, l'expression

$$(14) \qquad \frac{1}{h}\left(\int_t \frac{x-a-h}{r'^3} \rho \, d\lambda - \int_t \frac{x-a}{r^3} \rho \, d\lambda \right).$$

Changeons x en $x-h$ dans la première intégrale ; elle devient

$$\int_{t_1} \frac{x-a}{r^3} \rho_1 \, d\lambda.$$

t_1 désignant une nouvelle sphère égale à t, mais déplacée
de la quantité h du côté des x négatifs, et ρ_1 la densité au
point $(x-h, y, z)$.

On aura, d'autre part,

$$S_l \frac{x-a}{r^3} \rho \, dV$$

$$= S_{l_1} \frac{x-a}{r^3} \rho \, dV + S_\rho \frac{x-a}{r^3} \rho \, dV - S_{\rho_1} \frac{x-a}{r^3} \rho \, dV,$$

ρ désignant la partie de l qui n'appartient pas à l_1, et ρ_1 la partie de l_1 qui n'appartient pas à l.

L'expression (14) deviendra donc

$$S_{l_1} \frac{x-a}{r^3} \frac{\rho_1 - \rho}{h} \, dV - S_\rho \frac{1}{h} \frac{x-a}{r^3} \rho \, dV - S_{\rho_1} \frac{1}{h} \frac{x-a}{r^3} \rho \, dV.$$

197. A la limite, $\dfrac{\rho_1 - \rho}{h}$ tend vers $\dfrac{\partial \rho}{\partial x}$, quantité finie et déterminée. La première intégrale deviendra donc

$$S_{l_1} \frac{x-a}{r^3} \frac{\partial \rho}{\partial x} \, dV.$$

Cette expression, de même forme que l'intégrale X, sera finie et continue, et tendra évidemment vers zéro, si le rayon des sphères décroît indéfiniment.

198. Passons à l'examen de la seconde intégrale S_ρ.

Soient r, θ, ψ les coordonnées polaires d'un point P (*fig.* 23)

Fig. 23.

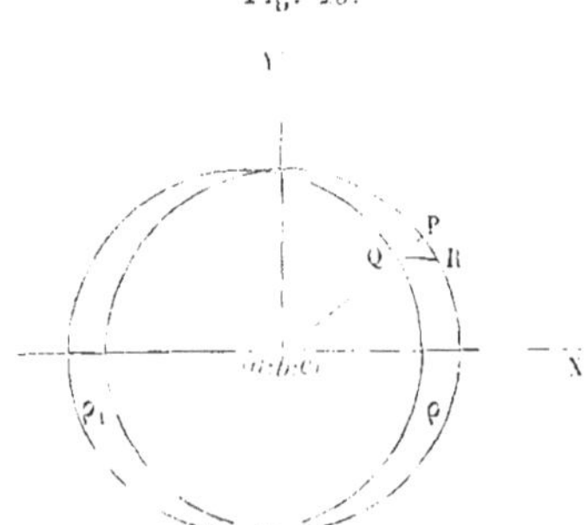

pris à la surface de la sphère l, PQ la portion du rayon vecteur interceptée entre les deux sphères t et t_1. Par le point Q, menons une parallèle QR aux x positifs. La quantité $QR = h$ étant infiniment petite, le triangle PQR sera sensiblement rectangle et donnera

$$PQ = h\cos PQR = h\frac{x-a}{r}.$$

Cela posé, soit $d\sigma = r^2 \sin\theta\, d\theta\, d\psi$ un élément de la surface sphérique contenant le point P. L'élément de volume dV, intercepté dans la région ρ par le cône de base $d\sigma$ ayant son sommet à l'origine, sera évidemment

$$PQ\, d\sigma = hr(x-a)\sin\theta\, d\theta\, d\psi,$$

et l'élément correspondant de l'intégrale sera

$$\frac{x-a}{r^5}\mu r(x-a)\sin\theta\, d\theta\, d\psi = \mu \sin^3\theta \cos^2\psi\, d\theta\, d\psi.$$

Les éléments de la troisième intégrale se calculeront de la même manière, avec cette différence que, x étant $< a$, la quantité PQ, qui doit toujours être prise positivement, ne sera plus égale à $h\dfrac{x-a}{r}$, mais à $\dfrac{h(a-x)}{r}$, ce qui entraînera un changement de signe.

On aura donc, en réunissant ces deux intégrales,

$$-\mathbf{S}_{\rho} + \mathbf{S}_{\rho_1} = -\int_0^{\pi} \sin^3\theta\, d\theta \int_0^{2\pi} \mu \cos^2\psi\, d\psi.$$

Si nous faisons décroître indéfiniment le rayon de la sphère t, la densité μ tendra vers une valeur constante μ_0, égale à la densité au point (a, b, c); et l'on aura

$$-\mathbf{S}_{\rho} + \mathbf{S}_{\rho_1} = -\mu_0 \int_0^{\pi} \sin^3\theta\, d\theta \int_0^{2\pi} \cos^2\psi\, d\psi = -\frac{4\pi}{3}\mu_0.$$

On aura, par suite,

$$\frac{\partial X}{\partial a} = \frac{\partial^2 V}{\partial a^2} = \lim_{t=0} \mathbf{S}_{\tau}\left[-\frac{1}{r^3} + \frac{3(x-a)^2}{r^5}\right]\mu\, dV - \frac{4\pi}{3}\mu_0.$$

199. On obtiendra pour $\dfrac{\partial^2 U}{\partial b^2}$, $\dfrac{\partial^2 U}{\partial c^2}$ des expressions analogues; en les ajoutant, les intégrales se détruiront, et il viendra

$$\frac{\partial^2 U}{\partial a^2} + \frac{\partial^2 U}{\partial b^2} + \frac{\partial^2 U}{\partial c^2} = -4\pi\mu_0,$$

formule qui contient, comme cas particulier, celle que nous avons trouvée plus haut pour le point extérieur, où la densité était nulle.

200. Les intégrales triples X, Y, Z peuvent être ramenées à des intégrales doubles, si la densité μ est constante.

On aura, en effet, en intégrant par rapport à x,

$$\int \mu \frac{x-a}{r^3}\, dx\, dy\, dz = -\frac{\mu}{r}\, dy\, dz.$$

Soient r_1, r_2, ..., r_{2n} les valeurs de r correspondant aux points où le cylindre qui a pour section droite $dy\, dz$ rencontre la surface limite du corps attirant; N_1, N_2, N_3, ... (*fig.* 24) les normales extérieures en ces points; $N_1 X$, $N_2 X$,

Fig. 24.

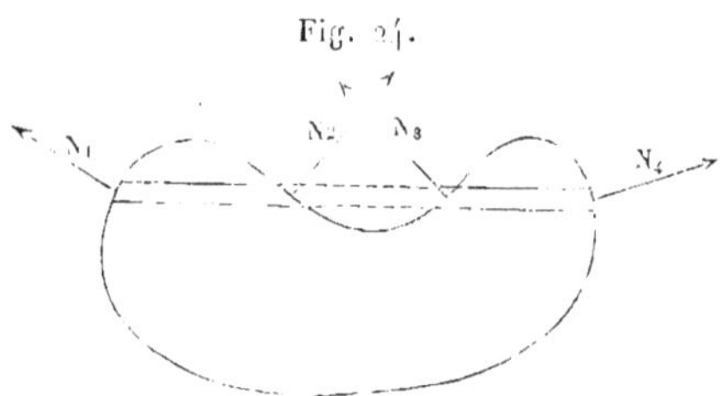

$N_3 X$, ... les angles qu'elles forment avec l'axe des x positifs; $d\sigma_1$, $d\sigma_2$, $d\sigma_3$, ... les éléments de surface détachés par le cylindre aux points considérés. On aura évidemment

$$dy\, dz = -d\sigma_1 \cos N_1 X = d\sigma_2 \cos N_2 X = \dots$$

L'intégrale définie prise dans l'intérieur de ce cylindre aura donc pour valeur

$$- \mu \frac{d\sigma_1 \cos N_1 X}{r_1} - \mu \frac{d\sigma_2 \cos N_2 X}{r_2} \quad \ldots$$

Sommant maintenant par rapport à y et z, il viendra

$$\int\int\int \mu \frac{x - a}{r^3} \, dx \, dy \, dz = - S \, \mu \frac{\cos NX}{r} \, d\sigma,$$

la nouvelle intégrale s'étendant à tous les éléments de la surface du corps attirant.

201. On obtiendrait un résultat analogue en faisant usage de coordonnées polaires.

Considérons dans ce cas un cône ayant pour sommet le point (a, b, c) ($fig.$ 25) et pour section droite $d\omega$ sur la

Fig. 25.

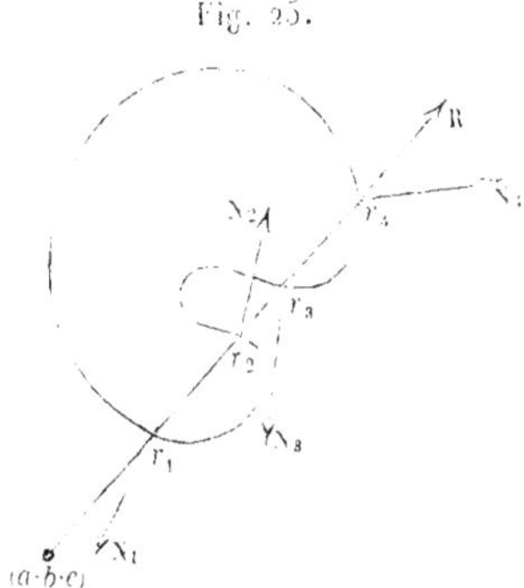

sphère de rayon 1 ayant son centre au point (a, b, c). Soit RX l'angle du rayon vecteur avec l'axe des x positifs. On aura $\frac{x - a}{r} = \cos RX$, et la portion de l'intégrale correspondante à ce cône sera

$$\int \mu \frac{\cos RX}{r^2} \, r^2 \, dr \, d\omega = \mu \cos RX \, d\omega \, (- r_1 - r_2 \ldots).$$

On a d'ailleurs, évidemment, en désignant par $d\sigma_1, d\sigma_2, \ldots$

les portions de surface interceptées par le cône, et par $N_1 R$, $N_2 R$, ... les angles formés par les normales extérieures avec le rayon vecteur,

$$d\omega = -\frac{d\sigma_1 \cos N_1 R}{r_1^2} - \frac{d\sigma_2 \cos N_2 R}{r_2^2} - \ldots$$

Sommant par rapport aux divers cônes, il viendra

$$N = S_\mu \frac{\cos R X \cos N R}{r} \, d\sigma,$$

l'intégrale s'étendant à toute la surface du corps attirant.

202. Soit à évaluer d'une manière analogue l'intégrale double

$$S \frac{\cos N R}{r^2} \, d\sigma.$$

Considérons la portion de cette intégrale qui correspond au cône d'ouverture $d\omega$. Si le point est extérieur, le nombre des points d'entrée r_1, r_3, ... sera égal à celui des points de sortie r_2, r_4, ... (voir la *fig.* 25), et l'on aura

$$\frac{d\sigma_1 \cos N_1 R}{r_1^2} + \frac{d\sigma_2 \cos N_2 R}{r_2^2} + \ldots = d\omega - d\omega - \ldots = 0.$$

Mais, si le point est intérieur, le nombre des points de sortie surpassant d'une unité celui des points d'entrée, cette somme sera égale à $d\omega$. L'intégrale aura donc pour valeur zéro, pour un point intérieur, et $S \, d\omega = 4\pi$ pour un point extérieur.

203. *Attraction d'un ellipsoïde.* — Appliquons ces résultats à la recherche de l'attraction exercée par l'ellipsoïde

$$\frac{x^2}{\alpha^2} + \frac{y^2}{\beta^2} + \frac{z^2}{\gamma^2} = 1,$$

que nous supposerons homogène et de densité 1.

Cette équation peut être remplacée par le système des

trois suivantes :

$$x = \alpha \cos p,$$

$$y = \beta \sin p \cos q,$$

$$z = \gamma \sin p \sin q,$$

où p variera de 0 à π et q de 0 à 2π.

On a

$$\frac{\partial x}{\partial p} = -\alpha \sin p, \qquad \frac{\partial x}{\partial q} = 0,$$

$$\frac{\partial y}{\partial p} = \beta \cos p \cos q, \qquad \frac{\partial y}{\partial q} = -\beta \sin p \sin q,$$

$$\frac{\partial z}{\partial p} = \gamma \cos p \sin q, \qquad \frac{\partial z}{\partial q} = \gamma \sin p \cos q,$$

et l'élément d'aire $d\sigma$ aura pour projections

$$d\sigma \cos NX = \left(\frac{\partial y}{\partial p} \frac{\partial z}{\partial q} - \frac{\partial y}{\partial q} \frac{\partial z}{\partial p} \right) dp\, dq$$

$$= \beta\gamma \sin p \cos p\, dp\, dq$$

$$= \alpha\beta\gamma \sin p\, dp\, dq\, \frac{x}{\alpha^2},$$

$$d\sigma \cos NY = \alpha\beta\gamma \sin p\, dp\, dq\, \frac{y}{\beta^2},$$

$$d\sigma \cos NZ = \alpha\beta\gamma \sin p\, dp\, dq\, \frac{z}{\gamma^2}.$$

Cela posé, on aura (203) pour la composante X de l'attraction, suivant l'axe des x,

$$X = S \frac{\beta\gamma \sin p \cos p}{r} dp\, dq,$$

d'où, en posant $\dfrac{X}{\alpha\beta\gamma} = \xi$,

$$(15) \qquad \alpha\xi = -S \frac{\sin p \cos p}{r} dp\, dq.$$

Cherchons comment varie la quantité ξ, lorsque l'on fait varier les axes α, β, γ de telle sorte que les différences $\beta^2 - \alpha^2 = \delta$, $\gamma^2 - \alpha^2 = \delta_1$ demeurent constantes.

En vertu de ces relations, une seule de ces variables, α par exemple, sera indépendante, et l'on aura

$$\alpha \, d\alpha = \beta \, d\beta = \gamma \, d\gamma.$$

$$\frac{\partial x}{\partial \alpha} = \cos p = \frac{x}{\alpha^2}\alpha.$$

$$\frac{\partial y}{\partial \alpha} = \frac{\partial y}{\partial \beta}\frac{d\beta}{d\alpha} = \frac{y}{\beta^2}\alpha,$$

$$\frac{\partial z}{\partial \alpha} = \frac{\partial z}{\partial \gamma}\frac{d\gamma}{d\alpha} = \frac{z}{\gamma^2}\alpha,$$

$$\frac{\partial r}{\partial \alpha} = \frac{(x-a)\dfrac{\partial x}{\partial \alpha} + (y-b)\dfrac{\partial y}{\partial \alpha} + (z-c)\dfrac{\partial z}{\partial \alpha}}{r}$$

$$= \left(\frac{x}{\alpha^2}\cos RX + \frac{y}{\beta^2}\cos RY + \frac{z}{\gamma^2}\cos RZ\right)\alpha.$$

$$d.\alpha\xi = \alpha \, d\xi + \xi \, d\alpha = S \frac{\sin p \cos p}{r^2}\frac{\partial r}{\partial \alpha}\, d\alpha \, dp \, dq,$$

ou, en remplaçant $\dfrac{\partial r}{\partial \alpha}$ par sa valeur et $\cos p$ par $\dfrac{x}{\alpha}$,

$$\alpha \, d\xi + \xi \, d\alpha = S \frac{\sin p}{r^2}\, x \left(\frac{x}{\alpha^2}\cos RX + \frac{y}{\beta^2}\cos RY + \frac{z}{\gamma^2}\cos RZ\right) d\alpha \, dp \, dq$$

$$= \frac{d\alpha}{\alpha\beta\gamma} S \frac{x(\cos NX \cos RX + \cos NY \cos RY + \cos NZ \cos RZ)}{r^2}\, d\sigma$$

$$= \frac{d\alpha}{\alpha\beta\gamma} S \frac{x \cos NR}{r^2}\, d\sigma$$

$$= \frac{d\alpha}{\alpha\beta\gamma} S \frac{x-a}{r}\frac{\cos NR}{r}\, d\sigma + \frac{a\, d\alpha}{\alpha\beta\gamma} S \frac{\cos NR}{r^2}\, d\sigma.$$

Or la première intégrale est égale à $\dfrac{d\alpha}{\alpha\beta\gamma} X = \xi \, d\alpha$ (**201**); et la seconde est égale à zéro ou à $\dfrac{4\pi a\, d\alpha}{\alpha\beta\gamma}$ (**202**) suivant que le point a, b, c est extérieur ou intérieur à l'ellipsoïde.

204. Supposons d'abord le point extérieur. On aura

$$d\xi = 0, \quad \text{d'où} \quad \xi = C, \quad X = C\alpha\beta\gamma,$$

C désignant une constante: d'où ce théorème énoncé par Maclaurin :

Les composantes des attractions de deux ellipsoïdes homofocaux homogènes sur un point extérieur sont proportionnelles à leurs masses.

On sait, d'ailleurs, que X est une fonction continue des coordonnées du point attiré. Le théorème subsistera donc encore lorsque ce point, au lieu d'être situé en dehors de l'ellipsoïde attirant, sera sur sa surface extérieure.

Le problème de l'attraction sur un point extérieur se trouve ainsi ramené à celui de l'attraction sur un point de la surface, lequel n'est qu'un cas particulier de l'attraction sur un point intérieur.

205. Passons donc au cas du point intérieur. On aura

$$\alpha\, d\xi = -\frac{4\pi a\, d\alpha}{\alpha\beta\gamma},$$

d'où

$$d\xi = 4\pi a\, \frac{d\alpha}{\alpha^2\beta\gamma} = 4\pi a\, \frac{d\alpha}{\alpha^2\sqrt{(\delta+\alpha^2)(\delta_1+\alpha^2)}}$$

et, par suite,

$$\xi = 4\pi a \int_{\alpha}^{\infty} \frac{d\alpha}{\alpha^2\sqrt{(\delta+\alpha^2)(\delta_1+\alpha^2)}} + \text{const.}$$

Pour déterminer la constante, on remarquera qu'en vertu de la formule (15) ξ tend vers zéro quand α augmente indéfiniment; car r tend vers ∞ en même temps que α, β et γ: donc la constante est nulle. On aura donc, en remplaçant pour plus de clarté la lettre α par t sous le signe d'intégration.

$$X = \alpha\beta\gamma\xi = 4\pi\alpha\beta\gamma\, a \int_{\alpha}^{\infty} \frac{dt}{t^2\sqrt{(\delta+t^2)(\delta_1+t^2)}}$$

ou, en posant $t = \dfrac{z}{u}$ et remarquant que $\delta = \beta^2 - \alpha^2$, $\delta_1 = \gamma^2 - \alpha^2$,

$$X = -\frac{4\pi\beta\gamma a}{\alpha^2} \int_0^1 \frac{u^2\,du}{\sqrt{\left(1 - \dfrac{\alpha^2 - \beta^2}{\alpha^2}\,u^2\right)\left(1 - \dfrac{\alpha^2 - \gamma^2}{\alpha^2}\,u^2\right)}}.$$

Une permutation circulaire donnera Y et Z.

On remarquera que X, Y, Z varient proportionnellement aux coordonnées a, b, c. On aura donc à calculer les mêmes intégrales, quel que soit le point attiré.

Remarquons, en outre, que X, Y, Z ne dépendent que des rapports des axes α, β, γ. Si donc l'on remplace l'ellipsoïde par un autre ellipsoïde homothétique, l'attraction restera la même; d'où ce théorème :

L'attraction d'une couche homogène limitée par deux ellipsoïdes concentriques et homothétiques est nulle sur tout point intérieur.

206. Le cas où l'ellipsoïde se réduit à une sphère mérite une attention particulière. L'attraction sur un point extérieur est la même que celle de toute sphère concentrique de même masse. En faisant décroître indéfiniment le rayon de la sphère, on arrive à cette conséquence :

L'attraction d'une sphère homogène sur un point intérieur est la même que si toute la masse était réunie au centre.

207. *Potentiel d'une surface.* — Supposons maintenant que le corps attirant, au lieu d'avoir, comme précédemment, trois dimensions, se réduise à une surface. Soient $d\sigma$ un élément de cette surface, μ sa densité; on aura, pour le potentiel, l'intégrale double

$$U = \int \frac{\mu\,d\sigma}{r}$$

et, pour les composantes de l'attraction,

$$X = \mathbf{S}\frac{\mu(x-a)}{r^3}d\sigma = \frac{\partial U}{\partial a},$$

$$Y = \mathbf{S}\frac{\mu(y-b)}{r^3}d\sigma = \frac{\partial U}{\partial b},$$

$$Z = \mathbf{S}\frac{\mu(z-c)}{r^3}d\sigma = \frac{\partial U}{\partial c}.$$

Si le point est sur la surface attirante, ces formules peuvent devenir illusoires. Il y a donc lieu de les discuter.

208. Pour plus de simplicité, prenons pour plan des xy le plan tangent à la surface au point considéré. L'intégrale U restera finie et continue. En effet, traçons sur le plan tangent un cercle ayant son centre à l'origine et d'un rayon R très petit. Soient t la région interceptée dans la surface par un cylindre droit ayant ce cercle pour base, T le reste de la surface. L'intégrale

$$U = \mathbf{S}\frac{\mu\, d\sigma}{\sqrt{x^2+y^2+z^2}}$$

se décompose en deux intégrales partielles U_t et U_T prises respectivement dans ces régions.

Dans la première intégrale, remplaçons x et y par des coordonnées semi-polaires ρ et θ. Posons également $m = \frac{\mu}{\cos\psi}$, ψ étant l'angle très petit que l'élément $d\sigma$ fait avec le plan des xy. On aura

$$\mu\, d\sigma = m\cos\psi\,\frac{\rho\, d\rho\, d\theta}{\cos\psi} = m\rho\, d\rho\, d\theta.$$

D'autre part,

$$r = \sqrt{x^2+y^2+z^2} = \sqrt{\rho^2+z^2} > \rho.$$

Donc

$$U_t \lesseqgtr \mathbf{S}\, m\, d\rho\, d\theta,$$

et cette quantité décroîtra indéfiniment avec l'étendue du champ d'intégration.

Il en sera de même de l'intégrale plus générale

$$U'_t = S \frac{\mu \, d\sigma}{\sqrt{(x-h)^2 + (y-k)^2 - (z-l)^2}},$$

comme on s'en assurera en posant

$$x = h + \rho \cos\theta, \quad y = k + \rho \sin\theta.$$

Donc R pourra être choisi assez petit pour que l'on ait

$$U'_t - U_t < \varepsilon,$$

ε désignant une constante quelconque.

D'autre part, l'intégrale U_T est une fonction continue de h, k, l, ayant pour dérivées partielles les intégrales X, Y, Z prises dans le champ T. Donc, en prenant h, k, l assez petits, on pourra rendre l'accroissement de $U_T < \varepsilon$. Celui de U sera donc $< 2\varepsilon$.

209. L'intégrale Z reste également finie et déterminée pour $a = b = c = 0$. On a, en effet, dans cette hypothèse,

$$Z_t = S \frac{\mu z \, d\sigma}{r^3} = S \frac{m z \rho \, d\rho \, d\theta}{(\rho^2 + z^2)^{\frac{3}{2}}}.$$

Or, le plan des xy étant tangent à la surface, z sera du même ordre de grandeur que ρ^2; donc, en désignant par M le maximum du module de $m \dfrac{z}{\rho^2}$ et négligeant z^2 au dénominateur, ce qui accroît le module de l'intégrale, on aura

$$\operatorname{mod} Z_t < M \, S \, d\rho \, d\theta < M \cdot 2\pi R,$$

quantité qui tend vers zéro avec R.

210. L'intégrale Z présente toutefois une discontinuité remarquable lorsqu'on traverse la surface. Supposons, en effet, $a = 0$, $b = 0$ et c infiniment petit; on aura

$$Z = S \frac{\mu(z-c)}{r^3} \, d\sigma = Z_t + Z_T.$$

Z_1 variant d'une manière continue, il suffira de considérer la première intégrale. Elle a pour premier terme

$$\int \frac{\mu z \, d\tau}{r^3} = \int \frac{m z \rho \, d\rho \, d\theta}{[\rho^2 + (z - c)^2]^2}.$$

Cette quantité, dont le module est encore moindre que $M.2\pi R$, tend vers zéro avec R, quel que soit c, et, par suite, ne donne lieu à aucune discontinuité.

Reste l'intégrale

$$- c \int \frac{\mu \, d\tau}{r^3}.$$

Le champ d'intégration étant très petit, la densité μ restera sensiblement égale à μ_0, valeur de la densité à l'origine : $d\tau$ sera sensiblement égal à $\rho \, d\rho \, d\theta$; enfin

$$r = \sqrt{\rho^2 + (z - c)^2}$$

pourra être remplacé par $\sqrt{\rho^2 + c^2}$, car, z étant de l'ordre de ρ^2 et c très petit, $2cz$ et z^2 seront négligeables par rapport à ρ^2.

On aura donc sensiblement, pour la valeur de l'intégrale cherchée,

$$- c \mu_0 \int \frac{\rho \, d\rho \, d\theta}{(\rho^2 + c^2)^{\frac{3}{2}}},$$

ρ variant de zéro à R et θ de zéro à 2π. L'intégration donnera

$$2\pi c \mu_0 \left(\frac{1}{\sqrt{R^2 + c^2}} - \frac{1}{\sqrt{c^2}} \right).$$

Si c tend vers zéro, le premier terme de ce produit tendra vers zéro et le second vers $- 2\pi\mu_0$ ou $- 2\pi\mu_0$, suivant que c sera positif ou négatif.

La composante Z de l'attraction variera donc brusquement de la quantité $- 4\pi\mu_0$, lorsqu'on traverse la surface attirante en se déplaçant sur la normale.

Enfin, l'on reconnaît sans peine que, sur la surface attirante, les intégrales X et Y sont indéterminées.

211. *Théorèmes de Green.* — Soient U, V deux fonctions de x, y, z, continues, ainsi que leurs dérivées premières, dans un espace fermé T. Considérons l'intégrale triple

$$I = \int\int\int U \left(\frac{\partial^2 V}{\partial x^2} + \frac{\partial^2 V}{\partial y^2} + \frac{\partial^2 V}{\partial z^2} \right) dx\, dy\, dz$$

étendue à cette région.

Le premier terme, intégré par parties, donnera, en désignant par les indices 1, 2, ... les points où le cylindre qui a pour section droite $dy\, dz$ traverse la surface qui limite le champ d'intégration (voir la *fig.* **24**),

$$dy\, dz \int U \frac{\partial^2 V}{\partial x^2} dx$$

$$= dy\, dz \left[-\left(U \frac{\partial V}{\partial x} \right)_1 + \left(U \frac{\partial V}{\partial x} \right)_2 - \ldots \right] - dy\, dz \int \frac{\partial U}{\partial x} \frac{\partial V}{\partial x} dx$$

$$= \left[\left(U \frac{\partial V}{\partial x} \right)_1 \cos N_1 X\, d\sigma + \left(U \frac{\partial V}{\partial x} \right)_2 \cos N_2 X\, d\sigma + \ldots \right]$$

$$- dy\, dz \int \frac{\partial U}{\partial x} \frac{\partial V}{\partial x} dx.$$

Intégrant par rapport à y et z, il viendra

$$\int\int\int U \frac{\partial^2 V}{\partial x^2} dx\, dy\, dz$$

$$= S\, U \frac{\partial V}{\partial x} \cos NX\, d\sigma - \int\int\int \frac{\partial U}{\partial x} \frac{\partial V}{\partial x} dx\, dy\, dz,$$

l'intégrale double S étant étendue à toute la surface du corps T.

Opérant d'une façon analogue sur les deux autres termes de l'intégrale primitive, il viendra

$$I = S\, U \left(\frac{\partial V}{\partial x} \cos NX + \frac{\partial V}{\partial y} \cos NY + \frac{\partial V}{\partial z} \cos NZ \right) d\sigma - K,$$

en posant, pour abréger,

$$K = \int\int\int \left(\frac{\partial U}{\partial x} \frac{\partial V}{\partial x} + \frac{\partial U}{\partial y} \frac{\partial V}{\partial y} + \frac{\partial U}{\partial z} \frac{\partial V}{\partial z} \right) dx\,dy\,dz.$$

212. L'intégrale double qui figure dans la formule précédente peut s'écrire sous une forme plus simple. Soit, en effet, δx, δy, δz, δN les variations qu'éprouvent x, y, z, N lorsque, partant d'un point de la surface, on se déplace de la quantité infiniment petite δN sur la normale extérieure; on aura

$$\delta x = \delta N \cos NX, \quad \delta y = \delta N \cos NY, \quad \delta z = \delta N \cos NZ.$$

$$\delta V = \frac{\partial V}{\partial x} \delta x + \frac{\partial V}{\partial y} \delta y + \frac{\partial V}{\partial z} \delta z$$

$$= \left(\frac{\partial V}{\partial x} \cos NX + \frac{\partial V}{\partial y} \cos NY + \frac{\partial V}{\partial z} \cos NZ \right) \delta N.$$

On aura donc

$$(16) \qquad I = \oint U \frac{\partial V}{\partial N} d\sigma - K.$$

213. Traitons de la même manière l'intégrale

$$I_1 = \int\int\int V \left(\frac{\partial^2 U}{\partial x^2} + \frac{\partial^2 U}{\partial y^2} + \frac{\partial^2 U}{\partial z^2} \right) dx\,dy\,dz;$$

il viendra

$$(17) \qquad I_1 = \oint V \frac{\partial U}{\partial N} d\sigma - K$$

et, par suite,

$$(18) \qquad I - I_1 = \oint U \frac{\partial V}{\partial N} d\sigma - \oint V \frac{\partial U}{\partial N} d\sigma.$$

214. Supposons que la fonction V, au lieu de rester continue dans le champ de l'intégration, comme on l'a supposé jusqu'ici, devienne infinie en un point (a, b, c). La formule subsistera, à la condition d'exclure du champ une sphère infiniment petite ayant ce point pour centre, et de tenir compte de l'intégrale double relative à cette nouvelle surface limite.

Cette portion de l'intégrale double est aisée à évaluer, si V peut se mettre sous la forme $\dfrac{k}{r} + V_1$, k étant une constante, r le rayon vecteur $\sqrt{(x-a)^2 + (y-b)^2 + (z-c)^2}$ et V_1 une fonction qui reste finie. Il est clair, en effet, que les portions des intégrales doubles relatives à la petite sphère qui proviennent du terme V_1 ont pour limite zéro. Il en est de même de l'intégrale $S\dfrac{k}{r}\dfrac{\partial U}{\partial N}\,d\sigma$, dont le module est moindre que $\dfrac{k}{r}\,M\,.\,4\pi r^2$, M étant le maximum du module de $\dfrac{\partial U}{\partial N}$. Reste l'intégrale

$$S\,U\,\frac{\partial\,\dfrac{k}{r}}{\partial N}\,d\sigma.$$

Pour l'évaluer, on remarquera qu'on a

$$\partial N = -\,\partial r,$$

la distance ∂N devant être portée sur le rayon de la sphère, du côté extérieur au corps, et, par suite, vers le centre de la sphère. On aura donc pour la valeur de cette intégrale l'expression

$$-S\,U\,\frac{\partial\,\dfrac{k}{r}}{\partial r}\,d\sigma = S\,U\,\frac{k}{r^2}\,d\sigma = \int\int U\,k\,\sin\theta\,d\theta\,d\psi,$$

laquelle tendra évidemment vers $4\pi k\,U_0$, U_0 désignant la valeur de U au point (a, b, c).

On aura donc, au lieu de la formule (18), la suivante :

$$(19)\qquad I - I_1 = S\,U\,\frac{\partial V}{\partial N}\,d\sigma - S\,V\,\frac{\partial U}{\partial N}\,d\sigma + 4\pi k\,U_0,$$

les intégrales doubles étant calculées sur la surface extérieure seulement, et non sur la petite sphère.

215. Si dans la formule générale (16) nous posons $U = 1$, et V égal au potentiel d'un corps attirant quelconque, on aura

$$K = 0, \quad U\left(\frac{\partial^2 V}{\partial x^2} + \frac{\partial^2 V}{\partial y^2} + \frac{\partial^2 V}{\partial z^2}\right) = -4\pi\mu,$$

μ étant la densité au point (x, y, z); et la formule deviendra

$$S\frac{\partial V}{\partial N}\, d\sigma = \iiint -4\pi\mu\, dx\, dy\, dz = -4\pi M,$$

M désignant la masse de la portion du corps attirant contenue dans le champ d'intégration.

CHAPITRE V.

DÉVELOPPEMENTS EN SÉRIES.

I. — Formules de Fourier.

216. Nous dirons qu'une fonction $f(x)$ a une *variation limitée* dans l'intervalle de $x = A$ à $x = B$, si l'on a $f(x) = f_1(x) - f_2(x)$, f_1 et f_2 étant des fonctions finies et non décroissantes dans cet intervalle.

Cette classe de fonctions est très générale. Elle contient notamment toutes celles qui restent limitées entre A et B, et dont la variation ne change de sens qu'un nombre limité de fois dans cet intervalle.

Soient, en effet, $f(x)$ une semblable fonction; M et m les limites supérieure et inférieure des valeurs qu'elle peut acquérir; q le nombre des changements de sens de ses variations. On aura évidemment

$$f(x) = f(A) + P - N,$$

P désignant la somme des accroissements successifs, et N la somme des diminutions de la fonction quand la variable passe de A à x. Ces quantités P et N sont essentiellement positives, et non décroissantes. De plus elles sont finies. En effet, la fonction $f(x)$ ne peut évidemment croître ou décroître d'une manière suivie d'une quantité supérieure à $M - m$; d'ailleurs, sa variation ne change pas de sens plus de q fois; on aura donc

$$P + N \lessgtr (q + 1)(M - m).$$

Donc $f(x)$ sera la différence de deux fonctions finies et non décroissantes, $f(x) = P_x - N_x$.

217. Les fonctions $f_1(x)$ et $f_2(x)$ variant toujours dans le même sens, sans cesser d'être finies, les quantités $f_1(x + \varepsilon)$ et $f_2(x + \varepsilon)$, où ε désigne un infiniment petit positif, tendront, pour $\varepsilon = 0$, vers des limites parfaitement déterminées; il en sera de même de leur différence $f(x + \varepsilon)$, dont nous désignerons la limite par $f(x + 0)$.

On voit de même que $f(x - \varepsilon)$ tend vers une limite déterminée $f(x - 0)$.

Si la fonction f est continue au point x, $f(x + 0)$ et $f(x - 0)$ se confondront évidemment avec $f(x)$.

218. On établit assez aisément que, si la fonction $f(x)$, à variation limitée entre A et B, est continue dans cet intervalle, les deux fonctions partielles f_1 et f_2, dont elle est la différence, pourront être choisies de telle sorte que chacune d'elles, considérée séparément, soit continue de A à B. (Nous supprimerons, pour abréger, la démonstration de cette proposition.)

Les théorèmes que nous établirons dans ce Chapitre sur les fonctions à variation limitée sont d'une nature telle que, s'ils sont vrais pour deux fonctions f_1, f_2, ils le seront évidemment encore pour leur différence. Nous pouvons donc, tout en les énonçant dans leur généralité, admettre dans les démonstrations que la fonction varie toujours dans le même sens.

219. THÉORÈME. — *Soit $f(x)$ une fonction à variation limitée entre A et B.*

Soit, d'autre part, $\varphi(x, n)$ une fonction de x et du paramètre n, jouissant des deux propriétés suivantes :

1° L'intégrale $\displaystyle\int_A^b \varphi(x, n)\,dx$, où b est un nombre quel-

conque compris dans l'intervalle AB, a son module inférieur à une quantité fixe L, indépendante de b et de n;

2° *Si n tend vers* ∞, *cette même intégrale tend uniformément vers une limite fixe* G, *pour les diverses valeurs
de b comprises dans un intervalle quelconque contenu
dans* AB, *mais dont le point* A *soit exclu.*

Pour ces mêmes valeurs de b, l'intégrale

$$\int_{A}^{b} f(x)\,\varphi(x, n)\,dx$$

tendra uniformément vers $G f(A + o)$ *si* $B > A$, *vers*
$G f(A - o)$ *si* $B < A$.

Soit, en effet, $A + \lambda$ une quantité arbitraire comprise
entre A et b; on aura

$$\int_{A}^{b} f(x)\,\varphi(x, n)\,dx = \int_{A}^{A+\lambda} f(x)\,\varphi\,dx + \int_{A+\lambda}^{b} f(x)\,\varphi\,dx.$$

La fonction $f(x)$ variant toujours dans le même sens, nous
pourrons appliquer, à la deuxième intégrale, le second
théorème de la moyenne (**82**); il viendra

$$\int_{A+\lambda}^{b} f(x)\,\varphi\,dx = f(A + \lambda) \int_{A+\lambda}^{\xi} \varphi\,dx + f(b) \int_{\xi}^{b} \varphi\,dx,$$

ξ désignant une valeur intermédiaire entre $A + \lambda$ et b. Or
les quantités $f(A + \lambda)$, $f(b)$ ont une valeur limitée, et les
intégrales qui les multiplient tendent uniformément vers zéro.

En effet, l'intégrale $\int_{\xi}^{b} \varphi\,dx$, par exemple, est la différence

des deux intégrales $\int_{0}^{b} \varphi\,dx$, $\int_{0}^{\xi} \varphi\,dx$, qui tendent uniformé-

ment vers une même limite G, quels que soient b et ξ.

La deuxième intégrale tend donc uniformément vers zéro.
Il reste à trouver la limite de la première intégrale.

220. On a évidemment

$$\int_A^{A-\lambda} f(x)\varphi\,dx = \lim_{\varepsilon=0}\int_{A-\varepsilon}^{A-\lambda} f(x)\varphi\,dx$$

$$= \lim_{\varepsilon=0}\left\{ f(A-\varepsilon)\int_{A-\varepsilon}^{A+\lambda}\varphi\,dx - \int_{A-\varepsilon}^{A+\lambda}[f(x)-f(A-\varepsilon)]\varphi\,dx\right\}.$$

Le premier terme de cette expression a évidemment pour limite

$$f(A-o)\lim_{n=\infty}\int_A^{A-\lambda}\varphi\,dx = G\,f(A-o),$$

où zéro est affecté du signe de B — A.

Appliquant au deuxième terme le second théorème de la moyenne, il prendra la forme suivante :

$$\lim_{\varepsilon=0}[f(A-\lambda)-f(A-\varepsilon)]\int_\xi^{A+\lambda}\varphi\,dx$$

$$= [f(A-\lambda)-f(A-o)]\int_\xi^{A-\lambda}\varphi\,dx.$$

ξ étant compris entre A et A — λ.

L'intégrale qui figure dans ce résultat, étant la différence des deux intégrales $\int_0^{A+\lambda}\varphi\,dx$, $\int_0^\xi\varphi\,dx$, aura son module au plus égal à 2 L. D'autre part, on peut prendre λ assez petit pour que $f(A+\lambda)$ diffère aussi peu qu'on voudra de sa valeur limite $f(A-o)$. Ce terme complémentaire, pouvant être rendu plus petit que toute quantité assignable, devra donc être négligé.

221. *Remarque.* — Si la fonction $f(x)$ dépend d'un paramètre x, la convergence de l'intégrale $\int_A^b f(x)\varphi\,dx$ vers sa limite sera évidemment uniforme par rapport à ce paramètre, si $f(\Lambda + \lambda)$ converge uniformément vers sa limite $f(\Lambda \pm 0)$, lorsque λ tend vers zéro.

Toutefois, si f, au lieu de varier toujours dans le même sens, comme nous l'avons admis, était la différence de deux fonctions non décroissantes f_1 et f_2, il faudrait, pour la démonstration de ce dernier point, que chacune de ces deux fonctions, prise isolément, convergeât uniformément vers sa limite.

222. Corollaire. — *On aura plus généralement, en désignant par x une quantité comprise entre $\Lambda + b - B$ et b,*

$$\lim_{n \to \infty} \int_a^b f(\beta)\, \varphi(\beta + \Lambda - x, n)\, d\beta = G\, f(x \pm 0),$$

pourvu que la fonction $f(\beta)$ ait une variation limitée entre x et b.

En effet, posons

$$\beta + \Lambda - x = \alpha.$$

Cette intégrale deviendra

$$\int_\Lambda^{b + \Lambda - x} f(\alpha + x - \Lambda)\, \varphi(\alpha, n)\, d\alpha.$$

Or $b + \Lambda - x$ est compris entre Λ et B, d'après les hypothèses précédentes; on aura donc pour la limite de cette intégrale

$$G\, f(\Lambda + x - \Lambda \pm 0) = G\, f(x \pm 0).$$

D'ailleurs, l'intégrale convergera uniformément vers sa limite lorsque x varie, pourvu qu'il reste en deçà de b et que, dans les limites où il se meut, $f(x)$ reste (uniformément) continue (**221**).

223. *Application.* — On satisfera aux conditions du

théorème précédent, en supposant $A = 0$, B quelconque, $\varphi(\alpha, n) = \dfrac{\sin n\alpha}{\alpha}$.

En effet, supposons d'abord B positif. Soient b un nombre quelconque compris entre 0 et B, $m\pi$ le plus grand multiple de π contenu dans bn; on aura, en posant $n\alpha = \beta$,

$$\int_0^b \frac{\sin n\alpha}{\alpha}\,d\alpha$$
$$= \int_0^{bn} \frac{\sin\beta}{\beta}\,d\beta = \left(\int_0^{\pi} + \ldots + \int_{k\pi}^{(k+1)\pi} + \ldots + \int_{m\pi}^{bn}\right)\frac{\sin\beta}{\beta}\,d\beta.$$

Ces intégrales partielles successives ont des signes alternatifs: en effet, le facteur $\sin\beta$ change de signe en passant d'une intégrale à la suivante. De plus, elles vont en décroissant en valeur numérique: car, si l'on compare entre eux les éléments qui correspondent à la même valeur absolue de $\sin\beta$, l'autre facteur $\dfrac{1}{\beta}$ décroît d'une intégrale à la suivante. *A fortiori*, la dernière intégrale $\int_{m\pi}^{bn}$, qui ne contient qu'une portion des éléments de l'intégrale $\int_{m\pi}^{(m+1)\pi}$, sera moindre en valeur absolue que celle qui la précède.

L'intégrale $\int_0^{bn}$ aura donc le signe de son premier terme $\int_0^{\pi}$ et un module moindre.

Mais on a

$$\operatorname{mod}\int_0^{\pi}\frac{\sin\beta}{\beta}\,d\beta < \int_0^{\pi} d\beta < \pi;$$

donc

$$\operatorname{mod}\int_0^{bn}\frac{\sin\beta}{\beta}\,d\beta < \pi.$$

224. On a, en second lieu,

$$\int_0^{bn}\frac{\sin\beta}{\beta}\,d\beta = \int_0^{r\pi}\frac{\sin\beta}{\beta}\,d\beta - \int_{bn}^{r\pi}\frac{\sin\beta}{\beta}\,d\beta \quad (r = \infty).$$

Désignons par G la première intégrale ; elle est égale à

$$\int_0^\pi + \int_\pi^{2\pi} + \ldots$$

Nous allons ramener toutes ces intégrales aux mêmes limites, par un changement de variable.

Posons, à cet effet,

$$\beta = (2k - 1)\pi + y$$

dans l'intégrale $\displaystyle\int_{(2k-1)\pi}^{2k\pi}$; elle deviendra

$$\int_0^\pi \frac{-\sin y}{(2k-1)\pi + y}\, dy.$$

Posons, d'autre part,

$$\beta = (2k - 1)\pi - y$$

dans l'intégrale $\displaystyle\int_{2k-2\pi}^{(2k-1)\pi}$; elle deviendra

$$\int_0^\pi \frac{\sin y}{(2k-1)\pi - y}\, dy.$$

Réunissant toutes les intégrales ainsi transformées, il viendra

$$G = \int_0^\pi \sin y\, dy \left(\frac{1}{\pi - y} - \frac{1}{\pi + y} + \frac{1}{3\pi - y} - \frac{1}{3\pi + y} + \ldots \right).$$

Or on a (*Calcul différentiel*, 158)

$$\cot \pi z = \frac{1}{\pi}\left(\frac{1}{z} + \frac{1}{z - 1} + \frac{1}{z + 1} + \frac{1}{z - 2} + \frac{1}{z + 2} + \ldots \right)$$

et, en posant $z = \dfrac{\pi - y}{2\pi}$,

$$\cot\left(\frac{\pi}{2} - \frac{y}{2} \right) = \tan \frac{y}{2} = 2\left(\frac{1}{\pi - y} - \frac{1}{\pi + y} + \frac{1}{3\pi - y} - \ldots \right).$$

Donc

$$G = \int_0^\pi \sin y \, \frac{1}{2} \tang \frac{1}{2} y \, dy = \int_0^\pi \sin^2 \frac{1}{2} y \, dy = \frac{\pi}{2}.$$

225. La seconde intégrale $\displaystyle\int_{bn}^{\prime\pi}$ est égale à

$$\int_{bn}^{(m+1)\pi} + \int_{(m+1)\pi}^{(m+2)\pi} + \ldots$$

Ces divers termes ont des signes alternatifs et décroissent à partir du second. La somme totale sera donc nécessairement comprise entre le premier et le second terme, qui tous deux ont leur module au plus égal à celui de $\displaystyle\int_{m\pi}^{(m+1)\pi}$. Or on a

$$\operatorname{mod} \int_{m\pi}^{(m+1)\pi} \frac{\sin \beta}{\beta} \, d\beta < \operatorname{mod} \int_{m\pi}^{(m+1)\pi} \frac{d\beta}{m\pi} < \frac{\pi}{m\pi} < \frac{\pi}{bn - \pi}.$$

Si b varie de λ à B, cette quantité restera toujours moindre que $\dfrac{\pi}{\lambda n - \pi}$; elle tend donc uniformément vers zéro quand n augmente.

On voit donc que l'intégrale

$$\int_0^b \frac{\sin n\alpha}{\alpha} \, d\alpha = \int_0^{bn} \frac{\sin \beta}{\beta} \, d\beta$$

jouit des deux propriétés exigées par l'énoncé du théorème et qu'on a

$$G = \frac{\pi}{2}.$$

226. Nous avons supposé B et, par suite, b positifs; s'ils sont négatifs, on n'aura qu'à changer β en $-\beta$ pour retomber sur l'intégrale précédente, changée de signe. Les conditions du théorème subsisteront encore, mais on aura

$$G = -\frac{\pi}{2}.$$

227. Théorème. — *Soient a, b deux quantités fixes quelconques et x une quantité variable, telles que l'on ait $a < x < b$; soit enfin $f(x)$ une fonction quelconque à variation limitée dans l'intervalle ab, on aura*

$$\lim_{n=\infty} \int_a^b f(\beta) \frac{\sin n(\beta - x)}{\beta - x} d\beta = \frac{\pi}{2}[f(x+0) + f(x-0)].$$

En effet, l'intégrale considérée est la différence des deux suivantes :

$$\int_x^b \quad \text{et} \quad \int_x^a,$$

qui convergent respectivement vers

$$\frac{\pi}{2} f(x+0) \quad \text{et} \quad -\frac{\pi}{2} f(x-0) \quad (222).$$

Tant que $f(x)$ restera continue, cette expression se réduira à $\pi f(x)$. Chacune des deux intégrales partielles, et par suite l'intégrale totale, convergera d'ailleurs vers sa limite d'une manière uniforme (222).

228. On a

$$\frac{\sin n(\beta - x)}{\beta - x} = \int_0^n \cos\mu(\beta - x)\, d\mu.$$

La formule précédente pourra donc s'écrire

$$\frac{\pi}{2}[f(x+0) + f(x-0)] = \lim_{n=\infty} \int_a^b \int_0^n f(\beta) \cos\mu(\beta - x)\, d\beta\, d\mu.$$

Cette formule subsiste pour toute valeur de x comprise dans l'intervalle de a à b. Ces deux limites sont d'ailleurs quelconques, si la fonction $f(\beta)$ a une variation limitée entre $-\infty$ et $+\infty$. En les faisant croître indéfiniment, on aura donc, pour toute valeur de x,

$$\frac{\pi}{2}[f(x+0) + f(x-0)] = \lim_{\substack{b=\infty \\ a=-\infty}} \lim_{n=\infty} \int_a^b \int_0^n f(\beta) \cos\mu(\beta - x)\, d\beta\, d\mu.$$

Pour éviter toute erreur dans l'emploi de cette formule, il sera en général nécessaire d'exécuter les opérations indiquées au second membre dans l'ordre où elles sont écrites, c'est-à-dire calculer l'intégrale double, puis poser $n = \infty$, et enfin $a = -\infty$, $b = \infty$.

On pourra néanmoins exécuter certaines interversions sur ces opérations toutes les fois que l'intégrale $\int_{-\infty}^{\infty} \operatorname{mod} f(\beta)\, d\beta$ aura une valeur finie et déterminée.

En effet, on peut évidemment poser $b = \infty$ avant de poser $n = \infty$, sans altérer le résultat final, si l'intégrale

$$\int_{b}^{\infty} \int_{0}^{n} f(\beta) \cos \mu (\beta - x)\, d\beta\, d\mu.$$

tend vers zéro pour toute valeur de n, lorsque b croît indéfiniment. Or, en effectuant l'intégration par rapport à μ, cette intégrale devient

$$\int_{b}^{\infty} f(\beta)\, \frac{\sin n(\beta - x)}{\beta - x}\, d\beta.$$

Son module est inférieur à

$$\frac{1}{\operatorname{mod} b - \operatorname{mod} x} \int_{b}^{\infty} \operatorname{mod} f(\beta)\, d\beta.$$

quantité qui tend vers zéro quand b croît indéfiniment.

Posons donc d'abord $a = -\infty$, $b = \infty$ dans l'intégrale double

$$\int_{a}^{b} \int_{0}^{n} f(\beta) \cos \mu (\beta - x)\, d\beta\, d\mu.$$

Nous obtiendrons par définition l'intégrale

$$\int_{-\infty}^{\infty} \int_{0}^{n} f(\beta) \cos \mu (\beta - x)\, d\beta\, d\mu.$$

Cette nouvelle intégrale double est finie et déterminée, car l'intégrale des modules est évidemment inférieure à

$$\int_{-\infty}^{\infty}\int_{0}^{n} \operatorname{mod} f(\beta)\, d\beta\, d\mu = n \int_{-\infty}^{\infty} \operatorname{mod} f(\beta)\, d\beta,$$

quantité finie.

On peut donc intervertir les intégrations. Faisant enfin $n = \infty$, on obtiendra la formule suivante, découverte par Fourier :

$$\frac{\pi}{2}\left[f(x+o) + f(x-o) \right] = \int_{0}^{\infty} d\mu \int_{-\infty}^{\infty} f(\beta) \cos \mu\,(\beta - x)\, d\beta.$$

229. *Remarque.* — L'intégrale $\displaystyle\int_{0}^{\infty} \frac{\sin n\alpha}{\alpha}\, d\alpha$, considérée comme fonction de n, présente une discontinuité remarquable.

En effet, si $n > o$, posons $n\alpha = \beta$. L'intégrale se transforme en $\displaystyle\int_{0}^{\infty} \frac{\sin \beta}{\beta}\, d\beta$ et a pour valeur $\dfrac{\pi}{2}$.

Si $n < o$, elle aura pour valeur $-\dfrac{\pi}{2}$, car ses éléments changent de signe et non de grandeur quand n change de signe.

Enfin, pour $n = o$, tous les éléments sont nuls, et l'intégrale a pour valeur zéro.

230. On peut encore satisfaire aux conditions de l'énoncé du n° **219**, en posant $A = 1$, $B = -1$, $\varphi(\alpha, n) = X'_n + X'_{n+1}$, X'_n désignant la dérivée de l'intégrale définie

$$X_n(\alpha) = \frac{1}{\pi} \int_{0}^{\pi} \left(\alpha + \sqrt{\alpha^2 - 1}\, \cos\psi\right)^n d\psi,$$

et l'on aura, dans ce cas, $G = -2$.

On aura en effet, d'après cette définition,

$$X_n(1) = \frac{1}{\pi}\int_0^\pi d\psi = 1,$$

$$\int_1^b (X'_n + X'_{n+1})\,dx = X_n(b) + X_{n+1}(b) - X_n(1) - X_{n+1}(1)$$
$$= -2 + \frac{1}{\pi}\int_0^\pi (b + \sqrt{b^2-1}\cos\psi)^n (1 + b + \sqrt{b^2-1}\cos\psi)\,d\psi.$$

Pour les valeurs de b comprises entre -1 et $+1$, cette dernière intégrale aura pour limite supérieure de son module

$$\frac{1}{\pi}\int_0^\pi [b^2 + (1-b^2)\cos^2\psi]^{\frac{n}{2}} [(1+b)^2 + (1-b^2)\cos^2\psi]^{\frac{1}{2}}\,d\psi$$
$$= \frac{\sqrt{1+b}}{\pi}\int_0^\pi [1-(1-b^2)\sin^2\psi]^{\frac{n}{2}} [1 + \cos^2\psi + b\sin^2\psi]^{\frac{1}{2}}\,d\psi$$
$$< \frac{\sqrt{1+b}}{\pi}\int_0^\pi [1-(1-b^2)\sin^2\psi]^{\frac{n}{2}} \sqrt{2}\,d\psi.$$

Cette expression est évidemment inférieure, pour toute valeur positive de n, à la quantité finie

$$\frac{\sqrt{1+b}}{\pi}\int_0^\pi \sqrt{2}\,d\psi = \sqrt{2(1+b)} < 2.$$

En outre, elle tend uniformément vers zéro, lorsque n tend vers ∞, pour toutes les valeurs de b comprises entre $1-\lambda$ et -1, quelque petite que soit la constante λ.

En effet, nous allons établir qu'on peut déterminer pour n une valeur indépendante de b, et à partir de laquelle cette expression soit toujours inférieure à une quantité quelconque ε.

Si $1+b < \frac{\varepsilon^2}{2}$, cette condition sera satisfaite, quel que soit n. Si $1+b \geqq \frac{\varepsilon^2}{2}$, $1-b$ étant d'ailleurs $\geqq \lambda$, et $1+b < 2$, l'expression ci-dessus sera plus petite que la suivante :

$$\frac{2}{\pi}\int_0^\pi \left(1 - \frac{\varepsilon^2\lambda}{2}\sin^2\psi\right)^{\frac{n}{2}} d\psi.$$

Décomposons le champ d'intégration en trois parties, s'étendant respectivement de o à γ, de γ à $\pi - \gamma$ et de $\pi - \gamma$ à π, γ désignant une quantité arbitraire. Négligeons $\sin^2\psi$ dans la première et la troisième intégrale et remplaçons-le dans la seconde par sa valeur minimum $\sin^2\gamma$. Il viendra, pour limite supérieure du module cherché,

$$\frac{2}{\pi}\left[\, 2\gamma + \left(1 - \frac{\varepsilon^2\lambda}{2}\sin^2\gamma\right)^{\frac{n}{2}}(\pi - 2\gamma)\right].$$

En disposant convenablement de γ, nous pourrons rendre le premier terme inférieur à $\frac{1}{2}\varepsilon$; puis, en prenant n assez grand, rendre le second terme également $< \frac{1}{2}\varepsilon$.

On aura donc, en désignant par $f(b)$ une fonction à variation limitée entre -1 et $+1$,

$$\int_{1}^{-1} f(b)(X'_n + X'_{n-1})\,db = 2f(1-o).$$

231. L'intégrale X_n, que nous venons de considérer, se réduit, si n est entier, à un polynôme entier en b; car, en développant le binôme $(b + \sqrt{b^2 - 1}\cos\psi)^n$, on voit que les puissances impaires du radical ne figureront que dans les termes de degré impair en $\cos\psi$. Mais l'intégrale de chacun de ces termes est nulle. En effet, à deux valeurs supplémentaires de l'angle ψ correspondent dans l'intégrale $\int_{0}^{\pi} \cos^{2k+1}\psi\,d\psi$ des éléments égaux et contraires qui se détruisent.

Nous verrons plus loin que les polynômes auxquels nous arrivons ici ne sont autre chose que les polynômes X_n de Legendre.

II. — Séries trigonométriques.

232. Soit $f(x)$ une fonction arbitraire de x. Cherchons à la représenter, pour les valeurs de x comprises entre $-\pi$ et $+\pi$, par un développement de la forme suivante :

$$(1)\quad \begin{cases} f(x) = A_0 + A_1\cos x + A_2\cos 2x + \ldots + A_n\cos nx + \ldots \\ \quad + B_1\sin x + B_2\sin 2x + \ldots + B_n\sin nx + \ldots \end{cases}$$

Le second membre de cette égalité admettant évidemment la période 2π, le développement, supposé exact dans l'intervalle de $-\pi$ à $+\pi$, subsistera pour toute valeur de x, si $f(x)$ admet également la période 2π; dans le cas contraire, il cessera de représenter $f(x)$ en dehors de cet intervalle.

La forme du développement étant assignée *a priori*, le problème se réduit à déterminer les valeurs numériques des coefficients A et B.

Ce calcul repose sur les formules suivantes :

$$(2)\ \begin{cases}
\displaystyle\int_{-\pi}^{\pi}\cos n.x\,dx = \left(\frac{\sin n x}{n}\right)_{-\pi}^{\pi} = 0, \\[2ex]
\displaystyle\int_{-\pi}^{\pi}\sin n.x\,dx = \left(\frac{-\cos n.x}{n}\right)_{-\pi}^{\pi} = 0, \\[2ex]
\displaystyle\int_{-\pi}^{\pi}\cos^2 n.x\,dx = \int_{-\pi}^{\pi}\frac{1+\cos 2n.x}{2}\,dx = \left(\frac{x}{2}+\frac{\sin 2n.x}{4n}\right)_{-\pi}^{\pi} = \pi, \\[2ex]
\displaystyle\int_{-\pi}^{\pi}\sin^2 n.x\,dx = \int_{-\pi}^{\pi}\frac{1-\cos 2n.x}{2}\,dx = \left(\frac{x}{2}-\frac{\sin 2n.x}{4n}\right)_{-\pi}^{\pi} = \pi, \\[2ex]
\displaystyle\int_{-\pi}^{\pi}\sin n.x\cos n.x\,dx = \int_{-\pi}^{\pi}\tfrac{1}{2}\sin 2n x\,dx = 0, \\[2ex]
\displaystyle\int_{-\pi}^{\pi}\cos m.x\cos n.x\,dx = \int_{-\pi}^{\pi}\frac{\cos(m-n).x+\cos(m+n).x}{2}\,dx = 0, \\[2ex]
\displaystyle\int_{-\pi}^{\pi}\sin m.x\sin n.x\,dx = \int_{-\pi}^{\pi}\frac{\cos(m-n).x-\cos(m+n).x}{2}\,dx = 0, \\[2ex]
\displaystyle\int_{-\pi}^{\pi}\sin m.x\cos n.x\,dx = \int_{-\pi}^{\pi}\frac{\sin(m+n).x+\sin(m-n).x}{2}\,dx = 0.
\end{cases}$$

Pour déterminer A_0, intégrons l'équation (1) de $-\pi$ à $+\pi$; chacun des termes du second membre, sauf le premier, donnera une intégrale nulle, en vertu des relations précédentes, et l'on aura simplement

$$\int_{-\pi}^{\pi}f(x)\,dx = \int_{-\pi}^{\pi}A_0\,dx = 2\pi A_0,$$

d'où

$$\mathrm{A}_0 = \frac{1}{2\pi} \int_{-\pi}^{\pi} f(x)\, dx = \frac{1}{2\pi} \int_{-\pi}^{\pi} f(\beta)\, d\beta.$$

Pour déterminer A_n, multiplions l'équation (1) par $\cos nx$ et intégrons de $-\pi$ à $+\pi$; il viendra, en vertu des relations (2),

$$\int_{-\pi}^{\pi} f(x) \cos nx\, dx = \pi \mathrm{A}_n,$$

d'où

$$\mathrm{A}_n = \frac{1}{\pi} \int_{-\pi}^{\pi} f(x) \cos nx\, dx = \frac{1}{\pi} \int_{-\pi}^{\pi} f(\beta) \cos n\beta\, d\beta.$$

On trouvera de même, en multipliant l'équation (1) par $\sin nx$ et intégrant de $-\pi$ à $+\pi$,

$$\int_{-\pi}^{\pi} f(x) \sin nx\, dx = \pi \mathrm{B}_n,$$

d'où

$$\mathrm{B}_n = \frac{1}{\pi} \int_{-\pi}^{\pi} f(x) \sin nx\, dx = \frac{1}{\pi} \int_{-\pi}^{\pi} f(\beta) \sin n\beta\, d\beta.$$

Substituant dans l'équation (1) ces valeurs des coefficients, il viendra

$$(3) \quad \left\{ \begin{aligned} f(x) &= \frac{1}{2\pi} \int_{-\pi}^{\pi} f(\beta)\, d\beta + \sum_{n=1}^{n=\infty} \cos nx \, \frac{1}{\pi} \int_{-\pi}^{\pi} f(\beta) \cos n\beta\, d\beta \\ &\quad + \sum_{n=1}^{n=\infty} \sin nx \, \frac{1}{\pi} \int_{-\pi}^{\pi} f(\beta) \sin n\beta\, d\beta \end{aligned} \right.$$

ou, en multipliant par π et réunissant toutes les intégrales en une seule,

$$(4) \qquad \pi f(x) = \int_{-\pi}^{\pi} f(\beta)\, d\beta \left[\frac{1}{2} + \sum_{1}^{\infty} \cos n(\beta - x) \right].$$

233. Le procédé dont nous nous sommes servi, d'après

Fourier, pour établir cette formule, donne lieu à de graves critiques :

1° Nous avons intégré le second membre de l'équation (1) en faisant la somme des intégrales de ses termes, ce qui n'est légitime que s'il est uniformément convergent. Nous n'avons donc pas prouvé que, en dehors du système de valeurs que nous avons déterminé pour les coefficients A et B, il ne puisse en exister d'autres donnant également une représentation de la fonction $f(x)$. Nous pouvons seulement affirmer que, s'il en existe, le développement qu'ils fournissent ne peut être uniformément convergent.

2° Nous avons trouvé la forme que doivent avoir les coefficients du développement de $f(x)$, en supposant que ce développement soit possible. Mais rien ne justifie *a priori* cette hypothèse; l'exactitude de la formule (3) n'est donc aucunement établie.

Cette objection capitale ne peut évidemment être levée qu'en calculant directement la valeur du second membre de la formule, pour vérifier si elle est égale à $\pi f(x)$.

234. À cet effet, nous remarquerons que la série, arrêtée aux termes en $\sin px$ et $\cos px$, aura pour valeur

$$S_p = \int_{-\pi}^{\pi} f(\beta)\, d\beta \left[\frac{1}{2} + \sum_1^p \cos n(\beta - x) \right].$$

Mais la somme entre parenthèses est égale à

$$\frac{1}{2\sin\dfrac{\beta-x}{2}}\left[\sin\frac{\beta-x}{2} + \sum_1^p 2\sin\frac{\beta-x}{2}\cos n(\beta-x) \right]$$

$$= \frac{1}{2\sin\dfrac{\beta-x}{2}}\left\{ \sin\frac{\beta-x}{2} + \sum_1^p\left[\sin\frac{2n+1}{2}(\beta-x) - \sin\frac{2n-1}{2}(\beta-x) \right] \right\}$$

$$= \frac{\sin\dfrac{2p+1}{2}(\beta-x)}{2\sin\dfrac{\beta-x}{2}}.$$

On aura donc

$$S_p = \int_{-\pi}^{\pi} f(\beta) \frac{\sin \dfrac{2p+1}{2}(\beta - x)}{2 \sin \dfrac{\beta - x}{2}} \, d\beta,$$

et la somme de la série cherchée sera la limite de S_p lorsque p tend vers ∞.

Cette limite est aisée à trouver lorsque $f(x)$ n'a qu'une variation limitée entre $-\pi$ et $+\pi$. En effet, supposons d'abord $x > -\pi$, mais $< \pi$. Faisant, pour abréger,

$$\frac{2p+1}{2} = n, \quad f(\beta) \frac{\beta - x}{2 \sin \frac{1}{2}(\beta - x)} = F(\beta),$$

l'intégrale S_p pourra se mettre sous la forme

$$\int_{-\pi}^{\pi} F(\beta) \frac{\sin n(\beta - x)}{\beta - x} \, d\beta.$$

Or le facteur $\dfrac{\beta - x}{2 \sin \frac{1}{2}(\beta - x)}$ reste fini dans le champ de l'intégration, et n'a qu'une variation limitée, de même que $f(\beta)$; donc $F(\beta)$ n'a qu'une variation limitée, et l'on aura
(227)

$$\lim S_p = \frac{\pi}{2} \left[F(x + o) + F(x - o) \right] = \frac{\pi}{2} \left[f(x + o) + f(x - o) \right],$$

car le facteur $\dfrac{\beta - x}{2 \sin \frac{1}{2}(\beta - x)}$ a pour limite l'unité, quand β tend vers x.

Si $f(x)$ est continue, cette expression se réduit à $\pi f(x)$. D'ailleurs, S_p tendant uniformément vers sa limite quand x varie, la série de Fourier sera uniformément convergente.

235. Ces résultats seraient en défaut si x était égal à l'une des limites $\pm \pi$; car le facteur $\dfrac{\beta - x}{2 \sin \frac{1}{2}(\beta - x)}$ deviendrait infini à l'autre limite de l'intégration. Mais il est aisé de trouver, dans ce cas, la limite de S_p.

Soit, par exemple, $x = -\pi$. L'intégrale

$$S_p = \int_{-\pi}^{\pi} f(\beta) \frac{\sin \frac{2p+1}{2}(\beta+\pi)}{2 \sin \frac{1}{2}(\beta+\pi)} \, d\beta$$

se décompose en deux autres, ayant pour limites $-\pi$ et zéro, zéro et $+\pi$. On trouve, par la méthode précédente, que la première a pour limite $\frac{\pi}{2} f(-\pi+o)$. Pour évaluer la seconde, posons $\beta = \pi - \alpha$. Elle se réduit à

$$\int_0^{\pi} f(\pi-\alpha) \frac{\sin \frac{2p+1}{2}\alpha}{2 \sin \frac{\alpha}{2}} \, d\alpha$$

$$= \int_0^{\pi} f(\pi-\alpha) \frac{\alpha}{2 \sin \frac{\alpha}{2}} \frac{\sin \frac{2p+1}{2}\alpha}{\alpha} \, d\alpha,$$

et aura pour valeur

$$\frac{\pi}{2} \lim_{\varepsilon=0} \left[f(\pi-\varepsilon) \frac{\varepsilon}{2 \sin \frac{\varepsilon}{2}} \right] = \frac{\pi}{2} f(\pi-o).$$

On aura donc, dans ce cas,

$$\lim S_p = \frac{\pi}{2} \left[f(-\pi+o) + f(\pi-o) \right].$$

Si $x = +\pi$, on arrivera, par un procédé tout semblable, au même résultat.

236. Considérons une fonction $F(x)$ donnée seulement dans une portion de l'intervalle de $-\pi$ à π. On pourra la représenter dans cette étendue par une infinité de séries trigonométriques différentes. Concevons, en effet, une fonction $f(x)$, égale à $F(x)$ dans la région considérée et prenant des valeurs arbitrairement choisies dans le reste de l'intervalle de $-\pi$ à $+\pi$. Développons-la en série de Fourier. Cette série représentera $F(x)$ dans la région où cette fonction est donnée.

Supposons, par exemple, que $F(x)$ soit donnée dans l'intervalle de zéro à π. Soit $f(x)$ une fonction égale à $F(x)$ dans cet intervalle, et définie de zéro à $-\pi$ par la condition $f(-x) = f(x)$. Appliquons la formule (3) à cette fonction.

Les intégrales $\int_{-\pi}^{\pi} f(\beta) \sin n\beta \, d\beta$ s'annuleront, car les éléments correspondant à des valeurs de β égales et de signe contraire se détruisent mutuellement.

Ces éléments s'ajouteront, au contraire, dans les intégrales

$$\int_{-\pi}^{\pi} f(\beta)\, d\beta, \quad \int_{-\pi}^{\pi} f(\beta) \cos n\beta \, d\beta, \quad \text{qui se réduiront à}$$

$$2 \int_{0}^{\pi} f(\beta)\, d\beta, \quad 2 \int_{0}^{\pi} f(\beta) \cos n\beta \, d\beta$$

ou, comme $f(x) = F(x)$ entre zéro et π, à

$$2 \int_{0}^{\pi} F(\beta)\, d\beta, \quad 2 \int_{0}^{\pi} F(\beta) \cos n\beta \, d\beta.$$

On aura donc entre zéro et π

$$(5) \quad \left\{ \begin{aligned} F(x) = f(x) &= \frac{1}{\pi} \int_{0}^{\pi} F(\beta)\, d\beta \\ &+ \frac{2}{\pi} \sum_{1}^{\infty} \cos nx \int_{0}^{\pi} F(\beta) \cos n\beta \, d\beta. \end{aligned} \right.$$

237. Si l'on avait, au contraire, déterminé $f(x)$, pour les valeurs négatives de x, par la condition

$$f(-x) = -f(x),$$

les intégrales $\int_{-\pi}^{\pi} f(\beta)\, d\beta$, $\int_{-\pi}^{\pi} f(\beta) \cos n\beta\, d\beta$ se seraient annulées, et les intégrales $\int_{-\pi}^{\pi} f(\beta) \sin n\beta\, d\beta$ se seraient réduites à $2\int_{0}^{\pi} f(\beta) \sin n\beta\, d\beta = 2\int_{0}^{\pi} F(\beta) \sin n\beta\, d\beta$. La fonction $F(x)$ sera donc représentée, toujours dans l'intervalle de zéro à π, par une série de sinus

$$(6) \qquad F(x) = f(x) = \frac{2}{\pi} \sum_{1}^{\infty} \sin nx \int_{0}^{\pi} F(\beta) \sin n\beta\, d\beta.$$

On remarquera toutefois que, pour la valeur $x = 0$, la fonction $f(x)$, définie par les conditions précédentes, offrira une discontinuité si $F(x)$ ne s'annule pas pour $x = 0$. Aussi, pour $x = 0$, la série aura-t-elle pour valeur, non $F(0)$, mais $\dfrac{f(+0) + f(-0)}{2}$, c'est-à-dire zéro. Il en est de même pour $x = \pi$.

238. Les développements (3), (5), (6) sont valables, le premier de $-\pi$ à $+\pi$, les deux suivants de zéro à $+\pi$. Mais on en déduit aisément d'autres développements applicables de $-l$ à $+l$ ou de zéro à $+l$, l désignant une quantité quelconque.

Posons, en effet, dans ces formules

$$x = \frac{\pi y}{l}, \quad \beta = \frac{\pi \alpha}{l},$$

$$f\left(\frac{\pi y}{l}\right) = \varphi(y), \quad F\left(\frac{\pi y}{l}\right) = \Phi(y);$$

elles deviendront

$$\varphi(y) = \frac{1}{2l}\int_{-l}^{l}\varphi(\alpha)\,d\alpha + \frac{1}{l}\sum_{1}^{\infty}\cos\frac{\pi y}{l}\int_{-l}^{l}\varphi(\alpha)\cos\frac{\pi\alpha}{l}\,d\alpha$$

$$+ \frac{1}{l}\sum_{1}^{\infty}\sin\frac{\pi y}{l}\int_{-l}^{l}\varphi(\alpha)\sin\frac{\pi\alpha}{l}\,d\alpha,$$

$$\Phi(y) = \frac{1}{l}\int_{0}^{l}\Phi(\alpha)\,d\alpha + \frac{2}{l}\sum_{1}^{\infty}\cos\frac{\pi y}{l}\int_{0}^{l}\Phi(\alpha)\cos\frac{\pi\alpha}{l}\,d\alpha,$$

$$\Phi(y) = \frac{2}{l}\sum_{1}^{\infty}\sin\frac{\pi y}{l}\int_{0}^{l}\Phi(\alpha)\sin\frac{\pi\alpha}{l}\,d\alpha$$

et seront évidemment applicables, la première de $-l$ à $+l$, les autres de zéro à l, pourvu que $\varphi(y)$ et $\Phi(y)$ aient une variation limitée dans les intervalles ci-dessus. Les séries cesseront d'ailleurs en général de représenter ces fonctions : 1° aux points de discontinuité; 2° aux limites du champ d'intégration.

III. — Fonctions de Laplace.

239. Soit U une fonction entière et homogène de degré n des trois variables x, y, z, assujettie à satisfaire à l'équation

$$(1) \qquad \frac{\partial^2 U}{\partial x^2} + \frac{\partial^2 U}{\partial y^2} + \frac{\partial^2 U}{\partial z^2} = 0.$$

Cette relation fournira, entre les $\dfrac{(n+1)(n+2)}{2}$ coefficients de U, $\dfrac{(n-1)n}{2}$ équations de condition seulement. Il restera donc, dans l'expression générale des fonctions U, $2n+1$ coefficients arbitraires.

On remarquera que l'expression $(\alpha x + \beta y + \gamma z)^n$ satisfait à l'équation (1) si les coefficients α, β, γ satisfont à la condition

$$\alpha^2 + \beta^2 + \gamma^2 = 0.$$

En ajoutant $2n + 1$ termes de cette forme multipliés par des constantes arbitraires, on aura l'expression générale des fonctions U.

240. Si nous posons

$$x = \rho \sin\theta \cos\psi, \quad y = \rho \sin\theta \sin\psi, \quad z = \rho \cos\theta,$$

il viendra

$$U = \rho^n Y_n,$$

Y_n désignant une fonction homogène et de degré n en $\sin\theta \cos\psi$, $\sin\theta \sin\psi$, $\cos\theta$. Ces fonctions Y_n portent le nom de *fonctions de Laplace*.

Elles satisfont à une équation différentielle qu'il est aisé de former.

L'équation (1), transformée en coordonnées polaires, devient (*Calcul différentiel*, n° 42)

$$\frac{\partial^2 U}{\partial \rho^2} + \frac{1}{\rho^2} \frac{\partial^2 U}{\partial \theta^2} + \frac{1}{\rho^2 \sin^2\theta} \frac{\partial^2 U}{\partial \psi^2} + \frac{2}{\rho} \frac{\partial U}{\partial \rho} + \frac{\cot\theta}{\rho^2} \frac{\partial U}{\partial \theta} = 0.$$

Substituons pour U sa valeur $\rho^n Y_n$, et divisons par le facteur commun ρ^{n-2}; il viendra

$$(2) \qquad \frac{\partial^2 Y_n}{\partial \theta^2} + \frac{1}{\sin^2\theta} \frac{\partial^2 Y_n}{\partial \psi^2} + \cot\theta \frac{\partial Y_n}{\partial \theta} + n(n+1) Y_n = 0.$$

241. Soient

x, y, z et x', y', z' les coordonnées rectangulaires de deux points;

ρ, θ, ψ et ρ', θ', ψ' leurs coordonnées polaires;

r leur distance mutuelle;

enfin

$$\cos\gamma = \cos\theta \cos\theta' + \sin\theta \sin\theta' \cos(\psi - \psi')$$

le cosinus de l'angle de leurs rayons vecteurs.

La quantité $\frac{1}{r}$, considérée comme fonction de x, y, z, satisfera, comme nous l'avons vu (191), à l'équation (1). Mais on a

$$\frac{1}{r} = \frac{1}{\sqrt{\rho^2 - 2\rho\rho'\cos\gamma + \rho'^2}}$$

ou, en développant en série suivant les puissances de $\frac{\rho}{\rho'}$ (*Calcul différentiel*, n° **91**) et posant, pour abréger,

$$\mathrm{X}_n(\cos\gamma) = \mathrm{P}_n,$$

$$\frac{1}{r} = \frac{1}{\rho'}\left(\mathrm{P}_0 + \mathrm{P}_1\,\frac{\rho}{\rho'} + \ldots + \mathrm{P}_n\,\frac{\rho^n}{\rho'^n} + \ldots \right).$$

Pour que cette expression satisfasse à l'équation (1) quel que soit ρ', il faudra évidemment que chaque terme y satisfasse séparément. Donc $\mathrm{P}_n\rho^n$ est une solution de l'équation (1).

D'ailleurs l'expression

$$\mathrm{P}_n = \frac{1}{2^n . 1 . 2 \ldots n}\,\frac{d^n(\cos^2\gamma - 1)^n}{d\cos\gamma^n}$$

montre que P_n est de la forme

$$\mathrm{A}_n\cos^n\gamma + \mathrm{A}_{n-2}\cos^{n-2}\gamma + \ldots .$$

Remplaçant $\cos\gamma$ par sa valeur $\dfrac{xx' + yy' + zz'}{\rho\rho'}$, puis ρ^2 par sa valeur $x^2 + y^2 + z^2$, $\mathrm{P}_n\rho^n$ deviendra évidemment une fonction entière et homogène de degré n en x, y, z. Donc P_n est une fonction de l'espèce Y_n.

242. Les deux fonctions U et $\frac{1}{r}$ satisfaisant toutes deux à l'équation (1), les intégrales

$$\mathrm{I} = \iiint \mathrm{U}\left(\frac{\partial^2\frac{1}{r}}{\partial x^2} + \frac{\partial^2\frac{1}{r}}{dy^2} + \frac{\partial^2\frac{1}{r}}{\partial z^2} \right) dx\,dy\,dz,$$

$$\mathrm{I}_1 = \iiint \frac{1}{r}\left(\frac{\partial^2\mathrm{U}}{\partial x^2} + \frac{\partial^2\mathrm{U}}{\partial y^2} + \frac{\partial^2\mathrm{U}}{\partial z^2} \right) dx\,dy\,dz,$$

prises dans une région quelconque, seront identiquement

nulles. Prenons pour champ d'intégration une sphère de rayon ρ contenant à son intérieur le point (x', y', z'). On aura (213 et 214)

$$I - I_1 = \int U \frac{\partial \frac{1}{r}}{\partial N} d\sigma - \int \frac{1}{r} \frac{\partial U}{\partial N} d\sigma + 4\pi U' = 0,$$

U' désignant la valeur de U au point (x', y', z') et les intégrales étant prises sur la sphère.

Si nous remplaçons x, y, z par les coordonnées polaires ρ, θ, ψ, les quantités $\partial \frac{1}{r}, \partial U$, qui représentent les variations que subissent $\frac{1}{r}$ et U quand on se déplace de la quantité $\partial N = \partial \rho$ sur le rayon de la sphère, deviendront égales à $\frac{\partial \frac{1}{r}}{\partial \rho} \partial N, \frac{\partial U}{\partial \rho} \partial N$. Remplaçant en outre U et U' par $\rho^n Y_n$ et $\rho'^n Y'_n$, l'équation précédente deviendra donc

$$\int \rho^n Y_n \frac{\partial \frac{1}{r}}{\partial \rho} d\sigma - \int \frac{1}{r} n \rho^{n-1} Y_n d\sigma + 4\pi \rho'^n Y'_n = 0,$$

Y'_n désignant la valeur de Y_n au point (x', y', z').

On a d'ailleurs, en développant $\frac{1}{r}$ suivant les puissances de $\frac{\rho'}{\rho}$, qui est < 1,

$$\frac{1}{r} = \frac{1}{\rho} \left(P_0 + P_1 \frac{\rho'}{\rho} + \ldots + P_n \frac{\rho'^n}{\rho^n} + \ldots \right).$$

Substituant cette valeur de $\frac{1}{r}$ dans l'équation, et remplaçant enfin $d\sigma$ par sa valeur $\rho^2 \sin\theta \, d\theta \, d\psi$, il viendra

$$\int \rho^n Y_n \left[-\frac{P_0}{\rho^2} - \ldots - (n+1) P_n \frac{\rho'^n}{\rho^{n+2}} - \ldots \right] \rho^2 \sin\theta \, d\theta \, d\psi$$

$$- \int n \rho^{n-1} Y_n \left(\frac{P_0}{\rho} + \ldots + P_n \frac{\rho'^n}{\rho^{n+1}} + \ldots \right) \rho^2 \sin\theta \, d\theta \, d\psi + 4\pi \rho'^n Y'_n = 0.$$

Cette équation devant avoir lieu quel que soit ρ, on devra égaler à zéro les coefficients de ses diverses puissances, ce qui donnera les deux relations fondamentales suivantes :

$$(3) \qquad \begin{cases} \displaystyle\int\!\!\!\int Y_n P_m \sin\theta \, d\theta \, d\psi = 0, \quad \text{si } m \gtrless n, \\[2mm] \displaystyle\int\!\!\!\int Y_n P_n \sin\theta \, d\theta \, d\psi = \frac{4\pi}{2n+1} Y'_n. \end{cases}$$

243. Soit $f(\theta, \psi)$ une fonction arbitraire des deux angles θ et ψ; proposons-nous de la développer dans l'intervalle de $\theta = 0$ à $\theta = \pi$, et de $\psi = 0$ à $\psi = 2\pi$, en une série de la forme

$$(4) \qquad f(\theta, \psi) = Y_0 + \ldots + Y_n + \ldots$$

On obtiendra aisément, par ce qui précède, chaque terme du développement.

Multiplions, en effet, par $P_n \sin\theta \, d\theta \, d\psi$ et intégrons dans les limites ci-dessus. Il viendra, en vertu des équations (3),

$$(5) \qquad \int_0^{2\pi} \int_0^{\pi} f(\theta, \psi) P_n \sin\theta \, d\theta \, d\psi = \frac{4\pi}{2n+1} Y'_n.$$

Y'_n étant calculé par cette formule, on n'aura qu'à y remplacer θ', ψ' par θ, ψ pour obtenir Y_n.

L'expression ainsi calculée est bien une fonction de Laplace. En effet, P_n est évidemment symétrique en θ, ψ et θ', ψ'. C'est donc une fonction de Laplace par rapport à θ', ψ'. Donc $P_n \rho'_n$ sera une fonction homogène et de degré n en x', y', z', satisfaisant à l'équation

$$\frac{\partial^2 U}{\partial x'^2} + \frac{\partial^2 U}{\partial y'^2} + \frac{\partial^2 U}{\partial z'^2} = 0.$$

Il est clair que, multipliée par la quantité constante $f(\theta, \psi) \sin\theta \, d\theta \, d\psi$, elle y satisfera encore. Chacun des éléments de l'intégrale double, multiplié par ρ'^n, vérifiant ainsi l'équation, leur somme jouira de la même propriété.

244. Il reste à vérifier si la série de fonctions Y_n ainsi calculées est bien égale à $f(\theta, \psi)$ ou, ce qui revient au même, si la série

$$Y'_0 + \ldots + Y'_n + \ldots$$

est égale à $f(\theta', \psi')$ dans tout le champ considéré.

Or on a, d'après l'équation (5),

$$Y'_0 + \ldots + Y'_n = \frac{1}{4\pi} \int_0^{2\pi} \int_0^{\pi} f(\theta, \psi) \sum_0^n (2n+1) P_n \sin\theta \, d\theta \, d\psi$$

$$= \frac{1}{4\pi} S f(\theta, \psi) \sum_0^n (2n+1) P_n \, d\sigma,$$

l'intégrale étant étendue à toute la surface d'une sphère de rayon 1, définie par les équations

$$x = \sin\theta \cos\psi, \quad y = \sin\theta \sin\psi, \quad z = \cos\theta.$$

Il reste à trouver la limite de cette expression pour $n = \infty$.

245. Nous la transformerons d'abord en remplaçant les variables θ, ψ par un autre système de coordonnées polaires λ, μ, choisies de telle sorte que le nouvel axe des z aboutisse au point (θ', ψ').

La fonction $f(\theta, \psi)$ sera transformée en une fonction de λ et de μ, que nous représenterons par $F(\lambda, \mu)$. La fonction $P_n = X_n(\cos\gamma)$ deviendra $X_n(\cos\lambda)$, car γ, distance angulaire du point (θ', ψ') au point variable θ, ψ, n'est évidemment autre chose que λ. L'élément $d\sigma$ sera égal à $\sin\lambda \, d\lambda \, d\mu$. Enfin les limites de l'intégrale seront zéro et π pour λ, zéro et 2π pour μ.

L'intégrale à évaluer deviendra donc

$$\frac{1}{4\pi} \int_0^{2\pi} \int_0^{\pi} F(\lambda, \mu) \sum_0^n (2n+1) X_n(\cos\lambda) \sin\lambda \, d\lambda \, d\mu,$$

ou, en posant $\cos\lambda = x$, $F(\lambda, \mu) = \Phi(x, \mu)$,

$$(6) \qquad \frac{1}{4\pi} \int_0^{2\pi} \int_{-1}^{1} \Phi(x, \mu) \sum_0^n (2n+1) X_n \, dx \, d\mu.$$

246. La sommation par rapport à n peut être effectuée comme il suit.

On a par définition

$$(7) \qquad [1 - 2\alpha x + \alpha^2]^{-\frac{1}{2}} = \sum_0^\infty \alpha^n X_n,$$

et, en prenant les dérivées par rapport à x et par rapport à α,

$$(8) \qquad \alpha[1 - 2\alpha x + \alpha^2]^{-\frac{3}{2}} = \sum_0^\infty \alpha^n X_n',$$

$$(9) \qquad (x - \alpha)[1 - 2\alpha x + \alpha^2]^{-\frac{3}{2}} = \sum_0^\infty n\,\alpha^{n-1} X_n.$$

La comparaison des équations (8) et (9) donne

$$(x - \alpha) \sum_0^\infty \alpha^n X_n' = \alpha \sum_0^\infty n\,\alpha^{n-1} X_n,$$

d'où, en égalant les termes en α^n,

$$(10) \qquad x X_n' - X_{n-1}' = n X_n.$$

D'autre part, l'équation (8), multipliée par $1 - 2\alpha x + \alpha^2$ et comparée à (7), donne

$$\alpha \sum \alpha^n X_n = (1 - 2\alpha x + \alpha^2) \sum \alpha^n X_n',$$

et, en égalant les termes en α^{n+1},

$$(11) \qquad X_n = X_{n+1}' - 2x X_n' + X_{n-1}'.$$

De (10) et (11) on déduira, par l'élimination de X_n',

$$(2n + 1) X_n = X_{n+1}' - X_{n-1}'.$$

Cette formule subsistera encore pour $n = 0$, en y remplaçant X_{-1}' par zéro; on aura également $X_0' = 0$, car X_0 est une constante.

Changeant, dans la formule précédente, n en $n-1$, $n-2, \ldots$, et ajoutant les résultats, il viendra

$$\sum_0^n (2n+1)\,X_n = \sum_0^n (X'_{n-1} - X'_{n-1}) = X'_{n-1} + X'_n.$$

247. L'intégrale (6) deviendra donc

$$(12) \qquad \frac{1}{4\pi} \int_0^{2\pi} \int_{-1}^{+1} \Phi(x, \mu)\,(X'_{n-1} + X'_n)\,dx\,d\mu.$$

Or, si l'on admet : 1° que, pour chaque valeur de μ prise dans l'intervalle de 0 à 2π, la fonction $\Phi(x, \mu)$ n'ait qu'une variation limitée entre -1 et $+1$; 2° que, pour ces diverses valeurs de μ, $\Phi(1-\varepsilon, \mu)$ tende uniformément vers sa limite $\Phi(1-0, \mu)$ lorsque la quantité positive ε décroît indéfiniment, on aura (**230**)

$$\int_{-1}^{+1} \Phi(x, \mu)\,(X'_{n+1} + X'_n)\,dx = 2\,\Phi(1-0, \mu) + R_\mu,$$

R_μ désignant un reste qui tend uniformément vers zéro pour $n = \infty$.

L'intégrale (6) se réduira donc à

$$\frac{1}{2\pi} \int_0^{2\pi} [\Phi(1-0, \mu)\,d\mu + R_\mu\,d\mu].$$

et si n tend vers ∞, R_μ tendant uniformément vers zéro, son intégrale $\displaystyle\int_0^{2\pi} R_\mu\,d\mu$ tendra vers zéro. Il viendra donc

$$Y'_0 + \ldots + Y'_n + \ldots = \frac{1}{2\pi} \int_0^{2\pi} \Phi(1-0, \mu)\,d\mu.$$

248. Cela posé, si la fonction $f(\theta, \varphi) = \Phi(x, \mu)$ est continue aux environs du point (θ', φ'), $\Phi(1-\varepsilon, \mu)$, qui représente la valeur de la fonction $f(\theta, \varphi)$ pour un point infiniment voisin de (θ', φ'), convergera uniformément, quel que soit μ, vers la valeur constante $f(\theta', \varphi')$. On aura donc

$$Y'_0 + \ldots + Y'_n + \ldots = \frac{1}{2\pi} \int_0^{2\pi} f(\theta', \varphi')\, d\mu = f(\theta', \varphi').$$

On arrive donc à ce résultat :

Le développement (4) *d'une fonction arbitraire* $f(\theta, \varphi)$ *en série de Laplace est applicable pour tout point de la sphère* (θ', φ'), *tel :* 1° *que la fonction* f *soit continue aux environs de ce point;* 2° *que sa variation soit limitée le long de tout grand cercle qui passe par ce point.*

D'ailleurs il est clair que ce développement sera uniformément convergent sur toute région de la sphère où ces deux conditions seront satisfaites.

249. Dans le cas particulier où la fonction f ne dépend pas de ψ, la formule (5) deviendra

$$Y'_n = \frac{2n+1}{4\pi} \int_0^{2\pi} \int_0^{\pi} f(\theta)\, P_n \sin\theta\, d\theta\, d\psi.$$

Or P_n, étant une fonction entière de

$$\cos\theta \cos\theta' + \sin\theta \sin\theta' \cos(\psi - \psi'),$$

pourra être mis sous la forme

$$k_0 + k_1 \cos(\psi - \psi') + \ldots + k_n \cos n(\psi - \psi'),$$

$k_0, k_1, \ldots, k_n$ étant des fonctions entières de $\cos\theta \cos\theta'$ et $\sin\theta \sin\theta'$. Intégrant par rapport à ψ, tous les termes donneront une intégrale nulle, sauf le premier, dont l'intégrale est $2\pi k_0$. On aura donc

$$Y'_n = \frac{2n+1}{2} \int_0^{\pi} f(\theta)\, k_0 \sin\theta\, d\theta,$$

expression indépendante de ψ'.

Donc Y'_n, qui est une fonction entière et homogène de degré n en $\cos\theta'$, $\sin\theta'\cos\psi'$, $\sin\theta'\sin\psi'$, se réduira à une fonction entière de $\cos\theta'$ seulement, lorsqu'on aura tenu compte de la relation

$$(\sin\theta'\sin\psi')^2 + (\sin\theta'\cos\psi')^2 = 1 - \cos^2\theta'.$$

Cette fonction sera évidemment de la forme

$$a_n\cos^n\theta' + a_{n-2}\cos^{n-2}\theta' + \ldots;$$

par suite, Y_n sera de la forme

$$a_n\cos^n\theta + a_{n-2}\cos^{n-2}\theta + \ldots.$$

Cette fonction doit d'ailleurs satisfaire à l'équation

$$\frac{d^2Y_n}{d\theta^2} + \cot\theta\,\frac{dY_n}{d\theta} + n(n+1)Y_n = 0,$$

qui se déduit de (2) en exprimant que Y_n est indépendant de ψ. Transformons cette équation en prenant pour nouvelle variable la quantité $\cos\theta = z$; il viendra

$$\frac{dY_n}{d\theta} = \frac{dY_n}{dz}\frac{dz}{d\theta} = -\sin\theta\,\frac{dY_n}{dz},$$

$$\frac{d^2Y_n}{d\theta^2} = -\cos\theta\,\frac{dY_n}{dz} - \sin\theta\,\frac{d^2Y_n}{dz^2}\frac{dz}{d\theta} = -\cos\theta\,\frac{dY_n}{dz} + \sin^2\theta\,\frac{d^2Y_n}{dz^2}.$$

Substituant ces valeurs et remplaçant, en outre, $\cos\theta$, $\sin^2\theta$ par z, $1 - z^2$, il viendra

$$(1 - z^2)\frac{d^2Y_n}{dz^2} - 2z\,\frac{dY_n}{dz} + n(n+1)Y_n = 0.$$

Substituons dans cette équation la valeur de Y_n,

$$Y_n = a_n z^n + a_{n-2}z^{n-2} + \ldots.$$

il viendra, en égalant à zéro le coefficient du terme en z^{n-2k},

$$(n - 2k + 2)(n - 2k + 1)a_{n-2k+2}$$
$$- (n - 2k)(n - 2k - 1)a_{n-2k}$$
$$- 2(n - 2k)a_{n-2k} + n(n + 1)a_{n+2k} = 0.$$

Cette équation détermine le rapport de deux coefficients successifs a_{n-2k+2} et a_{n-2k}.

Le polynôme Y_n, défini par les conditions précédentes, est donc déterminé à un facteur constant près. Or on sait que le polynôme $X_n(z) = P_n$ satisfait à ces conditions. On aura donc

$$Y_n = A_n P_n,$$

A_n désignant un facteur constant.

Le développement de la fonction $f(\theta)$ en fonctions de Laplace prendra donc la forme

$$f(\theta) = A_0 P_0 + A_1 P_1 + \ldots + A_n P_n + \ldots$$

En prenant z pour variable et posant

$$f(\theta) = F(z),$$

il deviendra

$$(13) \qquad F(z) = A_0 X_0 + A_1 X_1 + \ldots + A_n X_n + \ldots$$

Ce développement sera valable dans l'intervalle de $z = -1$ à $z = 1$, correspondant à l'intervalle de $\theta = 0$ à $\theta = \pi$ (pourvu que la fonction à développer n'ait qu'une variation limitée dans cet intervalle).

250. La nature du développement étant établie par ce qui précède, on obtiendra aisément les coefficients. Multiplions l'équation (13) par X_n et intégrons de -1 à $+1$. On aura, si $m \gtrless n$,

$$\int_{-1}^{+1} X_m X_n \, dz = 0.$$

Soit, en effet, pour fixer les idées, $n > m$; X_m étant un polynôme de degré inférieur à X_n, on sait (104) que l'intégrale ci-dessus sera nulle.

L'équation intégrée se réduira donc à

$$\int_{-1}^{+1} F(x) X_n \, dx = A_n \int_{-1}^{+1} X_n^2 \, dx$$

et déterminera le coefficient A_n.

251. On peut aisément calculer, au moyen de l'intégration par parties, la valeur de l'intégrale

$$\int_{-1}^{+1} X_n^2 \, dx = \frac{1}{2^{2n}(1.2\ldots n)^2} \int_{-1}^{+1} \frac{d^n(x^2-1)^n}{dx^n} \cdot \frac{d^n(x^2-1)^n}{dx^n} \, dx.$$

Appliquons, en effet, la formule du n° 9. Les termes tout intégrés s'annulant aux deux limites, il restera

$$\int_{-1}^{+1} X_n^2 \, dx = \frac{1}{2^{2n}(1.2\ldots n)^2}(-1)^n \int_{-1}^{+1} (x^2-1)^n \cdot \frac{d^{2n}(x^2-1)^n}{dx^n} \, dx$$

$$= \frac{(-1)^n\, 1.2\ldots 2n}{2^{2n}(1.2\ldots n)^2} \int_{-1}^{+1} (x^2-1)^n \, dx.$$

Mais, si l'on pose
$$x = 2z - 1,$$
il viendra

$$\int_{-1}^{+1} (x^2-1)^n \, dx = (-1)^n\, 2^{2n+1} \int_{0}^{1} z^n(1-z)^n \, dz$$

$$= (-1)^n\, 2^{2n+1}\, B(n+1, n+1)$$

$$= (-1)^n\, 2^{2n+1}\, \frac{\Gamma(n+1)\,\Gamma(n+1)}{\Gamma(2n+2)}$$

$$= (-1)^n\, 2^{2n+1}\, \frac{(1.2\ldots n)^2}{1.2\ldots(2n+1)},$$

d'où

$$\int_{-1}^{+1} X_n^2 \, dx = \frac{2}{2n+1}.$$

252. Le développement d'une fonction $F(x)$ suivant les polynômes X_n, auquel nous venons d'arriver, est un cas particulier d'une classe de développements plus générale, qu'on peut obtenir de la manière suivante.

Considérons l'intégrale définie

$$ I = \int_a^b \frac{f(z)\,dz}{x-z} . $$

Si l'on développe le dénominateur suivant les puissances décroissantes de x, on obtiendra une expression de la forme

$$ \frac{\alpha_1}{x} + \frac{\alpha_2}{x^2} + \ldots + \frac{\alpha_m}{x^m} + \ldots, $$

en posant, pour abréger,

$$ \alpha_m = \int_a^b z^{m-1} f(z)\,dz. $$

Formons les réduites successives du développement de cette expression en fraction continue. Soit

$$ Q_n = B_0 + B_1 x + \ldots + B_n x^n $$

le dénominateur d'une de ces réduites. Les rapports des coefficients B_0, B_1, $\ldots$, B_n seront déterminés (*Calcul différentiel*, n° 198) par les équations de condition

$$ \alpha_1 B_0 + \alpha_2 B_1 + \ldots + \alpha_{n+1} B_n = o, $$

$$ \alpha_2 B_0 + \alpha_3 B_1 + \ldots + \alpha_{n+2} B_n = o, $$

$$ \ldots \ldots \ldots \ldots \ldots \ldots \ldots \ldots \ldots \ldots \ldots, $$

$$ \alpha_n B_0 + \alpha_{n+1} B_1 + \ldots + \alpha_{2n} B_n = o, $$

et, pour qu'il existe effectivement une réduite dont le dénominateur soit d'ordre n en x, il faut et il suffit que ces équations déterminent complètement lesdits rapports.

Cette condition sera toujours satisfaite si $f(x)$ ne change pas de signe entre a et b. En effet, si nous remplaçons les quantités z par leurs valeurs, les équations précédentes deviennent

$$0 = \int_a^b f(z)\,dz\,[\,B_0 \quad - B_1 z \quad + \ldots - B_n z^n\,] \quad = \int_a^b Q_n(z) f(z)\,dz.$$

$$0 = \int_a^b f(z)\,dz\,[\,B_0 z \quad + B_1 z^2 \quad \ldots - B_n z^{n+1}\,] = \int_a^b z Q_n(z) f(z)\,dz.$$

$$\ldots\ldots\ldots\ldots\ldots\ldots\ldots\ldots\ldots\ldots\ldots\ldots\ldots$$

$$0 = \int_a^b f(z)\,dz\,[\,B_0 z^{n-1} + B_1 z^n + \ldots + B_n z^{2n-1}\,] = \int_a^b z^{n-1} Q_n(z) f(z)\,dz.$$

Ajoutons ensemble ces équations multipliées par des constantes arbitraires, nous obtiendrons la suivante, qui les résume toutes :

$$(14) \qquad\qquad 0 = \int_a^b \varpi(z)\, Q_n(z) f(z)\,dz,$$

$\varpi(z)$ désignant un polynôme arbitraire de degré $< n$.

Cela posé, soient Q et Q' deux polynômes de degré n qui satisfassent à cette condition. Tout polynôme $\lambda Q + \lambda' Q'$, où λ et λ' sont des constantes arbitraires, y satisfera également. Or on peut déterminer le rapport $\dfrac{\lambda'}{\lambda}$ de manière à annuler dans ce polynôme le coefficient de z^n. Posant alors en particulier $\varpi(z) = \lambda Q + \lambda' Q'$, il viendra

$$\int_a^b (\lambda Q + \lambda' Q')^2 f(z)\,dz = 0.$$

Or cette intégrale a tous ses éléments de même signe ; elle ne peut donc s'annuler que s'ils sont tous nuls, d'où

$$\lambda Q + \lambda' Q' = 0.$$

Les deux polynômes Q et Q' sont donc égaux à un facteur constant près.

253. L'équation $Q_n(z) = 0$ a toutes ses racines réelles et comprises entre a et b. En effet, si elle admettait une racine

réelle c hors de cet intervalle, ou une racine double α, ou un couple de racines imaginaires $\alpha \pm \beta i$, on aurait

$$Q_n(z) = MN,$$

M désignant un facteur de la forme $z - c$, ou $(z - \alpha)^2$, ou $(z - \alpha)^2 + \beta^2$, et N un polynôme de degré $< n$. Posant $\varpi(z) = N$ dans l'équation (14), il viendrait

$$0 = \int_a^b MN^2 f(z)\, dz,$$

résultat absurde, car l'intégrale a tous ses éléments de même signe.

254. Soit maintenant $F(z)$ une fonction quelconque de z; proposons-nous de la développer en une série de la forme

$$F(z) = A_0 Q_0(z) + A_1 Q_1(z) + \ldots + A_n Q_n(z) + \ldots$$

$[Q_0(z)$ désignant une constante, égale à 1, par exemple$]$.

Pour déterminer un coefficient quelconque, tel que A_n, multiplions l'équation précédente par $Q_n(z) f(z)$ et intégrons entre a et b. Toutes les intégrales de la forme

$$\int_a^b Q_m(z)\, Q_n(z) f(z)\, dz, \quad (m \gtrless n)$$

s'annuleront. En effet, soit, par exemple, $m < n$. Cette équation sera un cas particulier de (14), obtenu en posant

$$\varpi(z) = Q_m(z).$$

L'équation intégrale se réduira donc à

$$\int_a^b Q_n(z) f(z)\, F(z)\, dz = A_n \int_a^b Q_n^2(z) f(z)\, dz$$

et déterminera A_n.

On doit toutefois remarquer que cette analyse n'établit pas la légitimité du développement, laquelle restera à démontrer dans chaque cas.

255. Si nous posons en particulier $f(x) = 1$, $a = -1$, $b = 1$, l'équation (14) se réduit à

$$\int_{-1}^{1} \varpi(z) Q_n(z) \, dz = 0.$$

Or on sait que les polynômes X_n satisfont à cette équation. Elle détermine d'ailleurs $Q_n(z)$ à un facteur constant près. On a donc ce résultat :

Les polynômes X_n *sont, à des facteurs constants près, les dénominateurs des réduites de l'intégrale*

$$\int_{-1}^{1} \frac{dz}{x - z} = \log \frac{x + 1}{x - 1}.$$

CHAPITRE VI.

VARIABLES IMAGINAIRES.

I. — Fonctions d'une variable imaginaire.

256. Nous avons vu, dans le *Calcul différentiel* (Chap. III, § VI), l'utilité de l'étude des valeurs que prend une fonction lorsque la variable dont elle dépend devient imaginaire. Mais ces considérations étaient, jusqu'à présent, bornées aux transcendantes élémentaires e^z, $\log z$, z^m, $\sin z$, $\cos z$, et aux séries convergentes procédant suivant les puissances de z. Proposons-nous de généraliser cette théorie.

On sait (*Calcul différentiel*, n° 116) qu'une quantité imaginaire $z = x + yi$ peut être représentée géométriquement par un point (affixe) situé dans un plan et ayant respectivement pour coordonnées x et y.

Si x et y varient simultanément, suivant une loi déterminée, mais d'une manière continue, ce point décrira dans le plan une certaine ligne, qui représentera la loi de variation de la quantité imaginaire z.

Lorsque x et y varient indépendamment l'un de l'autre, le point variable z décrira tout le plan, si les variations de x, y ne sont assujetties à aucune limitation; une portion seulement de ce plan, dans le cas contraire. Si, par exemple, on astreint x et y à satisfaire à l'inégalité

$$x^2 + y^2 - R^2 \lessgtr o,$$

le point z se mouvra dans l'intérieur d'un cercle de rayon R décrit autour de l'origine des coordonnées.

Cela posé, considérons l'expression $u = P + Qi$, P et Q étant des fonctions continues de x et y. L'accroissement infiniment petit de cette expression, correspondant à des accroissements infiniment petits dx et dy donnés à x et à y, aura pour valeur principale

$$\frac{\partial P}{\partial x}\,dx + \frac{\partial P}{\partial y}\,dy + i\left(\frac{\partial Q}{\partial x}\,dx + \frac{\partial Q}{\partial y}\,dy\right),$$

et son rapport à l'accroissement $dx + i\,dy$ de la variable z tendra, lorsque dx et dy tendent vers zéro, vers une limite déterminée, indépendante du rapport $\frac{dy}{dx}$, et qu'on nomme la *dérivée de u*, pourvu qu'on ait

$$\frac{\partial P}{\partial y} + i\frac{\partial Q}{\partial y} = i\left(\frac{\partial P}{\partial x} + i\frac{\partial Q}{\partial x}\right).$$

Égalant séparément à zéro les parties réelles et imaginaires, cette équation se décompose dans les deux suivantes :

$$(1) \qquad \frac{\partial P}{\partial y} = -\frac{\partial Q}{\partial x}, \quad \frac{\partial P}{\partial x} = \frac{\partial Q}{\partial y}.$$

Nous dirons que la quantité $P + iQ$ est une *fonction de la variable imaginaire* $z = x + iy$, si les dérivées partielles $\frac{\partial P}{\partial x}$, $\frac{\partial P}{\partial y}$, $\frac{\partial Q}{\partial x}$, $\frac{\partial Q}{\partial y}$ sont finies et déterminées et satisfont aux relations (1). Si ces conditions n'étaient satisfaites que pour les valeurs de z qui sont contenues dans une certaine région du plan, $P + iQ$ devrait être considéré comme fonction de z dans cette région seulement.

Remarque I. — Cette définition ne permet de choisir arbitrairement aucune des deux fonctions P et Q, car les équations (1), différentiées respectivement par rapport à y et à x et ajoutées ensemble, donneront

$$\frac{\partial^2 P}{\partial x^2} + \frac{\partial^2 P}{\partial y^2} = 0,$$

et l'on trouvera de même

$$\frac{\partial^2 Q}{\partial x^2} + \frac{\partial^2 Q}{\partial y^2} = 0.$$

Remarque II. — Si $P + iQ$ est une fonction de z, il en sera de même de sa dérivée $\dfrac{\partial P}{\partial x} + i\dfrac{\partial Q}{\partial x}$, tant que les dérivées secondes de P et de Q seront continues ; car les équations (1), différentiées par rapport à x, donneront

$$\frac{\partial}{\partial y}\left(\frac{\partial P}{\partial x}\right) = -\frac{\partial}{\partial x}\left(\frac{\partial Q}{\partial x}\right),$$
$$\frac{\partial}{\partial x}\left(\frac{\partial P}{\partial x}\right) = \frac{\partial}{\partial y}\left(\frac{\partial Q}{\partial x}\right).$$

Remarque III. — Les conditions qui expriment que $u = P + Qi$ est une fonction de la variable imaginaire $z = x + yi$ sont susceptibles d'une traduction géométrique remarquable.

Marquons, en effet, sur le plan le point qui a pour affixe u. Si le point z se déplace en suivant une ligne quelconque L, le point u décrira une ligne correspondante Λ. Soient ds et $d\sigma$ deux arcs infiniment petits correspondants pris sur ces deux courbes, a et α les angles que leurs tangentes respectives forment avec l'axe des x. On aura

$$dx = ds\cos a, \quad dy = ds\sin a,$$
$$dx + i\,dy = ds(\cos a + i\sin a),$$

et de même

$$dP + i\,dQ = d\sigma(\cos\alpha + i\sin\alpha).$$

On a d'ailleurs, par hypothèse,

$$dP + i\,dQ = k(dx + i\,dy)$$

k étant une constante indépendante du rapport $\dfrac{dy}{dx}$. Posant $k = \rho(\cos\varphi + i\sin\varphi)$, l'équation précédente deviendra

$$d\sigma(\cos\alpha + i\sin\alpha) = \rho\,ds[\cos(a + \varphi) + i\sin(a + \varphi)].$$

On en déduit

$$(2) \qquad d\sigma = \rho\, ds, \quad u = a + \varphi.$$

Les arcs infiniment petits des diverses lignes L, L', ...,
qu'on peut tracer à partir du point z, sont donc dans un rapport constant avec ceux des lignes correspondantes Λ, Λ', ...
issues du point u, et leurs angles mutuels sont les mêmes,
l'azimut de leurs tangentes étant seulement augmenté d'une
même constante φ.

On voit par là que toute fonction u de la variable imaginaire z fournit un mode de transformation des figures planes
où les angles se conservent sans altération.

Réciproquement, si la transformation qui consiste à remplacer x et y par P et Q conserve les angles, les triangles infinitésimaux correspondants issus des deux points (x, y) et
(P, Q) étant semblables, leurs côtés seront proportionnels et
auront les mêmes azimuts à une constante près. Les équations (2) seront donc satisfaites, et $P + iQ$ sera une fonction
de $x + iy$.

257. Les règles de dérivation établies dans le *Calcul
différentiel* pour les fonctions algébriques, ainsi que pour
les fonctions composées, inverses ou implicites, sont évidemment applicables au cas où la variable est imaginaire, et
donnent pour la dérivée une valeur déterminée et indépendante du rapport $\dfrac{dy}{dx}$.

D'autre part, on s'assure aisément que l'expression
$e^z = e^x(\cos y + i \sin y)$ satisfait à la condition (1). Enfin
$\log z$ est la fonction inverse de e^z, et les autres transcendantes élémentaires $\sin z$, $\cos z$, z^m s'expriment au moyen de
celles-là. Donc toute quantité liée à z par une équation où ne
figurent que des signes d'opérations algébriques et des transcendantes élémentaires est une fonction de z dans le sens
nouveau que nous attachons à ce mot (sauf pour les points
où la dérivée deviendrait infinie ou indéterminée).

258. Avant de procéder à une théorie générale, examinons quelques-unes de ces fonctions.

Considérons d'abord une fonction rationnelle

$$u = \frac{f(z)}{\varphi(z)}.$$

Cette fonction est finie et déterminée, ainsi que ses dérivées successives, sauf pour les valeurs de z qui sont racines de l'équation $\varphi = 0$. Ces valeurs se nomment les *pôles* de la fonction u. Soit a l'un quelconque d'entre eux; u se composera d'une somme de fractions simples, ayant pour dénominateurs des puissances de $z - a$, jointes à une autre fraction rationnelle, dont le dénominateur ne contient plus $z - a$ en facteur.

259. Examinons, en second lieu, la fonction

$$u = e^{\frac{1}{z}}.$$

Elle est toujours finie et déterminée, ainsi que ses dérivées, sauf pour $z = 0$. En ce point, elle devient indéterminée. En effet, posons

$$z = \rho(\cos\varphi + i\sin\varphi),$$

il viendra

$$u = e^{\frac{1}{\rho}(\cos\varphi - i\sin\varphi)}.$$

Lorsque z tend vers zéro, ρ tendra vers zéro, et le module de u, $e^{\frac{1}{\rho}\cos\varphi}$, tendra vers ∞ ou vers zéro, suivant que $\cos\varphi$ tendra vers une limite positive ou négative, et si $\cos\varphi$ tend vers zéro en même temps que ρ, dont il est complètement indépendant, ce module pourra prendre une valeur quelconque.

260. Passons à la fonction

$$u = \frac{1}{\sin\frac{1}{z}}.$$

Elle devient infinie pour toute valeur de z de la forme $\dfrac{1}{k\pi}$, k étant un entier. En outre, elle devient indéterminée pour $z = 0$.

Posons

$$z = \frac{1}{k\pi} + h.$$

il viendra

$$\frac{1}{z} = \frac{k\pi}{1 + k\pi h} = k\pi - k^2\pi^2 h + \ldots,$$

$$\sin\frac{1}{z} = \sin(k\pi - k^2\pi^2 h + \ldots) = (-1)^{k-1} k^2\pi^2 h + \ldots$$

$$u = \frac{(-1)^{k-1}}{k^2\pi^2 h} + \ldots = \frac{(-1)^{k-1}}{k^2\pi^2\left(z - \dfrac{1}{k\pi}\right)} + R.$$

R désignant une fonction de z, qu'on reconnaît aisément rester finie et déterminée, ainsi que sa dérivée, au point $z = \dfrac{1}{k\pi}$. Ce point est donc analogue aux pôles d'une fraction rationnelle, u se trouvant ici encore formé d'une fraction simple, ayant en dénominateur $z - \dfrac{1}{k\pi}$, jointe à une fonction R, continue au point $z = \dfrac{1}{k\pi}$.

Ces pôles $z = \dfrac{1}{k\pi}$ sont en nombre infini : mais chacun d'eux est à une distance finie de tous les autres, de telle sorte qu'on peut tracer autour de lui un cercle d'un rayon assez petit pour ne contenir aucun autre point singulier.

Le point $z = 0$ est d'une nature toute différente. La fonction u y devient indéterminée. De plus, on ne peut l'isoler ; car, quelque petit que soit le rayon d'un cercle tracé autour de l'origine, il contiendra toujours une infinité de pôles.

261. La fonction $\log z$ se distingue essentiellement des précédentes, en ce qu'elle a, pour chaque valeur de la variable, une infinité de valeurs, sauf au point singulier $z = 0$, où son module devient infini et son argument indéterminé.

On sait que, en posant

$$z = \rho(\cos\varphi + i\sin\varphi),$$

les valeurs de $\log z$ seront données par la formule

$$\log z = \mathrm{Log}\,\rho + i(\varphi + 2k\pi),$$

k étant un entier arbitraire.

Soit

$$z_0 = \rho_0(\cos\varphi_0 + i\sin\varphi_0)$$

la valeur initiale de z,

$$u_0 = \mathrm{Log}\,\rho_0 + i(\varphi_0 + 2k_0\pi)$$

une des valeurs de $\log z_0$.

Donnons à z une seconde valeur z_1 infiniment voisine de z_0; soient

$$\rho_1 = \rho_0 + d\rho_0, \quad \varphi_1 = \varphi_0 + d\varphi_0$$

son module et son argument. Parmi les valeurs de $\log z_1$, il en existe évidemment une, et une seule, u_1, infiniment voisine de u_0, laquelle sera donnée par la formule

$$u_1 = \mathrm{Log}\,\rho_1 + i(\varphi_1 + 2k_0\pi),$$

où k_0 conserve la même valeur que dans l'expression de u_0.

Donnons à z une troisième valeur z_2 infiniment voisine de z_1, et soient

$$\rho_2 = \rho_1 + d\rho_1, \quad \varphi_2 = \varphi_1 + d\varphi_1$$

son module et son argument. Parmi les valeurs de $\log z_2$, il en existera une

$$u_2 = \mathrm{Log}\,\rho_2 + i(\varphi_2 + 2k_0\pi)$$

infiniment voisine de u_1, etc.

L'ensemble des valeurs u_0, u_1, u_2, ..., qui se déduisent ainsi de u_0 par voie de continuité lorsque z varie lui-même d'une manière continue, se nomme la *branche* de la fonction $\log z$ qui, pour $z = z_0$, a pour valeur initiale u_0.

La fonction a évidemment une infinité de branches, se distinguant les unes des autres par la valeur de l'entier k_0.

Supposons que la variable z varie d'une manière continue de sa valeur initiale z_0 à une valeur finale Z. Soient z_0, z_1, z_2, ..., Z la série des valeurs successives par lesquelles elle passe. Les affixes de ces diverses valeurs dessinent une ligne continue $z_0 AZ$ (*fig.* 26) qui représente la variation de z, et la valeur de la fonction $\log z$ sur celle de ses branches qui a pour valeur initiale u_0 sera complètement déterminée, d'après ce qui précède, pour chacune des valeurs successives de z et notamment pour sa valeur finale Z.

Fig. 26.

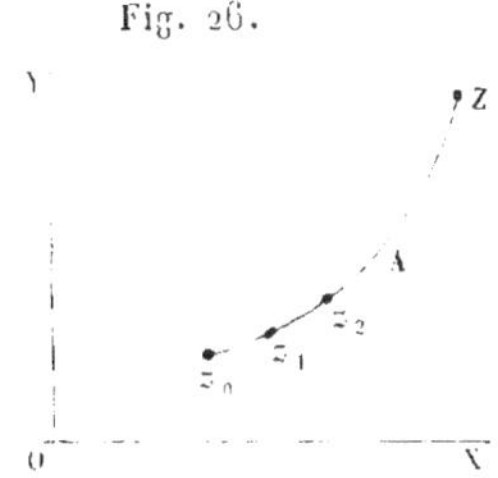

On doit toutefois remarquer que les considérations de continuité, qui nous servent à distinguer les diverses branches les unes des autres, cesseraient de s'appliquer si z passait par la valeur zéro, pour laquelle toutes les valeurs de $\log z$ deviennent discontinues. Il est donc essentiel que la courbe suivie par z, en se rendant de z_0 à Z, ne passe pas par l'origine des coordonnées.

262. Remarquons, en second lieu, que la valeur finale au point Z de celle des branches de $\log z$ qui a pour valeur initiale u_0, parfaitement déterminée lorsque la courbe $z_0 AZ$ est donnée, dépend de la forme de cette courbe. En effet, elle est égale à

$$\text{Log} P + i(\Phi + 2 k_0 \pi),$$

P désignant le module de Z et Φ ce que devient l'argument en variant d'une manière continue, lorsque z passe de sa valeur initiale z_0, où l'argument était φ_0, à sa valeur finale Z.

Or, si z décrit la courbe $z_0 AZ$ (*fig.* 27), on aura évidemment

$$\Phi = \varphi_0 + z_0\,OZ.$$

Mais si z décrivait une autre courbe enveloppant l'origine, telle que $z_0 BZ$, on aurait

$$\Phi = \varphi_0 + z_0\,OZ + 2\pi.$$

Ce phénomène important demande à être étudié en détail.

Fig. 27.

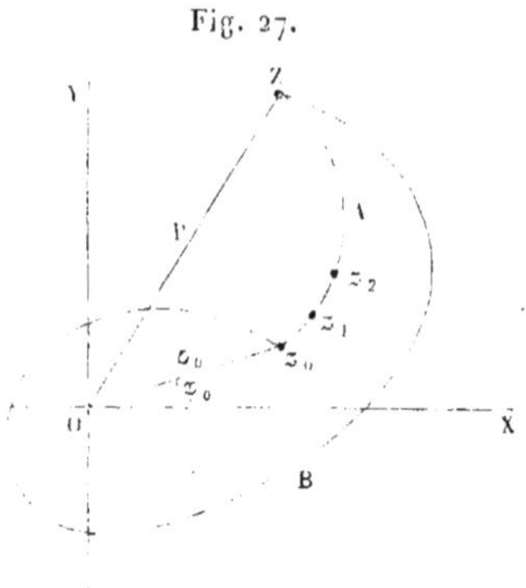

263. Soient (*fig.* 28) $z_0 AZ$ une ligne quelconque joignant le point z_0 au point Z sans passer par l'origine des coordon-

Fig. 28.

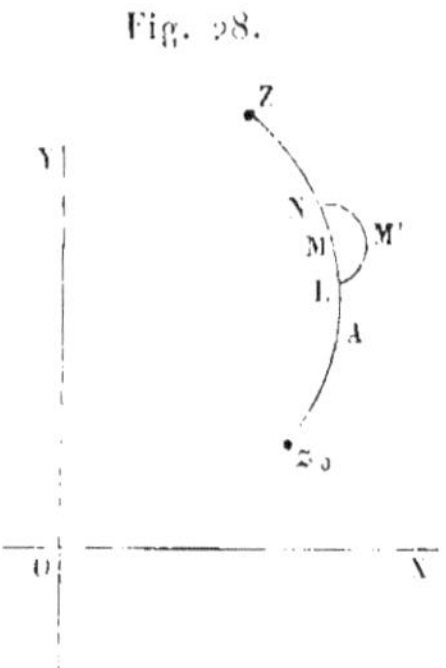

nées; LMN un arc infiniment petit pris sur cette ligne. On pourra remplacer cet arc par un autre arc infiniment petit quelconque L M'N sans altérer la valeur finale de celle des branches de la fonction $\log z$ dont on étudie la variation.

En effet, les deux chemins z_0 L M N Z et z_0 L M' N Z ne se séparant qu'au point L, la branche considérée aura toujours la même valeur en ce point. Sa valeur au point voisin N devra être infiniment voisine de la valeur en L, soit qu'on suive la ligne LMN ou la ligne L M'N. Mais, parmi les valeurs de $\log z$ au point N, il n'en existe qu'une qui soit infiniment voisine de la valeur que l'on avait en L. Donc la valeur obtenue en N sera la même, quel que soit celui des deux chemins que l'on suive ; et, comme ils coïncident de nouveau à partir de N, la valeur en Z sera la même.

Par une série d'altérations de cette sorte, on pourra évidemment, sans changer la valeur finale de la fonction, déformer arbitrairement le chemin z_0 NZ, à la seule condition de ne pas lui faire traverser le point critique O.

Si donc nous considérons une région quelconque R du plan qui n'enveloppe pas le point O (*fig.* 29), et si nous astrei-

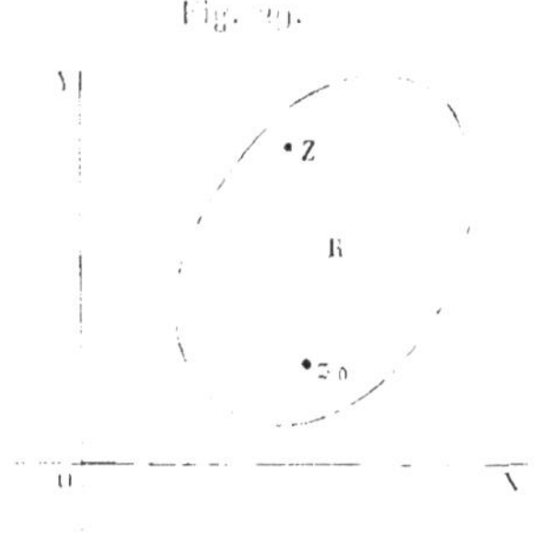

gnons z à ne se mouvoir que dans cette région, les diverses branches de la fonction logarithmique y formeront autant de fonctions distinctes, ayant chacune une valeur unique et déterminée pour chaque valeur de la variable. En effet, soient z_0 et Z deux points quelconques de R ; il est clair que tous les chemins tracés de z_0 à Z dans cette région pourront être ra-

menés les uns aux autres par des déformations permises, qui
n'altèrent pas la valeur finale de la fonction.

Cette séparation entre les valeurs de $\log z$, qui correspondent aux diverses branches, cesse d'avoir lieu, comme on l'a
vu plus haut, si z varie dans tout le plan. Mais nous allons
montrer qu'on peut, par une déformation permise, ramener
les chemins en nombre infini qui conduisent de z_0 à Z à une
combinaison de certains chemins déterminés, de manière à
déterminer avec précision quelle est, pour un chemin donné,
la valeur finale de chacune des branches de la fonction $\log z$.

264. Soient (*fig.* 30) L un chemin déterminé, arbitrairement choisi parmi ceux qui conduisent de z_0 à Z. Décrivons,
d'autre part, autour du point O, un cercle infiniment petit
CDE, et joignons le point z_0 à un point C de ce cercle.

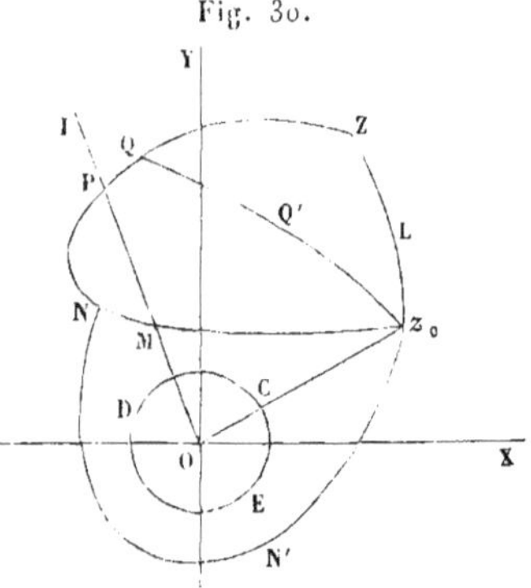

Fig. 30.

Nous appellerons *contour élémentaire* le contour formé
par la ligne z_0C, le cercle CDE et la ligne Cz_0; et nous le désignerons par K ou par K^{-1} suivant que le cercle sera décrit
dans le sens direct CDE ou en sens contraire.

Traçons, d'autre part, à partir du point O, une ligne quelconque OI allant jusqu'à l'infini, et assujettie à la seule condition de ne pas se rencontrer elle-même et de ne pas rencontrer Cz_0Z. Cette ligne se nomme la *coupure*.

Cela posé, soit $z_0\mathrm{MNPQZ} = \mathrm{L}'$ un autre chemin quelconque conduisant de z_0 à Z, et soient M, P les points où il traverse la coupure. Prenons sur ce chemin des points N, Q situés respectivement un peu au delà de M et de P, et joignons-les au point z_0 par des lignes $\mathrm{NN}'z_0$, $\mathrm{QQ}'z_0$ qui ne traversent pas la coupure.

Le chemin $z_0\mathrm{MNPQZ}$ est évidemment équivalent au point de vue de la valeur finale du logarithme au chemin

$$z_0\mathrm{MNN}'z_0\mathrm{N}'\mathrm{NPQQ}'z_0\mathrm{Q}'\mathrm{QZ}.$$

Car, lorsque la variable, en décrivant ce nouveau chemin, revient pour la seconde fois en N après avoir décrit deux fois en sens inverse la ligne $\mathrm{NN}'z_0$, $\log z$ retrouve évidemment la valeur qu'il avait à son premier passage. Il en est de même au point Q.

Mais notre nouveau chemin se compose :

1° Du contour fermé $z_0\mathrm{MNN}'z_0$, équivalent au contour élémentaire K ;

2° Du contour fermé $z_0\mathrm{N}'\mathrm{NPQQ}'z_0$, équivalent au contour élémentaire K^{-1} ;

3° De la ligne $z_0\mathrm{Q}'\mathrm{QZ}$, qui ne traverse plus la coupure et qui est évidemment équivalente à L.

Le chemin L' est donc équivalent au chemin $\mathrm{KK}^{-1}\mathrm{L}$.

Or soient $u_0 = \mathrm{Log}\,\rho_0 + i(\varphi_0 + 2k_0\pi)$ la valeur initiale de $\log z$ au point z_0; U sa valeur finale en Z lorsqu'on suivait le chemin L. L'argument de z augmentant de 2π lorsqu'on décrit le contour élémentaire K, $\log z$ reviendra au point de départ z_0 avec la valeur initiale $u_0 + 2\pi i$. Si l'on décrit ensuite le contour K^{-1}, l'argument de z diminuant de 2π, $\log z$ aura diminué de $2\pi i$ au retour et repris sa valeur initiale u_0. En suivant enfin la ligne L, il prendra pour valeur finale U.

Il est évident qu'en général la valeur finale de $\log z$ correspondante à un chemin quelconque L' sera $\mathrm{U} + \delta\,.\,2\pi i$, δ étant la différence entre le nombre des points où le chemin L' traverse la coupure de droite à gauche et celui des points où il la traverse de gauche à droite.

265. La fonction $(z - a)^m = e^{m \log (z-a)}$ se ramène immédiatement à celle que nous venons d'étudier. Ses diverses valeurs pour chaque valeur de z correspondent aux diverses valeurs du logarithme. Celles-ci différant de multiples de $2\pi i$, celles de $(z - a)^m$ différeront les unes des autres par une puissance du facteur $e^{2m\pi i}$.

Dans toute région R qui n'enveloppe pas le point a, les branches de la fonction $\log(z - a)$ sont nettement séparées; il en sera donc de même des branches correspondantes de la fonction $(z - a)^m$; mais, si l'on fait un tour dans le sens direct autour de ce point critique, le logarithme est accru de $2\pi i$ lorsqu'on revient au point de départ z_0. La fonction $(z - a)^m$ se reproduira donc multipliée par $e^{2m\pi i}$.

266. Considérons enfin une fonction algébrique u, définie par l'équation

$$0 = A u^m + B u^{m-1} + \ldots = F(z, u),$$

A, B, $\ldots$ étant des polynômes en z.

Pour chaque valeur de z, telle que z_0, la fonction u aura m valeurs, généralement finies et distinctes. Soit u_0 l'une d'elles. Si l'on donne à z une valeur z_1 infiniment voisine de z_0, u prendra m nouvelles valeurs, parmi lesquelles il y en aura une seule u_1 infiniment voisine de u_0. On pourra donc, comme nous l'avons fait pour le logarithme, suivre la série des valeurs que prend celle des branches de la fonction qui a pour valeur initiale u_0, lorsqu'on fait varier z; on étudierait de même chacune des autres branches.

Cette méthode serait toutefois en défaut si l'on faisait passer z : 1° par les points en nombre fini pour lesquels on a $A = 0$, car, l'une au moins des valeurs de u devenant infinie, la branche qu'elle représente ne pourrait être suivie en s'appuyant sur une continuité qui a disparu; 2° par les points, également en nombre fini, pour lesquels on a simultanément

$$F(z, u) = 0, \quad \frac{\partial F}{\partial u} = 0.$$

En effet, pour ces points plusieurs des valeurs de u deviennent égales. Soit u_n leur valeur commune. Pour une valeur z_{n+1} de z infiniment voisine de celle que l'on considère, on aura plusieurs valeurs de u infiniment voisines de u_n, et l'on n'aurait aucun critérium pour répartir ces valeurs entre les branches correspondantes.

Il faudra donc, en faisant varier z, éviter de le faire passer par les *points critiques* que nous venons de définir.

267. On verra, comme au n° 263 :

1° Qu'on n'altère pas la valeur finale que prennent pour $z = Z$ les diverses branches de la fonction, lorsqu'on déforme la ligne suivant laquelle z se rend de z_0 à Z, pourvu que dans cette déformation on ne traverse aucun point critique.

2° Que si z est astreint à rester dans une région R qui n'enveloppe pas de points critiques, les diverses branches de la fonction resteront nettement séparées et ne prendront chacune qu'une seule valeur en chaque point.

268. Enfin, si la variable z se meut dans tout le plan (à l'exception des points critiques), on peut se proposer de réduire chacun des divers chemins qu'elle peut suivre de z_0 à Z à une combinaison de certains chemins déterminés.

A cet effet, soit (*fig.* 31) L un chemin fixe, choisi à volonté entre z_0 et Z. Joignons le point z_0 aux divers points critiques a, b, c. ... par des contours élémentaires. Désignons par A, B, C. ... ces contours élémentaires décrits dans le sens direct, par A^{-1}, B^{-1}, C^{-1} ces mêmes contours décrits en sens inverse. Enfin traçons une série de coupures $a\alpha$, $b\beta$, $c\gamma$. ... s'étendant jusqu'à l'infini, de telle sorte qu'elles ne se traversent nulle part et ne traversent pas non plus la ligne L.

Cela posé, tout chemin réunissant z_0 à Z peut être réduit à une combinaison de contours élémentaires suivie du chemin L.

Considérons, par exemple, un chemin tel que

$$z_0 \, \text{MNPQRSZ} - \text{L}'.$$

qui traverse les coupures $a\alpha$ et $b\beta$ aux points M, P, R. Joignons le point z_0 aux points N, Q, S par des lignes qui ne

Fig. 31.

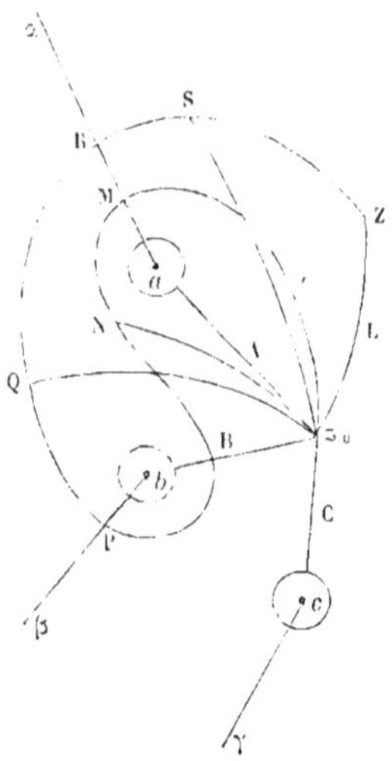

traversent pas les coupures. Le chemin L′ est évidemment équivalent au chemin

$$z_0\,\mathrm{MN}\,z_0\,\mathrm{NPQ}\,z_0\,\mathrm{QRS}\,z_0\,\mathrm{SZ},$$

lequel se compose :

1° Du contour fermé $z_0\mathrm{MN}z_0$, équivalent au contour élémentaire A ;

2° Du contour fermé $z_0\mathrm{NPQ}z_0$, équivalent au contour élémentaire B^{-1} ;

3° Du contour fermé $z_0\mathrm{QRS}z_0$, équivalent à A^{-1} ;

4° Du chemin $z_0\mathrm{SZ}$, équivalent à L.

Le chemin L′ est donc équivalent au chemin $\mathrm{A}.\mathrm{B}^{-1}.\mathrm{A}^{-1}.\mathrm{L}$.

269. Cela posé, soient $u_0^1,\ \ldots,\ u_0^{(k)},\ \ldots,\ u_0^{(n)}$ les diverses valeurs de la fonction u au point z_0 ; si la variable se déplace sur la ligne L, chacune de ces valeurs variera d'une manière continue, et elles prendront enfin au point Z des valeurs finales U^1, ... U^k, ... U^n, qui seront les n racines de l'équation $F(Z, u) = o$.

Pour connaître quelle est celle des racines de cette équation qui correspond à la valeur initiale u_0^k, on donnera successivement à z une suite de valeurs $z_0, z_1, z_2, \ldots Z$ voisines les unes des autres et situées sur la ligne L, et l'on calculera les racines des équations

$$F(z_0, u) = o,$$
$$F(z_1, u) = o,$$
$$F(z_2, u) = o.$$
$$\ldots \ldots \ldots \ldots$$

La seconde équation aura une racine u_1^k très voisine de u_0^k, la troisième une racine u_2^k très voisine de u_1^k, ... L'ensemble de ces racines successives u_0^k, u_1^k, u_2^k, ... représentera la série des valeurs par lesquelles passe la branche de la fonction qui commence par u_0^k, et la dernière d'entre elles, U^k, sera la valeur finale cherchée.

270. Supposons, en second lieu, que z décrive un contour élémentaire A autour d'un point critique a. Si l'on prend successivement pour valeur initiale de u les quantités $u_0^1, \ldots,$ u_0^n, on obtiendra une série de valeurs finales satisfaisant à l'équation $F(z_0, u) = o$, et évidemment distinctes ; car, si deux d'entre elles étaient identiques. en décrivant le contour en sens inverse, de manière à revenir aux valeurs initiales, on voit que celles-ci devaient être identiques.

Les valeurs finales reproduiront donc à l'ordre près la série des valeurs initiales, de telle sorte que décrire le contour A revient à permuter entre elles les racines $u_0^1, \ldots, u_0^n$.

La loi de cette permutation peut se déterminer ainsi qu'il suit :

Lorsque la variable z se meut de z_0 (*fig.* 32) au point P, origine du petit cercle, on pourra, en lui donnant des valeurs intermédiaires suffisamment multipliées, suivre la variation de chacune des branches de la fonction et déterminer, parmi les racines $c^1, \ldots, c^n$ de l'équation $f(\mathrm{P}, u) = 0$, quelle est celle v^k qui correspond à la branche dont la valeur initiale est u_0^k.

Lorsqu'on décrira ensuite le petit cercle, les quantités $c^1, \ldots, c^n$ se reproduiront à l'ordre près. Supposons que c^k ait été changé en c^l; en décrivant au retour la ligne $\mathrm{P}z_0$, c^l se changera évidemment en u_0^l.

Fig. 32.

Tout revient donc à déterminer la manière dont les quantités v se permutent entre elles lorsqu'on décrit le petit cercle.

Or on sait que, aux environs du point a, les valeurs de u peuvent être développées en série, suivant les puissances croissantes (entières ou fractionnaires) de $z - a$, et la comparaison des valeurs numériques des développements obtenus avec celles des racines $c^1, \ldots, c^n$ permettra de déterminer quel est le développement qui représente chacune d'elles.

Soit, par exemple,

$$c^1 = \mathrm{M}\mathrm{X}^\mu + \mathrm{M}_1\mathrm{X}^{\mu_1} + \ldots + \mathrm{R}$$

le développement de la racine v^1, X désignant l'une des valeurs du radical $(z - a)^{\frac{p}{q}}$, $\dfrac{p}{q}$ étant une fraction irréductible et $\mu, \mu_1, \ldots$ des entiers.

On sait que c^1 fera partie d'un cycle de q racines, $c^1, c^2, \ldots, c^q$ dont les développements correspondent aux

q valeurs du radical,

$$\mathrm{X},\ e^{2\pi i\frac{p}{q}}\mathrm{X},\ \ldots\ e^{2\pi i\frac{q-1}{q}p}\mathrm{X}.$$

Or, en décrivant le petit cercle, le radical X se reproduit, multiplié par le facteur $e^{2\pi i\frac{p}{q}}$ (ou par son inverse, si la rotation a lieu dans le sens rétrograde) : donc les racines $c^1,\ldots,$ c^q se permutent circulairement lorsqu'on décrit le cercle, et les valeurs correspondantes $u_0^1,\ \ldots,\ u_0^q$ se permuteront de même par l'effet du contour élémentaire.

On nomme *branchements* ces points critiques tels, qu'en tournant autour d'eux, les valeurs de la fonction se permutent ainsi les unes dans les autres.

271. Nous avons supposé, dans ce qui précède, $q > 1$. Si q était égal à l'unité, auquel cas le développement de c^1 ne contiendrait que des puissances entières de z, c^1 se reproduirait après la rotation, et u_0^1 se reproduirait de même par l'effet du contour élémentaire. Dans ce cas, le point a ne serait pas un branchement pour la branche u^1 de la fonction, laquelle continuerait à être nettement séparée des autres, même pour une région du plan contenant le point a. Dans une semblable région, ce point jouera sur cette branche le rôle d'un point ordinaire, si le développement de c^1 ne contient que des puissances positives de $z - a$, ou d'un pôle, si ce développement commence par des puissances négatives.

272. Une fois qu'on aura déterminé la manière dont se permutent les racines $u_0^1,\ \ldots,\ u_0^n$ par chacun des contours élémentaires, ainsi que la correspondance entre les valeurs initiales $u_0^1,\ \ldots,\ u_0^n$ et les valeurs finales $U^1,\ \ldots,\ U^n$ que l'on obtient au point Z en suivant la ligne L, on pourra, à la simple inspection de la figure, déterminer la valeur finale de u correspondante à chaque valeur initiale u_0^k, pour un chemin quelconque allant de z_0 en Z.

Il suffira, en effet, de réduire ce chemin à une combinaison de contours élémentaires suivis de la ligne L. Soit, par exemple, $AB A^{-1} L$ le chemin ainsi réduit.

En décrivant le contour A avec la valeur initiale u_0^k, on obtiendra une valeur finale u_0^l, que l'on connaîtra en se reportant au tableau des permutations opérées par ce contour élémentaire; partant de cette nouvelle valeur u_0^l pour décrire le contour B, on obtiendra une nouvelle valeur finale u_0^m; décrivant ensuite A^{-1}, on obtiendra une dernière valeur u_0^p, qui se changera enfin en U^p lorsqu'on décrit la ligne L.

273. Les développements qui précèdent nous paraissent suffisants pour mettre en lumière la marche à suivre dans l'étude des fonctions d'une variable imaginaire.

On dit qu'une semblable fonction est *monodrome* lorsqu'elle n'a qu'une seule valeur pour chaque valeur de la variable.

Lorsqu'une fonction n'est pas monodrome, on s'attachera tout d'abord à définir ses diverses *branches*, à l'aide de la loi de continuité, à laquelle on adjoindrait les considérations auxiliaires qui seraient reconnues nécessaires pour les fonctions qui auraient en chaque point une infinité de valeurs infiniment voisines.

Chacune de ces branches sera dite *monodrome dans une région du plan*, si elle ne prend qu'une seule valeur pour chaque valeur de la variable, lorsque celle-ci est astreinte à ne pas sortir de cette région. Dans ces limites, la branche de fonction que l'on considère peut être considérée séparément des autres, et jouit de toutes les propriétés que nous reconnaîtrons aux fonctions monodromes.

274. Nous nommerons *point ordinaire,* dans l'étude des fonctions (ou branches de fonction), tout point tel que la fonction considérée soit monodrome et reste finie et déterminée, ainsi que sa dérivée, *aux environs* de ce point, c'est-à-dire dans l'intérieur d'un cercle de rayon suffisamment petit, ayant ce point pour centre.

Les autres points ont reçu le nom de *points critiques :* ils sont de diverses natures.

Une première classe sera formée par les points critiques *isolés,* c'est-à-dire tels qu'il n'existe dans leurs environs aucun autre point critique; une seconde classe, par les points critiques tels, qu'il n'existe dans leurs environs aucun point critique autre que ceux de la première classe, et ainsi de suite.

Cette classification n'embrasse pas toutes les hypothèses possibles. On pourrait, en effet, concevoir une fonction douée de points critiques, distribués sur une ligne ou dans une région du plan, de telle sorte que toute portion de cette ligne ou de cette région contienne toujours, quelque petite qu'on la suppose, une infinité de ces points critiques. Mais nous exclurons expressément de nos recherches les fonctions qui présenteraient ces singularités.

On peut, à un autre point de vue, distinguer deux sortes de points critiques :

1° Ceux aux environs desquels la fonction reste monodrome.

Parmi les points de cette sorte, ceux qui sont isolés méritent une attention particulière. Nous démontrerons, en effet, plus loin, que, si une fonction $f(z)$ présente un point a de cette nature, on pourra écrire

$$f(z) = \varphi(z) + \psi(z),$$

$\varphi(z)$ étant une fonction pour laquelle a sera un point ordinaire, et $\psi(z)$ une expression de la forme

$$\frac{A_1}{z-a} + \frac{A_2}{(z-a)^2} + \cdots + \frac{A_k}{(z-a)^k} + \cdots$$

Si cette somme ne contient qu'un nombre limité de termes, on dira que le point a est un *pôle* de la fonction $f(z)$. Ce sera un *point singulier essentiel,* si $\psi(z)$ est une série infinie (auquel cas cette série sera convergente pour toute valeur de z autre que a).

2° Les points aux environs desquels la fonction n'est pas monodrome.

Tout point de cette nature, dans les environs duquel il n'existe aucun point de même espèce, porte le nom de *branchement*.

Nous appellerons, en particulier, *branchement algébrique,* tout point a qui deviendrait un pôle ou un point ordinaire pour chacune des branches de la fonction qu'on étudie, si l'on prenait pour variable indépendante, au lieu de z, une puissance fractionnaire de $z - a$, telle que $(z - a)^{\frac{1}{q}}$.

Nous conviendrons enfin de dire que le point $z = \infty$ est un point ordinaire, un pôle, etc., pour la fonction $f(z)$, si le point $z = o$ est un point ordinaire, un pôle, etc., pour la fonction $f\left(\dfrac{1}{z}\right)$.

II. — Intégrales des fonctions monodromes.

275. Soit $u = f(z)$ une fonction de la variable imaginaire z. Supposons que la variable z décrive une ligne L conduisant de la valeur initiale z_0 à la valeur finale Z. Prenons sur la ligne L une série de points intermédiaires $z_1, z_2, \ldots, z_n$; désignons enfin par $\zeta_0, \zeta_1, \ldots, \zeta_n$ des points choisis à volonté sur les arcs partiels $z_0 z_1, z_1 z_2, \ldots, z_n Z$, et formons la somme

$$S = (z_1 - z_0) f(\zeta_0) + (z_2 - z_1) f(\zeta_1) + \ldots + (Z - z_n) f(\zeta_n).$$

Si nous multiplions indéfiniment les points intermédiaires, de telle sorte que chacun des arcs $z_0 z_1, z_1 z_2, \ldots$ décroisse au delà de toute limite, la somme précédente tendra vers une limite fixe et indépendante du choix des points intermédiaires $z_1, z_2, \ldots, z_n, \zeta_1, \zeta_2, \ldots, \zeta_n$.

Soit, en effet,

$$S' = (z'_1 - z_0) f(\zeta'_0) + (z'_2 - z'_1) f(\zeta'_1) + \ldots$$

une seconde somme semblable à S. Supposons, pour fixer les

idées, que les points $z_1, \ldots, z_i, \ldots$, rangés dans l'ordre où on les rencontre sur L, se présentent dans l'ordre suivant :

$$z_1, \; z'_1, \; z'_2, \; z_2, \; \ldots.$$

On pourra écrire

$$S = (z_1 - z_0)f(\zeta_0) + [(z'_1 - z_1) + (z'_2 - z'_1) + (z_2 - z'_2)]f(\zeta_1) + \ldots$$
$$S' = [(z_1 - z_0) + (z'_1 - z_1)]f(\zeta'_0) + (z'_2 - z'_1)f(\zeta'_1) + (z_2 - z'_2 + \ldots)f(\zeta'_2) + \ldots$$

d'où

$$S - S' = (z_1 - z_0)[f(\zeta_0) - f(\zeta'_0)] + (z'_1 - z_1)[f(\zeta_1) - f(\zeta'_0)] + \ldots$$

et

$$\operatorname{mod}(S - S') \lesseqgtr M[\operatorname{mod}(z_1 - z_0) + \operatorname{mod}(z'_1 - z_1) + \ldots],$$

M désignant le maximum des modules des quantités

$$f(\zeta_0) - f(\zeta'_0), \; f(\zeta_1) - f(\zeta'_0), \; \ldots$$

Or le module de $z_1 - z_0$ est représenté par la corde $z_1 z_0$, laquelle est au plus égale à l'arc $z_1 z_0$, et de même pour chacun des modules analogues $\operatorname{mod}(z'_1 - z_1), \ldots$. On aura donc

$$\operatorname{mod}(S - S') \lesseqgtr Ml,$$

l désignant la longueur de la ligne d'intégration.

D'ailleurs, si l'on multiplie indéfiniment les points de division, les quantités $\zeta_0 - \zeta'_0, \; \zeta_1 - \zeta'_0, \ldots$ décroîtront indéfiniment. Il en sera de même des quantités $f(\zeta_0) - f(\zeta'_0), \ldots$ la fonction $f(z)$ étant continue par définition. Donc M décroîtra indéfiniment, et l'on aura

$$\lim S = \lim S'.$$

276. La limite dont nous venons d'établir l'existence se nomme l'*intégrale définie* de la fonction $f(z)$, prise le long de la ligne L. On la représente par le symbole

$$\int_L f(z)\,dz.$$

Cette définition est tout à fait pareille à celle que nous avons donnée pour l'intégrale d'une fonction d'une variable réelle. Seulement, au lieu de définir l'intégrale par ses limites, on indique la ligne entière d'intégration. Cette différence s'explique naturellement. Une variable réelle n'est qu'une variable imaginaire, assujettie à se mouvoir sur l'axe des x. La ligne d'intégration étant ainsi donnée implicitement, il suffit d'indiquer les limites pour déterminer le chemin décrit. Mais cela ne suffit plus si la variable peut suivre plusieurs voies différentes entre z_0 et Z.

277. Le calcul numérique de l'intégrale définie $\int_{L} f(z)\,dz$ se ramène d'ailleurs aisément à celui des intégrales des fonctions de variables réelles. Soient, en effet,

$$z = x + yi, \quad f(z) = P + Qi.$$

On aura

$$\int_{L} f(z)\,dz = \lim\left[f(z_0)(z_1 - z_0) + f(z_1)(z_2 - z_1) + \ldots \right]$$

$$= \lim \sum f(z)\,\Delta z$$

$$= \lim \sum (P + Qi)(\Delta x + i\Delta y)$$

$$= \lim \sum \left[\left(P - Q\,\frac{\Delta y}{\Delta x} \right)\Delta x + i\left(P\,\frac{\Delta y}{\Delta x} + Q \right)\Delta x \right].$$

Or y et $\frac{\Delta y}{\Delta x}$ sont déterminés en fonction de x, lorsqu'on donne l'équation $\varphi(x, y) = 0$ de la ligne d'intégration, et $\frac{\Delta y}{\Delta x}$ a pour limite $\frac{dy}{dx}$. D'ailleurs, à la limite, les sommes deviennent des intégrales. On aura donc

$$\int_{L} f(z)\,dz = \int_{x_0}^{X} \left(P - Q\,\frac{dy}{dx} \right)dx + i\int_{x_0}^{X} \left(Q + P\,\frac{dy}{dx} \right)dx,$$

x_0 et X étant les valeurs de x aux deux extrémités de L.

278. Les théorèmes généraux sur les intégrales définies s'appliquent évidemment aux nouvelles intégrales que nous venons de définir. Ainsi :

1° Si la ligne d'intégration L se compose de plusieurs parties L', L'', on aura

$$\int_L = \int_{L'} + \int_{L''};$$

2° L'intégrale de z_0 à Z suivant la ligne L sera égale et de signe contraire à l'intégrale prise en sens inverse de Z à z_0;

3° On obtiendra une limite supérieure du module de l'intégrale en remplaçant chaque élément par son module ou par une quantité plus grande;

4° Les règles de l'intégration par parties, de la différentiation soit par rapport aux limites, soit par rapport à un paramètre, subsisteront dans leur intégrité;

5° Il en est de même de la règle pour le changement de variable; mais il faudra déterminer quel est le chemin L' décrit par la nouvelle variable lorsque z décrit le chemin L; c'est le long de cette ligne L' qu'on devra effectuer la nouvelle intégration;

6° Enfin, si F(z) est une fonction quelconque ayant pour dérivée $f(z)$, on aura encore

$$\int_L f(z)\, dz = F(Z) - F(z_0).$$

Mais cette formule sera ambiguë si F(z) a plusieurs valeurs pour chaque valeur de la variable. La valeur de l'intégrale pourra donc varier, dans une certaine mesure, avec le chemin que suit la variable, en se rendant de z_0 à Z.

279. Théorème. — *L'intégrale*

$$\int_L f(z)\, dz$$

ne change pas de valeur si l'on fait subir à la ligne d'intégration une déformation continue quelconque (ses ex-

trémités z_0 et Z restant fixes), pourvu que cette ligne, en se déformant, ne traverse aucun des points critiques de la fonction $f(z)$.

Soient, en effet (*fig.* 33), L et Λ deux positions différentes

Fig. 33.

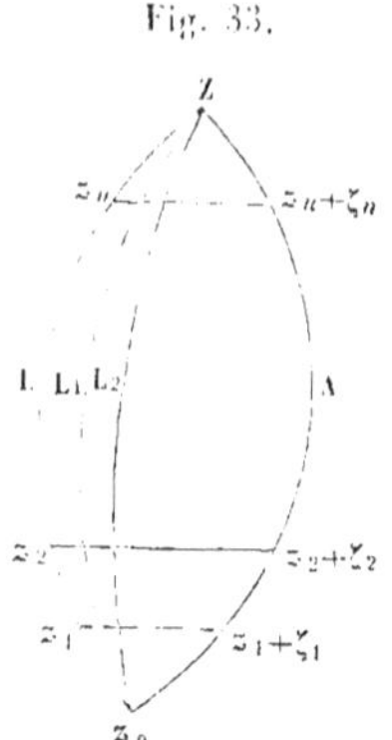

de cette ligne. Marquons sur L une série de points infiniment rapprochés $z_0, z_1, z_2, \ldots, z_n, Z$; et sur Λ une série de points correspondants $z_0, z_1 + \zeta_1, z_2 + \zeta_2, \ldots, z_n + \zeta_n, Z$. Joignons les points correspondants par des lignes droites, et divisons chacune de ces droites en m parties égales. Enfin joignons ces points de division; nous obtiendrons une série de courbes $L_1, L_2, \ldots$ intermédiaires entre L et Λ. Aux divers points $z_0, z_1, z_2, \ldots, Z$ de la ligne L correspondront évidemment sur L_μ les points qui ont pour affixes $z_0, z_1 + \dfrac{\mu}{m}\zeta_1$, $z_2 + \dfrac{\mu}{m}\zeta_2, \ldots, Z$.

Supposons m infiniment grand, et soit, pour abréger, $\dfrac{1}{m} = \varepsilon$. Comparons les intégrales prises suivant deux lignes consécutives, telles que L et L_1. On aura par définition

$$\int_L f(z)\,dz = \lim \sum f(z_k)\,\Delta(z_k),$$

$$\int_{L_1} f(z)\,dz = \lim \sum f(z_k + \varepsilon\zeta_k)\,\Delta(z_k + \varepsilon\zeta_k).$$

VARIABLES IMAGINAIRES. 277

D'ailleurs,

$$\Delta(z_k + \varepsilon\zeta_k) = \Delta z_k + \varepsilon\Delta\zeta_k,$$
$$f(z_k + \varepsilon\zeta_k) = f(z_k) + \varepsilon\zeta_k f'(z_k) + R,$$

R étant un infiniment petit d'ordre supérieur au premier. On aura donc, en s'arrêtant aux termes du premier ordre,

$$\int_{L_1} - \int_{L} = \lim \sum \left[f(z_k + \varepsilon\zeta_k)\,\Delta(z_k + \varepsilon\zeta_k) - f(z_k)\Delta z_k \right]$$

$$= \lim \sum \varepsilon\left[f(z_k)\Delta\zeta_k + \zeta_k f'(z_k)\Delta z_k \right]$$

$$= \int_{L} \varepsilon\left[f(z)\,d\zeta + \zeta f'(z)\,dz \right]$$

$$= \varepsilon\int_{L} d\left[\zeta f(z) \right] = \varepsilon\left[\zeta f(z) \right]_{z_0}^{Z}.$$

Mais ζ s'annule aux deux limites de l'intégration, les points z_0 et Z étant fixes. La différence entre $\int_{L_1}$ et $\int_{L}$ est donc un infiniment petit d'ordre supérieur au premier.

La même démonstration s'appliquant à chacune des différences $\int_{L_2} - \int_{L_1}$, ..., la différence

$$\int_{\lambda} - \int_{L} = \left(\int_{L_1} - \int_{L} \right) + \left(\int_{L_2} - \int_{L_1} \right) + \cdots$$

sera une somme d'infiniment petits d'ordre > 1, et dont le nombre est infiniment grand du premier ordre seulement. Elle est donc plus petite que toute quantité donnée et, par suite, rigoureusement nulle.

280. *Remarques*. — La démonstration qui précède serait évidemment en défaut si la ligne d'intégration, en se déformant, traversait un point aux environs duquel $f(z)$ cesserait d'être monodrome. En effet, dans l'expression de l'élément $f(z_k + \varepsilon\zeta_k)\Delta(z_k + \varepsilon\zeta_k)$ de l'intégrale $\int_{L_1}$, $f(z_k + \varepsilon\zeta_k)$ repré-

sente la valeur que prend la fonction $f(z)$ au point $z_k + \varepsilon\zeta_k$ lorsque la variable s'y rend en suivant la ligne L_1; la quantité

$$f(z_k) + \varepsilon\zeta_k f'(z_k) + R,$$

que nous lui avons substituée, est la valeur de la même fonction, lorsque z se rend au point $z_k + \varepsilon\zeta_k$ en suivant la ligne L, puis le tronçon de droite qui va de z_k à $z_k + \varepsilon\zeta_k$. Si la fonction cessait d'être monodrome entre L et L_1, la substitution ne serait plus permise.

L'équation

$$f(z_k + \varepsilon\zeta_k) = f(z_k) + \varepsilon\zeta_k f'(z_k) + R,$$

sur laquelle nous nous sommes appuyés, suppose en outre que $f'(z_k)$ est finie et déterminée. Notre démonstration serait donc en défaut si la ligne d'intégration traversait un point où $f'(z)$ cesserait d'être finie et déterminée.

On peut toutefois s'assurer que le théorème subsisterait si la ligne d'intégration traversait des points de cette espèce, pourvu que $f(z)$ restât monodrome et finie.

En effet, soit a (*fig.* 34) un semblable point, que nous

Fig. 34.

supposerons d'abord isolé. Traçons autour de a un cercle de rayon r infiniment petit et deux lignes $z_0 z$, $Z\beta$ joignant z_0

et Z au contour de ce cercle. On aura, en vertu du théorème précédent,

$$\int_L = \int_{z_0 \alpha \beta Z} = \int_{z \alpha} + \int_{\alpha \beta} - \int_{\beta Z}$$

et de même

$$\int_\Lambda = \int_{z \alpha} + \int_{\alpha \beta} + \int_{\beta Z},$$

d'où

$$\int_\Lambda - \int_L = \int_{\alpha \beta} - \int_{\alpha \beta} .$$

Or les deux intégrales du second membre de cette égalité sont infiniment petites. En effet, soit M le maximum du module de $f(z)$ sur le cercle. On aura

$$\operatorname{mod} \int_{\alpha \beta} f(z)\,dz \lessgtr \int_{\alpha \beta} \operatorname{mod} f(z)\,dz \lessgtr \int_{\alpha \beta} M \operatorname{mod} dz$$

Mais, si l'on pose

$$z = x + y\,i,$$

d'où

$$dz = dx + i\,dy,$$

on aura

$$\operatorname{mod} dz = \sqrt{dx^2 + dy^2} = ds,$$

ds désignant l'élément d'arc de la ligne d'intégration, et, par suite,

$$\operatorname{mod} \int_{\alpha \beta} f(z)\,dz \lessgtr \int_{\alpha \beta} M\,ds \lessgtr M\,s \lessgtr M\,\pi r.$$

quantité infiniment petite.

La même démonstration s'appliquant à la seconde intégrale, on voit que la différence $\int_\Lambda - \int_L$ sera moindre que toute quantité donnée; elle sera donc nulle.

Les points critiques isolés de l'espèce considérée, s'ils pouvaient exister (ce dont on verra plus loin l'impossibilité), se comporteraient donc, au point de vue de l'intégration, comme des points ordinaires. En les supprimant de la liste des points critiques, les points critiques de la seconde classe deviendraient des points isolés. Pour ceux d'entre eux aux environs desquels $f(z)$ reste monodrome et finie, on pourra répéter la démonstration précédente, qui permettra de les supprimer à leur tour, et ainsi de suite.

281. Corollaire I. — *La valeur de l'intégrale* $\int f(z)\,dz$, *prise tout le long d'un contour fermé* K, *dans l'intérieur duquel* $f(z)$ *reste finie et monodrome, est égale à zéro.*

Marquons, en effet, sur le contour, deux points quelconques z_0 et Z (*fig.* 35). On aura

$$\int_{K}=\int_{z_0\alpha Z}+\int_{Z\beta z_0}=\int_{z_0\alpha Z}-\int_{z_0\beta Z}=0,$$

car les deux lignes $z_0\alpha Z$, $z_0\beta Z$ étant réductibles l'une à

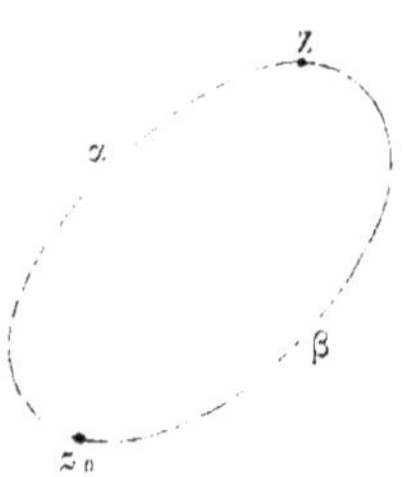

Fig. 35.

l'autre par une déformation continue, sans traverser aucun point pour lequel $f(z)$ cesse d'être finie et monodrome, les intégrales correspondant à ces deux lignes sont égales.

282. Corollaire II. — *Soient* C, C', ... *des contours fermés intérieurs à un autre contour* K (*fig.* 36). *Si la fonction* $f(z)$ *reste finie et monodrome dans tout l'intervalle compris entre le contour extérieur* K *et les contours intérieurs* C, C', ..., *on aura*

$$\int_{K}=\int_{C}+\int_{C'}+\cdots,$$

les intégrales étant prises dans le même sens le long de tous ces contours.

Joignons, en effet, chacun des contours intérieurs C, C′, … au contour extérieur, par des coupures $\alpha\beta$, $\gamma\delta$. L'intégrale prise suivant le contour fermé $\beta n\delta\gamma C\gamma\delta m\beta\alpha C'\alpha\beta$, dans le

Fig. 36.

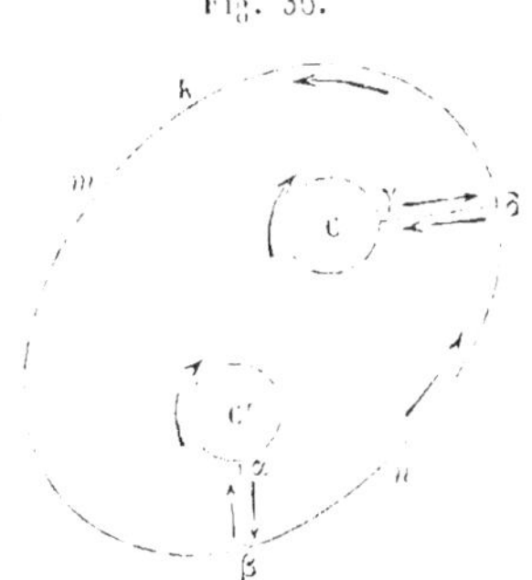

sens indiqué par les flèches (*fig.* 36) sera nulle (Corollaire I). Or elle se compose :

1° Des intégrales $\int_{\beta n\delta}$ et $\int_{\delta m\gamma}$, qui, réunies, forment $\int_K$;

2° Des intégrales $\int_{\beta\alpha}$, $\int_{\alpha\beta}$ et $\int_{\delta\gamma}$, $\int_{\gamma\delta}$, qui se détruisent deux à deux ;

3° Des intégrales $\int_C$ et $\int_{C'}$, prises dans le sens de la flèche, c'est-à-dire en sens inverse du sens dans lequel est prise l'intégrale $\int_K$. En renversant le sens du mouvement, ces intégrales $\int_C$ et $\int_{C'}$ changeront de signe ; on aura donc

$$\int_K - \int_C - \int_{C'} = 0,$$

d'où

$$\int_K = \int_C + \int_{C'},$$

tous les contours étant décrits dans le même sens.

283. Corollaire III. — *Si, dans l'intérieur du contour* K, *la fonction* $f(z)$ *est monodrome, mais présente des points critiques isolés* $a, a', \ldots,$ *on aura*

$$\int_{K} = \int_{c} + \int_{c'} + \cdots,$$

$c, c', \ldots$ *désignant des cercles infiniment petits, entourant les points critiques* $a, a', \ldots.$

En effet, $f(z)$ étant finie et monodrome entre le contour K et les cercles $c, c', \ldots$, on pourra appliquer le théorème précédent.

284. Il est d'ailleurs aisé de déterminer les valeurs des intégrales $\int_{c}, \int_{c'}, \ldots.$

Nous avons déjà annoncé, et nous démontrerons plus loin, qu'on a

$$f(z) = \varphi(z) + \psi(z),$$

$\varphi(z)$ étant une fonction pour laquelle a est un point ordinaire et $\psi(z)$ une série, finie ou infinie, mais toujours convergente, de la forme

$$\frac{A_1}{z - a} + \ldots + \frac{A_m}{(z - a)^m} + \ldots.$$

On aura donc, en intégrant,

$$\int f(z)\, dz = \int \varphi(z)\, dz + A_1 \log(z - a) + \ldots$$
$$+ \frac{A_m}{(-m + 1)(z - a)^{m-1}} + \ldots.$$

Lorsque z décrit le cercle c, les termes tout intégrés reprennent les mêmes valeurs aux deux limites, sauf le logarithme, qui augmente de $2\pi i$ (**262**), en supposant l'intégration effectuée dans le sens direct. D'autre part, $\varphi(z)$ restant finie et monodrome dans le cercle c, $\int_{c} \varphi(z)\, dz = 0$. On aura donc simplement

$$\int_c f(z)\,dz = 2\pi i A_1.$$

On trouverait de même

$$\int_{c'} f(z)\,dz = 2\pi i A'_1,$$

A'_1 étant le coefficient analogue à A_1 et relatif au point critique a'.

On aura, par suite,

$$\int_K = \int_c + \int_{c'} + \ldots = 2\pi i (A_1 + A'_1 + \ldots).$$

Les coefficients A_1, A'_1, ..., dont le résultat qui précède fait ressortir l'importance, se nomment les *résidus* de la fonction $f(z)$ relativement aux points critiques a, a', ...

Ils se calculent aisément, lorsque a, a', ... sont des pôles, en développant en série les fonctions $f(a+h)$, $f(a'+h)$, ..., suivant les puissances croissantes de h.

Nous pouvons donc énoncer le théorème suivant :

THÉORÈME. — *L'intégrale* $\int f(z)\,dz$, *prise dans le sens direct le long d'un contour fermé* K, *dans l'intérieur duquel* $f(z)$ *n'a que des points critiques isolés, est égale à la somme des résidus relatifs à ces points critiques, multipliée par* $2\pi i$.

285. Nous établirons encore les deux propositions suivantes :

THÉORÈME. — *L'intégrale* $\int f(z)\,dz$, *prise autour d'un cercle infiniment petit* c, *ayant son centre au point* a, *tendra vers zéro en même temps que le rayon* r *de ce cercle, quelle que soit d'ailleurs la fonction* $f(z)$, *pourvu qu'on ait*

$$\lim (z-a)f(z) = 0, \quad \text{pour} \quad z = a.$$

Soit, en effet, M le maximum du module de $(z — a) f(z)$ sur le cercle c; on aura, sur tout ce cercle,

$$\operatorname{mod} f(z) \lessgtr \frac{M}{\operatorname{mod}(z — a)} \lessgtr \frac{M}{r},$$

et, par suite,

$$\operatorname{mod} \int_c f(z)\, dz \lessgtr \int_c \frac{M}{r}\, ds \lessgtr \frac{M}{r}\, 2\pi r \lessgtr 2\pi M.$$

Mais, par hypothèse, M tend vers zéro avec r.

286. THÉORÈME. — *L'intégrale* $\int f(z)\, dz$, *prise autour d'un cercle* C, *ayant son centre à l'origine, tendra vers zéro lorsque le rayon* R *du cercle croît indéfiniment, si l'on a*

$$\lim z f(z) = 0, \quad \text{pour} \quad z = \infty.$$

Soit, en effet, M le maximum du module de $z f(z)$ sur le cercle C; on aura sur ce cercle

$$\operatorname{mod} f(z) \lessgtr \frac{M}{R},$$

$$\operatorname{mod} \int_C f(z)\, dz \lessgtr 2\pi M,$$

quantité qui tend vers zéro, par hypothèse, pour $R = \infty$.

Il est clair que ces deux propositions resteront vraies *a fortiori*, si l'intégration est bornée à une portion des cercles c et C.

287. Les théorèmes précédents fournissent une méthode féconde pour le calcul ou la transformation des intégrales définies.

Soit, par exemple, $f(z)$ une fonction jouissant des propriétés suivantes :

1° Elle est monodrome et n'a d'autres points critiques que des pôles dans toute la région du plan située au-dessus de l'axe des x;

2° Si elle a des points critiques $b, b', \ldots$ situés sur cet axe, elle pourra, aux environs de l'un quelconque de ces points, tel que b, se mettre sous la forme

$$(1) \qquad \frac{B_1}{(z-b)^{\beta_1}} + \frac{B_2}{(z-b)^{\beta_2}} + \ldots + \rho,$$

β_1, β_2, ... étant des constantes réelles au moins égales à 1 et le reste ρ étant tel que l'on ait

$$\lim (z-b)\rho = 0, \quad \text{pour} \quad z = b;$$

3° Enfin elle peut également se mettre sous la forme

$$M_1 z^{\mu_1} + M_2 z^{\mu_2} + \ldots + \tau,$$

μ_1, μ_2. ... étant au moins égaux à -1, et le reste τ étant tel que l'on ait

$$\lim z\tau = 0, \quad \text{pour} \quad z = \infty.$$

Intégrons cette fonction le long d'un contour formé (*fig.* 37) :

Fig. 37.

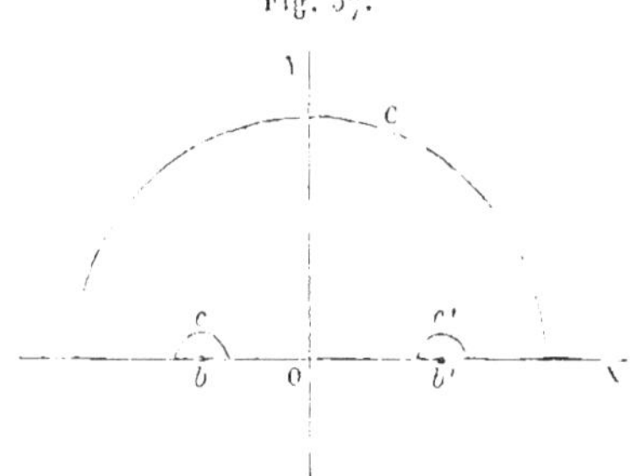

1° d'un demi-cercle C de rayon infini R, ayant pour centre l'origine et pour diamètre inférieur l'axe des x; 2° de ce diamètre, à l'exception des portions avoisinant les points critiques b, b', ..., auxquelles on substituera des demi-cercles c. c', ..., décrits de ces points critiques comme centres, avec des rayons infiniment petits r, r', ...

L'intégrale prise suivant ce contour est égale (284) à $2\pi i \Sigma A$, ΣA représentant la somme des résidus relatifs aux points critiques contenus dans le contour.

Or cette intégrale se compose : 1° des intégrales $\int_C$, $\int_c$, $\int_{c'}$ ..., prises suivant les demi-cercles ; 2° de l'intégrale $\int_L$, prise suivant les portions rectilignes du contour. On aura donc

$$\int_L = 2\pi i \, \Sigma \mathrm{A} - \int_c - \int_{c'} - \cdots - \int_C.$$

Cherchons ce que devient cette équation, lorsque R tend vers ∞ et $r, r', \ldots$ vers zéro.

L'intégrale $\int_L$ a pour limite, par définition, la valeur principale de l'intégrale $\int_{-\infty}^{x} f(x)\, dx$, et, par suite, cette intégrale elle-même, si elle a une valeur finie et déterminée.

La somme $\Sigma \mathrm{A}$ s'étendra à tous les pôles situés au-dessus de l'axe des x. Chacun des termes qui la composent se calculera par un développement en série facile à effectuer.

Enfin les intégrales $\int_c$, $\int_{c'}$ $\ldots$, $\int_C$ sont aisées à calculer. On a, par exemple,

$$\int_c f(z)\, dz = \int_c \left[\frac{\mathrm{B}_1}{(z-b)^{\beta_1}} + \frac{\mathrm{B}_2}{(z-b)^{\beta_2}} + \ldots + \rho \right] dz.$$

Or on a (285)

$$\int_c \rho \, dz = 0.$$

D'autre part, si $\beta_1 > 1$,

$$\int_c \frac{\mathrm{B}_1 \, dz}{(z-b)^{\beta_1}} = \left[\frac{\mathrm{B}_1}{1-\beta_1} \, \frac{1}{(z-b)^{\beta_1-1}} \right]_{b-r}^{b+r}$$
$$= \frac{\mathrm{B}_1}{1-\beta_1} \left(1 - e^{-\pi i (\beta_1-1)} \right) \frac{1}{r^{\beta_1-1}},$$

et, si $\beta_1 = 1$,

$$\int_c \frac{\mathrm{B}_1 \, dz}{z-b} = \left[\mathrm{B}_1 \log(z-b) \right]_{b-r}^{b+r} = - \mathrm{B}_1 \pi i.$$

L'intégrale de ce terme sera donc nulle, si β_1 est un entier impair > 1 (car on aura, dans ce cas, $1 - e^{-\pi i(\beta_1 - 1)} = 0$): égale à une constante, si $\beta_1 = 1$, et, enfin, de la forme $\dfrac{K}{r^{\beta_1 - 1}}$, dans tous les autres cas.

On peut calculer de même l'intégrale de chacun des autres termes $\dfrac{B_2 \, dz}{(z - b)^{\beta_2}}$, ... La somme de toutes ces intégrales se réduira à zéro ou à une constante, si toutes les quantités β_1, β_2, ... sont des entiers impairs. Dans le cas contraire, il est clair que, en faisant tendre r vers zéro, l'intégrale $\displaystyle\int_c f(z) \, dz$ tendra vers ∞, et, par suite, la valeur principale de $\displaystyle\int_{-\infty}^{\infty} f(x) \, dx$ sera elle-même infinie ou indéterminée.

On peut calculer de même chacune des intégrales $\displaystyle\int_{c'}$, ...

On a enfin

$$\int_C f(z) \, dz = \int_C (M_1 z^{\mu_1} + M_2 z^{\mu_2} + \ldots + \sigma) \, dz.$$

D'ailleurs (286),

$$\int_C \sigma \, dz = 0.$$

D'autre part, si $\mu_1 > -1$,

$$\int_C M_1 z^{\mu_1} \, dz = \left(\frac{M_1}{\mu_1 - 1} \, z^{\mu_1 + 1} \right)_R^{-R} = \frac{M_1}{\mu_1 + 1} \, (e^{\pi i(\mu_1 + 1)} - 1) R^{\mu_1 + 1},$$

et, si $\mu_1 = -1$,

$$\int_C M_1 \frac{dz}{z} = (M_1 \log z)_R^{-R} = M_1 \pi i.$$

L'intégrale sera donc nulle, si μ_1 est un entier impair > -1; constante, si $\mu_1 = -1$; de la forme $K R^{\mu_1 + 1}$, dans tous les autres cas.

Donc $\displaystyle\int_C f(z) \, dz$ se réduira à zéro ou à une constante, si μ_1,

μ_2, ... sont des entiers impairs. Dans le cas contraire, elle tendra vers ∞ en même temps que R, et la valeur principale de $\int_{-\infty}^{\infty} f(z)\,dz$ sera infinie ou indéterminée.

288. Posons, comme application,

$$f(z) = \frac{z^{a-1}}{1+z},$$

a étant compris entre 0 et 1.

Cette fonction n'a aucun pôle au-dessus de l'axe des x.

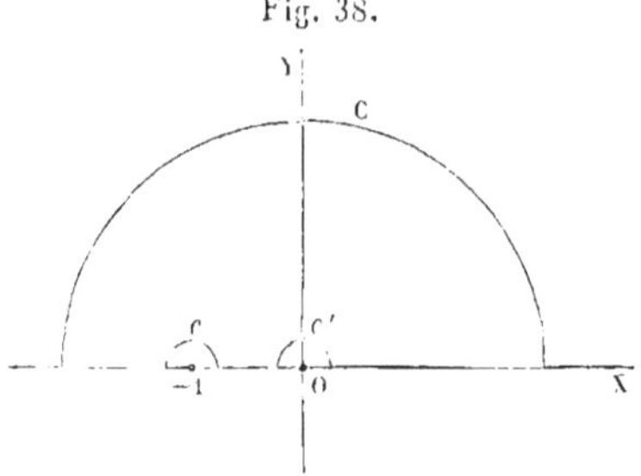

Fig. 38.

Elle a sur cet axe deux points critiques, 0 et −1 (*fig.* 38). On aura donc

$$\text{val. princ.} \int_{-\infty}^{\infty} \frac{x^{a-1}}{1+x}\,dx = -\int_{c} - \int_{c'} - \int_{C}.$$

Or $z f(z)$ a évidemment pour limite zéro, pour $z = 0$ et pour $z = \infty$. Donc les intégrales $\int_{c'}$ et $\int_{C}$ sont nulles.

On a, d'autre part,

$$\frac{z^{a-1}}{1+z} = \frac{(-1)^{a-1}}{1+z} + \rho,$$

$(1+z)\rho$ s'annulant pour $z = -1$, et, par suite,

$$\int_{c} = -(-1)^{a-1}\pi i;$$

d'où

$$(2) \qquad \text{val. princ.} \int_{-\infty}^{\infty} \frac{x^{a-1}}{1+x}\,dx = (-1)^{a-1}\pi i.$$

Avant d'aller plus loin, il convient de préciser celle des branches de la fonction z^{a-1} que nous considérons. Nous choisirons celle qui, pour les valeurs réelles et positives de z, est réelle et positive. On aura, d'après cela,

$$z^{a-1} = \rho^{a-1}[\cos(a-1)\varphi + i\sin(a-1)\varphi],$$

ρ désignant le module de z et φ celui de ses arguments qui est compris entre 0 et π. En particulier,

$$(-1)^{a-1} = \cos(a-1)\pi + i\sin(a-1)\pi = -\cos a\pi - i\sin a\pi.$$

Cela posé, l'intégrale $\int_0^{\infty} \frac{x^{a-1}}{1+x}\,dx$, que nous désignerons par I, est finie et déterminée, et ses éléments sont tous réels. Soit, d'autre part, $(-1)^{a-1}$K la valeur principale de l'intégrale $\int_{\infty}^{0} \frac{x^{a-1}}{1+x}\,dx$; K aura également tous ses éléments réels et l'équation (2) deviendra

$$I + (-1)^{a-1}K = (-1)^{a-1}\pi i$$

ou

$$I - (\cos a\pi + i\sin a\pi)K = -\pi i(\cos a\pi + i\sin a\pi).$$

Séparons la partie réelle de la partie imaginaire, il viendra

$$I - K\cos a\pi = \pi\sin a\pi,$$
$$K\sin a\pi = \pi\cos a\pi;$$

d'où

$$K = \pi\cot a\pi, \quad I = \frac{\pi}{\sin a\pi}.$$

289. Soit, en second lieu, $f(z)$ une fonction qui satisfasse aux conditions du n° **287** et qui, de plus, tende vers zéro pour $z = \infty$.

Considérons l'intégrale $\int e^{iz}f(z)\,dz$, prise suivant le même contour que dans l'application précédente. On aura encore

$$\text{val. princ.} \int_{-\infty}^{\infty} e^{iz} f(z)\, dz = 2\pi i \Sigma A - \int_{c} - \int_{c'} \cdots - \int_{c}.$$

Les intégrales $\int_{c}$, $\int_{c'}$, ... pourront se calculer comme tout à l'heure, car la fonction e^{iz} pouvant être développée suivant les puissances croissantes de $z - b$, si $f(z)$ peut être mis sous la forme (1), il en sera évidemment de même de $e^{iz} f(z)$.

Quant à l'intégrale $\int_{C}$, elle aura pour limite zéro. Soit, en effet, μ le maximum du module de $f(z)$ sur le demi-cercle de rayon R. On aura sur ce demi-cercle

$$z = \mathrm{R}(\cos\varphi + i\sin\varphi),$$

φ variant de 0 à π. On en déduit

$$\operatorname{mod} e^{iz} = \operatorname{mod} e^{i\mathrm{R}\cos\varphi - \mathrm{R}\sin\varphi} = e^{-\mathrm{R}\sin\varphi}$$

et

$$\operatorname{mod} dz = ds = \mathrm{R}\, d\varphi;$$

on aura donc

$$\operatorname{mod} \int_{C} e^{iz} f(z)\, dz \leqq \int_{0}^{\pi} \mu\, e^{-\mathrm{R}\sin\varphi} \mathrm{R}\, d\varphi \leqq 2\mu \int_{0}^{\frac{\pi}{2}} e^{-\mathrm{R}\sin\varphi} \mathrm{R}\, d\varphi.$$

Or, entre 0 et $\dfrac{\pi}{2}$, $\sin\varphi \geqq \dfrac{2\varphi}{\pi}$. Le module cherché sera donc moindre que

$$2\mu \int_{0}^{\frac{\pi}{2}} e^{-\frac{2}{\pi}\mathrm{R}\varphi} \mathrm{R}\, d\varphi = 2\mu\, \frac{\pi}{2}\,(1 - e^{-\mathrm{R}}).$$

Or, pour $\mathrm{R} = \infty$, μ tend vers zéro, ainsi que $e^{-\mathrm{R}}$; donc cette expression tend vers zéro.

290. Soit, par exemple,

$$f(z) = \frac{1}{a^2 + z^2}.$$

Cette fonction a un pôle $z = -ai$ au-dessus de l'axe des x et n'a aucun point critique sur cet axe. De plus, l'intégrale $\int_{-\infty}^{+\infty} \frac{e^{ix}}{a^2 + x^2}\, dx$ est finie et déterminée. Elle aura donc pour valeur $2\pi i A$, A désignant le résidu de $\frac{e^{iz}}{a^2 + z^2}$ par rapport au pôle ai. Or, si nous posons $z = ai + h$, cette expression devient

$$\frac{e^{-a}(1 + ih - \dots)}{2\,aih - h^2} = \frac{e^{-a}}{2\,ai}\,\frac{1}{h} - \dots$$

Donc

$$A = \frac{e^{-a}}{2\,ai}$$

et

$$\int_{-\infty}^{+\infty} \frac{e^{ix}}{a^2 + x^2}\, dx = \frac{\pi}{a}\, e^{-a}.$$

Séparons encore, dans cette équation, la partie réelle de la partie imaginaire ; il viendra

$$\int_{-\infty}^{+\infty} \frac{\cos x}{a^2 + x^2}\, dx = \frac{\pi}{a}\, e^{-a},$$

$$\int_{-\infty}^{+\infty} \frac{\sin x}{a^2 + x^2}\, dx = 0.$$

291. Considérons, comme troisième application, la fonc-

Fig. 39.

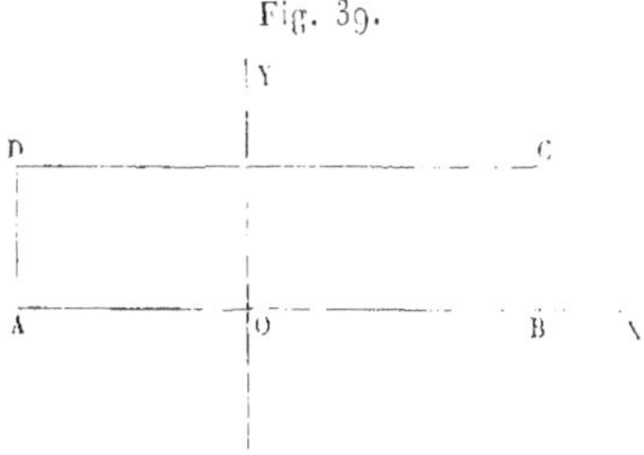

tion e^{-z^2}. Intégrons-la suivant le rectangle ABCD (*fig.* 39). La fonction e^{-z^2} restant finie et monodrome, l'intégrale sera nulle; d'où la condition

$$(3) \qquad \int_{AB} + \int_{BC} + \int_{CD} + \int_{DA} = 0.$$

Supposons que les longueurs $OA = p$, $OB = q$ croissent indéfiniment, la hauteur BC conservant, au contraire, une longueur constante a.

L'intégrale $\int_{AB}$ aura évidemment pour limite

$$\int_{-\infty}^{\infty} e^{-x^2}\, dx = 2\int_0^\infty e^{-x^2}\, dx = \sqrt{\pi}.$$

Dans l'intégrale $\int_{BC}$, posons $z = q + it$; la nouvelle variable t sera réelle et variera de 0 à a. On a donc

$$\int_{BC} e^{-z^2}\, dz = \int_0^a e^{-(q+it)^2} i\, dt = e^{-q^2} \int_0^a e^{-2qit} e^{t^2} i\, dt.$$

Son module aura pour limite supérieure

$$e^{-q^2} \int_0^a e^{t^2}\, dt = a e^{a^2} e^{-q^2},$$

quantité qui tend vers zéro pour $q = \infty$. Donc

$$\lim \int_{BC} = 0.$$

Posant $z = -p + it$ dans $\int_{DA}$, on trouvera de même

$$\lim \int_{DA} = 0.$$

Enfin, dans l'intégrale $\int_{CD}$, posons $z = ai + t$; t variera de $+\infty$ à $-\infty$, et l'on aura

$$\lim \int_{CD} e^{-z^2}\, dz = \int_\infty^{-\infty} e^{-(ai+t)^2}\, dt.$$

L'équation (3) deviendra donc

$$\sqrt{\pi} + \int_{-\infty}^{-\infty} e^{2ai - t^2} dt = 0,$$

ou

$$\int_{-\infty}^{\infty} e^{a^2} e^{-t^2} (\cos 2at - i \sin 2at) dt = \sqrt{\pi}.$$

Divisant par e^{a^2} et séparant les parties réelles des parties imaginaires, il viendra

$$\int_{-\infty}^{\infty} e^{-t^2} \cos 2at \, dt = e^{-a^2} \sqrt{\pi},$$

$$\int_{-\infty}^{\infty} e^{-t^2} \sin 2at \, dt = 0.$$

292. Considérons, en dernier lieu, la fonction

$$f(z) = \frac{1}{z^{n+1} \sqrt{1 - 2xz + z^2}} \qquad (n \text{ entier positif}).$$

Intégrons-la le long d'un cercle c (*fig.* 40) de rayon r infini-

Fig. 40.

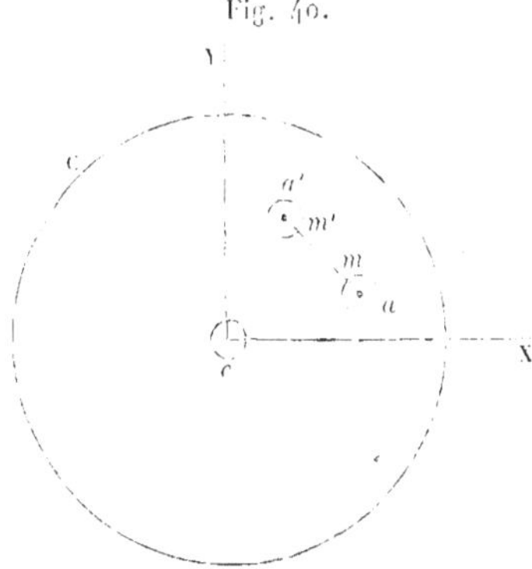

ment petit, décrit autour de l'origine.

L'intégrale sera égale au produit de $2\pi i$ par le résidu de la fonction correspondant au pôle $z = 0$. Mais on a, en se tenant à celle des valeurs du radical qui se réduit à 1 pour $z = 0$,

$$\frac{1}{\sqrt{1 - 2xz + z^2}} = 1 + X_1 z + \ldots + X_n z^n + \ldots$$

$X_1, \ldots, X_n, \ldots$ désignant les polynômes de Legendre (*Calcul différentiel*, n° 91). Divisant par z^{n+1}, on trouvera évidemment pour résidu X_n. On aura donc

$$X_n = \frac{1}{2\pi i} \int_c \frac{dz}{z^{n+1}\sqrt{1 - 2xz + z^2}}.$$

293. Le radical $\sqrt{1 - 2xz + z^2}$ s'annule pour les deux valeurs de z qui ont pour affixe $a = x + \sqrt{x^2 - 1}$ et $a' = x - \sqrt{x^2 - 1}$. Entourons ces points par des cercles γ et γ' de rayons infiniment petits ρ et ρ'; joignons ces cercles par une droite mm' dirigée suivant la ligne des centres, et considérons le contour K formé par la droite mm', le cercle γ', la droite $m'm$ et le cercle γ. Soit, enfin, C un cercle de rayon infini tracé autour de l'origine.

La fonction à intégrer reste monodrome dans l'espace compris entre les contours C, K et c. On sait, en effet, que le radical change de signe lorsqu'on tourne autour d'un des points critiques a et a'; mais, tant qu'on ne traverse pas la ligne mm', on ne pourra tourner autour d'un de ces points sans envelopper l'autre en même temps, ce qui donne un nombre pair de changements de signe.

On aura donc

$$\int_C = \int_c + \int_K = \int_c + \int_{mm'} + \int_{\gamma'} + \int_{m'm} + \int_{\gamma}.$$

294. Or les intégrales $\int_C$, $\int_{\gamma'}$, $\int_{\gamma}$ ont évidemment pour limite zéro (**285** et **286**).

D'autre part, les intégrales $\int_{mm'}$ et $\int_{m'm}$ sont égales ; car, aux points correspondants, la fonction à intégrer est la même, sauf le signe, qui est changé par suite de la révolution opérée autour d'un point critique, et la différentielle dz a également changé de signe, le sens de l'intégration étant renversé.

Les points m et m' tendant d'ailleurs vers a et a', ces intégrales ont pour limite commune l'intégrale

$$\int \frac{dz}{z^{n-1}\sqrt{1-2xz+z^2}}$$

prise en ligne droite de a à a', et le radical devant être pris avec la valeur qu'il possède sur le côté droit de la ligne aa'.

Changeons de variable en posant $z = x + \sqrt{x^2-1}\cos\varphi$. Il est clair que, lorsque z parcourra aa', $\cos\varphi$ variera de $+1$ à -1, et φ de zéro à π. On aura d'ailleurs

$$dz = -\sqrt{x^2-1}\sin\varphi\, d\varphi.$$

$$\sqrt{1-2xz+z^2} = \pm\sqrt{1-x^2}\sin\varphi.$$

Donc

$$(4)\quad X_n = \frac{1}{2\pi i}\int_c = -\frac{1}{\pi i}\int_{aa'} = \pm\frac{1}{\pi}\int_0^\pi \frac{d\varphi}{\left(x+\sqrt{x^2-1}\cos\varphi\right)^{n-1}}.$$

295. Il reste à déterminer le signe à donner à l'intégrale. Faisons l'hypothèse particulière $x = 1$, il viendra

$$\frac{1}{\sqrt{1-2xz+z^2}} = \frac{1}{1-z} = 1 + z + z^2 + \dots,$$

et, par suite, $X_n(1) = 1$. Quant à l'intégrale du second membre, elle devient

$$= \pm\frac{1}{\pi}\int_0^\pi d\varphi = \pm 1.$$

C'est donc le signe $+$ qu'on devra prendre.

Supposons, au contraire, $x = -1$. On aura

$$\frac{1}{\sqrt{1-2xz+z^2}} = \frac{1}{1+z} = 1 - z + z^2 - z^3 + \dots.$$

Donc $X_n(-1) = (-1)^n$. L'intégrale définie devient, d'autre part,

$$= \frac{1}{\pi} \int_0^\pi \frac{dz}{(-1)^{n+1}} = \ldots = (-1)^{n+1}.$$

Il faudra donc prendre le signe —.

On voit donc que le signe à prendre dépend de la valeur de x. Cherchons comment il varie avec x.

Il est tout d'abord évident que ce signe ne peut varier que lorsque x passe par une valeur qui annule les deux membres de l'équation (4), ou rend l'un d'eux discontinu.

Or X_n est continu et ne s'annule que pour des points isolés, qu'on pourra toujours éviter dans le passage d'une valeur de x à une autre. Quant à l'intégrale du second membre, elle ne pourra devenir discontinue que si son dénominateur s'annule dans le champ de l'intégration. Il faut et il suffit pour cela que $\dfrac{x}{\sqrt{x^2-1}}$ soit réel et compris entre -1 et $+1$, et, par suite, que $\dfrac{x^2}{x^2-1}$ soit réel et < 1. Cela n'aura lieu que si x^2 est réel et négatif. L'axe Oy sera donc la ligne de démarcation entre les valeurs de x pour lesquelles on doit prendre le signe $+$, et celles pour lesquelles on doit prendre le signe —.

Si x est purement imaginaire, la relation (4) est d'ailleurs illusoire, car la fonction à intégrer devient infinie dans le champ de l'intégration, et de telle sorte que l'intégrale est en réalité indéterminée. Ce défaut de la méthode provient de ce que la droite aa' passant dans ce cas par l'origine des coordonnées, qui est un point critique de la fonction $\dfrac{1}{z^{n+1}\sqrt{1-2xz+z^2}}$, il ne saurait être question d'intégrer suivant cette ligne.

296. Si, dans l'expression

$$X_n = \frac{1}{2\pi i} \int_c \frac{dz}{z^{n+1}\sqrt{1-2xz+z^2}},$$

nous changeons de variable en posant $z = \dfrac{1}{t}$, d'où $dz = -\dfrac{dt}{t^2}$, il viendra évidemment

$$X_n = -\frac{1}{2\pi i} \int_C \frac{-t^n\,dt}{\sqrt{1 - 2xt + t^2}},$$

C désignant un cercle de rayon infini.

La nouvelle fonction à intégrer restant monodrome entre le cercle C et le contour K, on aura

$$\int_C = \int_K = 2\int_{aa'}.$$

Dans cette dernière intégrale, posons, comme tout à l'heure,

$$t = x + \sqrt{x^2 - 1}\cos\varphi;$$

il viendra

$$\int_{aa'} \frac{-t^n\,dt}{\sqrt{1 - 2xt + t^2}} = \pm i \int_0^\pi \left(x + \sqrt{x^2 - 1}\cos\varphi\right)^n d\varphi$$

et, par suite,

$$X_n = \pm \frac{1}{\pi} \int_0^\pi \left(x + \sqrt{x^2 - 1}\cos\varphi\right)^n d\varphi.$$

Pour $x = 1$, il faudra prendre le signe $+$. Ce signe devra d'ailleurs être maintenu, quel que soit x, car les deux membres de l'équation sont toujours continus.

III. — Théorèmes généraux sur les fonctions monodromes.

297. Théorème. — *Soient $f(z)$ une fonction continue et monodrome dans l'intérieur d'un contour* K, *et sur ce contour lui-même; a un point intérieur à ce contour; on aura*

$$(1) \qquad \int_K \frac{f(z)}{z - a}\,dz = 2\pi i\,f(a).$$

Soit, en effet, c un cercle de rayon infiniment petit r décrit du point a comme centre ; on aura évidemment

$$\int_{\kappa} \frac{f(z)}{z-a}\, dz = \int_{c} \frac{f(z)}{z-a}\, dz.$$

Mais on a

$$f(z) = f(a) + \varepsilon,$$

ε étant une quantité infiniment petite sur le cercle c.

On aura donc

$$\int \frac{f(z)}{z-a}\, dz = f(a)\log(z-a) + \int \frac{\varepsilon}{z-a}\, dz.$$

Si r décroît indéfiniment, l'intégrale $\int \dfrac{\varepsilon}{z-a}\, dz$, prise le long du cercle c, aura pour limite zéro (**285**). D'autre part, $\log(z-a)$ s'accroît de $2\pi i$ lorsqu'on décrit le cercle ; on aura donc bien

$$\int_{c} \frac{f(z)}{z-a}\, dz = 2\pi i\, f(a).$$

298. L'équation (1), différentiée par rapport au paramètre a, donnera les suivantes :

$$(2)\quad
\begin{cases}
\displaystyle \int_{\kappa} \frac{f(z)\, dz}{(z-a)^2} = 2\pi i\, f'(a),\\[2mm]
\cdots\cdots\cdots\cdots\cdots\cdots\cdots\cdots\\[2mm]
\displaystyle 1.2\ldots n \int_{\kappa} \frac{f(z)\, dz}{(z-a)^{n+1}} = 2\pi i\, f^n(a).
\end{cases}$$

Les intégrales qui figurent aux premiers membres étant évidemment finies et déterminées, on voit que chacune des dérivées successives de la fonction f sera monodrome dans l'intérieur du contour ; elle sera d'ailleurs continue, puisque sa dérivée est finie.

299. Désignons par r la plus courte distance du point a au contour K ; on aura sur tout le contour

$$\mathrm{mod}(z-a) \geqq r.$$

Soient, d'autre part, M le maximum du module de $f(z)$ sur le contour, et S la longueur du contour ; on aura

$$\operatorname{mod} \int_K \frac{f(z)}{(z-a)^{n+1}}\, dz \lessgtr \int_K \frac{M}{r^{n+1}}\, ds \lessgtr \frac{M}{r^{n+1}}\, S$$

et, par suite,

$$\operatorname{mod} f^n(a) \lessgtr \frac{1.2\ldots n}{2\pi} \cdot \frac{M}{r^{n-1}}\, S.$$

En particulier, si K était un cercle ayant a pour centre, on aurait $S = 2\pi r$, d'où

$$(3) \qquad \operatorname{mod} f_n(a) \lessgtr \frac{1.2\ldots n . M}{r^n}.$$

300. Les résultats qui précèdent s'étendent immédiatement aux fonctions de plusieurs variables.

Soit $f(z, u)$ une fonction des deux variables indépendantes z, u, qui reste monodrome et continue tant que z et u ne sortent pas respectivement des contours fermés K et L ; soient a et b deux points situés respectivement dans l'intérieur de ces contours ; on aura

$$(4) \qquad \int_L \int_K \frac{f(z, u)\, dz\, du}{(z-a)(z-b)} = (2\pi i)^2 f(a, b).$$

En effet, intégrant d'abord par rapport à z, la formule (1) donnera

$$\int_K \frac{f(z, u)\, dz\, du}{(z-a)(u-b)} = 2\pi i \frac{f(a, u)}{u-b}\, du.$$

Intégrant de nouveau par rapport à u, on aura la formule (4).

La différentiation sous le signe $\int$ par rapport aux paramètres a et b donnera la formule plus générale

$$(5)\ \ 1.2\ldots n.1.2\ldots p \int_L \int_K \frac{f(z, u)\, dz\, du}{(z-a)^{n+1}(u-b)^{p+1}} = (2\pi i)^2 \frac{\partial^{n+p} f(a, b)}{\partial^n a\, \partial^p b}.$$

On voit, par cette expression, que les dérivées partielles de la fonction f sont monodromes et continues comme cette fonction elle-même.

Soient, enfin, M le maximum du module de f lorsque z et u décrivent les contours K et L; r et r' les plus courtes distances des points a et b à ces contours, S et S' les longueurs de ces contours; on aura

$$\operatorname{mod} \frac{\partial^{n+p} f(a, b)}{\partial^n a\, \partial^p b} < \frac{1.2\ldots n.1.2\ldots p}{(2\pi)^2} \int_K \int_L \frac{M}{r^{n+1} r'^{p+1}}\, ds\, ds'$$

$$\leq \frac{1.2\ldots n.1.2\ldots p}{(2\pi)^2} \frac{MSS'}{r^{n+1} r'^{p+1}},$$

Si les contours sont des cercles décrits autour des points a et b, on aura $S = 2\pi r$, $S' = 2\pi r'$, et la limite précédente deviendra

$$\frac{1.2\ldots n.1.2\ldots p}{r^n r'^p} M.$$

301. Série de Taylor. — *Soient $f(z)$ une fonction continue et monodrome dans l'intérieur d'un cercle c, ayant son centre au point a (fig. 41), et sur ce cercle lui même;*

Fig. 41.

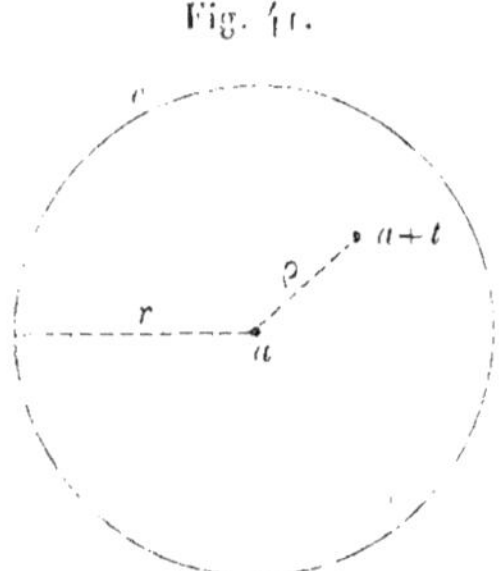

$a + t$ un point pris arbitrairement dans l'intérieur de ce cercle; on aura

$$(6) \quad f(a+t) = f(a) + t f'(a) + \ldots + \frac{t^n f^n(a)}{1.2\ldots n} + \ldots$$

On a. en effet,

$$f(a+t) = \frac{1}{2\pi i}\int_c \frac{f(z)}{z-a-t}\,dz$$

$$= \frac{1}{2\pi i}\int_c f(z)\,dz\left[\frac{1}{z-a} + \frac{t}{(z-a)^2} + \cdots + \frac{t^n}{(z-a)^{n+1}}\right.$$
$$\left. + \frac{t^{n+1}}{(z-a)^{n+1}(z-a-t)}\right]$$

$$= f(a) + tf'(a) + \cdots + \frac{t^n f^n(a)}{1.2\ldots n} + R,$$

le reste R étant exprimé par l'intégrale

$$\int_c f(z)\,dz\,\frac{t^{n+1}}{(z-a)^{n+1}(z-a-t)}.$$

Ce reste tend vers zéro quand n augmente.

Soient, en effet, M le maximum du module de $f(z)$ sur le cercle; ρ le module de t, lequel est inférieur à r, module de $z-a$. On aura

$$\operatorname{mod} R < \int_c M\,\frac{\rho^{n+1}}{r^{n+1}(r-\rho)}\,ds < \frac{2\pi r M}{r-\rho}\left(\frac{\rho}{r}\right)^{n+1},$$

quantité qui a pour limite zéro pour $n = \infty$.

302. Ce résultat s'étend immédiatement aux fonctions de plusieurs variables. Soit, en effet, $f(z, u)$ une fonction qui reste monodrome tant que z et u ne sortent pas respectivement des cercles c et c' décrits autour des points a et b avec des rayons r et r'. Soient, enfin, $a+t$, $b+t'$ des points choisis à volonté dans l'intérieur de ces cercles. On aura

$$f(a+t, b+t')$$

$$= \frac{1}{(2\pi i)^2}\int_c\int_{c'} \frac{f(z, u)\,dz\,du}{(z-a-t)(u-b-t')}$$

$$= \frac{1}{(2\pi i)^2}\int_c\int_{c'} f(z, u)\,dz\,du\left[\frac{1}{z-a} + \frac{t}{(z-a)^2} + \cdots\right]\left[\frac{1}{u-b} + \frac{t'}{(u-b)^2} + \cdots\right]$$

$$= f(a, b) + \frac{\partial f}{\partial a}t + \frac{\partial f}{\partial b}t' + \frac{1}{2}\frac{\partial^2 f}{\partial a^2}t^2 + \cdots.$$

On prouvera d'ailleurs, comme dans le cas d'une seule variable, que le reste de la série tend vers zéro.

303. **Théorème de Laurent.** — *Soient $f(z)$ une fonction qui reste continue et monodrome tant que z ne sort pas d'une couronne circulaire ayant son centre au point a; et soit $a + t$ un point quelconque situé dans cette couronne; $f(a + t)$ sera développable en une double série convergente de la forme*

$$(7) \qquad f(a + t) = \sum_{m=-\infty}^{m=\infty} A_m t^m.$$

Soient, en effet, c et c' (*fig.* 42) les deux cercles qui limi-

Fig. 42.

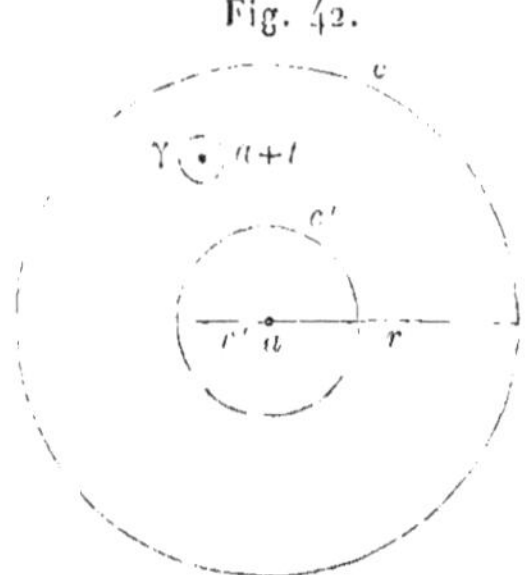

tent la couronne; γ un cercle infiniment petit entourant le point $a + t$. On aura

$$f(a + t) = \frac{1}{2\pi i} \int_\gamma \frac{f(z)}{z - a - t} dz$$

ou, comme $f(z)$ est monodrome entre les cercles c, c', γ,

$$f(a + t) = \frac{1}{2\pi i} \int_c \frac{f(z)\,dz}{z - a - t} - \frac{1}{2\pi i} \int_{c'} \frac{f(z)}{z - a - t} dz.$$

Dans la première intégrale, on a constamment

$$\mathrm{mod}(z - a) = r > \mathrm{mod}\, t.$$

On pourra donc développer le facteur $\dfrac{1}{z-a-t}$ en une série convergente

$$\frac{1}{z-a}+\frac{t}{(z-a)^2}+\cdots$$

Dans la seconde intégrale, on a, au contraire,

$$\operatorname{mod}(z-a)<t$$

et, par suite,

$$\frac{1}{z-a-t}=-\frac{1}{t}-\frac{z-a}{t^2}-\cdots$$

Substituons ces valeurs dans les intégrales ci-dessus, séparons les divers termes et remarquons enfin que les intégrales prises sur les cercles c et c' peuvent être prises aussi bien sur un cercle concentrique quelconque c'' tracé dans la couronne, les fonctions à intégrer restant continues et monodromes entre ces divers cercles. Il viendra

$$f(a+t)=\sum_{m=-\infty}^{m=\infty} A_m t^m,$$

en posant, pour abréger,

$$A_m=\frac{1}{2\pi i}\int_{c''}\frac{f(z)\,dz}{(z-a)^{m+1}}.$$

On vérifiera d'ailleurs, sans aucune difficulté, que le reste de la série, tant du côté des puissances positives que du côté des puissances négatives, tend vers zéro quand m augmente.

304. Le développement en série de la fonction $f(a+t)$, suivant les puissances croissantes et décroissantes de t, ne peut d'ailleurs s'effectuer que d'une seule manière.

Supposons, en effet, qu'on ait obtenu, par un procédé quelconque, un autre développement

$$f(a+t)=\Sigma A'_m t^m.$$

En le comparant à celui qui précède, il viendra

$$\Sigma(A'_m-A_m)\,t^m=0.$$

Divisons cette équation par t^{n+1}, et intégrons le long d'un cercle arbitraire concentrique à ceux qui forment la couronne. Chaque terme aura pour intégrale une fonction rationnelle, qui reprend la même valeur lorsqu'on revient au point de départ. Son intégrale sera donc nulle. Il n'y aura d'exception que pour le terme en $\frac{1}{t}$, lequel a pour coefficient $A'_n - A_n$ et a pour intégrale indéfinie $(A'_n - A_n)\log t$. Son intégrale le long du cercle sera $(A'_n - A_n)2\pi i$. L'intégrale du premier membre de l'équation sera donc $(A'_n - A_n)2\pi i$. Celle du second membre étant nulle, on aura nécessairement $A'_n - A_n$.

Cette relation devant avoir lieu quel que soit n, les deux développements coïncideront.

305. Théorème. — *Si la fonction $f(z)$ s'annule pour $z = a$, en restant continue et monodrome aux environs de ce point, on aura*

$$f(z) = (z - a)^m \varphi(z),$$

m étant un entier et $\varphi(z)$ une fonction continue et monodrome aux environs du point a, et qui ne s'annule plus en ce point.

On a, en effet, aux environs du point a,

$$f(a + t) = f(a) + t f'(a) + \dots$$

ou, en posant $a + t = z$,

$$f(z) = f(a) + (z - a) f'(a) + \dots.$$

Soit f^m la première des dérivées successives de f qui ne s'annule pas pour $z = a$; il viendra

$$f(z) = (z - a)^m \left[\frac{f^m(a)}{1.2\dots m} + \frac{f^{m+1}(a)}{1.2\dots(m+1)}(z - a) + \dots \right].$$

La fonction entre parenthèses ne s'annule plus pour $z = a$; elle est d'ailleurs continue et monodrome aux environs de ce point, comme toute série convergente procédant suivant les puissances entières et croissantes d'une variable.

Nous dirons, pour abréger, que a est un *zéro* de la fonction $f(z)$, et que m est son *degré de multiplicité*.

306. THÉORÈME. — *Tout point critique* a *d'une fonction* $f(z)$, *qui reste point ordinaire pour la fonction* $\dfrac{1}{f(z)}$, *est un pôle.*

En effet, la fonction $\dfrac{1}{f(z)}$ étant par définition continue et monodrome aux environs du point a, on aura

$$\frac{1}{f(z)} = (z-a)^m \varphi(z),$$

$\varphi(z)$ étant continue et monodrome aux environs de a et ne s'annulant pas en ce point. Son inverse $\dfrac{1}{\varphi(z)}$ jouira évidemment des mêmes propriétés; on pourra donc écrire, en appliquant la formule de Taylor,

$$\frac{1}{\varphi(z)} = A_0 + A_1(z-a) + \ldots.$$

d'où

$$f(z) = \frac{1}{(z-a)^m \varphi(z)} = \frac{A_0}{(z-a)^m} + \ldots + \frac{A_{m-1}}{z-a} + \psi(z),$$

$\psi(z)$ restant continue et monodrome aux environs du point a.

L'exposant m se nomme le *degré de multiplicité* du pôle a.

307. THÉORÈME. — *Si la fonction* $f(z)$ *n'a d'autres points critiques que des pôles dans l'intérieur d'un contour fermé* K, *on aura*

$$(8) \qquad \frac{1}{2\pi i} \int_K \frac{f'(z)}{f(z)}\, dz = M - N,$$

M *désignant le nombre des zéros et* N *le nombre des pôles* de $f(z)$ situés dans l'intérieur du contour, chacun d'eux étant compté avec son degré de multiplicité.

En effet, $f'(z)$ restant continue et monodrome tant que $f(z)$ reste elle-même continue et monodrome, la fonction $\dfrac{f'(z)}{f(z)}$ n'aura de points critiques que les zéros et les pôles de $f(z)$.

Soit a l'un de ces points. On aura

$$f(z) = (z - a)^m \varphi(z),$$

$\varphi(z)$ étant finie et monodrome aux environs du point a, et m étant un entier positif ou négatif, suivant que a est un zéro ou un pôle de $f(z)$.

Prenons la dérivée logarithmique de cette équation; il viendra

$$\frac{f'(z)}{f(z)} = \frac{m}{z - a} + \frac{\varphi'(z)}{\varphi(z)}.$$

Mais a, étant un point ordinaire pour $\varphi(z)$, sera un point ordinaire pour $\dfrac{\varphi'(z)}{\varphi(z)}$. Ce sera donc pour $\dfrac{f'(z)}{f(z)}$ un pôle, et le résidu correspondant sera m.

Cela posé, l'intégrale

$$\frac{1}{2\pi i} \int_K \frac{f'(z)}{f(z)} \, dz$$

étant égale à la somme des résidus de la fonction $\dfrac{f'(z)}{f(z)}$ pour les pôles situés dans le contour, aura pour valeur

$$\sum m = M - N.$$

308. *Remarque.* — Soient $z = x + yi$, $f(z) = P + Qi$. On aura

$$\int \frac{f'(z)}{f(z)} \, dz = \log(P + Qi) + \text{const.}$$
$$= \tfrac{1}{2} \log(P^2 + Q^2) + i \operatorname{arc\,tang} \frac{Q}{P} + \text{const.}$$

En intégrant suivant le contour K, le logarithme arithmétique reprend la même valeur aux deux limites. D'autre part, arc tang $\dfrac{Q}{P}$ se sera accru de $(k - k')\pi$, k désignant le nombre de fois que $\dfrac{Q}{P}$ passe du positif au négatif en devenant infini, et k' le nombre des passages inverses du négatif au positif. On aura donc

$$(9) \qquad M - N = \frac{1}{2\pi i} \int_K \frac{f'(z)}{f(z)}\, dz = \frac{k - k'}{2}.$$

309. *Application.* — Soit

$$f(z) = z^n + a z^{n-1} + \ldots = 0$$

le premier membre d'une équation algébrique. L'intégrale

$$\frac{1}{2\pi i} \int_K \frac{f'(z)}{f(z)}\, dz$$

donnera le nombre des racines contenues dans l'intérieur de K, car la fonction $f(z)$ n'a aucun pôle (à distance finie).

Pour obtenir le nombre total des racines, nous prendrons pour K un cercle de rayon infini. L'intégrale sera

$$\frac{1}{2\pi i} \int_K \frac{n z^{n-1} + a(n-1) z^{n-2} + \ldots}{z^n + a z^{n-1} + \ldots}\, dz = \frac{1}{2\pi i} \int_K \frac{n\, dz}{z}(1 + \varepsilon).$$

ε étant infiniment petit pour z infini. On aura donc à la limite

$$\int_K \frac{n \varepsilon\, dz}{z} = 0.$$

D'autre part,

$$\int_K \frac{n\, dz}{z} = 2\pi i n.$$

Le nombre des racines est donc égal à n, degré de l'équation.

310. Formule de Lagrange. — *Soient $f(z)$ et $\varphi(z)$ deux fonctions continues et monodromes dans l'intérieur d'un* *certain contour* K; x *un point intérieur à ce contour*; α *une constante assez petite pour que la condition*

$$\operatorname{mod} \frac{\alpha f(z)}{z - x} < 1$$

soit satisfaite pour tous les points du contour K.

Ces suppositions admises, l'équation

$$z = x + \alpha f(z)$$

admettra une racine unique a *dans l'intérieur du contour, et* $\varphi(a)$ *sera donné par la série convergente*

$$(10) \quad \left\{ \begin{aligned} \varphi(a) &= \varphi(x) + \alpha f(x)\varphi'(x) + \ldots \\ &+ \frac{\alpha^n}{1.2\ldots n} \frac{d^{n-1}}{dx^{n-1}} [f(x)^n \varphi'(x)] + \ldots \end{aligned} \right.$$

Pour démontrer ce théorème, considérons l'intégrale

$$I = \int_K \frac{\psi(z)}{z - x - \alpha f(z)}\, dz,$$

où $\psi(z)$ est une fonction quelconque, continue et monodrome dans l'intérieur du contour. On a

$$\frac{1}{z - x - \alpha f(z)} = \frac{1}{z - x} + \frac{\alpha f(z)}{(z - x)^2} + \ldots + \frac{\alpha^n f(z)^n}{(z - x)^{n+1}} + R,$$

R désignant l'expression $\dfrac{\alpha^{n+1} f(z)^{n+1}}{(z - x)^{n+2}\left[1 - \dfrac{\alpha f(z)}{z - x}\right]}$;

$$I = \int_K \frac{\psi(z)}{z - x}\, dz + \int_K \frac{\alpha f(z)\psi(z)}{(z - x)^2}\, dz + \ldots + \int_K \frac{\alpha^n f(z)^n \psi(z)}{(z - x)^{n+1}}\, dz + \int_K R\psi(z)\, dz$$

$$= 2\pi i \left\{ \psi(x) + \alpha \frac{d}{dx}[f(x)\psi(x)] + \ldots \right.$$

$$\left. + \frac{\alpha^n}{1.2\ldots n} \frac{d^n}{dx^n}[f(x)^n \psi(x)] \right\} + \int_K R\psi(z)\, dz.$$

En faisant croître n indéfiniment, on obtiendra pour I une série convergente, car le terme complémentaire $\int_K R \psi(z)\, dz$ tend vers zéro.

En effet, soient M le maximum du module de $\dfrac{\psi(z)}{z - x}$, μ le maximum du module de $\dfrac{\alpha f(z)}{z - x}$ le long du contour K ; on aura

$$\operatorname{mod} \int_K R \psi(z)\, dz < \int_K M \frac{\mu^{n+1}}{1 - \mu}\, ds \lessgtr M \frac{\mu^{n+1}}{1 - \mu}\, s,$$

s désignant la longueur du contour. Cette quantité tend vers zéro pour $n = \infty$, μ étant supposé < 1.

Posons, en particulier, ce qui est évidemment permis,

$$\psi(z) = \varphi(z)\left[1 - \alpha f'(z)\right].$$

Il viendra, dans cette hypothèse,

$$\frac{1}{2\pi i}\left\{ 1 = \varphi(x) + \alpha \left\{ - \varphi(x) f'(x) + \frac{d}{dx}\left[f(x) \varphi(x) \right] \right\} + \dots \right.$$
$$+ \alpha^n \left[\dots \frac{1}{1.2\dots(n-1)} \frac{d^{n-1}}{dx^{n-1}} f(x)^{n-1} f'(x) \varphi(x) \right.$$
$$\left. + \frac{1}{1.2\dots n} \frac{d^n}{dx^n} f(x)^n \varphi(x) \right] + \dots$$

Or le coefficient de α est évidemment égal à $f(x)\,\varphi'(x)$; et, en général, le coefficient de α^n sera

$$\frac{1}{1.2\dots n} \frac{d^{n-1}}{dx^{n-1}}\left[\frac{d}{dx} f(x)^n \varphi(x) - n f(x)^{n-1} f'(x) \varphi(x) \right]$$
$$= \frac{1}{1.2\dots n} \frac{d^{n-1}}{dx^{n-1}} \left[f(x)^n \varphi'(x) \right].$$

Cette formule étant vraie, quelle que soit la fonction $\varphi(x)$, pourvu qu'elle soit continue et monodrome, on pourrait y poser $\varphi(x) = 1$, d'où $\varphi'(x) = 0$; il viendra dans ce cas

$$\frac{1}{2\pi i} \int_K \frac{1 - \alpha f'(z)}{z - x - \alpha f(z)}\, dz = 1.$$

Mais $1 - \alpha f'(z)$ étant la dérivée de $z - x - \alpha f(z)$, le premier membre de cette équation représente le nombre des racines de l'équation $z - x - \alpha f(z) = 0$ contenues dans le contour C. On voit qu'il n'en existe qu'une, ainsi que nous l'avons annoncé.

Soit a cette racine. Pour achever la démonstration du théorème, il nous suffira d'établir que l'intégrale

$$\frac{1}{2\pi i} \mathrm{I} = \int_h \varphi(z) \frac{1 - \alpha f'(z)}{z - x - \alpha f(z)}\, dz,$$

dont nous avons trouvé le développement, est égale à $\varphi(a)$.

Or, le point a étant le seul pôle de la fonction à intégrer, cette intégrale sera égale au résidu de la fonction pour $x = a$. Il est aisé de le déterminer. En effet, on a

$$\varphi(z) = \varphi(a) + (z - a)\varphi'(a) + \ldots.$$

D'autre part, $\dfrac{1 - \alpha f'(z)}{z - x - \alpha f(z)}$ ayant l'unité pour résidu, son développement sera de la forme

$$\frac{1}{z - a} + A + A_1(z - a) + \ldots.$$

Multipliant ces deux expressions, on voit que le produit sera de la forme

$$\frac{\varphi(a)}{z - a} + B + B_1(z - a) + \ldots.$$

Le résidu sera donc bien égal à $\varphi(a)$.

311. Série de Fourier. — *Soit $f(z)$ une fonction de z, admettant la période ω, et qui n'ait aucun point critique dans la bande comprise entre deux droites parallèles, L et L', faisant avec l'axe des x un angle égal à l'argument de ω. On aura dans cette bande*

$$(11)\qquad f(z) = \frac{1}{\omega} \int_l \left[1 + 2 \sum_{1}^{\infty} \cos \frac{2 m \pi}{\omega}(\alpha - z) \right] f(\alpha)\, d\alpha.$$

l désignant une droite de longueur ω, *parallèle à* L *et* L', *et située arbitrairement dans la bande.*

Posons, en effet,

$$e^{\frac{2\pi i z}{\omega}} = u, \quad \text{d'où} \quad z = \frac{\omega}{2\pi i}\log u.$$

Lorsque z se déplace sur une parallèle quelconque aux droites L, L', son affixe croît de la quantité ωl, l restant réel et variant de $-\infty$ à $+\infty$. Ce changement multiplie u par le facteur $e^{2\pi i l}$, quantité dont le module est 1 et l'argument $2\pi l$. La variable u, ayant son module constant, tournera sur un cercle ayant son centre à l'origine, et fera une révolution complète chaque fois que z aura crû de ω.

À chaque valeur de z contenue dans la bande située entre L et L' correspondra évidemment pour u un point de la couronne circulaire comprise entre les cercles C et C', respectivement correspondants à L et à L'. Chaque point de la couronne correspondra d'ailleurs à une infinité de points z, différant les uns des autres de multiples de ω; mais à tous ces points correspond une même valeur de $f(z)$, en vertu de la périodicité admise. Donc $f(z)$, regardé comme fonction de u, sera monodrome dans la couronne considérée. Il est d'ailleurs évident qu'elle n'y a pas de point critique. On aura donc, en appliquant le théorème de Laurent,

$$f(z) = \sum_{-\infty}^{\infty} A_m u^m = \sum_{-\infty}^{\infty} A_m e^{\frac{2 m i \pi z}{\omega}},$$

A_m désignant l'intégrale

$$\frac{1}{2\pi i}\int \frac{f(z)}{u^{m+1}}\, du$$

prise le long d'un cercle arbitraire c concentrique à C, C' et contenu dans la couronne.

Substituant à u sa valeur en z, cette intégrale se transforme évidemment en

$$\frac{1}{\omega}\int f(z)\, e^{-\frac{2 m i \pi z}{\omega}}\, dz,$$

l représentant un tronçon d'amplitude ω pris sur la droite correspondante à c.

On aura donc, en remplaçant la variable de sommation z par une autre lettre α, afin d'éviter la confusion,

$$f(z) = \sum_{-\infty}^{\infty} \frac{1}{\omega} \int_l f(\alpha) \, e^{-\frac{2mi\pi\alpha}{\omega}} \, d\alpha \cdot e^{\frac{2mi\pi z}{\omega}}$$

$$= \frac{1}{\omega} \int_l \sum_{-\infty}^{\infty} e^{\frac{2mi\pi}{\omega}(z-\alpha)} f(\alpha) \, d\alpha.$$

Il ne restera plus, pour obtenir la formule (11), qu'à remplacer les exponentielles par leurs valeurs en sinus et cosinus.

Ce développement d'une fonction en série trigonométrique a déjà été établi au Chap. V, mais dans des conditions toutes différentes. Il ne s'appliquait alors qu'aux valeurs réelles de la variable; en revanche, il laissait plus de latitude pour la nature de la fonction $f(z)$.

312. Théorème. — *Une fonction $f(z)$, qui n'a aucun point critique à distance finie et dont le module reste constamment inférieur à une limite fixe M, se réduit nécessairement à une constante.*

En effet, la série de Taylor étant applicable à cette fonction dans tout le plan, on aura, quel que soit t,

$$f(a + t) = f(a) + t f'(a) + \ldots + \frac{t^n}{1.2\ldots n} f^n(a) + \ldots$$

Mais on a d'autre part, R étant le rayon d'un cercle arbitraire ayant son centre en a (**299**)

$$\operatorname{mod} f^n(a) \lessgtr \frac{1.2\ldots n\,M}{R^n},$$

quantité qui tend vers zéro pour $R = \infty$. Donc $f'(a)$, $f''(a), \ldots$ s'annulent, et l'équation se réduit à

$$f(a + t) = f(a).$$

COROLLAIRE. — *Toute fonction $f(z)$, qui n'a aucun point critique, même à l'infini, se réduit à une constante.*

En effet, le module de $f(z)$ variant d'une manière continue dans tout le plan, et tendant d'autre part vers une limite finie et déterminée lorsque z croît indéfiniment, il sera possible de lui assigner une limite supérieure. On retombera ainsi dans le cas prévu au théorème précédent.

313. THÉORÈME. — *Une fonction $f(z)$, qui n'a d'autre point critique qu'un pôle situé à l'infini, est un polynôme entier.*

En effet, la fonction $f\left(\dfrac{1}{z}\right)$, ayant un seul pôle, situé à l'origine des coordonnées, sera de la forme

$$\frac{A_m}{z^m} + \ldots + \frac{A_1}{z} + \varphi(z).$$

D'ailleurs $\varphi(z)$, n'ayant plus de point critique, se réduit à une constante A_0. On aura donc

$$f\left(\frac{1}{z}\right) = \frac{A_m}{z^m} + \ldots + \frac{A_1}{z} + A_0,$$

d'où

$$f(z) = A_m z^m + \ldots + A_1 z + A_0.$$

314. THÉORÈME. — *Une fonction $f(z)$ qui n'a d'autres points critiques que des pôles est une fraction rationnelle.*

Ces pôles seront en nombre limité; car ce sont des points critiques isolés; ils sont donc à distance finie les uns des autres. S'il y en avait une infinité, il s'en trouverait qui correspondent à des valeurs de z dont le module surpasse toute limite. La fonction $f\left(\dfrac{1}{z}\right)$ aurait donc des points critiques pour des valeurs de z dont le module est moindre qu'une quantité quelconque. Cette fonction aurait donc un point critique non isolé pour $z = 0$, et ∞ serait un point critique non isolé pour $f(z)$.

Cela posé, soient a, b, ... les pôles; on pourra poser

$$f(z) = \frac{A_m}{(z-a)^m} + \ldots + \frac{A_1}{z-a} + \varphi(z),$$

$\varphi(z)$ étant une fonction de même nature que $f(z)$, mais qui n'a plus de pôle au point a. On aura de même

$$\varphi(z) = \frac{B_n}{(z-b)^n} + \ldots + \frac{B_1}{z-b} + \psi(z),$$

et l'on continuera jusqu'à ce qu'on ait épuisé les pôles à distance finie; la fonction restante, n'ayant plus qu'un pôle à l'infini, sera un polynôme entier.

315. On nomme fonctions *entières* ou *holomorphes* celles qui n'ont aucun point critique à distance finie. Elles jouissent de la propriété caractéristique d'être développables par la série de Taylor (ou de Maclaurin) dans toute l'étendue du plan.

Les points pour lesquels une fonction entière reprend une même valeur forment une série de points isolés si la fonction n'est pas une constante.

On a, en effet,

$$f(a+t) - f(a) = t f'(a) + \frac{t^2}{1.2} f''(a) + \ldots$$

La fonction n'étant pas constante, les dérivées $f'(a)$, $f''(a)$, ... ne peuvent s'annuler à la fois. Soit, par exemple, $f^n(a)$ la première qui ne s'annule pas. On aura

$$f(a+t) - f(a) = \frac{t^n}{1.2\ldots n} f^n(a) + \frac{t^{n+1}}{1.2\ldots(n+1)} f^{n+1}(a) + \ldots$$

Il est clair qu'on peut assigner à t une valeur telle que, pour toute autre valeur de module inférieur, le module du premier terme du développement l'emporte sur la somme des modules des autres. On aura donc, pour toute valeur de t comprise dans ces limites,

$$f(a+t) - f(a) \gtrless 0.$$

316. THÉORÈME DE M. WEIERSTRASS. — *Étant donnée une série quelconque de points isolés a_0, a_1, ... a_n, ... on pourra construire une fonction entière, admettant ces points pour zéros.*

Si ces points sont en nombre limité, le produit

$$(z - a_0)(z - a_1) \ldots$$

satisfera à la question. Si ce nombre devient infini, le produit infini ainsi formé peut devenir divergent, ce qui rendrait la solution précédente illusoire. Mais on peut la modifier comme il suit :

Supposons les nombres a_0, a_1, ... rangés dans l'ordre de grandeur croissante de leurs modules. Si plusieurs d'entre eux ont le même module ou même sont égaux, ce qui arrivera si l'on veut donner des zéros multiples à la fonction, on pourra les mettre dans l'ordre qu'on voudra.

Les quantités a_0, a_1, ... différant les unes des autres de quantités finies, et leurs modules allant en croissant, on aura évidemment

$$\lim \operatorname{mod} a_n = \infty \quad \text{pour} \quad n = \infty .$$

Cela posé, formons le produit infini

$$e^{M_0}\left(1 - \frac{z}{a_0}\right).e^{M_1}\left(1 - \frac{z}{a_1}\right) \ldots e^{M_n}\left(1 - \frac{z}{a_n}\right) \ldots$$

où M_0, M_1, ... sont des fonctions entières de z. S'il est convergent, il satisfait à la question; car les facteurs exponentiels ne sont jamais nuls ni infinis, et les autres facteurs s'annulent respectivement pour a_0, a_1, ...

Il faut et il suffit évidemment, pour la convergence, qu'on puisse déterminer pour chaque valeur de z une valeur de n telle que le produit

$$e^{M_n}\left(1 - \frac{z}{a_n}\right) \ldots e^{M_{n+p}}\left(1 - \frac{z}{a_{n+p}}\right) \ldots$$

diffère infiniment peu de l'unité, ou, ce qui revient au même, que l'un de ses logarithmes

$$(12) \quad M_n + \log\left(1 - \frac{z}{a_n}\right) + \ldots + M_{n+p} + \log\left(1 - \frac{z}{a_{n+p}}\right) + \ldots$$

soit plus petit que toute quantité donnée. (On sait que tout nombre a une infinité de logarithmes différant de multiples de $2\pi i$).

Or on a, en général,

$$\log\left(1 - \frac{z}{a_n}\right)$$
$$= -\int_0^z \frac{dz}{a_n - z}$$
$$= -\int_0^z \frac{dz}{a_n}\left[1 + \frac{z}{a_n} + \ldots + \frac{z^n}{a_n^n} + \frac{z^{n+1}}{a_n^n(a_n - z)}\right]$$
$$= -\frac{z}{a_n} - \frac{z^2}{2a_n^2} - \ldots - \frac{z^{n+1}}{(n+1)a_n^{n+1}} - \int_0^z \frac{z^{n+1}\,dz}{a_n^{n+1}(a_n - z)}.$$

Si donc nous prenons, en général,

$$M_n = \frac{z}{a_n} + \ldots + \frac{z^{n+1}}{(n+1)\,a_n^{n+1}},$$

l'expression (12) deviendra

$$(13) \quad -\int_0^z \frac{z^{n+1}\,dz}{a_n^{n+1}(a_n - z)} - \ldots - \int_0^z \frac{z^{n+p+1}\,dz}{a_{n+p}^{n+p+1}(a_{n+p} - z)} - \ldots$$

Or on a, en posant, pour abréger, $\mod z = \zeta$, $\mod a_n = \alpha$,

$$\mod a_{n+p} \gtrless \alpha,$$
$$\mod (a_{n+p} - z) \gtrless \alpha - \zeta,$$

d'où

$$\mod \int_0^z \frac{z^{n+p+1}\,dz}{a_{n+p}^{n+p+1}(a_{n+p} - z)} \lessgtr \frac{\zeta^{n+p+1}\,S}{\alpha^{n+p+1}(\alpha - \zeta)},$$

S désignant la longueur de la ligne d'intégration. En la supposant rectiligne pour fixer les idées, on aura $S = \zeta$.

On aura donc, pour limite supérieure du module de la série (13), la progression géométrique

$$\frac{\zeta^{n-2}}{\alpha^{n-1}(\alpha-\zeta)} + \dots + \frac{\zeta^{n-p-2}}{\alpha^{n-p-1}(\alpha-\zeta)} + \dots = \left(\frac{\zeta}{\alpha}\right)^{n-2} \frac{1}{\left(1-\frac{\zeta}{\alpha}\right)}.$$

Si n croît indéfiniment, α croissant également, cette expression aura évidemment pour limite zéro. D'ailleurs il est clair que, si elle est moindre que ε pour une valeur donnée de ζ, elle sera moindre *a fortiori* pour toute valeur moindre. Le produit sera donc uniformément convergent dans une région quelconque du plan.

Remarque. — L'analyse qui précède suppose que le point $z = 0$ ne fait pas partie de la série des zéros donnés. S'il en était autrement, on n'aurait qu'à construire une fonction admettant les zéros donnés sauf celui-là, et à la multiplier par une puissance de z ayant pour exposant le degré de multiplicité de ce dernier zéro.

317. Ayant ainsi construit une fonction entière $f(z)$ ayant les zéros demandés, proposons-nous de trouver l'expression générale des fonctions entières qui jouissent de cette propriété.

Soit $f_1(z) = Q f(z)$ l'une d'elles. Le quotient Q n'aura évidemment ni zéros ni points critiques à distance finie. Son logarithme n'aura donc pas de points critiques à distance finie, et sera une fonction entière. En la désignant par U, on aura

$$f_1(z) = e^U f(z).$$

Réciproquement, il est clair que toute fonction de la forme ci-dessus jouira de la propriété demandée, le facteur e^U ne pouvant devenir ni nul ni infini.

318. On donne le nom de *fonctions méromorphes* aux fonctions dont tous les points critiques situés à distance finie sont des pôles.

Soient $F(z)$ une semblable fonction ; a_0, a_1, ... ses pôles ; μ_0, μ_1, ... leurs degrés de multiplicité. On peut construire une fonction entière $f(z)$ ayant ces points pour zéros, avec les mêmes degrés de multiplicité. La fonction $F(z)f(z) = \varphi(z)$, n'ayant plus de point critique à distance finie, sera une fonction entière. La fonction

$$F(z) = \frac{\varphi(z)}{f(z)}$$

sera donc le quotient de deux fonctions entières.

319. Les fonctions entières et les fonctions méromorphes rentrent comme cas particulier dans la catégorie des fonctions monodromes, dont tous les points critiques, situés à distance finie, sont isolés. Proposons-nous de déterminer l'expression générale de ces dernières fonctions.

Soient $f(z)$ une semblable fonction; a l'un de ses points critiques; $z = a + t$ un autre point quelconque situé dans ses environs. On pourra évidemment tracer, du point a comme centre, deux cercles c et c' situés dans ses environs, et entre lesquels le point $a + t$ se trouve compris. D'après la définition même du point critique isolé, $f(z)$ sera continue dans la couronne comprise entre les deux cercles. On aura donc, en appliquant le théorème de Laurent,

$$f(a+t) = \sum_{-\infty}^{\infty} A_m t^m$$

ou

$$f(z) = \sum_{-\infty}^{\infty} A_m (z-a)^m$$

$$= \sum_{0}^{\infty} A_m (z-a)^m + \sum_{1}^{\infty} A_{-m} (z-a)^{-m}$$

$$= \varphi(z) + \psi(z).$$

Chacune des deux séries partielles $\varphi(z)$ et $\psi(z)$ pourra contenir un nombre de termes limité ou illimité; mais, dans ce dernier cas, elle sera convergente aux environs du point a.

La série $\psi(z)$ sera même convergente dans tout le plan (le point a excepté). En effet, elle procède suivant les puis-

-sances entières et positives de la variable $\dfrac{1}{z-a}$, dont le module croît indéfiniment lorsque z se rapproche de a, sans que la série cesse d'être convergente. Son cercle de convergence a donc un rayon infini ; elle est donc convergente pour toute valeur finie de $\dfrac{1}{z-a}$.

D'autre part, il est clair que a n'est plus un point critique pour la fonction $\varphi(z)$. La nature de la singularité que présente la fonction $f(z)$ en ce point est donc caractérisée par la seconde fonction partielle $\psi(z)$.

320. Théorème de M. Mittag-Leffler. — *Étant donnée une suite quelconque de points isolés a_0, a_1, ... a_n, ... et une série de fonctions correspondantes ψ_0, ψ_1, ..., ψ_n, ... de la forme*

$$\psi_n = \sum_{m=1}^{m=\infty} A_{m,n}(z-a_n)^{-m},$$

on pourra toujours construire une fonction monodrome $f(z)$ ayant pour points critiques a_0, a_1, ... a_n, ... et telle que l'on ait

$$f(z) = \varphi_0 + \psi_0 = \ldots = \varphi_n + \psi_n = \ldots$$

φ_n *étant une fonction pour laquelle a_n ne soit plus un point critique.*

On satisfera évidemment à la question en posant

$$f(z) = \sum_{n=0}^{n=\infty} (\psi_n - P_n),$$

si P_0, ... P_n, ... désignent des polynômes en z, choisis de telle sorte que la série $f(z)$ soit uniformément convergente dans toute région finie du plan qui ne contient aucun des points critiques a_0, ..., a_n, ...

Cherchons à déterminer les polynômes P, de manière à satisfaire à cette condition.

Soient ζ le maximum du module de z dans la région considérée; $z_0, \ldots, z_n, \ldots$ les modules des quantités $a_0, \ldots, a_n, \ldots$; nous les supposerons rangés par ordre de grandeur croissante, de telle sorte qu'on ait

$$\lim z_n = \infty, \quad \text{pour} \quad n = \infty.$$

Traçons autour de chaque point critique a_n, et dans ses environs, un cercle c_n, dont le rayon R_n ne surpasse pas d'ailleurs une quantité constante, que nous désignerons par ρ. On pourra assigner à n une valeur finie k, à partir de laquelle on ait constamment $z_n - \rho - \zeta > 0$. Cette inégalité exprime que le cercle de rayon ζ, décrit de l'origine comme centre, ne coupe pas le cercle de rayon ρ décrit de z_n comme centre. Mais le premier de ces cercles contient le point z, le second contient le cercle c_n; donc z sera en dehors du cercle c_n (si $n \gtreqless k$).

Cela posé, on aura évidemment

$$f(z) = \sum_0^{k-1} (\psi_n - P_n) + \sum_k^\infty (\psi_n - P_n).$$

La première somme ne contient qu'un nombre limité de termes, dont chacun est uniformément convergent dans toute région qui ne contient aucun des points $a_0, a_1, \ldots$ (car, la série ψ_n procédant suivant les puissances entières et positives de la variable $\dfrac{1}{z - a_n}$, sa convergence est uniforme); donc elle est uniformément convergente, de quelque façon qu'on choisisse les polynômes P.

Passons à l'examen de la seconde somme.

La fonction ψ_n étant convergente dans la couronne comprise entre le cercle c_n et un second cercle C de rayon infini, et le point z étant d'ailleurs dans cette couronne, on aura, comme dans la démonstration du théorème de Laurent,

$$\psi_n(z) = \frac{1}{2\pi i} \int_C \frac{\psi_n(u)\,du}{u - z} - \frac{1}{2\pi i} \int_{c_n} \frac{\psi_n(u)}{u - z}\,du,$$

La fonction $\psi_n(u)$ et, par suite, la fonction $\dfrac{u\,\psi_n(u)}{u-z}$ tendant évidemment vers zéro pour $u = \infty$, la première intégrale sera nulle (286), et l'on aura simplement

$$\psi_n(z) = -\frac{1}{2\pi i}\int_{c_n}\frac{\psi_n(u)}{u-z}\,du$$
$$= -\frac{1}{2\pi i}\int_{c_n}\psi_n(u)\,du\left[\frac{1}{u}+\frac{z}{u^2}+\cdots+\frac{z^{\mu-1}}{u^\mu}+\frac{z^\mu}{u^\mu(u-z)}\right],$$

μ étant un entier que nous nous réservons de déterminer en fonction de n.

Les premiers termes de cette intégrale donnent un polynôme en z de degré $\mu - 1$. En le prenant pour P_n, il viendra

$$\psi_n - P_n = -\frac{1}{2\pi i}\int_{c_n}\frac{z^\mu}{u^\mu(u-z)}\,\psi_n(u)\,du.$$

Le module de u sur le cercle c_n est évidemment $\geqq \alpha_n - \rho$. Soient M_n le maximum du module de $\psi_n(u)$ sur ce même cercle; λ_n une constante déterminée par la condition

$$M_n\,\rho = (\alpha_n - \rho)^{\lambda_n};$$

on aura

$$\operatorname{mod}(\psi_n - P_n) < \frac{1}{2\pi}\frac{z^\mu}{(\alpha_n-\rho)^\mu(\alpha_n-\rho-\zeta)}\,M_n\cdot 2\pi\rho$$
$$< \frac{z^\mu}{(\alpha_n-\rho)^{\mu-\lambda_n}(\alpha_n-\rho-\zeta)},$$

$$\operatorname{mod}\sum_k^{\infty}(\psi_n - P_n) \lessgtr \sum_k^{\infty}\frac{z^\mu}{(\alpha_n-\rho)^{\mu-\lambda_n}(\alpha_n-\rho-\zeta)}.$$

On rendra cette dernière série convergente en posant

$\mu = n,$ lorsque λ_n est négatif ou nul,

$\mu = n + 2\lambda_n,$ lorsque λ_n est positif.

En effet, son terme général est de la forme

$$\frac{z^n}{(\alpha_n-\rho)^\mu}\,K_n,$$

K_n étant égal à

$$\frac{1}{(\alpha_n - \rho)^{-\lambda_n}(\alpha_n - \rho - \zeta)}$$

ou à

$$\left(\frac{\zeta^2}{\alpha_n - \rho}\right)^{\lambda_n}\frac{1}{\alpha_n - \rho - \zeta},$$

suivant que λ_n sera négatif ou positif.

Or on a évidemment $\lim K_n = 0$ pour $n = \infty$. D'autre part, la série $\sum \dfrac{\zeta^n}{(\alpha_n - \rho)^n}$ est convergente, car la racine $n^{\text{ième}}$ de son terme général tend vers zéro pour $n = \infty$. Donc la série proposée est elle-même convergente.

L'uniformité de la convergence résulte d'ailleurs de ce que ζ ne figure plus dans le terme général $\dfrac{\zeta^n K_n}{(\alpha_n - \rho)^n}$.

321. Ayant ainsi construit une fonction $f(z)$ satisfaisant aux conditions demandées, on obtiendra évidemment la fonction la plus générale qui satisfasse à ces mêmes conditions en lui ajoutant une fonction entière quelconque.

322. THÉORÈME. — *Toute fonction qui a n valeurs pour chaque valeur de z et qui n'offre à distance finie que des points critiques algébriques est racine d'une équation algébrique de degré n, dont les coefficients sont des fonctions méromorphes de z.*

Ces coefficients se réduiront à des fonctions rationnelles, si les points critiques sont en nombre limité.

Soient, en effet, u_0, u_1, ..., u_{n-1} les n branches de la fonction. Un point quelconque a deviendra un point ordinaire ou un pôle pour l'une quelconque d'entre elles, telle que u_0, si l'on prend pour variable indépendante une puissance fractionnaire de $z - a$, telle que $(z - a)^{\frac{1}{q}} = Z$. On pourra donc, aux environs de ce point, développer u_0 en série convergente, suivant les puissances entières de Z. Le développement pourra d'ailleurs commencer par des puissances négatives, si le point considéré est un pôle pour u_0.

Soit donc
$$u_0 = A Z^\alpha + B Z^\beta + \dots$$

Si z tourne $1, 2, \dots, q-1$ fois autour du point a, Z se reproduira, multiplié par les diverses racines $q^{\text{ièmes}}$ de l'unité. En les désignant par $\theta, \theta^2, \dots, \theta^{q-1}$, nous obtiendrons $q-1$ autres branches de la fonction, représentées par les séries

$$u_1 \;=\; A \theta^\alpha Z^\alpha \;+\; B \theta^\beta Z^\beta \;+\; \dots,$$
$$\dots\dots\dots\dots\dots\dots\dots\dots\dots\dots\dots$$
$$u_{q-1} = A \theta^{(q-1)\alpha} Z^\alpha + B \theta^{(q-1)\beta} Z^\beta + \dots$$

Élevons ces égalités à la puissance k, k étant un entier quelconque, et ajoutons les résultats. Il viendra

$$u_0^k + u_1^k + \dots + u_{q-1}^k = \mathcal{A} Z^\lambda + \mathcal{B} Z^\mu + \dots$$

D'ailleurs le premier membre ne change pas, si l'on y change Z en θZ. Donc il en sera de même du second ; donc les exposants $\lambda, \mu, \dots$ seront tous des multiples de q : donc, enfin, la somme $u_0^k + \dots + u_{q-1}^k$ sera développable en série convergente, suivant les puissances croissantes de la quantité $Z^q = z - a$.

Tout autre cycle de branches associées $u_q, u_{q+1}, \dots$ donnerait évidemment un résultat analogue. Donc la somme S_k des puissances $k^{\text{ièmes}}$ des diverses branches de la fonction u est une fonction monodrome de z, pour laquelle le point a est un point ordinaire ou un pôle. Ce point a étant d'ailleurs quelconque, S_k sera une fonction méromorphe. Enfin, si les points critiques de la fonction u sont en nombre limité, S_k n'aura qu'un nombre limité de pôles et se réduira à une fonction rationnelle.

Cela posé, les quantités $u_0, \dots, u_{n-1}$ sont les racines de l'équation

$$(14) \qquad (u - u_0) \dots (u - u_{n-1}) = 0,$$

dont les coefficients, s'exprimant en fonction rationnelle et entière des sommes $S_1, \dots, S_k, \dots$ seront des fonctions méromorphes (ou des fractions rationnelles) de z en même temps que ces dernières.

323. Théorème. — *Si l'équation en u est irréductible, on pourra, en faisant décrire à la variable z un contour fermé convenable, passer de la branche u_0 à l'une quelconque des autres branches u_1, ..., u_{n-1}.*

Supposons, en effet, qu'on ne pût passer de la branche u_0 qu'aux branches u_1, ..., u_m, mais non aux branches suivantes u_{m+1}, ...: les branches u_0, u_1, ..., u_m seraient évidemment permutées exclusivement entre elles, quel que fût le chemin suivi par la variable z. Et l'on verrait, comme tout à l'heure, que les coefficients de l'équation

$$(u - u_0)\dots(u - u_m) = 0$$

seraient des fonctions méromorphes (ou des fractions rationnelles) de z. L'équation (14) admettrait donc un facteur de même forme et de degré moindre.

IV. — Fonctions doublement périodiques.

324. On dit qu'une fonction $f(z)$ est *périodique* et admet la période ω, si elle satisfait à la relation

$$f(z + \omega) = f(z).$$

Si $f(z)$ admet plusieurs périodes, ω, ω', ..., ω^n, elle admettra évidemment pour période toute quantité de la forme $m\omega + m'\omega' + \dots$, m, m', ... désignant des entiers quelconques positifs ou négatifs.

Si toutes ces quantités $m\omega + m'\omega' + \dots$ sont différentes les unes des autres, on dira que les périodes primitives ω, ω', ... sont *distinctes*.

Dans le cas contraire, ces $n + 1$ périodes seront des fonctions linéaires, à coefficients entiers, de n nouvelles périodes Ω, Ω', ..., Ω^{n-1}.

En effet, il existera entre les périodes ω, ω', ... une équation linéaire à coefficients entiers

$$(1) \qquad a\omega - a'\omega' + \ldots = 0.$$

Soit a le plus petit (en valeur absolue) de ceux des coefficients a, a', ... qui ne sont pas nuls. On aura

$$a' = aq' - r', \quad a'' = aq'' - r'', \quad \ldots$$

q', q'', ... étant des entiers et r', r'', ... des restes inférieurs à a en valeur absolue.

Posons maintenant

$$\omega + q'\omega' - q''\omega'' + \ldots = \omega_1.$$

Il est clair : 1° que ω_1 sera une nouvelle période; 2° que ω, ω', ω'', ... s'expriment par des fonctions linéaires, à coefficients entiers, de ω_1, ω', ω'', ... Ces nouvelles périodes sont liées par la relation

$$a\omega_1 + r'\omega' + r''\omega'' + \ldots = 0,$$

dont les coefficients, sauf le premier, sont moindres en valeur absolue que ceux de l'équation (1). Opérant sur cette nouvelle équation comme sur la première, on exprimera ω_1, ω', ω'', ... par de nouvelles périodes ω_1, ω_2, ω'', ... liées par une équation où les coefficients seront encore diminués. Continuant ainsi, on arrivera nécessairement à un dernier système de périodes Ω, Ω', ..., pour lequel l'équation de condition aura tous ses coefficients nuls, à l'exception du premier. L'une de ces nouvelles périodes, telle que Ω'', sera donc nulle et disparaîtra des formules, qui donneront ω, ω', ... ω'' en fonction de Ω, Ω', ..., Ω''^{-1}.

325. THÉORÈME. — *Toute fonction monodrome ayant plus de deux périodes distinctes, ou deux périodes distinctes dont le rapport soit réel, est nécessairement constante dans toute région du plan où elle n'a pas de point critique.*

Supposons, en effet, que la fonction $f(z)$ ait trois périodes distinctes

$$\omega = \alpha + \beta i, \quad \omega' = \alpha' + \beta' i, \quad \omega'' = \alpha'' + \beta'' i.$$

Elle admettra pour période, quels que soient les entiers m, m', m'', l'expression

$$m\omega + m'\omega' + m''\omega''$$
$$= m\alpha + m'\alpha' + m''\alpha'' + (m\beta + m'\beta' + m''\beta'')i.$$

Soit M le plus grand des modules des quantités α, α', α'', β, β', β'', et soit, d'autre part, k un entier quelconque. Donnons successivement à chacune des quantités m, m', m'' les valeurs 0, 1, 2, $\ldots$, k. On aura pour chacun de ces systèmes de valeurs, en nombre $(k+1)^3$,

$$\operatorname{mod}(m\alpha + m'\alpha' + m''\alpha'') \lessgtr 3\,\mathrm{M}\,k,$$
$$\operatorname{mod}(m\beta + m'\beta' + m''\beta'') \lessgtr 3\,\mathrm{M}\,k.$$

Soit n le plus grand entier moindre que $(k+1)^{\frac{3}{2}}$. Partageons l'intervalle de $-3\,\mathrm{M}\,k$ à $+3\,\mathrm{M}\,k$ en n intervalles partiels, égaux à $\dfrac{6\,\mathrm{M}\,k}{n}$. Chacune des deux quantités

$$m\alpha + m'\alpha' + m''\alpha'', \quad m\beta + m'\beta' + m''\beta''$$

tombera nécessairement dans l'un ou l'autre de ces intervalles, et le nombre des hypothèses distinctes qu'on pourra faire à ce sujet est évidemment n^2. Ce nombre étant inférieur au nombre $(k+1)^3$ des systèmes de valeurs qu'on peut assigner à m, m', m'', il existera nécessairement deux systèmes différents m_1, m'_1, m''_1 et m_2, m'_2, m''_2, tels que

$$m_1\alpha + m'_1\alpha' + m''_1\alpha''$$

tombe dans le même intervalle que

$$m_2\alpha + m'_2\alpha' + m''_2\alpha''$$

et

$$m_1\beta + m'_1\beta' + m''_1\beta''$$

dans le même intervalle que

$$m_2\beta + m'_2\beta' + m''_2\beta''.$$

Donc

$$(m_2 - m_1)\alpha + (m'_2 - m'_1)\alpha' + (m''_2 - m''_1)\alpha''$$

et

$$(m_2 - m_1)\beta + (m'_2 - m'_1)\beta' + (m''_2 - m''_1)\beta''$$

seront au plus égaux à $\dfrac{6\,\mathrm{M}\,k}{n}$ en valeur absolue. Or ces deux quantités sont la partie réelle et le coefficient de la partie imaginaire dans la période

$$\Omega = (m_2 - m_1)\omega + (m'_2 - m'_1)\omega' + (m''_2 - m''_1)\omega''.$$

On aura, par suite,

$$\operatorname{mod}\Omega < \frac{6\,\mathrm{M}\,k}{n}\sqrt{2}.$$

Cela posé, faisons croître k indéfiniment; n étant d'ordre $\frac{3}{2}$ par rapport à k, $\operatorname{mod}\Omega$ deviendra plus petit que toute quantité assignable, sans toutefois pouvoir jamais s'annuler, puisque les périodes ω, ω', ω'' sont supposées distinctes. On a d'ailleurs

$$f(z + \Omega) = f(z);$$

donc les points pour lesquels $f(z)$ reprend la même valeur ne sont pas isolés les uns des autres. Or, le raisonnement du n° 315 montre que ces points devraient être isolés, dans toute région où $f(z)$ n'a pas de point critique, si $f(z)$ ne s'y réduisait pas à une constante.

326. Supposons maintenant que $f(z)$ ait deux périodes ω et ω', dont le rapport $\dfrac{\omega'}{\omega}$ soit une quantité réelle r. Il est permis de la supposer < 1; car, dans le cas contraire, on raisonnerait sur le rapport $\dfrac{\omega}{\omega'} = \dfrac{1}{r}$. On pourra poser

$$1 = rq + r',$$
$$r = r'q' + r'',$$
$$\dots\dots\dots\dots\dots$$

q, q', ... étant des entiers, et r, r', r'', ... des quantités réelles, dont chacune est au plus égale à la moitié de la précédente en valeur absolue. Elles décroissent donc indéfiniment, sans jamais s'annuler, car les périodes ω et ω' étant supposées distinctes, r est évidemment irrationnel. Cela posé, $f(z)$, admettant les périodes ω et $\omega' = r\omega$, admettra les périodes suivantes :

$$\omega - qr\omega = r'\omega,$$
$$r\omega - q'r'\omega = r''\omega,$$
$$\cdots\cdots\cdots\cdots\cdots\cdots$$

dont chacune a son module au plus égal à la moitié du module de la précédente. Donc, ici encore, on aura une période moindre que toute quantité donnée, et $f(z)$ se réduira à une constante.

327. Soient $f(z)$ une fonction monodrome doublement périodique; ω et ω' les deux périodes distinctes, dont la combinaison fournit toutes les autres. Désignons par z_0 un point quelconque du plan. Les quatre points z_0, $z_0 + \omega$, $z_0 + \omega'$, $z_0 + \omega + \omega'$ seront les sommets d'un parallélogramme (*fig.* 43), que nous appellerons le *parallélo-*

Fig. 43.

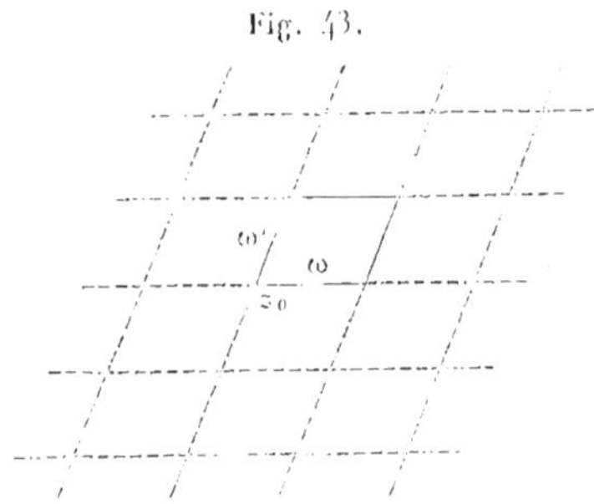

gramme des périodes. Les points $z_0 + m\omega + m'\omega'$ formeront un réseau de parallélogrammes égaux à celui-là et recouvrant tout le plan.

Posons d'ailleurs

$$(2) \qquad \Omega = a\omega + b\omega', \qquad \Omega' = c\omega + d\omega'.$$

Ω et Ω' seront deux nouvelles périodes de $f(z)$, et les points $z_0 + m\Omega + m'\Omega'$ formeront un réseau, dont tous les sommets appartiennent au réseau primitif. Si, réciproquement, ce nouveau réseau contient tous les sommets du réseau primitif, on dira que Ω, Ω' sont un système de *périodes élémentaires*. Pour cela, il est évidemment nécessaire et suffisant que ω et ω' soient des fonctions linéaires, à coefficients entiers, de Ω et Ω'. Or les équations (2) donnent

$$\omega = \frac{d\Omega - b\Omega'}{ad - bc}, \qquad \omega' = \frac{-c\Omega + a\Omega'}{ad - bc}.$$

Pour que les coefficients soient entiers, il faut donc que $ad - bc$ divise le plus grand commun diviseur δ de a, b, c, d; mais il est divisible par δ^2; il faut donc qu'on ait $ad - bc = \pm 1$, et cette condition sera évidemment suffisante.

On voit aisément que cette condition exprime que les deux parallélogrammes, respectivement formés sur ω et ω' et sur Ω et Ω', sont équivalents.

328. **Théorème.** — *Une fonction entière et doublement périodique se réduit nécessairement à une constante.*

En effet, le module de cette fonction dans un parallélogramme des périodes sera limité. Il reprend d'ailleurs périodiquement la même série de valeurs dans les divers parallélogrammes du réseau. Il est donc limité dans tout le plan. Donc la fonction est une constante (312).

329. **Corollaire.** — *Deux fonctions méromorphes*

$$f(z) \quad \text{et} \quad \varphi(z),$$

doublement périodiques, qui admettent, dans un parallélogramme des périodes, les mêmes zéros et les mêmes pôles, avec les mêmes degrés de multiplicité, ne diffèrent que par un facteur constant.

En effet, le rapport $\dfrac{f(z)}{\varphi(z)}$ est une fonction monodrome et doublement périodique, qui n'a aucun point critique dans le parallélogramme des périodes et, par suite, dans tout le plan. C'est donc une fonction entière; donc c'est une constante.

330. *Définition.* — On appelle *ordre* d'une fonction méromorphe et doublement périodique le nombre des pôles qu'elle possède dans un parallélogramme des périodes, comptés chacun avec son degré de multiplicité. (On suppose le parallélogramme placé de telle sorte qu'il n'y ait pas de pôle situé sur son contour; sinon il faudrait diviser par 2 l'ordre de multiplicité des pôles situés sur les côtés du parallélogramme, par 4 celui des pôles situés en ses sommets.)

331. Théorème. — *La somme des résidus d'une fonction méromorphe et doublement périodique* $f(z)$, *par rapport aux pôles situés dans un parallélogramme des périodes, est nulle.*

En effet, cette somme est égale à l'intégrale

$$\frac{1}{2\pi i}\int f(z)\,dz,$$

prise dans le sens direct sur le contour du parallélogramme (*fig.* 44). Or les intégrales relatives à deux côtés opposés se

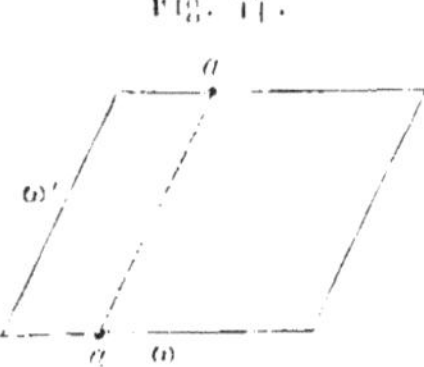

détruisent; car, en deux points correspondants, tels que a et a', $f(z)$ a la même valeur et dz des valeurs égales et contraires.

332. COROLLAIRE I. — *L'ordre d'une fonction $f(z)$, méromorphe et doublement périodique, est au moins égal à 2.*

Car, si l'on n'avait dans le parallélogramme qu'un seul pôle, de multiplicité 1, le résidu correspondant A étant différent de zéro, la somme des résidus ne serait pas nulle.

333. COROLLAIRE II. — *Soient $f(z)$ une fonction méromorphe et doublement périodique d'ordre n, c une constante quelconque. L'équation $f(z) - c = 0$ aura, dans un parallélogramme des périodes, n racines (égales ou inégales).*

En effet, des relations

$$f(z + \omega) = f(z), \quad f(z + \omega') = f(z),$$

on déduit

$$f'(z + \omega) = f'(z), \quad f'(z + \omega') = f'(z),$$

La fonction $\dfrac{f'(z)}{f(z) - c}$ admettra donc les périodes ω et ω', et l'intégrale

$$\frac{1}{2\pi i} \int \frac{f'(z)}{f(z) - c}\, dz,$$

prise sur le contour du parallélogramme, sera nulle.

Mais elle est égale (307) à $m - n$, m désignant le nombre des zéros de la fonction $f(z) - c$ contenus dans le parallélogramme et n celui de ses pôles [qui sont les mêmes que ceux de $f(z)$]. On aura donc $m = n$, ce qu'il fallait démontrer.

334. PROBLÈME. — *Construire une fonction méromorphe $f(z)$, admettant pour périodes ω et ω' et ayant, dans un parallélogramme des périodes, n zéros donnés a_1, a_2, ..., a_n et n pôles donnés z_1, z_2, ..., z_n.*

Admettons d'abord qu'on ait une relation de la forme

$$(1) \qquad a_1 + \ldots + a_n = z_1 + \ldots + z_n + 2\omega - 2'\omega',$$

μ et μ' étant des entiers. On satisfera à la question en posant

$$f(z) = c^{\frac{2\mu'\pi z i}{\omega}} \frac{\theta_1(z - a_1)\ldots\theta_1(z - a_n)}{\theta_1(z - z_1)\ldots\theta_1(z - z_n)},$$

θ_1 étant la série définie dans le *Calcul différentiel* (164-165).

En effet, θ_1 changeant simplement de signe quand la variable augmente de ω, et le facteur exponentiel ne changeant pas, $f(z)$ admettra la période ω.

En second lieu, quand z augmente de ω', le facteur exponentiel se reproduit, multiplié par $c^{-\frac{2\mu'\pi i \omega'}{\omega}}$; $\theta_1(z - a_1)$ se reproduit, multiplié par $-q^{-1}e^{-\frac{2\pi i}{\omega}(z - a_1)}$, et de même pour les autres facteurs. Donc $f(z)$ se reproduit, multiplié par le facteur

$$c^{\frac{2\pi i}{\omega}\left[\mu'\omega + a_1 + \ldots + a_n - z_1 - \ldots - z_n\right]} = c^{2\pi i \mu} = 1.$$

Donc $f(z)$ admet la période ω'.

Enfin, les facteurs de $f(z)$ ne deviennent infinis pour aucune valeur finie de z; l'exponentielle ne s'annule jamais; $\theta_1(z - a_1)$ admet les zéros simples $z = a_1 + m\omega + m'\omega'$, dont un seul, a_1, est situé dans le parallélogramme des périodes; de même pour les autres facteurs. Donc la fonction admet bien pour zéros, dans le parallélogramme, les points $a_1 \ldots a_n$, et, pour pôles, les points $z_1 \ldots z_n$.

La fonction la plus générale satisfaisant aux conditions du problème sera $C f(z)$, C désignant une constante arbitraire (329).

335. Si la condition (3), que nous avons admise, n'avait pas lieu, le problème serait impossible. En effet, on pourrait déterminer dans le parallélogramme un point z'_n tel, que l'on eût

$$a_1 + \ldots + a_n = z_1 + \ldots + z'_n + \mu\omega + \mu'\omega',$$

puis construire une fonction méromorphe $\varphi(z)$ aux périodes

ω et ω' et admettant pour zéros $a_1, \ldots a_n$, et pour pôles $z_1, \ldots z'_n$. Le rapport $\dfrac{f(z)}{\varphi(z)}$ serait une fonction méromorphe aux mêmes périodes et du premier ordre, ce qui est impossible (332).

336. COROLLAIRE. — *La somme des n valeurs de z qui correspondent dans un parallélogramme des périodes à une même valeur de la fonction $f(z)$ est constante, aux multiples près des périodes.*

En effet, soient $b_1, \ldots b_n$ les racines de l'équation $f(z) - c = 0$; $z_1, \ldots z_n$ les pôles de la fonction $f(z) - c$, qui sont les mêmes que ceux de la fonction $f(z)$; on aura, aux multiples près des périodes,

$$b_1 + \ldots + b_n = z_1 + \ldots + z_n = \text{const.}$$

337. — THÉORÈME DE M. HERMITE. — *Toute fonction méromorphe $f(z)$, aux périodes ω et ω', s'exprime linéairement au moyen de la fonction $Z(z) = \dfrac{\theta'_1(z)}{\theta_1(z)}$ et de ses dérivées.*

Soient, en effet, a, b les pôles de $f(z)$ dans un parallélogramme des périodes; α, $\beta, \ldots$ leurs degrés de multiplicité. On aura, au voisinage du point a,

$$f(z) = \frac{A_\alpha}{(z-a)^\alpha} + \ldots + \frac{A_1}{z-a} + \varphi(z),$$

$\varphi(z)$ restant finie et continue aux environs de a. On aura de même, aux environs du point b,

$$f(z) = \frac{B_\beta}{(z-b)^\beta} + \ldots + \frac{B_1}{z-b} + \varphi_1(z),$$

et de même pour les autres pôles.

D'ailleurs, les résidus A_1, $B_1, \ldots$ satisferont (331) à l'équation de condition

$$(4) \qquad\qquad A_1 + B_1 + \ldots = 0.$$

Cela posé, on aura

$$(5) \quad \left\{ \begin{aligned}
f(z) = {}& A_1 Z(z-a) - A_2 Z'(z-a) + \ldots + \frac{(-1)^{\alpha-1}}{1.2\ldots(\alpha-1)} A_\alpha Z^{(\alpha-1)}(z-a) \\
& + B_1 Z(z-b) - B_2 Z'(z-b) + \ldots + \frac{(-1)^{\beta-1}}{1.2\ldots(\beta-1)} B_\beta Z^{(\beta-1)}(z-b) \\
& + \ldots + C,
\end{aligned} \right.$$

C désignant une constante, que l'on pourra déterminer en assignant à la variable une valeur particulière.

En effet, désignons par $\psi(z)$ le second membre de cette équation. Il admet les périodes ω et ω', car la fonction Z et ses dérivées admettent la période ω (*Calcul différentiel*, 168). D'autre part, si l'on change z en $z + \omega'$, Z est changée en $Z - \frac{2\pi i}{\omega}$, et ses dérivées ne changent pas. La variation de $\psi(z)$ sera donc $-\frac{2\pi i}{\omega}(A_1 + B_1 + \ldots)$, et s'annulera en vertu de l'équation (4).

La fonction $\psi(z)$ aura pour pôles les points $a + m\omega + m'\omega'$, $b + m\omega + m'\omega'$, ... qui sont les zéros de $\theta_1(z-a)$. $\theta_1(z-b)$, ... Parmi ces points, les seuls qui soient dans le parallélogramme des périodes sont les points $a, b, \ldots$

D'ailleurs, la fonction θ_1 n'ayant que des zéros simples, les résidus respectifs des fonctions $Z(z-a)$, $Z(z-b)$, ... relativement aux pôles $a, b, \ldots$ se réduiront à l'unité (307). On aura donc, aux environs du point a par exemple,

$$Z(z-a) = \frac{1}{z-a} + \varphi(z),$$

$$Z'(z-a) = -\frac{1}{(z-a)^2} + \varphi'(z),$$

$$\dotfill$$

$$Z^{\alpha-1}(z-a) = \frac{(-1)^{\alpha-1} 1.2\ldots(\alpha-1)}{(z-a)^\alpha} + \varphi^{(\alpha-1)}(z).$$

$\varphi(z)$ et ses dérivées successives restant finies au point a, ainsi que $Z(z-b)$ et ses dérivées.

Substituant ces valeurs de $Z(z-a)$ et de ses dérivées dans l'expression de $\psi(z)$, il viendra

$$\psi(z) = \frac{A_1}{z-a} - \frac{A_2}{(z-a)^2} + \ldots + \frac{A_\alpha}{(z-a)^\alpha} + \chi(z),$$

$\chi(z)$ restant finie au point a.

La différence $f(z) - \psi(z)$ restera donc finie au point a, et de même aux points b. .... Elle est d'ailleurs doublement périodique; donc elle se réduit à une constante, et s'annulera si l'on donne à C une valeur convenable.

338. Le développement (5) est d'une grande utilité pour l'intégration des fonctions doublement périodiques. Tous les termes de $\psi(z)$ sont, en effet, des dérivées, dont l'intégrale s'obtient immédiatement. On trouve ainsi

$$\int f(z)\,dz = \quad A_1 \log \theta_1(z-a) - A_2 Z(z-a) + \ldots + \frac{(-1)^{\alpha-1}}{1.2\ldots(\alpha-1)} A_\alpha Z^{\alpha-2}(z-a)$$

$$+ B_1 \log \theta_1(z-b) - B_2 Z(z-b) + \ldots + \frac{(-1)^{\beta-1}}{1.2\ldots(\beta-1)} B_\beta Z^{\beta-2}(z-b)$$

$$+ \ldots + Cz + \text{const.}$$

339. THÉORÈME. — *Deux fonctions méromorphes u et v, qui présentent un système de deux périodes communes ω, ω', sont liées par une équation algébrique.*

Soient, en effet, n, ν les ordres respectifs de u et de v. L'expression

$$\varphi = A_{l\lambda} u^l v^\lambda + \ldots + A_{00},$$

où $A_{l\lambda}, \ldots, A_{00}$ sont des coefficients arbitraires et l, λ deux entiers quelconques, sera évidemment une fonction méromorphe, aux périodes ω et ω', d'ordre $ln + \lambda\nu$, et n'ayant d'autres pôles que ceux des fonctions u et v. Soient z l'un de ces pôles, k son degré de multiplicité. La fonction φ pourra se mettre sous la forme

$$\frac{A_k}{(z-z)^k} + \ldots + \frac{A_1}{z-z} + \psi,$$

φ ne devenant plus infini. Les coefficients $\mathcal{A}_{l\lambda}, \ldots, \mathcal{A}_{01}$ seront des fonctions linéaires et homogènes des coefficients A.

Égalons à zéro tous les coefficients $\mathcal{A}$ relatifs aux divers pôles de φ contenus dans le parallélogramme des périodes; nous obtiendrons ainsi $ln + \lambda\nu$ équations homogènes entre les coefficients A. Joignons-y une nouvelle équation de même nature, exprimant que φ s'annule pour une valeur particulière z_0 de la variable. Nous obtiendrons ainsi un système de $ln + \lambda\nu + 1$ équations de condition entre les $(l + 1)(\lambda + 1)$ coefficients A.

Si $ln + \lambda\nu + 1 < (l + 1)(\lambda + 1)$ (ce qui aura lieu dès que l et λ seront assez grands), on pourra déterminer les rapports des coefficients A, de telle sorte que toutes ces équations soient satisfaites. Alors la fonction φ, ne devenant plus infinie, se réduira à une constante; mais elle s'annule pour $z = z_0$. On aura donc identiquement

$$0 = \varphi = A_{l\lambda} u^l v^\lambda + \ldots + A_{00}.$$

340. Les équations algébriques entre u et v obtenues par le procédé ci-dessus pour les diverses valeurs de l et de λ résulteront évidemment de la multiplication des puissances d'une seule équation irréductible liant ces deux quantités entre elles, par des facteurs étrangers. Cette équation irréductible sera en général de degré ν par rapport à u, et de degré n par rapport à v.

En effet, à chaque valeur de v correspondent ν classes de valeurs de z, en réunissant dans une même classe toutes celles de ces valeurs qui ne diffèrent que par des multiples des périodes. À chacune de ces classes de valeurs correspond une valeur unique de la fonction monodrome et doublement périodique u. Donc, à chaque valeur de v correspondent ν valeurs de u. De même à chaque valeur de u correspondent n valeurs de v.

Le degré de l'équation irréductible pourrait toutefois s'abaisser dans le cas particulier où plusieurs classes de valeurs de z correspondraient constamment à une seule et même valeur de u.

341. Corollaire. — *Une fonction u méromorphe et doublement périodique d'ordre n est liée à sa dérivée u' par une équation algébrique de degré n par rapport à u' et de degré au plus égal à $2n$ par rapport à u.*

En effet, u' est évidemment une fonction méromorphe, admettant les mêmes périodes élémentaires ω et ω' que la fonction u, et les mêmes pôles, avec un degré de multiplicité plus élevé d'une unité. La fonction u' sera donc d'ordre $n + \mu$, μ étant le nombre des pôles distincts de la fonction u, lequel est au plus égal à n.

Le degré en u' de l'équation $F(u, u') = 0$ entre u et u' ne peut d'ailleurs s'abaisser au-dessous de n. En effet, cela n'aurait lieu que si, à une valeur donnée de u, telle que u_0, correspondaient pour z deux valeurs a, b de classes différentes (c'est-à-dire telles que $b - a$ ne soit pas une période) et qui donnent pour u' la même valeur u'_0.

Or, s'il en était ainsi, toutes les dérivées $u''\ldots$ reprendraient les mêmes valeurs $u''_0, \ldots$ aux points a et b; car, en dérivant l'équation $F(u, u') = 0$, on peut obtenir $u'', \ldots$ en fonction rationnelle de u et de u'.

Cela posé, soit, pour plus de clarté, $u = f(z)$.

La fonction

$$f(z) - f(b - a + z)$$

s'annulera, ainsi que toutes ses dérivées, pour $z = a$. Elle s'annulera donc, ainsi que ces dérivées, non seulement au point a, mais dans ses environs; car, en les développant par la série de Taylor, tous les termes seront nuls. Elle s'annulera encore en tout point situé aux environs des points qui sont aux environs de a, et ainsi de suite. Elle sera donc nulle dans tout le plan; donc $b - a$ sera une période, contrairement à ce qui a été supposé.

342. Théorème. — *Soit u une fonction méromorphe*

d'ordre n et aux périodes élémentaires ω et ω'. Toute fonction méromorphe v qui admet ces périodes est une fonction rationnelle de u et u'.

Considérons en effet l'expression

$$\varphi = P\,v - P_0 - P_1 u' - \ldots - P_{n-1} u'^{n-1},$$

où P et P_0 sont des polynômes en u de degré l et P_k un polynôme en u de degré $l - 2k$. Les coefficients de ces polynômes étant supposés arbitraires, φ sera méromorphe, aux périodes ω et ω', et aura pour ordre $ln + \nu$, ν désignant l'ordre de v.

La fonction φ s'annulera d'ailleurs identiquement, si l'on peut déterminer les coefficients arbitraires de telle sorte que les termes infinis que contient le développement de la fonction aux environs de chacun de ses pôles soient affectés de coefficients nuls, et qu'en outre φ s'annule pour une valeur donnée de la variable.

On obtiendra ainsi $ln + \nu + 1$ équations de conditions linéaires et homogènes par rapport aux

$$l + 1 + l + 1 + \ldots + l + 1 - 2(n-1) = (n+1)(l+1) - n(n-1)$$

coefficients inconnus. On pourra y satisfaire dès que l sera assez grand pour que le nombre des coefficients surpasse celui des inconnues. Cela fait, on aura

$$\varphi = 0,$$

d'où

$$v = \frac{P_0 + P_1 u' + \ldots + P_{n-1} u'^{n-1}}{P}.$$

CHAPITRE VII.

FONCTIONS ELLIPTIQUES.

I. — Intégrales des fonctions algébriques.

343. Soit u une fonction algébrique de z, définie par une équation irréductible de degré n,

$$f(u, z) = o,$$

et soit $\varphi(u, z)$ une fonction rationnelle de u et de z.

L'intégrale $\int \varphi(u, z)\,dz$, prise le long d'une ligne A ayant pour extrémités z_0 et Z, est égale, par définition, à la limite de l'expression

$$\varphi(u_0, z_0)(z_1 - z_0) + \varphi(u_1, z_1)(z_2 - z_1) + \dots,$$

$z_0, z_1, z_2, \dots$ désignant une série de points infiniment voisins les uns des autres pris sur la ligne A, et $u_0, u_1, u_2, \dots$ les valeurs correspondantes de u.

Mais la fonction u a n branches distinctes, correspondant aux diverses valeurs initiales $u'_0, u''_0, \dots$ que peut prendre la fonction u pour $z = z_0$. La série des valeurs successives de u aux points $z_0, z_1, z_2, \dots$ varie suivant la branche que l'on considère. L'intégrale considérée a donc n valeurs distinctes, et, pour la définir complètement, il ne suffira pas de connaître la ligne d'intégration A; il sera encore nécessaire d'indiquer quelle est, parmi les valeurs $u'_0, u''_0, \dots$, celle u_0^k qu'on prendra pour valeur initiale de u.

Mettant ces deux données en évidence, nous pourrons représenter l'intégrale définie par la notation suivante :

$$\int_{A,\,u_0^b} \varphi(u,z)\,dz.$$

344. L'intégrale $\int \dfrac{dz}{\sqrt{1-z^2}}$, par exemple, prise suivant une ligne quelconque A partant de l'origine des coordonnées pour aboutir à un autre point donné Z, aura deux valeurs égales et opposées, correspondant aux deux valeurs initiales $+1$ et -1 que l'on peut assigner au radical. L'intégrale correspondante à la valeur initiale $+1$ n'est autre chose que la fonction arc sin Z.

Cette transcendante jouit des deux propriétés fondamentales suivantes :

1° Pour chaque valeur de Z, elle admet une infinité de valeurs, représentées par les formules

$$U + 2m\pi,$$
$$\pi - U + 2m\pi.$$

2° La somme de deux arc sinus s'exprime par un seul arc sinus.

Posons en effet

$$\arcsin x = a, \quad \arcsin y = b;$$

d'où

$$x = \sin a, \qquad y = \sin b,$$
$$\sqrt{1-x^2} = \cos a, \quad \sqrt{1-y^2} = \cos b,$$

les signes des radicaux étant choisis de telle sorte que, pour $a = 0$, ils se réduisent à $+1$.

On a

$$\sin(a+b) = \sin a \cos b + \cos a \sin b = x\sqrt{1-y^2} + y\sqrt{1-x^2},$$
$$\arcsin x + \arcsin y = a + b = \arcsin\left(x\sqrt{1-y^2} + y\sqrt{1-x^2}\right).$$

Nous allons montrer que ces deux propriétés, convenablement généralisées, s'étendent à toutes les intégrales de fonctions algébriques.

345. Cherchons en effet les diverses valeurs que peut prendre l'intégrale

$$\int_{A, u_0^i} \varphi(u, z)\, dz,$$

lorsqu'on fait varier la ligne d'intégration A sans changer ses extrémités z_0 et Z.

Nous avons vu qu'on peut, par une déformation qui ne fasse traverser aucun point critique, et par suite n'altère pas la valeur de l'intégrale (279), réduire la ligne d'intégration à la forme ML, L étant un chemin déterminé, choisi à volonté entre z_0 et Z, et M une combinaison des contours élémentaires relatifs au point z_0 (268). On sait en outre qu'en choisissant convenablement le contour fermé M on pourra faire en sorte que la fonction u, partant de la valeur initiale u_0^h, prenne pour valeur finale, au bout de ce contour, une quelconque des n valeurs $u_0', \ldots, u_0''$ (323). Les contours fermés peuvent donc être répartis en n classes, suivant la valeur finale qu'ils donnent pour u.

Considérons en particulier ceux de ces contours qui donnent une même valeur finale u_0'. Soit M_l l'un d'entre eux, choisi à volonté; tout autre contour M_l' de cette même classe sera évidemment équivalent à la succession des deux contours

$$N = M_l' M_l^{-1} \quad \text{et} \quad M_l,$$

dont le premier donne comme valeur finale u_0^k. Réciproquement, tout contour de la forme NM_l, où N est une combinaison de contours élémentaires donnant u_0^k comme valeur finale, donnera pour valeur finale u_0^l.

Cela posé, on aura évidemment

$$\int_{A, u_0^k} = \int_{NM_l L, u_0^k} = \int_{N, u_0^k} + \int_{M_l L, u_0^k}.$$

La seconde de ces deux intégrales, étant prise suivant une

ligne déterminée, avec une valeur initiale de u également déterminée, a une valeur parfaitement déterminée. Nous la désignerons par I_l

Quant à la première intégrale, elle aura autant de valeurs différentes qu'il existe de contours distincts de l'espèce N.

Soient P un semblable contour, ω l'intégrale correspondante. Le contour P, décrit m fois de suite, m étant un entier quelconque (positif ou négatif suivant le sens dans lequel on décrit le contour), donnera un nouveau contour P^m qui sera évidemment de l'espèce N, et auquel correspondra pour l'intégrale la valeur $m\omega$.

Soient P' un contour de l'espèce N, différent des précédents, ω' l'intégrale correspondante. Les contours $P^{m_1} P'^{m'_1} P^{m_2} \ldots$, résultant de la combinaison des contours P et P', appartiendront encore à l'espèce N et donneront pour l'intégrale la valeur

$$(m_1 + m_2 + \ldots)\omega + (m'_1 + \ldots)\omega' = m\omega + m'\omega',$$

m et m' étant des entiers quelconques positifs ou négatifs.

S'il existe un autre contour P'' de l'espèce N, autre que les précédents, soit ω'' l'intégrale correspondante. En le combinant aux précédents, on obtiendra une série de contours donnant pour l'intégrale la valeur $m\omega + m'\omega' + m''\omega''$.

Continuant ainsi, on voit que les lignes d'intégration que nous avons considérées donneront pour l'intégrale une infinité de valeurs distinctes ayant pour formule générale

$$I_l + m\omega + m'\omega' + m''\omega'' + \ldots$$

Chacune des n classes de contours M donnant évidemment un résultat analogue à celui que nous venons de trouver, nous pourrons énoncer le théorème fondamental suivant :

THÉORÈME. — *Les diverses valeurs de l'intégrale*

$$\int_{z_0, u_0^l}^{z} \varphi(u, z)\, dz,$$

où u est une racine d'une équation algébrique irréduc-

tible de degré n, et z une fonction rationnelle, sont données par le système des n formules suivantes :

$$I_1 - m\omega - m'\omega' + m''\omega'' + \ldots$$
$$\ldots \ldots \ldots \ldots \ldots \ldots \ldots \ldots \ldots$$
$$I_n + m\omega + m'\omega' + m''\omega'' + \ldots$$

où ω, ω', ω'', $\ldots$ sont des constantes indépendantes de Z, m, m', $m'' \ldots$ des entiers quelconques positifs ou négatifs, $I_1, \ldots I_n$ des fonctions déterminées de Z.

346. *Application.* — Considérons l'intégrale elliptique

$$\int_0^Z \frac{dz}{\sqrt{(z-a)(z-b)(z-c)(z-d)}}.$$

Pour chaque valeur de z, le radical a deux valeurs égales et opposées, u et $-u$. Soient u_0 et $-u_0$ les deux valeurs du radical pour $z = 0$: A, B, C, D (*fig.* 45) les intégrales prises

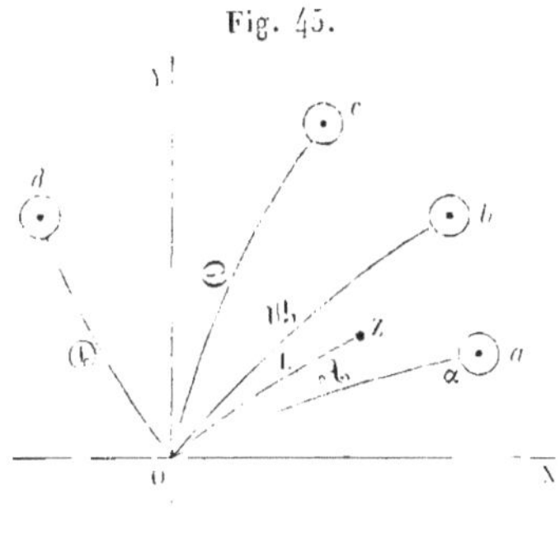

Fig. 45.

le long des contours élémentaires $\mathcal{A}$, $\mathcal{B}$, $\mathcal{C}$, $\mathcal{D}$, joignant l'origine aux points critiques a, b, c, d; I l'intégrale le long d'une ligne déterminée L, allant de 0 à Z, toutes ces intégrales étant prises en partant de la valeur initiale u_0. (Elles changeraient évidemment de signe si l'on partait de la valeur initiale $-u_0$.)

Chacune des intégrales A, B, C, D conservera d'ailleurs la

même valeur, quel que soit le sens dans lequel on décrira le contour élémentaire. En effet, l'intégrale A, par exemple, se compose : $1°$ de l'intégrale suivant Ox prise avec la valeur initiale u_0; $2°$ de l'intégrale suivant le petit cercle; $3°$ de l'intégrale suivant xO, égale à la première intégrale suivant Ox; car, si le sens de l'intégration a changé, le signe de la fonction à intégrer a changé également.

Si l'on fait décroître indéfiniment le rayon du petit cercle, l'intégrale suivant ce cercle tendra vers zéro (285), et l'intégrale suivant Ox aura pour limite l'intégrale de O à a. L'intégrale A sera donc égale au double de cette dernière intégrale, quel que soit le sens dans lequel on décrit le contour $\mathcal{A}$.

Enfin, lorsqu'on décrit un contour élémentaire, tel que $\mathcal{A}$, en partant de la valeur initiale u_0, on revient évidemment à l'origine avec la valeur finale $- u_0$. Si donc on décrit successivement deux contours élémentaires $\mathcal{A}$ et $\mathcal{B}$, on obtiendra pour valeur de l'intégrale totale A — B, puisque le radical a pour valeur $- u_0$ au commencement du contour $\mathcal{B}$. De même, l'intégrale suivant la ligne $\mathcal{A}$L sera A — I.

Cela posé, toute ligne d'intégration Λ allant de o à Z sera réductible à l'une des deux formes N L, N$\mathcal{A}$L, N désignant une combinaison de contours élémentaires donnant u_0 comme valeur finale. L'intégrale correspondante aura donc pour valeur Q + I ou Q + A — I, Q désignant la valeur de l'intégrale suivant le contour N.

Or N, donnant pour valeur finale u_0, sera composé d'un nombre pair de contours élémentaires. Chaque couple de contours élémentaires successifs donnant pour intégrale la différence entre deux des intégrales A, B, C, D, l'intégrale Q sera de la forme

$$n\Lambda + n'B + n''C + n'''D,$$

les entiers n, n', n'', n''' satisfaisant à la condition

$$n + n' + n'' + n''' = 0.$$

Cette expression peut se mettre sous la forme

$$Q = n(A - B) + (n + n')(B - C) + (n + n' + n'')(C - D).$$

D'ailleurs, les trois quantités $A - B$, $B - C$, $C - D$, qui figurent dans cette formule, ne sont pas toutes distinctes.

En effet, l'intégrale $\displaystyle\int \frac{dz}{\sqrt{(z - a)(z - b)(z - c)(z - d)}}$, prise suivant un cercle de rayon infini, est nulle (**286**). Or ce contour d'intégration se réduit aisément à la succession des quatre contours élémentaires $\mathcal{A}$, $\mathcal{B}$, $\mathcal{C}$, $\mathcal{D}$; on aura donc

$$A - B + C - D = 0.$$

Éliminant $C - D$ au moyen de cette équation, on obtiendra pour Q une valeur de la forme

$$Q = m(A - B) + m'(B - C),$$

m et m' étant des entiers.

Les valeurs de l'intégrale considérée, de o à Z, seront donc données par les deux formules

$$I + m(A - B) + m'(B - C),$$
$$A - I + m(A - B) + m'(B - C).$$

347. La démonstration de la seconde propriété fondamentale des intégrales des fonctions algébriques repose sur les considérations suivantes.

L'équation $f(u, z) = o$, qui définit la fonction algébrique u, peut être considérée comme représentant une courbe algébrique.

Soit $\psi(u, z) = o$ une seconde courbe algébrique. Elle rencontrera la courbe f en un certain nombre de points, réels ou imaginaires. Pour obtenir les coordonnées de ces points, éliminons u entre les équations $f = o$, $\psi = o$. Nous obtiendrons une équation finale $F(z) = o$, dont les racines z_1, z_2, ... seront les abscisses des points d'intersection. Soit z_2 l'une de ces abscisses; l'ordonnée correspondante u_2 s'obtiendra en cherchant, par la méthode du plus grand commun diviseur, la solution commune aux deux équations

$$f(u, z_\rho) = 0, \quad \psi(u, z_\rho) = 0.$$

On obtiendra ainsi un résultat de la forme

$$u_\rho = \theta(z_\rho),$$

θ étant une fonction rationnelle de z_ρ et des coefficients des deux courbes.

Supposons maintenant qu'on donne aux coefficients $a, b, \ldots$ de la courbe auxiliaire ψ des accroissements infiniment petits $da, db, \ldots$. L'accroissement correspondant de z_ρ s'obtiendra en différentiant l'équation

$$F(z_\rho) = 0.$$

Il viendra

$$\frac{\partial F}{\partial z_\rho} dz_\rho + \frac{\partial F}{\partial a} da + \frac{\partial F}{\partial b} db + \ldots = 0,$$

d'où

$$dz_\rho = A_\rho da + B_\rho db + \ldots.$$

$A_\rho, B_\rho, \ldots$ étant des fonctions rationnelles de $z_\rho, a, b, \ldots$.

Multiplions cette égalité par

$$\varphi(u_\rho, z_\rho) = \varphi[\theta(z_\rho), z_\rho].$$

φ désignant une fonction rationnelle quelconque, et faisons la somme des diverses équations obtenues en posant successivement $\rho = 1, 2, \ldots$.

Il viendra

$$(1) \qquad \sum_\rho \varphi(u_\rho, z_\rho) \, dz_\rho = A \, da + B \, db + \ldots,$$

en posant, pour abréger,

$$A = \sum_\rho A_\rho \varphi[\theta(z_\rho), z_\rho], \quad \ldots$$

Les quantités $A, B, \ldots$ étant des fonctions symétriques des racines z_1, z_2, ... de l'équation $F(z) = 0$, s'expriment rationnellement en fonction des coefficients de cette équation, qui sont eux-mêmes rationnels en a, b, ... Ce sont donc des fonctions rationnelles de a, b, ...

D'autre part, les deux membres de l'égalité (1) sont des différentielles exactes. En effet, u_2 satisfaisant à l'équation $f(u_2, z_2) = 0$, dont les coefficients sont indépendants de a, b, ..., est une fonction de z_2 seulement : $\varphi(u_2, z_2)dz_2$ est donc une différentielle exacte. De même pour chacun des autres termes qui constituent le premier membre de (1).

Cela posé, faisons varier a, b, ... suivant une loi quelconque, depuis a_0, b_0, ... jusqu'à a_1, b_1, ... et intégrons l'équation (1) entre ces limites : il viendra (165)

$$\sum_2 \int \varphi(u_2, z_2)\,dz_2 = \int_{a_0}^{a_1} A\,da + \int_{b_0}^{b_1} B\,db + \dots$$

B^0 étant ce que devient B pour $a = a_0$, etc. Or, A, B^0, ... étant des fonctions rationnelles de a, b, ..., pourront être aisément intégrées : et l'intégrale se composera en général d'une partie logarithmique L et d'une partie rationnelle R. On aura donc

$$(2) \qquad \sum_2 \int \varphi(u_2, z_2)\,dz_2 = L - R.$$

348. Nous sommes maintenant en mesure d'établir la proposition suivante :

THÉORÈME D'ABEL. — *Soient z_1, ..., z_m des variables imaginaires indépendantes, qui varient simultanément, suivant une loi quelconque ; u_1, ..., u_m des fonctions respectives de ces variables, satisfaisant aux équations*

$$(3) \qquad f(u_1, z_1) = 0, \quad \dots, \quad f(u_m, z_m) = 0$$

et qu'on achèvera de définir en précisant leurs valeurs initiales ; φ une fonction rationnelle quelconque. On aura, *quelle que soit la ligne d'intégration suivie par les variables $z_1, \ldots, z_m$*

$$(4) \qquad \sum_1^{m} \int \varphi(u_\rho, z_\rho)\, dz_\rho + \sum_1^{p} \int \varphi(U_\rho, Z_\rho)\, dZ_\rho = L + R,$$

p désignant le genre de la courbe $f(u, z) = 0$; $Z_1, \ldots,$ Z_p des fonctions algébriques de $z_1, \ldots, z_m$. définies par une équation de degré p, dont les coefficients sont rationnels en $z_1, \ldots, z_m, u_1, \ldots, u_m$; $U_1, \ldots, U_p$ des fonctions satisfaisant respectivement aux équations

$$f(U_1, Z_1) = 0, \quad \ldots, \quad f(U_p, Z_p) = 0$$

mais définies d'une façon plus précise par des équations de la forme

$$U_\rho = \theta(Z_\rho, z_1, \ldots, z_m; u_1, \ldots, u_m)$$

où θ désigne une fonction rationnelle; enfin L une fonction logarithmique et R une fonction rationnelle des valeurs initiales et finales de $z_1, \ldots, z_m, u_1, \ldots, u_m$.

En effet, les équations (3) expriment que les points $(u_1, z_1), \ldots, (u_m, z_m)$ sont situés sur la courbe $f(u, z) = 0$. On pourra déterminer (*Calcul différentiel*, 365) une courbe auxiliaire $\psi(u, z) = 0$, ayant pour coefficients des fonctions rationnelles de $u_1, z_1, \ldots, u_m, z_m$, telle que ses points d'intersection avec la courbe f soient :

1° Les points $(u_1, z_1), \ldots, (u_m, z_m)$;

2° Un certain nombre de points fixes $(\upsilon_1, \zeta_1), \ldots, (\upsilon_n, \zeta_n)$ pris à volonté sur f et parmi lesquels se trouvent tous les points multiples de cette courbe.

3° Enfin p points $(U_1, Z_1), \ldots, (U_p, Z_p)$ dont la situation ne peut être choisie arbitrairement, mais dont les coordonnées s'exprimeront au moyen de $u_1, z_1, \ldots, u_m, z_m$ de la manière qu'indique l'énoncé précédent.

Il est clair que tout système de variations simultanées des points $(u_1, z_1), \ldots, (u_m, z_m)$ correspond à un système de variations des coefficients de la courbe auxiliaire ψ. Appliquant la formule (2), il viendra

$$(5) \qquad \sum \int \varphi(u, z)\, dz = \mathrm{L} + \mathrm{R},$$

L étant une fonction logarithmique et R une fonction rationnelle des coefficients de ψ (et par suite des coordonnées $u_1, z_1, \ldots, u_m, z_m$); la sommation s'étendant d'ailleurs à tous les points d'intersection $(u_1, z_1), \ldots, (v_1, \zeta_1), \ldots$ $(\mathrm{U}_1, \mathrm{Z}_1), \ldots$ D'ailleurs, les points $(v_1, \zeta_1), \ldots$ étant fixes, les intégrales correspondantes sont nulles, ce qui réduira la formule (5) à la forme (4).

349. L'importance du théorème précédent a fait donner le nom d'*intégrales abéliennes* aux intégrales de fonctions algébriques, telles que $\int \varphi(u, z)\, dz$.

Les diverses intégrales abéliennes dépendant d'une même irrationnelle u se distinguent les unes des autres par la forme de la fonction φ. Les termes complémentaires L et R que contient la formule d'Abel dépendent évidemment du choix de cette fonction.

On dit que l'intégrale est de *première espèce* si L et R s'annulent à la fois; de *seconde espèce*, si L s'annule seul; enfin, de *troisième espèce*, si L est différent de zéro.

350. *Exemple.* — Appliquons les considérations qui précèdent à l'intégrale elliptique

$$\int \frac{dz}{\sqrt{(1 - z^2)(1 - k^2 z^2)}} = \int \frac{dz}{u},$$

u étant racine de l'équation

$$f(u, z) = u^2 - (1 - z^2)(1 - k^2 z^2) = 0.$$

Prenons pour courbe auxiliaire ψ la parabole

$$u = 1 + az + bz^2.$$

Les abscisses des points d'intersection de f et de ψ sont les racines de l'équation

$$o = (1 + az + bz^2)^2 - (1 - z^2)(1 - k^2 z^2) = F(z).$$

Soit z_ρ une des quatre racines de cette équation; on aura, en faisant varier a et b,

$$F'(z_\rho)\, dz_\rho - 2(1 + az_\rho + bz_\rho^2)(z_\rho\, da + z_\rho^2\, db) = 0,$$

d'où

$$\frac{dz_\rho}{u_\rho} - \frac{dz_\rho}{1 + az_\rho + bz_\rho^2} = -2\, \frac{z_\rho\, da + z_\rho^2\, db}{F'(z_\rho)}.$$

Posons $\rho = 1, 2, 3, 4$ et ajoutons les résultats; il viendra

$$(6) \qquad \sum_\rho \frac{dz_\rho}{u_\rho} - 2\, da \sum_\rho \frac{z_\rho}{F'(z_\rho)} - 2\, db \sum_\rho \frac{z_\rho^2}{F'(z_\rho)} = o^{[1]}.$$

L'équation $F(z) = o$, étant développée, prend la forme

$$z\left[(b^2 - k^2)\, z^3 + 2ab\, z^2 + (a^2 - 2b + 1 - k^2)\, z + 2a\right] = o.$$

L'une de ses racines étant constamment nulle, sa différentielle sera nulle; le terme correspondant disparaîtra dans la relation (6), qui se réduira à

$$(7) \qquad \frac{dz_1}{u_1} + \frac{dz_2}{u_2} + \frac{dz_3}{u_3} = o,$$

---

[1] En effet, $F(z) = o$ désignant une équation quelconque et μ un entier inférieur de deux unités au moins au degré de $F(z)$, on aura, par la décomposition en fractions simples,

$$\frac{z^\mu}{F(z)} = \sum_\rho \frac{z_\rho^\mu}{F'(z_\rho)}\, \frac{1}{z - z_\rho}.$$

Multipliant cette identité par z et prenant la limite pour $z = \infty$, il viendra

$$o = \sum_\rho \frac{z_\rho^\mu}{F'(z_\rho)}.$$

La fonction F du texte étant de degré 4, on pourra poser $\mu = 1$ ou $\mu = 2$, ce qui montre que les coefficients de da et de db s'annulent.

z_1, z_2, z_3 étant les racines de l'équation

$$(8) \qquad (b^2 - k^2)\, z^3 + 2\, ab\, z^2 + (a^2 + 2\, b - 1 - k^2)\, z + 2\, a = 0$$

et u_1, u_2, u_3 étant définis par les relations

$$(9) \qquad u_2 = \sqrt{(1 - z_2^2)(1 - k^2 z_2^2)}$$

et, avec plus de précision, par celles-ci :

$$(10) \qquad u_2 = 1 - a\, z_2 - b\, z_2^2.$$

351. Les équations (8), (9), (10) contenant deux paramètres indéterminés a, b, on pourra considérer z_1, z_2 comme des variables indépendantes. La relation qui les lie à z_3 s'obtiendra en éliminant a et b entre ces équations.

L'équation (8) donne

$$z_1 + z_2 + z_3 = -\frac{2\, ab}{b^2 - k^2}, \qquad z_1 z_2 z_3 = \frac{-2\, a}{b^2 - k^2},$$

d'où

$$b = \frac{z_1 + z_2 - z_3}{z_1 z_2 z_3}, \qquad z_3 = -\frac{z_1 + z_2}{1 - b z_1 z_2}.$$

D'autre part, les équations

$$u_1 = 1 - a\, z_1 - b\, z_1^2,$$
$$u_2 = 1 - a\, z_2 - b\, z_2^2.$$

donnent, par l'élimination de a,

$$u_1 z_2 - u_2 z_1 = (z_2 - z_1)(1 - b z_1 z_2),$$

et par suite

$$z_3 = \frac{z_1^2 - z_2^2}{u_1 z_2 - u_2 z_1} = (z_1^2 - z_2^2)\frac{u_1 z_2 + u_2 z_1}{u_1^2 z_2^2 - u_2^2 z_1^2},$$

ou, en remplaçant u_1^2 et u_2^2 par leurs valeurs,

$$(1 - z_1^2)(1 - k^2 z_1^2), \qquad (1 - z_2^2)(1 - k^2 z_2^2)$$

et réduisant,

$$(11) \qquad z_3 = -\frac{u_1 z_2 + u_2 z_1}{1 - k^2 z_1^2 z_2^2}.$$

Cette formule montre que, pour $z_1 = z_2 = 0$, on a également $z_3 = 0$. Les valeurs correspondantes de u_1, u_2, u_3 sont égales à $+1$, d'après la formule (10). La connaissance de ces valeurs initiales précise le signe de ces radicaux.

Faisons varier simultanément z_1 de 0 à Z_1, z_2 de 0 à Z_2; l'équation (7), intégrée entre ces limites, donnera

$$\int_0^{Z_1} \frac{dz_1}{u_1} + \int_0^{Z_2} \frac{dz_2}{u_2} + \int_0^{-\frac{U_1 Z_2 + U_2 Z_1}{1 - k^2 Z_1^2 Z_2^2}} \frac{dz_3}{u_3} = 0,$$

U_1, U_2 désignant les valeurs finales des radicaux u_1, u_2.

Dans cette formule, on peut se donner arbitrairement les chemins suivis par z_1 et z_2; mais la troisième variable z_3 étant déterminée en fonction de z_1 et z_2 par l'équation (11), suivra dans chaque cas une ligne parfaitement définie.

II. — Définition et premières propriétés des fonctions elliptiques.

352. L'intégrale elliptique de première espèce

$$\int_0^Z \frac{dz}{\Delta(z)},$$

où $\Delta(z)$ représente celle des valeurs du radical

$$\sqrt{(1 - z^2)(1 - k^2 z^2)}$$

qui a pour valeur initiale $+1$ (k^2 étant une quantité quelconque différente de 0 et de 1), est une généralisation de la fonction

$$\operatorname{arc\,sin} Z = \int_0^Z \frac{dz}{\sqrt{1 - z^2}},$$

à laquelle elle se réduirait pour $k = 0$.

Si nous posons $Z = \sin u$, cette dernière équation deviendra

$$(1) \qquad u = \int_0^{\sin u} \frac{dz}{\sqrt{1 - z^2}}.$$

On aura, d'autre part,

$$(2) \qquad \cos u = \sqrt{1 - \sin^2 u},$$

en choisissant celle des deux valeurs du radical qui se réduit à $+1$ pour $u = 0$.

Les deux fonctions $\sin u$ et $\cos u$, définies par les équations (1) et (2), sont beaucoup plus intéressantes à considérer que l'arc sinus ; elles présentent sur lui ce grand avantage d'être monodromes dans tout le plan ; en outre, elles sont périodiques.

Cette remarque a suggéré à Abel et à Jacobi l'idée d'étudier, au lieu de l'intégrale elliptique

$$u = \int_0^Z \frac{dz}{\Delta(z)},$$

la fonction inverse $\operatorname{sn} u$ définie par l'équation

$$(3) \qquad u = \int_0^{\operatorname{sn} u} \frac{dz}{\Delta(z)},$$

et deux autres fonctions associées $\operatorname{cn} u$, $\operatorname{dn} u$, définies par les équations

$$(4) \qquad \operatorname{cn} u = \sqrt{1 - \operatorname{sn}^2 u},$$

$$(5) \qquad \operatorname{dn} u = \sqrt{1 - k^2 \operatorname{sn}^2 u},$$

les radicaux qui figurent dans ces trois relations étant pris avec un signe tel, qu'ils se réduisent à $+1$, pour $u = 0$.

Ces trois fonctions ont reçu le nom de *fonctions ellip-tiques* (¹).

(¹) Jacobi les désigne par la notation $\sin \operatorname{am} u$, $\cos \operatorname{am} u$, $\Delta \operatorname{am} u$, qu'il énonce sinus amplitude u, cosinus amplitude u, Δ amplitude u. La notation plus abrégée que nous adoptons est celle de Gudermann.

353. Les équations précédentes, différentiées, donnent

$$du = \frac{d\,\mathrm{sn}\,u}{\Delta(\mathrm{sn}\,u)} = \frac{d\,\mathrm{sn}\,u}{\mathrm{cn}\,u\,\mathrm{dn}\,u},$$

$$d\,\mathrm{cn}\,u = -\frac{\mathrm{sn}\,u\,d\,\mathrm{sn}\,u}{\mathrm{cn}\,u} = -\,\mathrm{sn}\,u\,\mathrm{dn}\,u\,du,$$

$$d\,\mathrm{dn}\,u = -\frac{k^2\,\mathrm{sn}\,u\,d\,\mathrm{sn}\,u}{\mathrm{dn}\,u} = -\,k^2\,\mathrm{sn}\,u\,\mathrm{cn}\,u\,du;$$

d'où

$$(6)\qquad\qquad \frac{d\,\mathrm{sn}\,u}{du} = \mathrm{cn}\,u\,\mathrm{dn}\,u,$$

$$(7)\qquad\qquad \frac{d\,\mathrm{cn}\,u}{du} = -\,\mathrm{sn}\,u\,\mathrm{dn}\,u,$$

$$(8)\qquad\qquad \frac{d\,\mathrm{dn}\,u}{du} = -\,k^2\,\mathrm{sn}\,u\,\mathrm{cn}\,u.$$

De ces trois équations différentielles simultanées, jointes aux conditions initiales

$$(9)\qquad\qquad \mathrm{sn}\,0 = 0,\quad \mathrm{cn}\,0 = +1,\quad \mathrm{dn}\,0 = +1,$$

il serait réciproquement aisé de remonter aux relations (3), (4) et (5).

354. Les trois fonctions elliptiques sont d'ailleurs méromorphes.

En effet, d'après un théorème fondamental de la théorie des équations différentielles, que nous démontrerons ultérieurement, des fonctions $x,\ y,\ \ldots$ d'une même variable u, satisfaisant à un système d'équations différentielles de la forme

$$\frac{dx}{du} = f(u, x, y, \ldots),\quad \frac{dy}{du} = f_1(u, x, y, \ldots),\quad \ldots$$

ne peuvent avoir de points critiques que pour les systèmes de valeurs simultanées de $u,\ x,\ y,\ \ldots$ pour lesquels une au moins des fonctions $f,\ f_1,\ \ldots$ présenterait elle-même un point critique, si l'on y traitait toutes les variables comme indépendantes.

Or il est clair que les seconds membres des équations (6), (7), (8) n'ont aucun point critique, tant que $\operatorname{sn}u$, $\operatorname{cn}u$, $\operatorname{dn}u$ restent finis. Les points où ils deviennent infinis sont des pôles, car ce sont des points ordinaires pour les fonctions

$$x = \frac{1}{\operatorname{sn}u}, \quad y = \frac{1}{\operatorname{cn}u}, \quad z = \frac{1}{\operatorname{dn}u}.$$

On a, en effet,

$$\frac{dx}{du} = -\frac{1}{\operatorname{sn}^2 u}\frac{d\operatorname{sn}u}{du} = -\frac{\operatorname{cn}u\,\operatorname{dn}u}{\operatorname{sn}^2 u} = -\sqrt{(x^2-1)(x^2-k^2)}.$$

$$\frac{dy}{du} = \frac{\operatorname{sn}u\,\operatorname{dn}u}{\operatorname{cn}^2 u} = \sqrt{\frac{x^2-k^2}{x^2-1}},$$

$$\frac{dz}{du} = \frac{k^2\operatorname{sn}u\,\operatorname{cn}u}{\operatorname{dn}^2 u} = \frac{k^2\sqrt{x^2-1}}{x^2-k^2}.$$

Lorsque $\operatorname{sn}u$, $\operatorname{cn}u$, $\operatorname{dn}u$ deviennent infinis, on a $x = 0$; or il est clair que cette valeur est un point ordinaire pour les seconds membres des équations que nous venons d'écrire. C'est donc un point ordinaire pour x, y et z.

355. Pour discuter les fonctions $\operatorname{sn}u$, $\operatorname{cn}u$, $\operatorname{dn}u$, représentons sur le plan la marche de la variable d'intégration z (*fig.* 46).

Fig. 46.

Le radical $\Delta(z)$ présente les quatre points critiques ± 1 et $\pm\dfrac{1}{k}$. Nous pouvons évidemment disposer du signe de k, qui reste arbitraire, de telle sorte que $\frac{1}{k}$ désigne celui de ces deux derniers points qui se trouve au-dessus de l'axe des x, ou sur la partie positive de cet axe.

Entourons les points critiques de petits cercles, et joignons-les à l'origine par des droites. Soient $\mathcal{A}$, $\mathcal{B}$, $\mathcal{C}$, $\mathcal{D}$ les contours élémentaires ainsi obtenus, A, B, C, D les intégrales correspondantes; on aura

$$(10) \qquad A = -C = 2\int_0^1 \frac{dz}{\Delta(z)}.$$

$$(11) \qquad B = -D = 2\int_0^{\frac{1}{k}} \frac{dz}{\Delta(z)}.$$

Si k est réel, les quatre points critiques se trouvant sur l'axe des x, il faudra dévier les lignes d'intégration pour éviter les points critiques. Nous aurons soin de le faire de telle

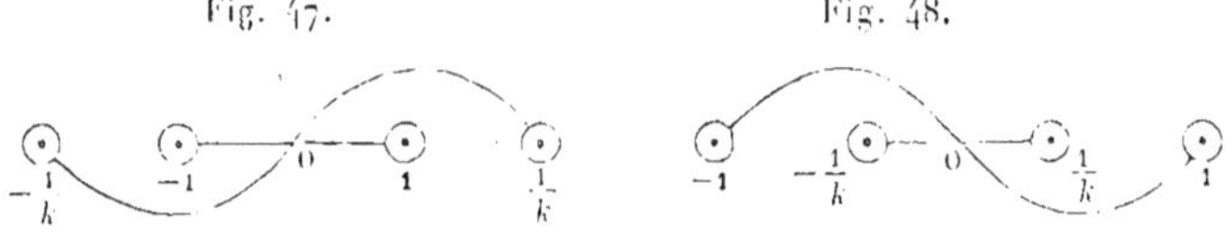

Fig. 47.   Fig. 48.

sorte : 1° que les lignes qui vont de l'origine aux points -1 et $-\frac{1}{k}$ soient toujours symétriques de celles qui vont aux points 1 et $\frac{1}{k}$; 2° que la ligne de 0 à $\frac{1}{k}$ reste au-dessus de celle qui va de 0 à 1 (*fig.* 47 et 48).

Nous poserons enfin

$$(12) \qquad 2\Omega = A - C = 2A, \quad \Omega' = B - A.$$

356. Admettons que z se rende, suivant un chemin déterminé quelconque L, de la valeur initiale 0 à une valeur finale $\operatorname{sn} u$. Soient $\operatorname{cn} u$, $\operatorname{dn} u$ les valeurs finales des radicaux $\sqrt{1-z^2}$, $\sqrt{1-k^2z^2}$, enfin u la valeur de l'intégrale $\int \frac{dz}{\Delta(z)}$ prise le long de L.

Si z décrivait la ligne L', symétrique de L par rapport à l'origine, sa valeur finale serait $-\operatorname{sn} u$; les radicaux ne dépendant que de z^2 auraient pour valeurs finales $\operatorname{cn} u$, $\operatorname{dn} u$; l'intégrale aurait pour valeur $-u$. On aura donc, en remarquant que $\operatorname{sn} u$, $\operatorname{cn} u$, $\operatorname{dn} u$ n'ont qu'une seule valeur pour chaque valeur de u,

$$(13) \quad \begin{cases} \operatorname{sn}(-u) = -\operatorname{sn} u, \\ \operatorname{cn}(-u) = \operatorname{cn} u, \\ \operatorname{dn}(-u) = \operatorname{dn} u. \end{cases}$$

Si z décrivait le contour élémentaire $\mathcal{A}$, puis la ligne L', sa valeur finale serait $-\operatorname{sn} u$; le premier radical deviendrait $-\operatorname{cn} u$, à cause de la rotation autour du point critique 1; le second ne changerait pas; enfin la valeur de l'intégrale serait $\Omega + u$. On aura donc

$$(14) \quad \begin{cases} \operatorname{sn}(u + \Omega) = -\operatorname{sn} u, \\ \operatorname{cn}(u + \Omega) = -\operatorname{cn} u, \\ \operatorname{dn}(u + \Omega) = \operatorname{dn} u. \end{cases}$$

Enfin, si z décrivait les contours $\mathcal{B}$ et $\mathcal{A}$, puis la ligne L, il aurait pour valeur finale $\operatorname{sn} u$; les deux radicaux deviendraient $-\operatorname{cn} u$ et $-\operatorname{dn} u$; enfin l'intégrale serait $\Omega' + u$.

Donc

$$(15) \quad \begin{cases} \operatorname{sn}(u + \Omega') = \operatorname{sn} u, \\ \operatorname{cn}(u + \Omega') = -\operatorname{cn} u, \\ \operatorname{dn}(u + \Omega') = -\operatorname{dn} u. \end{cases}$$

Des relations (14) et (15) on déduit plus généralement

$$(16) \quad \begin{cases} \operatorname{sn}(u + m\Omega + m'\Omega') = (-1)^m \operatorname{sn} u, \\ \operatorname{cn}(u + m\Omega + m'\Omega') = (-1)^{m-m'} \operatorname{cn} u, \\ \operatorname{dn}(u + m\Omega + m'\Omega') = (-1)^{m'} \operatorname{dn} u. \end{cases}$$

Il résulte de ces formules que les fonctions elliptiques sont doublement périodiques :

$$\operatorname{sn} u \text{ admet les périodes } 2\Omega \text{ et } \Omega',$$
$$\operatorname{cn} u \quad \text{»} \quad \text{»} \quad 2\Omega \text{ et } \Omega + \Omega',$$
$$\operatorname{dn} u \quad \text{»} \quad \text{»} \quad \Omega \text{ et } 2\Omega'.$$

357. Soit α l'une des valeurs de u qui correspondent à une valeur donnée $\operatorname{sn}\alpha$ du sinus d'amplitude. L'ensemble des valeurs de u qui jouissent de cette propriété sera donné (346) par le système des deux formules

$$\alpha + m(A - B) + m'(B - C),$$
$$A - \alpha + m(A - B) - m'(B - C).$$

En vertu des équations (12), ces valeurs sont évidemment les mêmes que celles que donne le système des deux formules

$$(17) \qquad \begin{cases} \alpha + 2m\Omega + m'\Omega', \\ \Omega - \alpha + 2m\Omega + m'\Omega'. \end{cases}$$

En changeant α en $-\alpha$, on obtiendrait les valeurs de u qui correspondent à la valeur $-\operatorname{sn}\alpha$ du sinus d'amplitude.

Pour une valeur donnée $\operatorname{cn}\alpha$ du cosinus d'amplitude, le sinus d'amplitude ne pourra avoir que deux valeurs égales et opposées, $\operatorname{sn}\alpha$ et $-\operatorname{sn}\alpha$; u sera donc de l'une des deux formes

$$\pm \alpha + 2m\Omega + m'\Omega',$$
$$\Omega \mp \alpha + 2m\Omega + m'\Omega'.$$

Ces deux formules peuvent se concentrer en une seule

$$u = \pm\alpha + m\Omega + m'\Omega'.$$

Si $m + m'$ est pair, on aura effectivement $\operatorname{cn}u = \operatorname{cn}\alpha$, en vertu des formules (13) et (16). Si $m + m'$ était impair, on aurait au contraire $\operatorname{cn}u = -\operatorname{cn}\alpha$.

Les solutions de l'équation $\operatorname{cn}u = \operatorname{cn}\alpha$ seront donc données par la formule

$$(18) \qquad \pm\alpha + m\Omega + m'\Omega' \quad (m + m' \text{ pair}).$$

Pour une valeur donnée $\operatorname{dn}\alpha$ du Δ d'amplitude, on n'a également que deux valeurs $\operatorname{sn}\alpha$ et $-\operatorname{sn}\alpha$ du sinus d'amplitude. On aura donc encore

$$u = \pm\alpha + m\Omega + m'\Omega'.$$

Si m' est pair, on aura effectivement

$$\mathrm{dn}\, u = \mathrm{dn}\, \alpha\,;$$

s'il était impair, on aurait

$$\mathrm{dn}\, u = - \mathrm{dn}\, \alpha,$$

d'après les formules (13) et (16).

Les solutions de l'équation $\mathrm{dn}\, u = \mathrm{dn}\, \alpha$ seront donc données par la formule

$$(19) \qquad \pm \alpha + m\,\Omega + 2\,m'\,\Omega'.$$

Enfin, les solutions communes aux trois équations

$$\mathrm{sn}\, u = \mathrm{sn}\, \alpha, \quad \mathrm{cn}\, u = \mathrm{cn}\, \alpha, \quad \mathrm{dn}\, u = \mathrm{dn}\, \alpha$$

seront données par la formule

$$(20) \qquad \alpha + 2\,m\,\Omega + 2\,m'\,\Omega'.$$

358. Cherchons en particulier les valeurs de u qui annulent ou rendent infinies chacune des trois fonctions $\mathrm{sn}\, u$, $\mathrm{cn}\, u$, $\mathrm{dn}\, u$:

1° $\mathrm{sn}\, u$ s'annule pour $u = 0$. Ses zéros sont donc donnés par les deux formules

$$2\,m\,\Omega + m'\,\Omega'.$$
$$\Omega + 2\,m\,\Omega + m'\,\Omega'.$$

qui se réduisent à celle-ci

$$(21) \qquad m\,\Omega + m'\,\Omega'.$$

2° Si z varie en ligne droite de 0 à 1, $\sqrt{1-z^2}$ aura pour valeur finale zéro, et l'intégrale $\displaystyle\int_0^1 \frac{dz}{\Delta(z)}$ aura pour valeur $\dfrac{\Omega}{2}$. Donc $\mathrm{cn}\left(\dfrac{\Omega}{2}\right) = 0$; et la formule générale des zéros de $\mathrm{cn}\, u$ sera

$$\pm \frac{\Omega}{2} + m\,\Omega + m'\,\Omega' \qquad (m + m'\ \text{pair}),$$

laquelle revient à celle-ci, où m et m' sont quelconques :

$$(22) \qquad \left(m + \frac{1}{2}\right)\Omega + m'\Omega'.$$

3° Si z varie en ligne droite de 0 à $\frac{1}{k}$, $\sqrt{1 - k^2 z^2}$ aura pour valeur finale 0, et l'intégrale $\int_0^{\frac{1}{k}} \frac{dz}{\Delta(z)}$ aura pour valeur $\frac{\Omega + \Omega'}{2}$. Donc dn $\frac{\Omega + \Omega'}{2} = 0$, et la formule générale des zéros de dn u sera

$$\pm \frac{\Omega + \Omega'}{2} + m\Omega + m'\Omega' \quad (m' \text{ pair}),$$

ou, ce qui revient au même,

$$(23) \qquad \left(m + \frac{1}{2}\right)\Omega + \left(m' + \frac{1}{2}\right)\Omega'.$$

Les zéros que nous venons de trouver pour les trois fonctions elliptiques sont des zéros simples. En effet, lorsqu'une de ces fonctions s'annule, les deux autres diffèrent évidemment de zéro. Donc sa dérivée ne s'annule pas, en vertu des équations (6), (7), (8).

4° Considérons enfin l'intégrale $\int \frac{dz}{\Delta(z)}$, prise dans le sens rétrograde le long d'un contour formé par la droite $\mathrm{MOM'}$ et un demi-cercle de rayon infini (*fig.* 49). Sa valeur est évidemment égale à $\mathrm{B} - \mathrm{A} = \Omega'$. Or l'intégrale le long du demi-cercle est nulle (286). D'autre part, l'intégrale suivant $\mathrm{MOM'}$ est évidemment le double de l'intégrale suivant $\mathrm{OM'}$. Celle-ci est donc égale à $\frac{\Omega'}{2}$. Mais le point $\mathrm{M'}$ est à l'infini. Donc $\mathrm{sn}\left(\frac{\Omega'}{2}\right) = \infty$. Les pôles de sn u seront donc donnés par les formules

$$\frac{\Omega'}{2} + 2m\Omega + m'\Omega',$$

$$\Omega - \frac{\Omega'}{2} + 2m\Omega + m'\Omega',$$

qu'on peut réunir dans la formule unique

$$(24) \qquad m\Omega + (m' + \tfrac{1}{2})\Omega'.$$

Ces pôles sont des infinis simples. En effet, lorsque la fonction $x = \dfrac{1}{\operatorname{sn} u}$ s'annule, sa dérivée $\dfrac{dx}{du}$ est différente de zéro (354). Cette fonction n'a donc que des zéros simples.

Les formules en $u = \sqrt{1 - \operatorname{sn}^2 u}$, $\operatorname{dn} u = \sqrt{1 - k^2 \operatorname{sn}^2 u}$ montrent enfin que cn u et dn u deviennent infinis pour les mêmes valeurs de u que sn u et sont également infinis du premier ordre.

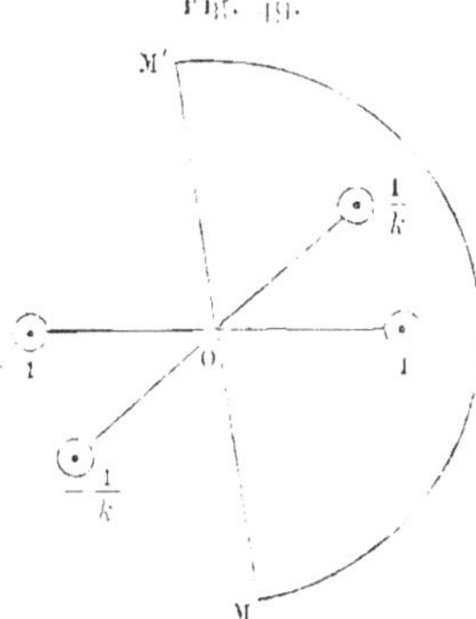

Fig. 49.

Les périodes que nous avons trouvées pour chacune des trois fonctions forment un système de périodes élémentaires, car les parallélogrammes correspondants ne contiennent que deux pôles, et aucun parallélogramme de périodes ne peut en contenir un nombre moindre (332).

359. En combinant les résultats du numéro précédent, on reconnaît immédiatement que les six fonctions

$$\operatorname{sn}\left(u + \frac{\Omega}{2}\right), \quad \operatorname{cn}\left(u - \frac{\Omega}{2}\right), \quad \operatorname{dn}\left(u + \frac{\Omega}{2}\right),$$

$$\operatorname{sn}\left(u + \frac{\Omega'}{2}\right), \quad \operatorname{cn}\left(u + \frac{\Omega'}{2}\right), \quad \operatorname{dn}\left(u + \frac{\Omega'}{2}\right)$$

admettent respectivement les mêmes périodes, les mêmes

zéros et les mêmes pôles que les fonctions

$$\frac{\operatorname{cn} u}{\operatorname{dn} u}, \quad \frac{\operatorname{sn} u}{\operatorname{dn} u}, \quad \frac{1}{\operatorname{dn} u},$$

$$\frac{1}{\operatorname{sn} u}, \quad \frac{\operatorname{dn} u}{\operatorname{sn} u}, \quad \frac{\operatorname{cn} u}{\operatorname{sn} u}.$$

Elles n'en diffèrent donc que par des facteurs constants. En remarquant que

$$\operatorname{cn}(0) = \operatorname{dn}(0) = 1, \quad \operatorname{dn}\left(\frac{\Omega}{2} + \Omega'\right) = -\operatorname{dn}\frac{\Omega}{2}, \quad \operatorname{cn}\Omega = -1,$$

on aura donc

$$(25) \quad \begin{cases} \operatorname{sn}\left(u + \dfrac{\Omega}{2}\right) = \operatorname{sn}\dfrac{\Omega}{2}\,\dfrac{\operatorname{cn} u}{\operatorname{dn} u}, \\[3mm] \operatorname{cn}\left(u + \dfrac{\Omega}{2}\right) = -\dfrac{\operatorname{dn}\dfrac{\Omega}{2}}{\operatorname{sn}\dfrac{\Omega}{2}}\,\dfrac{\operatorname{sn} u}{\operatorname{dn} u}, \\[3mm] \operatorname{dn}\left(u + \dfrac{\Omega}{2}\right) = \operatorname{dn}\dfrac{\Omega}{2}\,\dfrac{1}{\operatorname{dn} u}, \end{cases}$$

$$(26) \quad \begin{cases} \operatorname{sn}\left(u + \dfrac{\Omega'}{2}\right) = \operatorname{sn}\dfrac{\Omega + \Omega'}{2}\,\operatorname{sn}\dfrac{\Omega}{2}\,\dfrac{1}{\operatorname{sn} u}, \\[3mm] \operatorname{cn}\left(u + \dfrac{\Omega'}{2}\right) = \dfrac{\operatorname{cn}\dfrac{\Omega + \Omega'}{2}\,\operatorname{sn}\dfrac{\Omega}{2}}{\operatorname{dn}\dfrac{\Omega}{2}}\,\dfrac{\operatorname{dn} u}{\operatorname{sn} u}, \\[3mm] \operatorname{dn}\left(u + \dfrac{\Omega'}{2}\right) = -\dfrac{\operatorname{dn}\dfrac{\Omega}{2}\,\operatorname{sn}\dfrac{\Omega + \Omega'}{2}}{\operatorname{cn}\dfrac{\Omega + \Omega'}{2}}\,\dfrac{\operatorname{cn} u}{\operatorname{sn} u}. \end{cases}$$

360. Proposons-nous de calculer les quantités

$$\operatorname{sn}\frac{\Omega}{2}, \quad \operatorname{dn}\frac{\Omega}{2}, \quad \operatorname{sn}\frac{\Omega + \Omega'}{2}, \quad \operatorname{cn}\frac{\Omega + \Omega'}{2},$$

qui figurent dans ces formules.

Pour cela, faisons varier d'abord z en ligne droite de zéro à 1; la valeur finale de u sera $\frac{\Omega}{2}$; donc

$$(27) \qquad \operatorname{sn}\frac{\Omega}{2} = 1, \quad \operatorname{cn}\frac{\Omega}{2} = 0, \quad \operatorname{dn}\frac{\Omega}{2} = k',$$

k' désignant celle des deux valeurs du radical $\sqrt{1-k^2}$ qu'on obtient en faisant varier z en ligne droite de zéro à 1 dans le radical $\sqrt{1-k^2 z^2}$, pris avec la valeur initiale $+1$. Cette valeur, parfaitement déterminée dans tous les cas, sera réelle et positive, si k est réel et < 1, ou purement imaginaire.

En second lieu, faisons varier z en ligne droite de zéro à $\frac{1}{k}$; la valeur finale de u sera

$$\frac{B}{2} = \frac{\Omega + \Omega'}{2};$$

donc

$$\operatorname{sn}\frac{\Omega + \Omega'}{2} = \frac{1}{k},$$

d'où

$$\operatorname{cn}\frac{\Omega + \Omega'}{2} = \sqrt{1 - \frac{1}{k^2}} = \frac{ik'}{k}, \quad \operatorname{dn}\frac{\Omega + \Omega'}{2} = 0.$$

361. Pour lever l'incertitude qui subsiste encore sur le signe de $\operatorname{cn}\frac{\Omega + \Omega'}{2}$, donnons à k la valeur particulière $= i$. Le radical $\sqrt{1 - z^2}$ reste évidemment réel et positif lorsque z se meut de zéro à $\frac{1}{k} = i$: sa valeur finale, $\operatorname{cn}\frac{\Omega + \Omega'}{2}$, sera donc réelle et positive; au contraire, $\frac{ik'}{k} = -k'$ sera négatif. C'est donc le signe $-$ qui convient à ce cas particulier. D'ailleurs, $\operatorname{cn}\frac{\Omega + \Omega'}{2}$ et $\frac{ik'}{k}$ varient évidemment d'une manière continue avec k et ne peuvent s'annuler (k^2 étant supposé différent de zéro et de 1): donc le même signe convient à tous les cas, et l'on aura

$$(28)\ \operatorname{sn}\frac{\Omega + \Omega'}{2} = \frac{1}{k}, \quad \operatorname{cn}\frac{\Omega + \Omega'}{2} = -\frac{ik'}{k}, \quad \operatorname{dn}\frac{\Omega + \Omega'}{2} = 0.$$

362. Substituant ces valeurs dans les formules (25) et (26), elles deviendront

$$(29)\qquad\begin{cases} \operatorname{sn}\left(u+\dfrac{\Omega}{2}\right)=\dfrac{\operatorname{cn}u}{\operatorname{dn}u},\\[2ex] \operatorname{cn}\left(u+\dfrac{\Omega}{2}\right)=-k'\dfrac{\operatorname{sn}u}{\operatorname{dn}u},\\[2ex] \operatorname{dn}\left(u+\dfrac{\Omega}{2}\right)=k'\dfrac{1}{\operatorname{dn}u}, \end{cases}$$

$$(30)\qquad\begin{cases} \operatorname{sn}\left(u+\dfrac{\Omega'}{2}\right)=\dfrac{1}{k}\dfrac{1}{\operatorname{sn}u},\\[2ex] \operatorname{cn}\left(u+\dfrac{\Omega'}{2}\right)=\dfrac{-i}{k}\dfrac{\operatorname{dn}u}{\operatorname{sn}u},\\[2ex] \operatorname{dn}\left(u+\dfrac{\Omega'}{2}\right)=-i\dfrac{\operatorname{cn}u}{\operatorname{sn}u}. \end{cases}$$

363. Ces formules permettent de déterminer les résidus des fonctions $\operatorname{sn}u$, $\operatorname{cn}u$, $\operatorname{dn}u$ par rapport à l'un quelconque de leurs pôles, tel que

$$m\Omega+\left(m'+\tfrac{1}{2}\right)\Omega'.$$

On a en effet

$$(31)\qquad\begin{cases} \operatorname{sn}\left[m\Omega+\left(m'+\tfrac{1}{2}\right)\Omega'+u\right]\\[1ex] \qquad=(-1)^{m}\operatorname{sn}\left(u+\dfrac{\Omega'}{2}\right)=\dfrac{(-1)^{m}}{k}\dfrac{1}{\operatorname{sn}u},\\[2ex] \operatorname{cn}\left[m\Omega+\left(m'+\tfrac{1}{2}\right)\Omega'+u\right]\\[1ex] \qquad=(-1)^{m+m'}\operatorname{cn}\left(u+\dfrac{\Omega'}{2}\right)=\dfrac{(-1)^{m+m'+1}i}{k}\dfrac{\operatorname{dn}u}{\operatorname{sn}u},\\[2ex] \operatorname{dn}\left[m\Omega+\left(m'+\tfrac{1}{2}\right)\Omega'+u\right]\\[1ex] \qquad=(-1)^{m'}\operatorname{dn}\left(u+\dfrac{\Omega'}{2}\right)=(-1)^{m'+1}i\dfrac{\operatorname{cn}u}{\operatorname{sn}u}. \end{cases}$$

Or, pour u infiniment petit, on a sensiblement

$$\operatorname{cn}u=\operatorname{dn}u=1.$$

D'autre part,

$$u = \int_0^{\operatorname{sn} u} \frac{dz}{\Delta(z)} = \int_0^{\operatorname{sn} u} dz\left(1 + \frac{1 - k^2}{2} z^2 + \dots\right)$$

$$= \operatorname{sn} u + \frac{1 - k^2}{6} \operatorname{sn}^3 u + \dots$$

d'où, en résolvant par rapport à $\operatorname{sn} u$,

$$\operatorname{sn} u = u - \frac{1 - k^2}{6} u^3 + \dots$$

Les résidus cherchés seront donc

$$(32) \qquad \frac{(-1)^m}{k}, \qquad \frac{(-1)^{m+m'-1} i}{k}, \qquad (-1)^{m'-1} i.$$

364. Nous avons par définition

$$B = \int_{\mathfrak{M}} \frac{dz}{\Delta(z)} = \int_M \frac{dz}{\Delta(z)},$$

M désignant un contour quelconque (*fig.* 50), équivalent à $\mathfrak{M}$ au point de vue de l'intégration.

Fig. 50.

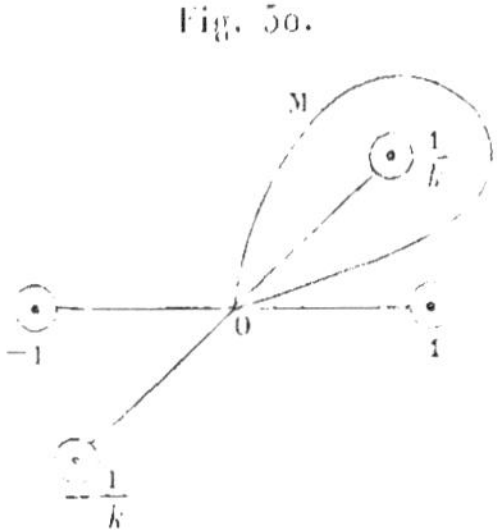

Supposons maintenant que nous fassions varier le module k d'une manière continue. Le contour élémentaire $\mathfrak{M}$ se déplacera, mais sans cesser d'être équivalent au contour fixe M, tant que le point $\frac{1}{k}$ restera aux environs de sa position primitive. On aura donc constamment

$$B = \int_M \frac{dz}{\Delta(z, k)}.$$

Or $\dfrac{1}{\Delta(z, k)}$ et sa dérivée restent évidemment finies sur la ligne d'intégration M. Donc B est une fonction continue de k, dont on pourra obtenir la dérivée par la différentiation sous le signe $\int$.

On voit de la même manière que l'intégrale A est une fonction continue de k. Donc $\Omega = A$ et $\Omega' = B - A$ sont des fonctions continues de k.

Il résulte évidemment des équations (14) et (15) que ces fonctions ne peuvent s'annuler. Donc le rapport $\dfrac{\Omega'}{\Omega}$ est une fonction continue de k.

365. Ce rapport ne peut devenir réel. En effet, s'il l'était, il serait commensurable (325); car $\operatorname{sn} u$, $\operatorname{cn} u$, $\operatorname{dn} u$ ne peuvent évidemment se réduire à des constantes. Soit donc $\omega = m\Omega + m'\Omega'$ la commune mesure de Ω et Ω'. L'un au moins des entiers m, $m + m'$, m' étant pair, l'une au moins des fonctions $\operatorname{sn} u$, $\operatorname{cn} u$, $\operatorname{dn} u$ admettrait la période ω, et les périodes Ω et Ω', qui en sont des multiples, résultat contraire aux formules (14) et (15).

Soit donc $\dfrac{\Omega'}{\Omega} = r + si$. Le coefficient s, variant d'une manière continue, sans jamais s'annuler, conservera toujours le même signe. Pour déterminer ce signe, posons $k = -i$. On aura

$$\Omega = 2 \int_0^1 \frac{dz}{\sqrt{1 - z^4}}, \quad \Omega' = 2 \int_0^i \frac{dz}{\sqrt{1 - z^4}} - 2 \int_0^1 \frac{dz}{\sqrt{1 - z^4}}.$$

L'intégrale $\displaystyle\int_0^1 \frac{dz}{\sqrt{1 - z^4}}$ est évidemment réelle et positive; l'intégrale

$$\int_0^i \frac{dz}{\sqrt{1 - z^4}} = \int_0^1 \frac{i\,dt}{\sqrt{1 + t^4}}$$

est une imaginaire positive. Donc le coefficient s sera positif. Nous avons donc cette proposition :

Le rapport $\dfrac{\Omega'}{\Omega}$ a sa partie imaginaire positive.

366. Les trois fonctions elliptiques admettent, comme nous l'avons vu, un système commun de périodes 2Ω et $2\Omega'$. De ces *périodes primitives*, on en déduit une infinité d'autres, de la forme $2a\Omega + 2b\Omega'$. Nous dirons que deux de ces nouvelles périodes

$$2\Omega_1 = 2a\Omega - 2b\Omega',$$
$$2\Omega'_1 = 2c\Omega - 2d\Omega'$$

forment un *système elliptique*, si elles satisfont aux conditions suivantes :

1º Le système $2\Omega_1$, $2\Omega'_1$ est équivalent au système primitif 2Ω, $2\Omega'$;

2" Le rapport $\dfrac{\Omega'_1}{\Omega_1}$ a sa partie imaginaire positive ;

3º Enfin on a

$$\operatorname{cn}\frac{\Omega_1}{2} = 0, \quad \operatorname{dn}\frac{\Omega_1 + \Omega'_1}{2} = 0.$$

La première condition est exprimée par la relation

$$ad - bc = \pm 1.$$

On a en second lieu

$$\frac{\Omega'_1}{\Omega_1} = \frac{c\Omega + d\Omega'}{a\Omega + b\Omega'} = \frac{c + d(r + si)}{a + b(r + si)} = \frac{(c + dr + dsi)(a + br - bsi)}{(a + br)^2 + b^2 s^2}.$$

Le dénominateur étant positif, le signe du coefficient de i dans ce rapport est celui du coefficient de i dans le numérateur, lequel est égal à $(ad - bc)s$. Pour qu'il soit positif, il faudra qu'on ait

$$ad - bc = +1.$$

Enfin, les conditions

$$\operatorname{cn}\frac{\Omega_1}{2} = 0 = \operatorname{cn}\frac{\Omega}{2}, \quad \operatorname{dn}\frac{\Omega_1 + \Omega'_1}{2} = 0 = \operatorname{dn}\frac{\Omega + \Omega'}{2};$$

donnent

$$\frac{a\Omega + b\Omega'}{2} = \frac{\Omega_1}{2} = \pm\frac{\Omega}{2} + m\Omega + m'\Omega' \quad (m + m'\ \text{pair}),$$

$$\frac{(a+c)\Omega + (b+d)\Omega'}{2} = \frac{\Omega_1 + \Omega'_1}{2} = \pm\frac{\Omega + \Omega'}{2} + n\Omega + 2n'\Omega'.$$

On en déduit que a doit être impair, b pair, c pair, d impair.

Les systèmes de périodes elliptiques seront donc définis par les relations

$$(33) \quad \begin{cases} \Omega_1 = (2\alpha + 1)\Omega + 2\beta\Omega', \\ \Omega'_1 = 2\gamma\Omega + (2\delta + 1)\Omega', \\ (2\alpha + 1)(2\delta + 1) - 4\beta\gamma = 1. \end{cases}$$

Cette dernière condition montre que $\alpha + \delta$ est pair.

Soient Ω_1, Ω'_1 et Ω_2, Ω'_2 deux systèmes de demi-périodes elliptiques, définis par des relations de la forme précédente. On voit immédiatement, par l'élimination de Ω, Ω' entre ces équations, que Ω_2, Ω'_2 sont liées à Ω_1, Ω'_1 par des relations de même forme.

367. On vérifie aisément, à l'aide des formules (16), que les formules (14) à (26) subsistent, si l'on y remplace Ω, Ω' par un système quelconque de demi-périodes elliptiques Ω_1, Ω'_1. Quant aux formules (27) à (30), elles seront changées dans les suivantes :

$$(27)' \quad \eta_1 \operatorname{sn}\frac{\Omega_1}{2} = 1, \quad \operatorname{cn}\frac{\Omega_1}{2} = 0, \quad \operatorname{dn}\frac{\Omega_1}{2} = \varepsilon' k';$$

$$(28') \quad \begin{cases} \eta_1 \operatorname{sn}\dfrac{\Omega_1 + \Omega'_1}{2} = \dfrac{1}{\varepsilon k}, \\[2mm] \operatorname{cn}\dfrac{\Omega_1 + \Omega'_1}{2} = -\dfrac{i\varepsilon' k'}{\varepsilon k}, \quad \operatorname{dn}\dfrac{\Omega_1 + \Omega'_1}{2} = 0; \end{cases}$$

$$(29')\quad \begin{cases} \eta_1 \operatorname{sn}\left(u + \frac{\Omega_1}{2}\right) = \frac{\operatorname{cn} u}{\operatorname{dn} u}, \\[2mm] \operatorname{cn}\left(u + \frac{\Omega_1}{2}\right) = -\varepsilon' k' \frac{\eta_1 \operatorname{sn} u}{\operatorname{dn} u}, \\[2mm] \operatorname{dn}\left(u + \frac{\Omega_1}{2}\right) = \varepsilon' k' \frac{1}{\operatorname{dn} u}; \end{cases}$$

$$(30')\quad \begin{cases} \eta_1 \operatorname{sn}\left(u - \frac{\Omega'_1}{2}\right) = \frac{1}{\varepsilon k}\,\frac{1}{\eta_1 \operatorname{sn} u}, \\[2mm] \operatorname{cn}\left(u - \frac{\Omega'_1}{2}\right) = \frac{-i}{\varepsilon k}\,\frac{\operatorname{dn} u}{\eta_1 \operatorname{sn} u}, \\[2mm] \operatorname{dn}\left(u - \frac{\Omega'_1}{2}\right) = -i\,\frac{\operatorname{cn} u}{\eta_1 \operatorname{sn} u}, \end{cases}$$

où nous posons, pour abréger,

$$\eta_1 = (-1)^\alpha = (-1)^\beta, \quad \varepsilon = (-1)^\gamma, \quad \varepsilon' = (-1)^\delta.$$

368. Il est intéressant d'étudier, dans le cas particulier où le module k est réel, positif et < 1, la manière dont varient $\operatorname{sn} u$, $\operatorname{cn} u$, $\operatorname{dn} u$, lorsque l'on donne à u des valeurs réelles ou purement imaginaires.

L'intégrale $\Omega = 2 \int_0^1 \frac{dz}{\Delta(z)}$ sera évidemment réelle, et l'intégrale

$$\Omega' = 2 \int_1^{\frac{1}{k}} \frac{dz}{\Delta(z)} = 2i \int_1^{\frac{1}{k}} \frac{dz}{\sqrt{(z^2 - 1)(1 - k^2 z^2)}},$$

purement imaginaire ; d'ailleurs, $\frac{\Omega'}{\Omega}$ devant être positif, c'est la valeur positive du radical $\sqrt{(z^2 - 1)(1 - k^2 z^2)}$ qu'il faut adopter dans le calcul de Ω'.

Cela posé, l'équation de définition

$$u = \int_0^{\operatorname{sn} u} \frac{dz}{\Delta(z)}$$

montre que, lorsque $\operatorname{sn} u$ varie de o à 1, l'intégrale u sera réelle et croîtra de o à $\frac{\Omega}{2}$.

Donc, réciproquement, si u varie de o à $\frac{\Omega}{2}$, sn u restera réel et croîtra de o à 1; cn $u = \sqrt{1 - \text{sn}^2 u}$ décroîtra de 1 à o; dn $u = \sqrt{1 - k^2 \text{sn}^2 u}$ décroîtra de 1 à $+\sqrt{1 - k^2} = k'$.

Les équations (13) et (14) donneront immédiatement les valeurs des fonctions tout le long de l'axe des x. On voit que sn u et cn u oscilleront constamment entre $+1$ et -1, à la manière de sin u et cos u; dn u oscillera entre 1 et k'.

Posons en second lieu sn $u = iT$, T désignant une quantité positive. On aura, en posant $z = it$, d'où $dz = i\,dt$,

$$u = i \int_0^T \frac{dt}{\sqrt{(1 + t^2)(1 + k^2 t^2)}};$$

u est donc une imaginaire positive, et, lorsque T croîtra de o à ∞, u croîtra de o à

$$i \int_0^\infty \frac{dt}{\sqrt{(1 + t^2)(1 + k^2 t^2)}},$$

le radical étant pris positivement.

Si l'on change de variable, en posant

$$t^2 = \frac{z^2 - 1}{1 - k^2 z^2},$$

cette intégrale se transforme en

$$i \int_1^{\frac{1}{k}} \frac{dz}{\sqrt{(z^2 - 1)(1 - k^2 z^2)}} = \frac{\Omega'}{2}.$$

Donc, réciproquement, si u varie, sur l'axe des y, de o à $\frac{\Omega'}{2}$, sn u restera une imaginaire positive, croissante de o à $i\infty$, cn u et dn u seront évidemment réels, et croîtront de 1 à ∞.

Les formules (13) et (15) détermineront ensuite les valeurs de sn u, cn u, dn u tout le long de l'axe des y.

369. *Addition des arguments.* — La formule finale du
n° 351 peut s'écrire

$$\int_0^{z_1} \frac{dz_1}{\Delta(z_1)} + \int_0^{z_2} \frac{dz_2}{\Delta(z_2)} + \int_0^{-\frac{z_1\Delta(z_2)+z_2\Delta(z_1)}{1-k^2 z_1^2 z_2^2}} \frac{dz_3}{\Delta(z_3)} = 0.$$

en remarquant que la quantité désignée à l'endroit cité par u
n'est autre chose que le radical $\Delta(z)$.

Désignons par a et b les deux premières intégrales qui
figurent dans cette formule. On aura

$$z_1 = \operatorname{sn} a, \qquad\qquad z_2 = \operatorname{sn} b,$$
$$\Delta(z_1) = \operatorname{cn} a \operatorname{dn} a, \quad \Delta(z_2) = \operatorname{cn} b \operatorname{dn} b.$$

Substituant ces valeurs et changeant le signe de la variable
d'intégration z_3, il viendra

$$(34) \qquad a + b = \int_0^{\frac{\operatorname{sn} a \operatorname{cn} b \operatorname{dn} b + \operatorname{sn} b \operatorname{cn} a \operatorname{dn} a}{1-k^2 \operatorname{sn}^2 a \operatorname{sn}^2 b}} \frac{dz_3}{\Delta(z_3)},$$

d'où

$$\operatorname{sn}(a+b) = \frac{\operatorname{sn} a \operatorname{cn} b \operatorname{dn} b + \operatorname{sn} b \operatorname{cn} a \operatorname{dn} a}{D},$$

en posant, pour abréger l'écriture,

$$D = 1 - k^2 \operatorname{sn}^2 a \operatorname{sn}^2 b.$$

On déduit de cette formule

$$\operatorname{cn}^2(a+b) = 1 - \operatorname{sn}^2(a+b)$$
$$= \frac{D^2 - (\operatorname{sn} a \operatorname{cn} b \operatorname{dn} b + \operatorname{sn} b \operatorname{cn} a \operatorname{dn} a)^2}{D^2}.$$

Mais on a évidemment

$$D = \operatorname{cn}^2 a + \operatorname{sn}^2 a \operatorname{dn}^2 b = \operatorname{cn}^2 b + \operatorname{sn}^2 b \operatorname{dn}^2 a.$$

d'où

$$D^2 = (\operatorname{cn}^2 a + \operatorname{sn}^2 a \operatorname{dn}^2 b)(\operatorname{cn}^2 b + \operatorname{sn}^2 b \operatorname{dn}^2 a).$$

Substituant cette valeur au numérateur de la formule précédente, il viendra

$$\operatorname{cn}^2(a+b) = \frac{(\operatorname{cn} a \operatorname{cn} b - \operatorname{sn} a \operatorname{sn} b \operatorname{dn} a \operatorname{dn} b)^2}{\mathrm{D}^2},$$

et en extrayant la racine carrée, et déterminant le signe du second membre par la condition qu'il se réduise à $\operatorname{cn} a$ pour $b = 0$,

$$(35) \qquad \operatorname{cn}(a+b) = \frac{\operatorname{cn} a \operatorname{cn} b - \operatorname{sn} a \operatorname{sn} b \operatorname{dn} a \operatorname{dn} b}{\mathrm{D}}.$$

En remarquant que l'on a

$$\mathrm{D} = \operatorname{dn}^2 a + k^2 \operatorname{sn}^2 a \operatorname{cn}^2 b = \operatorname{dn}^2 b + k^2 \operatorname{sn}^2 b \operatorname{cn}^2 a,$$

on trouvera par un calcul analogue

$$(36) \qquad \operatorname{dn}(a+b) = \frac{\operatorname{dn} a \operatorname{dn} b - k^2 \operatorname{sn} a \operatorname{sn} b \operatorname{cn} a \operatorname{cn} b}{\mathrm{D}}.$$

Les formules $(34), (35), (36)$ sont la généralisation de celles qui donnent $\sin(a+b)$ et $\cos(a+b)$. Elles sont connues sous le nom de *formules d'addition* des fonctions elliptiques.

370. En changeant le signe de b, on en déduira les formules de soustraction

$$(37) \quad \begin{cases} \operatorname{sn}(a-b) = \dfrac{\operatorname{sn} a \operatorname{cn} b \operatorname{dn} b - \operatorname{sn} b \operatorname{cn} a \operatorname{dn} a}{\mathrm{D}}, \\[2mm] \operatorname{cn}(a-b) = \dfrac{\operatorname{cn} a \operatorname{cn} b + \operatorname{sn} a \operatorname{sn} b \operatorname{dn} a \operatorname{dn} b}{\mathrm{D}}, \\[2mm] \operatorname{dn}(a-b) = \dfrac{\operatorname{dn} a \operatorname{dn} b + k^2 \operatorname{sn} a \operatorname{sn} b \operatorname{cn} a \operatorname{cn} b}{\mathrm{D}}. \end{cases}$$

La combinaison de ces formules donnera

$$(38) \quad \begin{cases} \operatorname{sn}(a+b) + \operatorname{sn}(a-b) = \dfrac{2 \operatorname{sn} a \operatorname{cn} b \operatorname{dn} b}{\mathrm{D}}, \\[2mm] \operatorname{cn}(a+b) + \operatorname{cn}(a-b) = \dfrac{2 \operatorname{cn} a \operatorname{cn} b}{\mathrm{D}}, \\[2mm] \operatorname{dn}(a+b) + \operatorname{dn}(a-b) = \dfrac{2 \operatorname{dn} a \operatorname{dn} b}{\mathrm{D}}; \end{cases}$$

$$(39) \begin{cases} \operatorname{sn}(a+b) - \operatorname{sn}(a-b) = \dfrac{2\operatorname{sn}b\,\operatorname{cn}a\,\operatorname{dn}a}{D}, \\[2mm] \operatorname{cn}(a+b) - \operatorname{cn}(a-b) = -\dfrac{2\operatorname{sn}a\,\operatorname{sn}b\,\operatorname{dn}a\,\operatorname{dn}b}{D}, \\[2mm] \operatorname{dn}(a+b) - \operatorname{dn}(a-b) = -\dfrac{2k^2\operatorname{sn}a\,\operatorname{sn}b\,\operatorname{cn}a\,\operatorname{cn}b}{D}; \end{cases}$$

$$(40) \begin{cases} \operatorname{sn}(a+b)\operatorname{sn}(a-b) = \dfrac{\operatorname{sn}^2a - \operatorname{sn}^2b}{D}, \\[2mm] \operatorname{cn}(a+b)\operatorname{cn}(a-b) = \dfrac{\operatorname{cn}^2a + \operatorname{cn}^2b}{D} - 1, \\[2mm] \operatorname{dn}(a+b)\operatorname{dn}(a-b) = \dfrac{\operatorname{dn}^2a + \operatorname{dn}^2b}{D} - 1. \end{cases}$$

371. *Multiplication.* — Les formules d'addition donnent encore, en posant $a = b = u$,

$$(41) \begin{cases} \operatorname{sn}2u = \dfrac{2\operatorname{sn}u\,\operatorname{cn}u\,\operatorname{dn}u}{1 - k^2\operatorname{sn}^4u}, \\[2mm] \operatorname{cn}2u = \dfrac{\operatorname{cn}^2u - \operatorname{sn}^2u\,\operatorname{dn}^2u}{1 - k^2\operatorname{sn}^4u}, \\[2mm] \operatorname{dn}2u = \dfrac{\operatorname{dn}^2u - k^2\operatorname{sn}^2u\,\operatorname{cn}^2u}{1 - k^2\operatorname{sn}^4u}. \end{cases}$$

Posant ensuite $a = 2u$, $b = u$, on calculera $\operatorname{sn}3u$, $\operatorname{cn}3u$, $\operatorname{dn}3u$, etc.

372. On a généralement, n désignant un entier quelconque

$$(42) \qquad \operatorname{sn}nu = \frac{A_n}{D_n}, \quad \operatorname{cn}nu = \frac{B_n}{D_n}, \quad \operatorname{dn}nu = \frac{C_n}{D_n},$$

A_n, B_n, C_n, D_n étant des polynômes de la forme suivante :
1° Si n est pair,

$$A_n = P_{n^2-4}\operatorname{sn}u\,\operatorname{cn}u\,\operatorname{dn}u, \quad B_n = P_{n^2},$$
$$C_n = P'_{n^2}, \qquad\qquad\qquad D_n = P''_{n^2},$$

2° Si n est impair,

$$A_n = P_{n^2-1}\operatorname{sn}u, \quad B_n = P_{n^2-1}\operatorname{cn}u,$$
$$C_n = P_{n^2-1}\operatorname{dn}u, \quad D_n = P_{n^2-1},$$

P, P', ... désignant des polynômes pairs en $\operatorname{sn} u$, dont le degré est marqué par l'indice dont ils sont affectés, et dont les coefficients sont des fonctions entières de k^2.

Cette proposition est évidente pour $n = 1$ ou $n = 2$ ($\operatorname{cn}^2 u$ et $\operatorname{dn}^2 u$ pouvant être remplacés dans les expressions de $\operatorname{cn} 2u$ et $\operatorname{dn} 2u$ par $1 - \operatorname{sn}^2 u$, $1 - k^2 \operatorname{sn}^2 u$). Il est d'ailleurs aisé de voir que, si elle est vraie pour deux nombres consécutifs n et $n + 1$, elle le sera encore pour $2n$ et $2n + 1$.

On a en effet

$$\operatorname{sn} 2nu = \frac{2 \operatorname{sn} nu \operatorname{cn} nu \operatorname{dn} nu}{1 - k^2 \operatorname{sn}^4 nu} = \frac{A_{2n}}{D_{2n}},$$

en posant

$$A_{2n} = 2 A_n B_n C_n D_n, \quad D_{2n} = D_n^4 - k^2 A_n^4.$$

On trouve de même

$$\operatorname{cn} 2nu = \frac{B_{2n}}{D_{2n}}, \quad \operatorname{dn} 2nu = \frac{C_{2n}}{D_{2n}},$$

en posant

$$B_{2n} = B_n^2 D_n^2 - A_n^2 C_n^2, \quad C_{2n} = C_n^2 D_n^2 - k^2 A_n^2 B_n^2.$$

Remplaçant A_n, B_n, C_n, D_n par leurs valeurs, en supposant d'abord n pair, puis n impair, on voit immédiatement que, dans les deux cas, A_{2n}, B_{2n}, C_{2n}, D_{2n} seront bien de la forme indiquée.

D'autre part, des formules d'addition

$$\operatorname{sn}(2n+1)u = \frac{\operatorname{sn}(n+1)u \operatorname{cn} nu \operatorname{dn} nu + \operatorname{sn} nu \operatorname{cn}(n+1)u \operatorname{dn}(n+1)u}{1 - k^2 \operatorname{sn}^2(n+1)u \operatorname{sn}^2 nu},$$

. . . .

on déduit

$$\operatorname{sn}(2n+1)u = \frac{A_{2n+1}}{D_{2n+1}}, \quad \operatorname{cn}(2n+1)u = \frac{B_{2n+1}}{D_{2n+1}},$$

$$\operatorname{dn}(2n+1)u = \frac{C_{2n+1}}{D_{2n+1}},$$

où

$$A_{2n+1} = A_n B_{n-1} C_{n-1} D_n + A_{n+1} B_n C_n D_{n+1}.$$

$$B_{2n+1} = B_n B_{n-1} D_n D_{n+1} - A_n A_{n-1} C_n C_{n+1}.$$

$$C_{2n+1} = C_n C_{n+1} D_n D_{n-1} - k^2 A_n A_{n+1} B_n B_{n-1}.$$

$$D_{2n+1} = D_n^2 D_{n-1}^2 - k^2 A_n^2 A_{n-1}^2.$$

Remplaçant A_n, B_n. .... D_{n+1} par leurs valeurs, on trouve encore que A_{2n+1}. .... D_{2n+1} sont de la forme indiquée.

III. — Développements des fonctions elliptiques.

373. *Développement par la série de Maclaurin.* — Toute fonction entière de $\operatorname{sn} u$, $\operatorname{cn} u$, $\operatorname{dn} u$ est évidemment une somme de termes de la forme $a \operatorname{sn}^{2p} u . Q$, Q étant l'une des huit quantités 1, $\operatorname{sn} u$, $\operatorname{cn} u$, $\operatorname{dn} u$, $\operatorname{cn} u \operatorname{dn} u$, $\operatorname{dn} u \operatorname{sn} u$, $\operatorname{sn} u \operatorname{cn} u$, $\operatorname{sn} u \operatorname{cn} u \operatorname{dn} u$. D'ailleurs, tout terme de cette forme peut être exprimé linéairement en fonction de $\operatorname{sn} u$, $\operatorname{cn} u$, $\operatorname{dn} u$, $\operatorname{sn}^2 u$ et de leurs dérivées successives.

Nous avons en effet (**363**)

$$\frac{d \operatorname{sn} u}{du} = \operatorname{cn} u \operatorname{dn} u.$$

$$\frac{d \operatorname{cn} u}{du} = - \operatorname{sn} u \operatorname{dn} u.$$

$$\frac{d \operatorname{dn} u}{du} = - k^2 \operatorname{sn} u \operatorname{cn} u.$$

et, par suite,

$$\frac{d \operatorname{sn}^2 u}{du} = 2 \operatorname{sn} u \operatorname{cn} u \operatorname{dn} u.$$

Prenons les dérivées successives de ces équations, en remplaçant $\operatorname{cn}^2 u$ et $\operatorname{dn}^2 u$, à mesure qu'ils se présentent, par $1 - \operatorname{sn}^2 u$, $1 - k^2 \operatorname{sn}^2 u$; une induction aisée à vérifier de proche en proche donnera

$$(1)\ \begin{cases} \dfrac{d^{2p}\,\mathrm{sn}\,u}{du^{2p}} = \mathrm{P}_{2p}\,\mathrm{sn}\,u\,, & \dfrac{d^{2p+1}\,\mathrm{sn}\,u}{du^{2p+1}} = \mathrm{P}''_{2p}\,\mathrm{cn}\,u\,\mathrm{dn}\,u, \\[2.2ex] \dfrac{d^{2p}\,\mathrm{cn}\,u}{du^{2p}} = \mathrm{P}'_{2p}\,\mathrm{cn}\,u, & \dfrac{d^{2p+1}\,\mathrm{cn}\,u}{du^{2p+1}} = \mathrm{P}^{\mathrm{iv}}_{2p}\,\mathrm{sn}\,u\,\mathrm{dn}\,u, \\[2.2ex] \dfrac{d^{2p}\,\mathrm{dn}\,u}{du^{2p}} = \mathrm{P}''_{2p}\,\mathrm{dn}\,u, & \dfrac{d^{2p+1}\,\mathrm{dn}\,u}{du^{2p+1}} = \mathrm{P}^{\mathrm{v}}_{2p}\,\mathrm{sn}\,u\,\mathrm{cn}\,u, \\[2.2ex] \dfrac{d^{2p}\,\mathrm{sn}^2 u}{du^{2p}} = \mathrm{P}_{2p+2}, & \dfrac{d^{2p+1}\,\mathrm{sn}^2 u}{du^{2p+1}} = \mathrm{P}^{\mathrm{vi}}_{2p}\,\mathrm{sn}\,u\,\mathrm{cn}\,u\,\mathrm{dn}\,u; \end{cases}$$

P, P'. . . . désignant des polynômes pairs en $\mathrm{sn}\,u$, dont le degré est marqué par l'indice qui les affecte et dont les coefficients sont des polynômes en k^2.

Posant successivement dans ces relations $p = 0, 1, 2, \ldots$, on obtiendra une série d'équations linéaires pour déterminer les quantités $\mathrm{sn}^{2p}u\,.\,Q$ en fonction de $\mathrm{sn}\,u$, $\mathrm{cn}\,u$, $\mathrm{dn}\,u$, $\mathrm{sn}^2 u$ et de leurs dérivées.

Posant d'ailleurs $u = 0$ dans les équations (1), on obtiendra les valeurs initiales de ces dérivées, ce qui permettra d'écrire le développement de $\mathrm{sn}\,u$, $\mathrm{cn}\,u$, $\mathrm{dn}\,u$, $\mathrm{sn}^2 u$ par la série de Maclaurin. On en déduira par de simples différentiations le développement d'une fonction entière quelconque de $\mathrm{sn}\,u$, $\mathrm{cn}\,u$, $\mathrm{dn}\,u$.

Ces développements seront convergents tant que le module de u sera inférieur à la distance de l'origine à celui des pôles $m\Omega + (m' + \frac{1}{2})\Omega'$ qui en est le plus voisin.

374. *Développement par la série de Fourier.* — La fonction $\mathrm{sn}\,u$ admettant la période 2Ω et n'ayant pas de pôle dans la bande comprise entre deux parallèles à Ω menées par les points $-\dfrac{\Omega'}{2}, \dfrac{\Omega'}{2}$, on aura dans cette bande (311)

$$\mathrm{sn}\,u = \sum_{-\infty}^{\infty} \mathrm{A}_m\, e^{\frac{m\pi u i}{\Omega}},$$

Λ_m désignant l'intégrale rectiligne

$$\frac{1}{2\Omega}\int_{-\frac{\Omega}{2}}^{\frac{3\Omega}{2}} e^{-\frac{m\pi u i}{\Omega}}\operatorname{sn} u\, du.$$

Décomposons cette intégrale en deux autres, ayant pour limites $-\frac{\Omega}{2}$ et $\frac{\Omega}{2}$, $\frac{\Omega}{2}$ et $\frac{3\Omega}{2}$.

Dans la seconde intégrale, posons $u = u' + \Omega$; elle deviendra

$$\frac{1}{2\Omega}\int_{\frac{\Omega}{2}}^{\frac{\Omega}{2}} e^{-m\pi i}e^{-\frac{m\pi u' i}{\Omega}}\operatorname{sn}(u' + \Omega)\, du'$$

$$= (-1)^{m-1}\frac{1}{2\Omega}\int_{-\frac{\Omega}{2}}^{\frac{\Omega}{2}} e^{-\frac{m\pi u' i}{\Omega}}\operatorname{sn} u'\, du'.$$

On aura donc, en réunissant les deux intégrales,

$$\Lambda_m = \frac{1-(-1)^{m-1}}{2\Omega}\int_{-\frac{\Omega}{2}}^{\frac{\Omega}{2}} e^{-\frac{m\pi u i}{\Omega}}\operatorname{sn} u\, du.$$

Cette quantité s'annule si m est pair, et se réduira, si m est impair, à

$$\frac{1}{\Omega}\int_{-\frac{\Omega}{2}}^{\frac{\Omega}{2}} e^{-\frac{m\pi u i}{\Omega}}\operatorname{sn} u\, du.$$

Si nous changeons u en $-u$, il viendra

$$\Lambda_m = \frac{1}{\Omega}\int_{\frac{\Omega}{2}}^{-\frac{\Omega}{2}} e^{\frac{m\pi u i}{\Omega}}\operatorname{sn} u\, du = -\Lambda_{-m}.$$

Il suffira donc de calculer Λ_m pour les valeurs impaires et positives de m. Nous y arriverons en intégrant la fonction

$e^{-\frac{m\pi u i}{\Omega}}$ sn u le long d'un parallélogramme MNPQ (*fig.* 51),
ayant pour sommets les points $\frac{\Omega}{2}$, $-\frac{\Omega}{2}$, $-\frac{\Omega}{2} - m'\Omega'$,
$\frac{\Omega}{2} - m'\Omega'$, m' étant un entier positif infini.

L'intégrale suivant MN est égale à $-A_m$. Les intégrales

Fig. 51.

suivant NP et QM se détruisent, la fonction à intégrer reprenant la même valeur aux points correspondants, tandis que
du a changé de signe.

Reste l'intégrale suivant PQ. Si l'on y pose $u = u' - m'\Omega'$, elle deviendra

$$\frac{1}{\Omega} \int_{\frac{\Omega}{2}}^{\frac{\Omega}{2}} e^{-\frac{m\pi u' - m'\Omega' i}{\Omega}} \operatorname{sn} u' du' = q^{mm'} A_m.$$

en posant, pour abréger, $e^{\frac{\pi \Omega' i}{\Omega}} = q$.

L'intégrale totale aura donc pour valeur $(q^{mm'} - 1)A_m$ et
tendra vers $-A_m$ pour $m' = \infty$, car, $\frac{\Omega'}{\Omega}$ ayant sa partie imaginaire positive (365), mod q sera < 1.

Mais l'intégrale est égale au produit de $\frac{2\pi i}{\Omega}$ par la somme
des résidus de la fonction à intégrer par rapport aux pôles
contenus dans le contour. Ces pôles sont les points

$$-\frac{1}{2}\Omega', \quad -\frac{3}{2}\Omega', \quad \dots \quad -\frac{2n+1}{2}\Omega', \quad \dots$$

Les résidus correspondants de $\operatorname{sn} u$ sont $\frac{1}{k}$ (363); ceux de $e^{-\frac{m\pi u i}{\Omega}}\operatorname{sn} u$ seront $\frac{1}{k}\, q^{m\left(\frac{2n+1}{2}\right)}$. On aura donc

$$A_m = -\frac{2\pi i}{\Omega k}\sum_{n=0}^{\infty} q^{m\frac{2n-1}{2}} = -\frac{2\pi i}{\Omega k}\,\frac{q^{\frac{m}{2}}}{1-q^m}.$$

Écrivons $2m+1$ à la place de m, cet indice ne devant prendre que des valeurs impaires: on aura

$$(2)\qquad \operatorname{sn} u = \sum_{m=0}^{\infty}\frac{2\pi i}{\Omega k}\,\frac{q^{\frac{2m+1}{2}}}{1-q^{2m+1}}\left[e^{(2m+1)\frac{i\pi u}{\Omega}} - e^{-(2m+1)\frac{i\pi u}{\Omega}}\right]$$
$$= \frac{4\pi\sqrt{q}}{\Omega k}\sum_{0}^{\infty}\frac{q^m}{1-q^{2m+1}}\sin\frac{(2m+1)\pi u}{\Omega}.$$

375. On opérera identiquement de même pour développer en u. On trouvera

$$A_m = 0,\quad \text{si } m \text{ est pair;}$$

$$A_m = \frac{1}{\Omega}\int_{-\frac{\Omega}{2}}^{\frac{\Omega}{2}} e^{-\frac{m\pi u i}{\Omega}}\operatorname{cn} u\, du,\quad \text{si } m \text{ est impair.}$$

Changeant ensuite u en $-u$, on trouvera

$$A_m = A_{-m}.$$

Supposant enfin m impair et positif, intégrant le long du parallélogramme MNPQ, et remarquant que le résidu de cn u pour le pôle $-\dfrac{2n+1}{2}\Omega'$ est $\dfrac{(-1)^n i}{k}$, on trouvera

$$A_m = \frac{2\pi}{\Omega k}\sum_{0}^{\infty}(-1)^n q^{m\frac{2n+1}{2}} = \frac{2\pi}{\Omega k}\,\frac{q^{\frac{m}{2}}}{1+q^m}$$

et enfin, en écrivant $2m+1$ au lieu de m,

$$(3) \qquad \operatorname{cn} u = \frac{4\pi\sqrt{q}}{\Omega k} \sum_0^\infty \frac{q^m}{1+q^{2m+1}} \cos \frac{(2m+1)\pi u}{\Omega}.$$

376. Enfin, $\operatorname{dn} u$ admettant la période Ω, on aura

$$\operatorname{dn} u = \sum_{-\infty}^{\infty} \Lambda_m e^{\frac{2m\pi ui}{\Omega}},$$

où

$$\Lambda_m = \frac{1}{\Omega} \int_{-\frac{\Omega}{2}}^{\frac{\Omega}{2}} e^{-\frac{2m\pi ui}{\Omega}} \operatorname{dn} u\, du.$$

Les coefficients pour lesquels $m \gtrless 0$ s'obtiennent comme précédemment. On trouvera

$$\Lambda_m = \Lambda_{-m},$$

puis, en supposant m positif et intégrant le long de MNPQ,

$$\Lambda_m = \frac{2\pi}{\Omega} \frac{q^m}{1+q^{2m}}.$$

Enfin Λ_0 s'obtient en calculant l'intégrale $\frac{1}{\Omega} \int \operatorname{dn} u\, du$ autour du parallélogramme qui a pour sommets $\pm \frac{\Omega}{2}$ et $\pm \frac{\Omega}{2} - \Omega'$. Les intégrales suivant l'axe des x et le côté parallèle sont toutes deux égales à $-\Lambda_0$. Les intégrales suivant les deux autres côtés se détruisent. On aura donc

$$2\Lambda_0 = -\frac{2\pi i}{\Omega} R = \frac{2\pi}{\Omega},$$

R désignant le résidu de $\operatorname{dn} u$ par rapport au pôle $-\frac{\Omega'}{2}$ situé dans le parallélogramme considéré.

On trouve ainsi

$$(4)\qquad \operatorname{dn} u = \frac{\pi}{\Omega}\left(1 + 4\sum_{1}^{\infty}\frac{q^m}{1+q^m}\cos\frac{2m\pi z}{\Omega}\right).$$

377. *Développements en séries de fractions.* — La fonction $\dfrac{\pi}{\Omega \sin \frac{\pi}{\Omega} u}$ devient infinie du premier ordre aux points $m\Omega$, et les résidus correspondants sont $(-1)^m$.

On en déduit les relations

$$(5)\qquad \operatorname{sn} u = \frac{\pi}{\Omega k}\sum_{-\infty}^{\infty}\frac{1}{\sin\frac{\pi}{\Omega}\left[u - \left(m' + \frac{1}{2}\right)\Omega'\right]},$$

$$(6)\qquad \operatorname{cn} u = \frac{\pi i}{\Omega k}\sum_{-\infty}^{\infty}\frac{(-1)^{m'+1}}{\sin\frac{\pi}{\Omega}\left[u - \left(m' + \frac{1}{2}\right)\Omega'\right]},$$

$$(7)\qquad \operatorname{dn} u = 1 + \frac{\pi i}{\Omega}\sum_{-\infty}^{\infty}\frac{(-1)^{m'+1}\sin\frac{\pi u}{\Omega}}{\sin\left(m' + \frac{1}{2}\right)\frac{\pi\Omega'}{\Omega}\sin\frac{\pi}{\Omega}\left[u - \left(m' + \frac{1}{2}\right)\Omega'\right]}.$$

En effet, les séries ci-dessus admettent pour pôles simples les points $m\Omega + \left(m' + \frac{1}{2}\right)\Omega'$, et les résidus correspondants seront respectivement

$$\frac{(-1)^m}{k},\quad \frac{(-1)^{m+m'+1}i}{k},\quad (-1)^{m'+1}i,$$

comme pour les fonctions du premier membre.

Les deux membres des relations précédentes sont donc égaux à des constantes près. Mais, pour $u = 0$, d'où $\operatorname{sn} u = 0$, les termes de la première série se détruisent deux à deux. Ceux de la seconde série se détruisent de même pour $u = \frac{\Omega}{2}$, d'où $\operatorname{cn} u = 0$; enfin ceux de la troisième s'annulent pour

$u = 0$, à l'exception de la constante 1, qui est égale à $\operatorname{dn} 0$. Donc les constantes complémentaires sont nulles.

378. Il reste toutefois à établir la convergence des développements. A cet effet, remplaçons les sinus par leurs valeurs en exponentielles.

Les quantités

$$\frac{1}{\sin \frac{\pi}{\Omega}\left[u - \left(m' + \frac{1}{2}\right)\Omega'\right]} = \frac{2i}{e^{\frac{\pi}{\Omega}ui}\,q^{-\left(m'+\frac{1}{2}\right)} - e^{-\frac{\pi}{\Omega}ui}\,q^{m'+\frac{1}{2}}},$$

$$\frac{1}{\sin\left(m' - \frac{1}{2}\right)\frac{\pi\Omega'}{\Omega}} = \frac{2i}{q^{m'-\frac{1}{2}} - q^{-\left(m'-\frac{1}{2}\right)}}$$

sont sensiblement proportionnelles à $q^{m'}$, si m' est positif et très grand, à $q^{-m'}$, si m' est négatif et très grand (car on a $\operatorname{mod} q < 1$). Les séries proposées deviennent donc sensiblement, lorsque l'on s'éloigne du centre, à droite ou à gauche, des progressions géométriques dont la raison est q dans les deux premières séries, q^2 dans la troisième.

En associant les termes deux à deux, les séries (5) à (7) pourront s'écrire ainsi

$$(8) \qquad \operatorname{sn} u = \frac{4\pi\sqrt{q}}{\Omega k}\,\sin\frac{\pi u}{\Omega}\sum_{0}^{\infty}\frac{q^{m'}(1 - q^{2m'+1})}{1 - 2q^{2m'+1}\cos\frac{2\pi u}{\Omega} + q^{4m'+2}},$$

$$(9) \qquad \operatorname{cn} u = \frac{4\pi\sqrt{q}}{\Omega k}\,\cos\frac{\pi u}{\Omega}\sum_{0}^{\infty}\frac{(-1)^{m'}q^{m'}(1 - q^{2m'+1})}{1 - 2q^{2m'+1}\cos\frac{2\pi u}{\Omega} + q^{4m'+2}},$$

$$(10) \qquad \operatorname{dn} u = 1 + \frac{8\pi}{\Omega}\,\sin^2\frac{\pi u}{\Omega}\sum_{0}^{\infty}\frac{(-1)^{m'+1}q^{2m'+1}\,\dfrac{1 + q^{2m'+1}}{1 - q^{2m'+1}}}{1 - 2q^{2m'+1}\cos\frac{2\pi u}{\Omega} + q^{4m'+2}}.$$

379. *Expression par les fonctions* ϑ. — Soient ω, ω' deux quantités quelconques, telles que leur rapport ait sa partie imaginaire positive. Posons, pour abréger.

$$e^{\frac{\pi\omega' i}{\omega}} = q, \quad \prod_1^\infty (1-q^{2n}) = P.$$

Nous avons vu (*Calcul différentiel*, 161 à 169) que les séries

$$\theta(u) = \sum_{-\infty}^\infty (-1)^n q^{n^2} e^{\frac{2ni\pi u}{\omega}}$$

$$= P\prod_1^\infty \left(1 - 2q^{2n-1}\cos\frac{2\pi u}{\omega} + q^{4n-2}\right),$$

$$\theta_1(u) = \frac{1}{i}\sum_{-\infty}^\infty (-1)^n q^{\left(n-\frac12\right)^2} e^{\frac{(2n+1)i\pi u}{\omega}}$$

$$= 2q^{\frac14} P\sin\frac{\pi u}{\omega}\prod_1^\infty \left(1 - 2q^{2n}\cos\frac{2\pi u}{\omega} + q^{4n}\right),$$

(11)

$$\theta_2(u) = \sum_{-\infty}^\infty q^{\left(n-\frac12\right)^2} e^{\frac{(2n+1)i\pi u}{\omega}}$$

$$= 2q^{\frac14} P\cos\frac{\pi u}{\omega}\prod_1^\infty \left(1 - 2q^{2n}\cos\frac{2\pi u}{\omega} + q^{4n}\right),$$

$$\theta_3(u) = \sum_{-\infty}^\infty q^{n^2} e^{\frac{2ni\pi u}{\omega}}$$

$$= P\prod_1^\infty \left(1 + 2q^{2n-1}\cos\frac{2\pi u}{\omega} + q^{4n-2}\right)$$

sont convergentes dans tout le plan; que leurs zéros sont simples et donnés par les formules

$$m\omega + m'\omega'. \quad \text{pour } \theta_1.$$
$$\left(m + \tfrac12\right)\omega + m'\omega'. \quad \text{pour } \theta_2.$$
$$\left(m + \tfrac12\right)\omega + \left(m' + \tfrac12\right)\omega'; \quad \text{pour } \theta_3,$$
$$m\omega + \left(m' + \tfrac12\right)\omega', \quad \text{pour } \theta;$$

enfin qu'elles satisfont aux relations suivantes (où nous posons, pour abréger, $q^{-\frac{1}{4}}e^{-\frac{i\pi u}{\omega}} = \lambda$, $q^{-1}e^{-\frac{2i\pi u}{\omega}} = \mu$) :

$$(12) \quad \begin{cases} \theta_3(-u) = \theta_3(u), & \theta(-u) = \theta(u). \\ \theta_2(-u) = \theta_2(u), & \theta_1(-u) = -\theta_1(u); \end{cases}$$

$$(13) \quad \begin{cases} \theta_3\left(u + \dfrac{\omega}{2}\right) = \theta(u), & \theta\left(u + \dfrac{\omega}{2}\right) = \theta_3(u). \\[2mm] \theta_2\left(u + \dfrac{\omega}{2}\right) = -\theta_1(u), & \theta_1\left(u + \dfrac{\omega}{2}\right) = \theta_2(u); \end{cases}$$

$$(14) \quad \begin{cases} \theta_3\left(u + \dfrac{\omega'}{2}\right) = \lambda\theta_2(u). & \theta\left(u + \dfrac{\omega'}{2}\right) = i\lambda\theta_1(u). \\[2mm] \theta_2\left(u + \dfrac{\omega'}{2}\right) = \lambda\theta_3(u). & \theta_1\left(u + \dfrac{\omega'}{2}\right) = i\lambda\theta(u); \end{cases}$$

$$(15) \quad \begin{cases} \theta_3(u + \omega) = \theta_3(u). & \theta(u + \omega) = \theta(u). \\ \theta_2(u + \omega) = -\theta_2(u). & \theta_1(u + \omega) = \theta_1(u): \end{cases}$$

$$(16) \quad \begin{cases} \theta_3(u + \omega') = \mu\theta_3(u). & \theta(u + \omega') = -\mu\theta(u). \\ \theta_2(u + \omega') = \mu\theta_2(u). & \theta_1(u + \omega') = -\mu\theta_1(u). \end{cases}$$

On en déduit plus généralement

$$(17) \quad \begin{cases} \theta_3(u + m\omega + m'\omega') = \theta_3(u + m'\omega') = M\theta_3(u), \\ \theta_2(u + m\omega + m'\omega') = (-1)^m\theta_2(u + m'\omega') = (-1)^m M\theta_2(u). \\ \theta(u + m\omega + m'\omega') = \theta(u + m'\omega') = (-1)^{m'} M\theta(u). \\ \theta_1(u + m\omega + m'\omega') = (-1)^m\theta_1(u + m'\omega') = (-1)^{m+m'} M\theta_1(u) \ldots \end{cases}$$

M désignant le facteur exponentiel

$$q^{-1}e^{-\frac{2i\pi u}{\omega}}\, q^{-1}e^{-\frac{2i\pi(u+\omega')}{\omega}} \ldots q^{-1}e^{-\frac{2i\pi}{\omega}[u+(m'-1)\omega']}$$
$$= q^{-m'}q^{-2(1+\ldots+m'-1)}e^{-\frac{2m'i\pi u}{\omega}} = q^{-m'^2}e^{-\frac{2m'i\pi u}{\omega}}.$$

380. Les deux fractions

$$\frac{\theta_2^2(0)\,\theta^2(u) - \theta^2(0)\,\theta_2^2(u)}{\theta_1^2(u)} = A,$$

$$\frac{\theta_3^2(0)\,\theta^2(u) - \theta^2(0)\,\theta_3^2(u)}{\theta_1^2(u)} = B$$

admettent les deux périodes ω et ω', car leur numérateur et leur dénominateur ne changent pas quand u augmente de ω, et se reproduisent multipliées par un même facteur quand il augmente de ω'. Si d'ailleurs nous considérons un parallélogramme des périodes contenant l'origine des coordonnées, le dénominateur n'admettra dans ce parallélogramme qu'un zéro double $u = 0$. Le numérateur admet ce même zéro, et, comme c'est une fonction paire, ce sera également un zéro double.

Les deux fractions considérées, ne devenant pas infinies dans le parallélogramme des périodes, ont donc des valeurs constantes.

On déterminera ces valeurs en posant $u = \dfrac{\omega'}{2}$; il viendra

$$A = \frac{-\theta^2(0)\,\theta_2^2\left(\dfrac{\omega'}{2}\right)}{\theta_1^2\left(\dfrac{\omega'}{2}\right)} = \frac{-\theta^2(0)\,\lambda^2\theta_1^2(0)}{i^2\lambda^2\theta^2(0)} = \theta_3^2(0),$$

$$B = \frac{-\theta^2(0)\,\theta_3^2\left(\dfrac{\omega'}{2}\right)}{\theta_1^2\left(\dfrac{\omega'}{2}\right)} = \frac{-\theta^2(0)\,\lambda^2\theta_2^2(0)}{i^2\lambda^2\theta^2(0)} = \theta_2^2(0).$$

On aura donc, entre les carrés des fonctions θ, les relations

$$(18) \qquad \begin{cases} \theta_2^2(0)\,\theta^2(u) - \theta^2(0)\,\theta_2^2(u) = \theta_3^2(0)\,\theta_1^2(u), \\ \theta_3^2(0)\,\theta^2(u) - \theta^2(0)\,\theta_3^2(u) = \theta_2^2(0)\,\theta_1^2(u). \end{cases}$$

Posons

$$\frac{\theta_3(0)}{\theta_2(0)}\,\frac{\theta_1(u)}{\theta(u)} = \lambda(u),$$

$$\frac{\theta(0)}{\theta_2(0)}\,\frac{\theta_2(u)}{\theta(u)} = \mu(u),$$

$$\frac{\theta(0)}{\theta_3(0)}\,\frac{\theta_3(u)}{\theta(u)} = \nu(u);$$

$$(19) \qquad \frac{\theta_2^4(0)}{\theta_3^4(0)} = k^2$$

ces équations deviendront

$$(20) \qquad \begin{cases} \mu^2(u) = 1 - \lambda^2(u), \\ \nu^2(u) = 1 - k^2\lambda^2(u). \end{cases}$$

381. La fonction $\lambda(u)$ admet les périodes 2ω et ω' ; ses zéros sont donnés par la formule $m\omega + m'\omega'$; ses infinis sont simples et donnés par la formule $m\omega + (m' + \frac{1}{2})\omega'$.

Sa dérivée $\lambda'(u)$ admettra les mêmes infinis comme infinis doubles. Elle admet donc dans un parallélogramme des périodes quatre infinis et quatre zéros. On trouvera ces derniers en remarquant que l'on a

$$\theta_1(\omega - u) = -\theta_1(-u) = \theta_1(u),$$
$$\theta(\omega - u) = \theta(-u) = \theta(u);$$

d'où

$$\lambda(\omega - u) = \lambda(u), \quad \lambda'(\omega - u) = -\lambda'(u).$$

Mais, si l'on pose

$$u = \frac{2m+1}{2}\omega + \frac{m'}{2}\omega',$$

u et $\omega - u$ différant de multiples des périodes, $\lambda'(u)$ sera égal à $\lambda'(\omega - u)$. Il sera donc nul.

Cela posé, considérons la fraction

$$\frac{\left[\lambda^2\left(\frac{\omega}{2}\right) - \lambda^2(u)\right]\left[\lambda^2\left(\frac{\omega + \omega'}{2}\right) - \lambda^2(u)\right]}{\lambda'^2(u)}.$$

Elle admet les périodes 2ω et ω' et ne devient jamais infinie. En effet, le numérateur ne devient infini que pour les pôles de $\lambda(u)$, pour lesquels le dénominateur devient infini du même ordre. D'autre part, le dénominateur admet pour zéros doubles ceux de $\lambda'(u)$. Mais chacun d'eux annulant également un des facteurs du numérateur, ainsi que sa dérivée, est aussi un zéro double pour ce numérateur. L'expression précédente est donc une constante.

On a d'ailleurs

$$\lambda\left(\frac{\omega}{2}\right) = \frac{\theta_3(0)}{\theta_2(0)} \, \frac{\theta_1\left(\dfrac{\omega}{2}\right)}{\theta\left(\dfrac{\omega}{2}\right)} = 1$$

$$\lambda^2\left(\frac{\omega+\omega'}{2}\right) = \frac{\theta_3^2(0)}{\theta_2^2(0)} \, \frac{\theta_1^2\left(\dfrac{\omega+\omega'}{2}\right)}{\theta^2\left(\dfrac{\omega+\omega'}{2}\right)}$$

$$= \frac{\theta_3^2(0)}{\theta_2^2(0)} \, \frac{i^2\lambda^2\theta^2\left(\dfrac{\omega}{2}\right)}{i^2\lambda^2\theta_1^2\left(\dfrac{\omega}{2}\right)} = \frac{\theta_3^4(0)}{\theta_2^4(0)} = \frac{1}{k^2}.$$

On aura donc, en chassant le dénominateur k^2, renversant la fraction et extrayant la racine carrée,

$$\frac{\lambda'(u)}{\sqrt{[1-\lambda^2(u)][1-k^2\lambda^2(u)]}} = g,$$

g désignant une constante.

382. Cela posé, intégrant de o à u, il viendra

$$gu = \int_0^{\lambda(u)} \frac{\lambda'(u)}{\sqrt{[1-\lambda^2(u)][1-k^2\lambda^2(u)]}},$$

d'où

$$(21) \qquad\qquad \lambda(u) = \eta \operatorname{sn} gu,$$

η étant égal à ± 1, suivant celle des valeurs du radical que l'on a adoptée.

Quant aux fonctions $\mu(u)$ et $\nu(u)$, elles se réduisent évidemment à l'unité pour $u = 0$.

Cette remarque, jointe aux équations (20), montre qu'on aura

$$(22) \qquad\qquad \mu(u) = \operatorname{cn} gu, \quad \nu(u) = \operatorname{dn} gu.$$

On voit donc que les quotients des fonctions θ s'expriment par des fonctions elliptiques.

Le carré k^2 du module de ces fonctions elliptiques est déterminé par la formule (19). Il reste à calculer le *multiplicateur g*.

383. À cet effet, égalons les valeurs des dérivées des deux membres de l'équation (21) pour $u = 0$.

Il viendra

$$(23) \qquad \eta g = \lambda'(0) = \frac{\theta_3(0)}{\theta_2(0)} \frac{\theta'_1(0)}{\theta(0)}.$$

Or les formules (11) donnent

$$\theta_3(0) = P \prod_1^\infty (1 + q^{2n-1})^2,$$

$$\theta_2(0) = 2 q^{\frac{1}{4}} P \prod_1^\infty (1 - q^{2n})^2,$$

$$\theta(0) = P \prod_1^\infty (1 - q^{2n-1})^2,$$

$$\theta'_1(0) = 2 q^{\frac{1}{4}} P \frac{\pi}{\omega} \prod_1^\infty (1 - q^{2n})^2;$$

d'où

$$\eta g = \frac{\pi}{\omega} \prod_1^\infty \left[\frac{(1 - q^{2n})(1 + q^{2n-1})}{(1 - q^{2n-1})(1 + q^{2n})} \right]^2.$$

On a d'ailleurs

$$\prod_1^\infty (1 - q^{2n}) = \prod_1^\infty (1 - q^{4n-2})(1 - q^{4n})$$

$$= \prod_1^\infty (1 - q^{2n-1})(1 + q^{2n-1})(1 - q^{2n})(1 + q^{2n});$$

d'où, en supprimant les facteurs communs.

$$(24) \qquad \eta g = \frac{\pi}{\omega} \prod_1^\infty [(1 - q^{2n})(1 + q^{2n-1})^2]^2 = \frac{\pi}{\omega} \theta_3^2(0).$$

384. Les quantités 2ω, $2\omega'$ forment évidemment un système élémentaire de périodes communes aux trois fonctions $\operatorname{sn} gu$, $\operatorname{cn} gu$, $\operatorname{dn} gu$. Donc $2g\omega$, $2g\omega'$ sera un système élémentaire de périodes communes aux fonctions $\operatorname{sn} u$, $\operatorname{cn} u$, $\operatorname{dn} u$. Ce système est elliptique. En effet : $1°$ le rapport de ces périodes a sa partie imaginaire positive; $2°$ $\theta_2\left(\dfrac{\omega}{2}\right)$ et $\theta_3\left(\dfrac{\omega + \omega'}{2}\right)$ étant nuls, on aura

$$\operatorname{cn} g\,\frac{\omega}{2} = 0, \quad \operatorname{dn} g\,\frac{\omega + \omega'}{2} = 0,$$

Nous conviendrons de dire, pour abréger, que ω, ω' sont un système de périodes elliptiques pour $\operatorname{sn} gu$, $\operatorname{cn} gu$, $\operatorname{dn} gu$.

385. Réciproquement, tout système de fonctions elliptiques $\operatorname{sn} gu$, $\operatorname{cn} gu$, $\operatorname{dn} gu$ peut s'exprimer d'une infinité de manières par des quotients de fonctions θ, quels que soient le module k et le multiplicateur g.

Soit en effet $2g\omega$, $2g\omega'$ un système quelconque de périodes elliptiques des fonctions $\operatorname{sn} u$, $\operatorname{cn} u$, $\operatorname{dn} u$. Considérons les séries θ formées avec les demi-périodes ω, ω'.

Les trois rapports $\dfrac{\theta_1(u)}{\theta(u)}$, $\dfrac{\theta_2(u)}{\theta(u)}$, $\dfrac{\theta_3(u)}{\theta(u)}$ admettant respectivement les mêmes périodes, les mêmes zéros et les mêmes pôles que $\operatorname{sn} gu$, $\operatorname{cn} gu$, $\operatorname{dn} gu$, on aura

$$(25) \qquad \operatorname{sn} gu = \mathrm{A}\,\frac{\theta_1(u)}{\theta(u)},$$

$$(26) \qquad \operatorname{cn} gu = \mathrm{B}\,\frac{\theta_2(u)}{\theta(u)},$$

$$(27) \qquad \operatorname{dn} gu = \mathrm{C}\,\frac{\theta_3(u)}{\theta(u)},$$

A, B, C étant des constantes.

386. Pour déterminer ces constantes, donnons à u les valeurs particulières 0, $\dfrac{\omega}{2}$, $\dfrac{\omega + \omega'}{2}$; il viendra, en désignant par τ_0,

ε, ε' des unités positives ou négatives, suivant le système de périodes elliptiques choisi (367),

$$\tau_1 = A \, \frac{\theta_1\left(\dfrac{\omega}{2}\right)}{\theta\left(\dfrac{\omega}{2}\right)} = A \, \frac{\theta_2(o)}{\theta_3(o)},$$

$$\frac{\tau_1}{\varepsilon k} = A \, \frac{\theta_1\left(\dfrac{\omega + \omega'}{2}\right)}{\theta\left(\dfrac{\omega + \omega'}{2}\right)} = A \, \frac{\theta_3(o)}{\theta_2(o)},$$

$$1 = B \, \frac{\theta_2(o)}{\theta(o)},$$

$$-\frac{i\varepsilon' k'}{\varepsilon k} = B \, \frac{\theta_2\left(\dfrac{\omega + \omega'}{2}\right)}{\theta\left(\dfrac{\omega + \omega'}{2}\right)} = B \, \frac{\theta(o)}{i\theta_2(o)},$$

$$1 = C \, \frac{\theta_3(o)}{\theta(o)},$$

$$\varepsilon' k' = C \, \frac{\theta_3\left(\dfrac{\omega}{2}\right)}{\theta\left(\dfrac{\omega}{2}\right)} = C \, \frac{\theta(o)}{\theta_3(o)},$$

Ces équations permettent d'exprimer à volonté A, B, C en fonctions de q ou en fonction du module k des fonctions elliptiques. On en tire, en effet,

$$A = \frac{\tau_1 \theta_3(o)}{\theta_2(o)}, \quad B = \frac{\theta(o)}{\theta_2(o)}, \quad C = \frac{\theta(o)}{\theta_3(o)},$$

ce qui concorde avec les résultats des nᵒˢ 380 à 382.

Mais on en déduit, d'autre part,

$$A^2 = \frac{\tau_1^2}{\varepsilon k}, \quad B = \tau_1 AC, \quad C^2 = \varepsilon' k';$$

d'où

$$A = \frac{\tau_1}{\sqrt{\varepsilon k}}, \quad B = \frac{\sqrt{\varepsilon' k'}}{\sqrt{\varepsilon k}}, \quad C = \sqrt{\varepsilon' k'}.$$

Il reste toutefois à lever l'ambiguïté du signe des radicaux $\sqrt{\varepsilon k}$ et $\sqrt{\varepsilon' k'}$.

387. A cet effet, remarquons que l'on a, d'après les formules (11),

$$\theta\left(\frac{\omega}{4}\right) = P\prod_1^{\infty}(1 + q^{4n-2}) = \theta_3\left(\frac{\omega}{4}\right),$$

$$\theta_1\left(\frac{\omega}{4}\right) = \frac{2q^{\frac{1}{4}}P}{\sqrt 2}\prod_1^{\infty}(1 + q^{4n}) = \theta_2\left(\frac{\omega}{4}\right),$$

$$\theta\left(\frac{\omega'}{4}\right) = \sum_{-\infty}^{\infty}(-1)^n q^{n^2 + \frac{n}{2}} = \sum_{-\infty}^{\infty}(-1)^{-n-1} q^{(-n-1)^2 + \frac{-n-1}{2}}$$

$$= -\sum_{-\infty}^{\infty}(-1)^n q^{\left(n+\frac{1}{2}\right)^2 + \frac{2n+1}{4}} = -i\theta_1\left(\frac{\omega'}{4}\right),$$

$$\theta_3\left(\frac{\omega'}{4}\right) = \sum_{-\infty}^{\infty} q^{n^2 + \frac{n}{2}} = \theta_2\left(\frac{\omega'}{4}\right).$$

Donc, en posant $u = \frac{\omega}{4}$ dans la formule (27), il viendra

$$\mathrm{dn}\,\frac{g\,\omega}{4} = C\,\frac{\theta_3\left(\frac{\omega}{4}\right)}{\theta\left(\frac{\omega}{4}\right)} = C,$$

et, en posant $u = \frac{\omega'}{4}$ dans la formule (25), il viendra

$$\mathrm{sn}\,\frac{g\,\omega'}{4} = A\,\frac{\theta_1\left(\frac{\omega'}{4}\right)}{\theta\left(\frac{\omega'}{4}\right)} = \frac{A}{-i}.$$

On aura donc

$$(28)\qquad A = \frac{\tau_1\,\theta_3(0)}{\theta_2(0)} = -i\,\mathrm{sn}\,\frac{g\,\omega'}{4} = \frac{\tau_1}{\sqrt{\varepsilon k}},$$

$$(29)\qquad C = \frac{\theta(0)}{\theta_3(0)} = \mathrm{dn}\,\frac{g\,\omega}{4} = \sqrt{\varepsilon' k'},$$

$$(30)\qquad B = \tau_1 AC.$$

388. Il résulte des formules précédentes que les trois fonctions $\operatorname{sn} u$, $\operatorname{cn} u$, $\operatorname{dn} u$ sont complètement déterminées lorsqu'on donne, au lieu de la valeur du module, celle du nouveau paramètre $\dfrac{\omega'}{\omega} = \rho$, 2ω et $2\omega'$ désignant un système de périodes elliptiques quelconques.

En effet, ρ étant donné, la quantité $q = e^{\pi i \rho}$ sera déterminée sans ambiguïté.

Faisant ensuite $g = 1$ dans la formule (24), on obtiendra ω en fonction de q; puis ω' par la relation $\omega' = \rho\omega$.

Formant ensuite les fonctions θ aux demi-périodes ω et ω', on aura

$$(31) \qquad \begin{cases} \operatorname{sn} u = \dfrac{\eta\,\theta_3(0)}{\theta_2(0)}\,\dfrac{\theta_1(u)}{\theta(u)}, \\[2mm] \operatorname{cn} u = \dfrac{\theta(0)}{\theta_2(0)}\,\dfrac{\theta_2(u)}{\theta(u)}, \\[2mm] \operatorname{dn} u = \dfrac{\theta(0)}{\theta_3(0)}\,\dfrac{\theta_3(u)}{\theta(u)}. \end{cases}$$

Ces expressions ne dépendent qu'en apparence du signe de η. En effet, si η change de signe, ω et ω' en changeront également, ce qui changera le signe de $\theta_1(u)$ sans altérer $\theta_2(u)$, $\theta_3(u)$, $\theta(u)$.

Enfin k^2 et k'^2 seront donnés par les formules

$$(32) \quad k^2 = \frac{\theta_2^4(0)}{\theta_3^4(0)} = \left\{ \frac{\displaystyle\sum_{-\infty}^{\infty} q^{\left(n+\frac{1}{2}\right)^2}}{\displaystyle\sum_{-\infty}^{\infty} q^{n^2}} \right\}^4 = 16q \prod_{1}^{\infty} \left(\frac{1 + q^{2n}}{1 + q^{2n-1}} \right)^8,$$

$$(33) \quad k'^2 = \frac{\theta^4(0)}{\theta_3^4(0)} = \left\{ \frac{\displaystyle\sum_{-\infty}^{\infty} (-1)^n q^{n^2}}{\displaystyle\sum_{-\infty}^{\infty} q^{n^2}} \right\}^4 = \prod_{1}^{\infty} \left(\frac{1 - q^{2n-1}}{1 + q^{2n-1}} \right)^8.$$

Remplaçant dans ces dernières équations q par sa valeur

en fonction de ρ, il viendra

$$(34) \qquad k^2 = \varphi^8(\rho), \quad k'^2 = \psi^8(\rho),$$

en posant, pour abréger,

$$(35) \qquad \varphi(\rho) = \sqrt{2}\, e^{\frac{\pi i \rho}{8}} \prod_1^\infty \frac{1 + e^{2ni\pi\rho}}{1 + e^{(2n-1)i\pi\rho}},$$

$$(36) \qquad \psi(\rho) = \prod_1^\infty \frac{1 - e^{(2n-1)i\pi\rho}}{1 + e^{(2n-1)i\pi\rho}}.$$

389. Si l'on prenait pour point de départ, au lieu des demi-périodes elliptiques ω et ω', un autre système de demi-périodes elliptiques.

$$\omega_1 = (2m+1)\omega + 2m'\omega',$$
$$\omega'_1 = 2n\omega + (2n'+1)\omega',$$

ρ se trouverait évidemment changé en

$$(37) \qquad \rho_1 = \frac{\omega'_1}{\omega_1} = \frac{2n + (2n'+1)\rho}{2m + 1 + 2m'\rho};$$

et k^2 et k'^2 n'étant pas altérés, on aurait

$$\varphi^8(\rho_1) = \varphi^8(\rho), \quad \psi^8(\rho_1) = \psi^8(\rho).$$

Les fonctions φ et ψ se reproduisent donc, aux racines huitièmes de l'unité près, par toute substitution de la forme (37).

Les relations (28) et (29) (où nous devons poser $g = 1$) nous permettront de préciser davantage. Elles donnent, en effet,

$$\varphi^2(\rho) = \frac{\theta_2(0)}{\theta_3(0)} = \frac{\sqrt{i}}{\operatorname{sn}\dfrac{\omega'}{4}} = \frac{i\operatorname{sn}\dfrac{\omega}{2}}{\operatorname{sn}\dfrac{\omega'}{4}},$$

$$\psi^2(\rho) = \frac{\theta(0)}{\theta_3(0)} = \operatorname{dn}\frac{\omega}{4}.$$

On trouvera de même

$$\varphi^2(\rho_1) = \frac{i\,\operatorname{sn}\dfrac{\omega_1}{2}}{\operatorname{sn}\dfrac{\omega'_1}{4}}, \qquad \psi^2(\rho_1) = \operatorname{dn}\frac{\omega_1}{4}$$

et, par suite,

$$\varphi^2(\rho_1) = \varphi^2(\rho)\,\frac{\operatorname{sn}\dfrac{\omega'}{4}\,\operatorname{sn}\dfrac{\omega_1}{2}}{\operatorname{sn}\dfrac{\omega'_1}{4}\,\operatorname{sn}\dfrac{\omega}{2}},$$

$$\psi^2(\rho_1) = \psi^2(\rho)\,\frac{\operatorname{dn}\dfrac{\omega_1}{4}}{\operatorname{dn}\dfrac{\omega}{4}}.$$

Les fonctions φ et ψ, étudiées par M. Hermite, ont reçu le nom de *fonctions modulaires*. Les équations (35) et (36) qui les définissent n'ont de sens que si ρ a sa partie imaginaire positive, cette condition étant nécessaire pour la convergence des produits dont le quotient figure au second membre. Ce sont d'ailleurs évidemment des fonctions continues et monodromes de ρ dans tout le champ limité par cette restriction.

390. Les équations (31) pourraient servir de définition aux fonctions elliptiques.

Partant de cette nouvelle définition, il est aisé de retrouver toutes les formules fondamentales de la théorie de ces fonctions, en s'appuyant sur les propriétés des fonctions θ.

Augmentons par exemple, dans les expressions précédentes, l'argument u de l'une des quantités $\dfrac{\omega}{2}$, $\dfrac{\omega'}{2}$, $m\omega + m'\omega'$, et ramenons les nouvelles fonctions θ ainsi obtenues à celles dont l'argument est u, à l'aide des formules (13), (14), (17); en tenant compte des formules (28) à (31), les fonctions θ disparaîtront et l'on obtiendra les formules (14) à (26), (27') à (30') de la Section précédente.

391. Pour établir les formules d'addition, nous opérerons comme il suit :

Considérons la fonction

$$\frac{A\,\theta_1(u-x)\theta_1(u+x+a+b)-B\,\theta_1(u-y)\theta_1(u+y+a+b)}{\theta_1(u-a)\theta_1(u-b)},$$

où A, B, x, y, a, b sont des constantes. Elle admet les périodes ω et ω'; car son dénominateur et les deux termes de son numérateur ne changent pas quand u augmente de ω, et sont multipliés par un même facteur $q^{-2}\,e^{-\frac{2i\pi}{\omega}(2u+a+b)}$ quand u augmente de ω'.

Le dénominateur s'annule pour les valeurs

$$u = -a + m\omega + m'\omega', \quad u = -b + m\omega + m'\omega'.$$

Mais le numérateur s'annulera pour les mêmes valeurs, si l'on a

$$A\,\theta_1(x+a)\theta_1(x+b) - B\,\theta_1(y+a)\theta_1(y+b) = 0.$$

Posant donc

$$A = \theta_1(y+a)\theta_1(y+b), \quad B = -\theta_1(x+a)\theta_1(x+b),$$

la fonction se réduira à une constante. En posant $u = y$, on déterminera la valeur de cette constante

$$\theta_1(y-x)\theta_1(x+y+a+b).$$

Nous obtenons ainsi l'identité suivante :

$$(38) \quad \left\{ \begin{aligned} &\theta_1(x+a)\theta_1(x+b)\theta_1(u+y+a+b)\theta_1(y-u) \\ &+ \theta_1(y+a)\theta_1(y+b)\theta_1(u+x+a+b)\theta_1(u-x) \\ &+ \theta_1(u+a)\theta_1(u+b)\theta_1(x+y+a+b)\theta_1(x-y) = 0. \end{aligned} \right.$$

392. De cette équation fondamentale, on peut en tirer une foule d'autres en assignant des valeurs particulières aux cinq paramètres x, y, z, a, b.

$1°$ Posons, par exemple, $b = -a$, $y = \dfrac{\omega'}{2}$, $u = o$; il viendra

$$\theta_1(x+a)\theta_1(x-a)\theta_1^2\left(\frac{\omega'}{2}\right)$$
$$+ \theta_1\left(\frac{\omega'}{2}+a\right)\theta_1\left(\frac{\omega'}{2}-a\right)\theta_1(x)\theta_1(-x)$$
$$+ \theta_1(a)\theta_1(-a)\theta_1\left(x+\frac{\omega'}{2}\right)\theta_1\left(x-\frac{\omega'}{2}\right) = o$$

ou, en vertu des relations (12) et (14),

$$(39)\quad \theta_1(x+a)\theta_1(x-a)\theta^2(o) = -\theta_1^2(a)\theta^2(x) + \theta^2(a)\theta_1^2(x).$$

Si, dans cette dernière équation, on change successivement a en $a + \dfrac{\omega}{2}$, $a + \dfrac{\omega}{2} + \dfrac{\omega'}{2}$, $a + \dfrac{\omega'}{2}$, on en déduira les suivantes :

$$(40)\quad \theta_2(x+a)\theta_2(x-a)\theta^2(o) = \theta_2^2(a)\theta^2(x) - \theta_3^2(a)\theta_1^2(x),$$
$$(41)\quad \theta_3(x+a)\theta_3(x-a)\theta^2(o) = \theta_3^2(a)\theta^2(x) - \theta_2^2(a)\theta_1^2(x),$$
$$(42)\quad \theta(x+a)\theta(x-a)\theta^2(o) = \theta^2(a)\theta^2(x) - \theta_1^2(a)\theta_1^2(x).$$

$2°$ Si, d'autre part, nous remplaçons dans l'équation (38), x, y, u, a, b d'abord par x, $\dfrac{\omega}{2}$, o, a, $-a+\dfrac{\omega'}{2}$; puis par $x + \dfrac{\omega}{2}$, $\dfrac{\omega'}{2}$, o, a, $-a+\dfrac{\omega}{2}+\dfrac{\omega'}{2}$, et enfin par $x + \dfrac{\omega+\omega'}{2}$, $\dfrac{\omega'}{2}$, o, a, $-a+\dfrac{\omega}{2}$; nous obtiendrons les trois formules suivantes :

$$(43)\quad \left\{ \begin{aligned} \theta_1(x-a)\theta(x-a)\theta_3(o)\theta_2(o) &= \theta_2(a)\theta_3(a)\theta(x)\theta_1(x) \\ &+ \theta_1(a)\theta(a)\theta_3(x)\theta_2(x). \end{aligned} \right.$$

$$(44)\quad \left\{ \begin{aligned} \theta_2(x+a)\theta(x-a)\theta_2(o)\theta(o) &= \theta(a)\theta_2(a)\theta(x)\theta_2(x) \\ &- \theta_1(a)\theta_3(a)\theta_1(x)\theta_3(x). \end{aligned} \right.$$

$$(45)\quad \left\{ \begin{aligned} \theta_3(x+a)\theta(x-a)\theta_3(o)\theta(o) &= \theta(a)\theta_3(a)\theta(x)\theta_3(x) \\ &- \theta_1(a)\theta_2(a)\theta_1(x)\theta_2(x). \end{aligned} \right.$$

Ces trois formules, divisées par la formule (42), donnent

immédiatement les formules d'addition, en remplaçant les quotients de fonctions θ par leurs valeurs tirées des relations (28) à (31).

IV. — Transformation.

393. Le problème de la transformation des fonctions elliptiques peut s'énoncer comme il suit :

Étant donné un module k et un multiplicateur g quelconques, déterminer un nouveau module k_1 et un nouveau multiplicateur g_1, tels que les trois fonctions $\operatorname{sn}(g_1 u, k_1)$, $\operatorname{cn}(g_1 u, k_1)$, $\operatorname{dn}(g_1 u, k_1)$ *s'expriment rationnellement en* $\operatorname{sn}(g u, k)$, $\operatorname{cn}(g u, k)$, $\operatorname{dn}(g u, k)$.

Si l'on change u en $\dfrac{u}{g}$ dans les relations que l'on suppose exister entre ces deux systèmes de fonctions elliptiques, on en déduira évidemment des relations toutes semblables entre $\operatorname{sn}\left(\dfrac{g_1}{g} u, k_1\right)$, $\operatorname{cn}\left(\dfrac{g_1}{g} u, k_1\right)$, $\operatorname{dn}\left(\dfrac{g_1}{g} u, k_1\right)$ et $\operatorname{sn}(u, k)$, $\operatorname{cn}(u, k)$, $\operatorname{dn}(u, k)$. Il est donc permis de supposer $g = 1$, ce qui simplifiera les écritures. Pour les réduire davantage, nous écrirons simplement $\operatorname{sn} u$, $\operatorname{cn} u$, $\operatorname{dn} u$ à la place de $\operatorname{sn}(u, k)$, $\operatorname{cn}(u, k)$, $\operatorname{dn}(u, k)$.

394. Cela posé, soit g_1, k_1 une solution du problème. Désignons par 2ω, $2\omega'$ un système arbitraire de périodes elliptiques des fonctions $\operatorname{sn} u$, $\operatorname{cn} u$, $\operatorname{dn} u$; par $2\omega_1$, $2\omega'_1$ un système arbitraire de périodes elliptiques de $\operatorname{sn}(g_1 u, k_1)$, $\operatorname{cn}(g_1 u, k_1)$, $\operatorname{dn}(g_1 u, k_1)$. Ces dernières fonctions, s'exprimant rationnellement en fonction des précédentes, admettent les périodes 2ω et $2\omega'$. On aura donc

$$2\omega = a.2\omega_1 + b.2\omega'_1, \quad 2\omega' = c.2\omega_1 + d.2\omega'_1,$$

a, b, c, d étant des entiers; ou, en supprimant le facteur 2,

$$(1) \qquad \omega = a\omega_1 + b\omega'_1, \quad \omega' = c\omega_1 + d\omega'_1.$$

D'ailleurs $\dfrac{\omega'_1}{\omega_1}$ et $\dfrac{\omega'}{\omega}$ ayant leur partie imaginaire positive, le déterminant

$$ad - bc = \Delta$$

sera positif (366).

Ce déterminant se nomme le *degré* de la transformation considérée.

395. Réciproquement, soient ω, ω' et ω_1, ω'_1 des quantités quelconques, telles que $\dfrac{\omega'}{\omega}$ et $\dfrac{\omega'_1}{\omega_1}$ aient leur partie imaginaire positive, et liées entre elles par des équations de la forme (1). Nous allons établir les propositions suivantes :

1° *Les quatre fonctions* $\theta(u, \omega_1, \omega'_1)$, ..., *formées avec les demi-périodes* ω_1, ω'_1, *s'expriment par des fonctions entières et homogènes de degré* Δ *des fonctions* $\theta(u)$, ... (*formées avec les demi-périodes* ω, ω'), *multipliées par un même facteur exponentiel*.

2° *Les fonctions elliptiques* $\operatorname{sn}(g_1 u, k_1)$, $\operatorname{cn}(g_1 u, k_1)$, $\operatorname{dn}(g_1 u, k_1)$ *aux demi-périodes* ω_1, ω'_1, *s'expriment rationnellement par les fonctions* $\operatorname{sn} u$, $\operatorname{cn} u$, $\operatorname{dn} u$, *aux demi-périodes* ω, ω'.

396. Nous faciliterons la démonstration en considérant la transformation (1) comme résultant de la combinaison de transformations plus simples.

Soit, en effet, μ le plus grand commun diviseur des deux nombres a et b; posons $a = a'\mu$, $b = b'\mu$. Les nombres a' et b' ayant l'unité pour plus grand commun diviseur, on pourra déterminer deux autres nombres c', d', tels que l'on ait $a'd' - b'c' = 1$. Posons

$$(2) \qquad \omega_2 = a'\omega_1 + b'\omega'_1, \qquad \omega'_2 = c'\omega_1 + d'\omega'_1;$$

d'où

$$\omega_1 = d'\omega_2 - b'\omega'_2, \qquad \omega'_1 = -c'\omega_2 + a'\omega'_2$$

et

$$\omega = \mu\omega_2, \qquad \omega' = (cd' - dc')\omega_2 + (da' - cb')\omega'_2.$$

Ces dernières relations résulteraient d'ailleurs de la combinaison des suivantes :

$$(3) \qquad \omega_3 = \omega_2, \qquad \omega'_3 = (da' - cb')\,\omega'_2.$$

$$(4) \qquad \omega_4 = \omega_3, \qquad \omega'_4 = (cd' - dc')\,\omega_3 + \omega'_3,$$

$$(5) \qquad \omega = \mu\omega_4, \qquad \omega' = \omega'_4.$$

La transformation (1) est donc la résultante des transformations successives (2), (3), (4), (5).

Or les transformations (2) et (4) sont du premier degré. Quant à la transformation (3), elle est évidemment la résultante d'une suite de transformations de même forme, où le coefficient $da' - cb'$ est remplacé par ses divers facteurs premiers. La transformation (5) est de son côté la résultante d'une suite de transformations analogues, où μ est remplacé par ses facteurs premiers.

Le problème général de la transformation se ramène donc à l'étude :

1° Des transformations du premier degré ;

2° Des transformations

$$(6) \qquad \omega = n\omega_1, \qquad \omega' = \omega'_1$$

et

$$(7) \qquad \omega = \omega_1, \qquad \omega' = n\omega'_1,$$

où n désigne un nombre premier.

397. *Transformations du premier degré.* — On peut les répartir en diverses classes, d'après les restes que donnent les nombres a, b, c, d lorsqu'on les divise par 2. Les systèmes de restes compatibles avec la condition $ad - bc = 1$ sont au nombre de six et donnés par le Tableau suivant :

	$a.$	$b.$	$c.$	$d.$
Première classe............	1	0	0	1
Deuxième »	1	0	1	1
Troisième »	1	1	0	1
Quatrième »	1	1	1	0
Cinquième »	0	1	1	1
Sixième »	0	1	1	0

Soit, d'ailleurs,

$$(T) \qquad \omega = a\omega_1 + b\omega_1', \qquad \omega' = c\omega_1 + d\omega_1'$$

une quelconque des transformations considérées; en la combinant avec les transformations particulières

$$(8) \qquad \omega_1 = \omega_2 + \omega_2', \qquad \omega_1' = \omega_2',$$
$$(9) \qquad \omega_1 = \omega_2', \qquad \omega_1' = -\omega_2,$$

on obtiendra deux nouvelles transformations

$$(T') \qquad \omega = a\omega_2 + (a+b)\omega_2', \qquad \omega' = c\omega_2 + (c+d)\omega_2';$$
$$(T'') \qquad \omega = -b\omega_2 + a\omega_2', \qquad \omega = -d\omega_2 + c\omega_2'.$$

Or on voit immédiatement que la transformation T' appartiendra à la classe 1, 2, 3, 4, 5 ou 6 suivant que T appartient à la classe 3, 4, 1, 2, 6 ou 5, et que T'' appartiendra à la classe 1, 2, 3, 4, 5, 6, suivant que T appartient à la classe 6, 5, 4, 3, 2 ou 1. Il résulte évidemment de là que toute transformation du premier degré peut s'obtenir en combinant à une transformation de la première classe une combinaison convenable des transformations particulières (8) et (9).

398. 1° Considérons d'abord les transformations de la première classe.

Soit

$$\omega = (2\alpha + 1)\omega_1 + 2\beta\omega_1',$$
$$\omega' = 2\gamma\omega_1 + (2\delta + 1)\omega_1'$$

l'une d'elles ($\alpha + \delta$ étant nécessairement pair).

Les fonctions $\operatorname{sn}(g_1 u, k_1)$, $\operatorname{cn}(g_1 u, k_1)$, $\operatorname{dn}(g_1 u, k_1)$ ont respectivement les mêmes zéros et les mêmes pôles que $\operatorname{sn} u$, $\operatorname{cn} u$, $\operatorname{dn} u$ et admettent, comme ces dernières fonctions, les périodes 2ω et $2\omega'$. On aura donc

$$\operatorname{sn}(g_1 u, k_1) = A \operatorname{sn} u,$$
$$\operatorname{cn}(g_1 u, k_1) = B \operatorname{cn} u.$$
$$\operatorname{dn}(g_1 u, k_1) = C \operatorname{dn} u,$$

A, B, C étant des constantes, qui restent à déterminer.

Posons $u = 0$ dans les deux dernières équations et dans la dérivée de la première, il viendra

$$g_1 = \mathrm{A}, \quad \mathrm{B} = 1, \quad \mathrm{C} = 1.$$

Posons dans la première équation $u = \dfrac{\omega}{2}$, puis $u = \dfrac{\omega + \omega'}{2}$; il viendra

$$\mathrm{A}\,\tau_1 = \operatorname{sn}\left[g_1 \, \frac{(2\alpha + 1)\omega_1 + 2\beta\omega'_1}{2}, k_1 \right]$$

$$= (-1)^\alpha \operatorname{sn}\left(g_1 \frac{\omega_1}{2}, k_1 \right) = (-1)^\alpha \tau_{11}.$$

$$\mathrm{A}\,\frac{\tau_1}{\varepsilon\,k} = \operatorname{sn}\left[g_1 \, \frac{(2\alpha - 1 + 2\gamma)\omega_1 + (2\beta - 2\delta - 1)\omega'_1}{2}, k_1 \right]$$

$$= (-1)^{\alpha+\gamma} \frac{\tau_{11}}{\varepsilon_1\,k_1},$$

d'où

$$k_1^2 = k^2, \quad g_1 = \mathrm{A} = (-1)^\alpha \tau_1 \tau_{11} = \pm 1.$$

Les formules de transformation relatives à ce cas se réduiront donc aux suivantes :

$$(10) \quad \left\{ \begin{array}{l} \operatorname{sn}(g_1 u, k_1) = g_1 \operatorname{sn} u, \\[4pt] \operatorname{cn}(g_1 u, k_1) = \operatorname{cn} u, \qquad (g_1 = \pm 1, \; k_1 = \pm k). \\[4pt] \operatorname{dn}(g_1 u, k_1) = \operatorname{dn} u, \end{array} \right.$$

399. $2°$ Considérons en second lieu la transformation

$$\omega = \omega_1 + \omega'_1, \quad \omega' = \omega'_1.$$

d'où

$$\omega_1 = \omega - \omega', \quad \omega'_1 = \omega';$$

$\operatorname{sn}(g_1 u, k_1)$ aura encore les mêmes zéros et les mêmes pôles que $\operatorname{sn} u$; mais $\operatorname{cn}(g_1 u, k_1)$ aura les zéros de $\operatorname{dn} u$, et $\operatorname{dn}(g_1 u, k_1)$ les zéros de $\operatorname{cn} u$. On aura donc ici

$$\operatorname{sn}(g_1 u, k_1) = \mathrm{A} \operatorname{sn} u,$$
$$\operatorname{cn}(g_1 u, k_1) = \mathrm{B} \operatorname{dn} u,$$
$$\operatorname{dn}(g_1 u, k_1) = \mathrm{C} \operatorname{cn} u.$$

En faisant les mêmes substitutions que dans le cas précédent, on trouvera

$$g_1 = A, \quad B = 1, \quad C = 1,$$

$$\tau_1 A = \operatorname{sn}\left(g_1 \frac{\omega_1 + \omega'_1}{2}, k_1\right) = \frac{\tau_{11}}{\varepsilon_1 k_1},$$

$$\frac{\tau_1 A}{\varepsilon k} = \operatorname{sn}\left(g_1 \frac{\omega_1 + 2\omega'_1}{2}, k_1\right) = \tau_{11};$$

d'où

$$k_1^2 = \frac{1}{k^2}, \quad g_1 = A = \varepsilon_1 \tau_{11} k = k.$$

On aura donc, en prenant $g_1 = k$,

$$(11) \qquad \left\{ \begin{aligned} &\operatorname{sn}\left(ku, \frac{1}{k}\right) = k \operatorname{sn} u, \\[4pt] &\operatorname{cn}\left(ku, \frac{1}{k}\right) = \operatorname{dn} u, \\[4pt] &\operatorname{dn}\left(ku, \frac{1}{k}\right) = \operatorname{cn} u. \end{aligned} \right.$$

Les formules relatives à $g_1 = -k$ se déduiraient évidemment de celles-là en leur appliquant la formule (10).

400. 3° Considérons enfin la transformation

$$\omega = \omega'_1, \quad \omega' = -\omega_1 :$$

$\operatorname{sn}(g_1 u, k_1)$ aura pour zéros ceux de $\operatorname{sn} u$; $\operatorname{cn}(g_1 u, k_1)$ aura pour zéros les infinis de $\operatorname{cn} u$; $\operatorname{dn}(g_1 u, k_1)$ les zéros de $\operatorname{dn} u$; leurs infinis seront les zéros de $\operatorname{cn} u$. On aura donc

$$\operatorname{sn}(g_1 u, k_1) = A \frac{\operatorname{sn} u}{\operatorname{cn} u},$$

$$\operatorname{cn}(g_1 u, k_1) = B \frac{1}{\operatorname{cn} u},$$

$$\operatorname{dn}(g_1 u, k_1) = C \frac{\operatorname{dn} u}{\operatorname{cn} u},$$

Posant $u = 0$ dans la dérivée de la première équation et

dans les deux dernières, il viendra encore

$$z_1 = A, \quad B = C = 1.$$

Posons dans la première équation $u = \dfrac{\omega - \omega'}{2}$; il viendra

$$-\frac{\eta_1}{k_1} = \frac{A\eta i}{2 k}.$$

Enfin changeons dans cette même équation u en $u - \dfrac{\omega'}{2}$, puis posons $u = 0$; il viendra successivement

$$\operatorname{sn}\left[z_1\left(u - \frac{\omega_1}{2}\right), k_1\right] = -\frac{A\eta}{i \operatorname{dn} u},$$

$$-\eta_1 = -\frac{A\eta}{i}.$$

On aura donc

$$k_1^2 = k'^2, \quad z_1 = A = i\eta, \eta_1 = i.$$

Si $z_1 = -i$, il viendra

$$\left\{ \begin{array}{l} \operatorname{sn}(iu, k') = \dfrac{i \operatorname{sn} u}{\operatorname{cn} u}, \\[2mm] \operatorname{cn}(iu, k') = \dfrac{1}{\operatorname{cn} u}, \\[2mm] \operatorname{dn}(iu, k') = \dfrac{\operatorname{dn} u}{\operatorname{cn} u}. \end{array} \right.$$

De cette transformation, combinée avec la formule (10), on déduira celle qui se rapporte au cas où $z_1 = -i$.

401. Passons à la comparaison des fonctions Θ respectivement formées avec les demi-périodes ω, ω' et ω_1, ω'_1, liées par une transformation quelconque du premier degré

$$\omega = a\omega_1 + b\omega'_1, \quad \omega' = c\omega_1 + d\omega'_1.$$

Il est clair que la fonction $\Theta_1(u, \omega_1, \omega'_1)$ admet les mêmes zéros que $\Theta_1(u)$, et que chacune des trois autres fonctions

$\theta_2(u, \omega_1, \omega'_1)$, $\theta_3(u, \omega_1, \omega'_1)$, $\theta(u, \omega_1, \omega'_1)$ a les mêmes zéros que l'une des fonctions $\theta_2(u)$, $\theta_3(u)$, $\theta(u)$. Mais la manière dont ces fonctions se correspondent dépend de la classe à laquelle appartient la transformation considérée.

402. Soient $\theta_\alpha(u, \omega_1, \omega'_1)$ et $\theta_{\alpha'}(u)$ deux fonctions correspondantes. Ces fonctions étant entières et ayant les mêmes zéros, on aura (317)

$$\theta_\alpha(u, \omega_1, \omega'_1) = e^{\varphi(u)}\theta_{\alpha'}(u),$$

$\varphi(u)$ désignant une fonction entière.

On en déduit

$$\log\theta_\alpha(u, \omega_1, \omega'_1) - \log\theta_{\alpha'}(u) = \varphi(u).$$

Or $\theta_\alpha(u, \omega_1, \omega'_1)$ et $\theta_{\alpha'}(u)$ se reproduisent, sauf un facteur exponentiel de la forme $e^{\lambda u + \mu}$, quand u augmente de ω ou de ω'. Leur logarithme s'accroît donc de $\lambda u + \mu$, et sa dérivée seconde ne change pas. Donc $\varphi''(u)$ est une fonction entière et doublement périodique. C'est donc une constante; donc φ est un polynôme du second degré, et l'on aura

$$(13) \qquad \theta_\alpha(u, \omega_1, \omega'_1) = C_\alpha e^{Au^2 + Bu}\theta_{\alpha'}(u).$$

Mais $\theta_\alpha(u, \omega_1, \omega'_1)$ et $\theta_{\alpha'}(u)$ sont des fonctions toutes deux paires ou toutes deux impaires [car les fonctions θ sont toutes paires, sauf $\theta_1(u, \omega_1, \omega'_1)$ et $\theta_1(u)$ qui se correspondent mutuellement]. Le facteur complémentaire est donc une fonction paire, donc $B = 0$.

Pour déterminer A, augmentons u de la période

$$2\omega = 2a\omega_1 + 2b\omega'_1.$$

Le premier membre de l'équation sera multiplié par

$$e^{-\frac{4b^2\pi i\omega'_1}{\omega_1}-\frac{4b\pi i u}{\omega_1}},$$

le second par

$$e^{4A\omega u + 4A\omega^2}.$$

On aura donc

$$4\,A\,\omega = -\frac{4\,b\pi i}{\omega_1}, \quad \text{d'où} \quad A = -\frac{bi\pi}{\omega\omega_1}.$$

Enfin la constante C_α pourra se déterminer en assignant une valeur particulière à u.

403. La plus intéressante de ces transformations est celle où

$$\omega = \omega'_1, \quad \omega' = -\omega_1.$$

On a dans ce cas $b = 1$, $\omega_1 = -\omega'$, $\omega'_1 = \omega$, d'où

$$(14) \quad \left\{ \begin{aligned} \theta_1(u. - \omega', \omega) &= C_1\, e^{\frac{i\pi u^2}{\omega\omega'}}\, \theta_1(u), \\ \theta\ (u. - \omega', \omega) &= -\,\iota C_1\, e^{\frac{i\pi u^2}{\omega\omega'}}\, \theta_2(u), \\ \theta_2(u. - \omega', \omega) &= -\,iC_1\, e^{\frac{i\pi u^2}{\omega\omega'}}\, \theta\ (u). \\ \theta_3(u. - \omega', \omega) &= -\,iC_1\, e^{\frac{i\pi u^2}{\omega\omega'}}\, \theta_3(u). \end{aligned} \right.$$

Les trois dernières équations se déduisent de la première en changeant u en $u + \dfrac{\omega}{2}$, $u + \dfrac{\omega'}{2}$, $u + \dfrac{\omega + \omega'}{2}$. Quant à la constante C_1, on obtiendra sa valeur $\iota\,\dfrac{\theta(o. - \omega', \omega)}{\theta_2(o)}$ en posant $u = o$ dans la seconde équation.

Lorsque ω est réel et ω' purement imaginaire, q est réel et l'expression des fonctions θ en sinus et cosinus montre que ces fonctions sont réelles si u est lui-même réel. Les formules précédentes montrent qu'il en est de même lorsque u est purement imaginaire, sauf pour la fonction $\theta_1(iu)$ qui est purement imaginaire.

En effet, en changeant u en iu, les équations précédentes donneront

$$\theta_1(iu) = \frac{1}{C_1}\, e^{\frac{i\pi u^2}{\omega\omega'}}\, \theta_1(iu, -\omega', \omega), \quad \dots$$

Or C_1 est purement imaginaire, car $\theta_2(o)$ est réel, et il en est de même pour $\theta(o, -\omega', \omega)$, qui est fonction de la quantité réelle $e^{-\frac{\pi i \omega}{\omega}} = q_1$. D'autre part, $e^{\frac{i\pi u^2}{\omega\omega'}}$ est réel; enfin $\theta_1(iu, -\omega', \omega)$, $\theta_2(iu, -\omega', \omega)$. . . . sont réels. En effet, les fonctions θ étant homogènes et de degré zéro par rapport aux trois variables u, ω, ω', on aura

$$\theta_\alpha(iu, -\omega', \omega) = \theta_\alpha\left(u, \frac{\omega'}{i}, \frac{\omega}{i}\right),$$

quantité réelle, car $\dfrac{\omega'}{i}$ est réel, et $\dfrac{\omega}{i}$ purement imaginaire.

404. *Division de la première période par 2.* — Soit

$$\omega = 2\omega_1, \quad \omega' = \omega'_1,$$

d'où $\omega_1 = \dfrac{\omega}{2}$.

On aura, A désignant une constante.

$$(15)\quad
\left\{
\begin{aligned}
\theta\left(u, \frac{\omega}{2}, \omega'\right) &= A\,\theta(u)\,\theta_3(u).\\[4pt]
\theta_1\left(u, \frac{\omega}{2}, \omega'\right) &= A\,\theta_1(u)\,\theta_2(u),\\[4pt]
\theta_2\left(u, \frac{\omega}{2}, \omega'\right) &= A\,\theta_2\left(u - \frac{\omega}{4}\right)\theta_2\left(u + \frac{\omega}{4}\right),\\[4pt]
\theta_3\left(u, \frac{\omega}{2}, \omega'\right) &= A\,\theta_3\left(u + \frac{\omega}{4}\right)\theta_3\left(u - \frac{\omega}{4}\right).
\end{aligned}
\right.$$

On obtient la première de ces formules en remarquant que les deux fonctions $\theta\left(u, \frac{\omega}{2}, \omega'\right)$ et $\theta(u)\theta_3(u)$ ont les mêmes zéros; qu'elles admettent la période ω et se reproduisent multipliées par une même exponentielle quand on augmente l'argument de ω'. Leur quotient, étant une fonction entière et doublement périodique, se réduira donc à une constante.

Les trois autres formules se déduisent de celle-ci en faisant croître l'argument respectivement de $\dfrac{\omega'}{2}$, $\dfrac{\omega'}{2} + \dfrac{\omega}{4}$, $\dfrac{\omega}{4}$.

En tenant compte des formules (40) et (41) de la Section

précédente, on pourra écrire

$$\theta\left(u, \frac{\omega}{2}, \omega'\right) = A\theta^2(u)\frac{\theta_3(u)}{\theta(u)},$$

$$\theta_1\left(u, \frac{\omega}{2}, \omega'\right) = A\theta^2(u)\frac{\theta_1(u)}{\theta(u)}\frac{\theta_2(u)}{\theta(u)},$$

$$(16)\ \left\{\begin{array}{l}
\theta_2\left(u, \frac{\omega}{2}, \omega'\right) = A\,\dfrac{\theta_2^2\left(\frac{\omega}{4}\right)\theta^2(u) - \theta_3^2\left(\frac{\omega}{4}\right)\theta_1^2(u)}{\theta^2(0)} \\[2.5em]
\qquad = A\,\dfrac{\theta_2^2\left(\frac{\omega}{4}\right)}{\theta^2(0)}\,\theta^2(u)\left[1 - \dfrac{\theta_3^2\left(\frac{\omega}{4}\right)}{\theta_2^2\left(\frac{\omega}{4}\right)}\dfrac{\theta_1^2(u)}{\theta^2(u)}\right], \\[2.5em]
\theta_3\left(u, \frac{\omega}{2}, \omega'\right) = A\,\dfrac{\theta_3^2\left(\frac{\omega}{4}\right)\theta^2(u) - \theta_2^2\left(\frac{\omega}{4}\right)\theta_1^2(u)}{\theta^2(0)} \\[2.5em]
\qquad = A\,\dfrac{\theta_3^2\left(\frac{\omega}{4}\right)}{\theta^2(0)}\,\theta^2(u)\left[1 - \dfrac{\theta_2^2\left(\frac{\omega}{4}\right)}{\theta_3^2\left(\frac{\omega}{4}\right)}\dfrac{\theta_1^2(u)}{\theta^2(u)}\right].
\end{array}\right.$$

Mais on a (387)

$$\mathrm{dn}\,\frac{\omega}{4} = \sqrt{\varepsilon'k'};$$

d'où

$$\mathrm{sn}^2\frac{\omega}{4} = \frac{1}{1 - \varepsilon'k'}, \quad \mathrm{cn}^2\frac{\omega}{4} = \frac{\varepsilon'k'}{1 - \varepsilon'k'},$$

$$\frac{\mathrm{sn}\frac{\omega}{4}\,\mathrm{dn}\frac{\omega}{4}}{\mathrm{cn}\frac{\omega}{4}} = \tau_i\frac{\theta_1\left(\frac{\omega}{4}\right)\theta_3\left(\frac{\omega}{4}\right)}{\theta\left(\frac{\omega}{4}\right)\theta_2\left(\frac{\omega}{4}\right)} = \tau_i,$$

$$\frac{\theta_3^2\left(\frac{\omega}{4}\right)}{\theta_2^2\left(\frac{\omega}{4}\right)} = \frac{\mathrm{dn}^2\frac{\omega}{4}}{\varepsilon k\,\mathrm{cn}^2\frac{\omega}{4}} = \frac{1 - \varepsilon'k'}{\varepsilon k} = \frac{\varepsilon k}{1 - \varepsilon'k'},$$

$$\frac{\theta_1^2(u)}{\theta^2(u)} = \varepsilon k\,\mathrm{sn}^2 u.$$

Substituons ces valeurs dans les équations (16), puis divisons ces équations par la première d'entre elles; enfin remplaçons les quotients de fonctions θ par des fonctions elliptiques; il viendra

$$(17)\quad\begin{cases} \operatorname{sn}(g_1 u,\, k_1) = A'\,\dfrac{\operatorname{sn} u\,\operatorname{cn} u}{\operatorname{dn} u}, \\[2mm] \operatorname{cn}(g_1 u,\, k_1) = B'\,\dfrac{1 - (1 + \varepsilon' k')\operatorname{sn}^2 u}{\operatorname{dn} u}, \\[2mm] \operatorname{dn}(g_1 u,\, k_1) = C'\,\dfrac{1 - (1 - \varepsilon' k')\operatorname{sn}^2 u}{\operatorname{dn} u}, \end{cases}$$

A', B', C' étant des constantes.

Posant $u = 0$ dans les deux dernières équations et dans la dérivée de la première, on trouvera

$$g_1 = A',\quad B' = 1,\quad C' = 1.$$

Posant dans la première $u = \dfrac{\omega}{4}$, il viendra

$$\eta_1 = A'\,\frac{\operatorname{sn}\dfrac{\omega}{4}\,\operatorname{cn}\dfrac{\omega}{4}}{\operatorname{dn}\dfrac{\omega}{4}} = \eta_1 A'\operatorname{sn}^2\frac{\omega}{4} = \frac{\eta_1 A'}{1 + \varepsilon' k'}.$$

Posant enfin $u = \dfrac{\omega}{4} + \dfrac{\omega'}{2}$, il viendra

$$\frac{\eta_1}{\varepsilon_1 k_1} = A'\,\frac{\operatorname{sn}\left(\dfrac{\omega}{4} + \dfrac{\omega'}{2}\right)\operatorname{cn}\left(\dfrac{\omega}{4} + \dfrac{\omega'}{2}\right)}{\operatorname{dn}\left(\dfrac{\omega}{4} - \dfrac{\omega'}{2}\right)} = A'\,\frac{\operatorname{dn}\dfrac{\omega}{4}}{k^2 \operatorname{sn}\dfrac{\omega}{4}\operatorname{cn}\dfrac{\omega}{4}}$$

$$= A'\eta\,\frac{1 + \varepsilon' k'}{k^2} = \frac{A'\eta}{1 - \varepsilon' k'}.$$

On aura donc

$$(18)\quad\begin{cases} k_1^2 = \left(\dfrac{1 - \varepsilon' k'}{1 - \varepsilon' k'}\right)^2, \\[2mm] g_1 = A' = \eta\eta_1(1 + \varepsilon' k') = \pm(1 + \varepsilon' k'),\quad B' = C' = 1. \end{cases}$$

405. *Division de la seconde période par 2.* — Soit

$$\omega = \omega_1,\quad \omega' = 2\omega'_1,$$

d'où $\omega'_1 = \dfrac{\omega'}{2}$. Nous aurons, A désignant une constante,

$$(19)\quad\begin{cases}\theta\left(u,\omega,\dfrac{\omega'}{2}\right) = A\,\theta\left(u - \dfrac{\omega'}{4}\right)\theta\left(u + \dfrac{\omega'}{4}\right),\\[2ex]\theta_1\left(u,\omega,\dfrac{\omega'}{2}\right) = A\,e^{-\frac{\pi i \omega'}{8\omega}}\theta(u)\,\theta_1(u),\\[2ex]\theta_2\left(u,\omega,\dfrac{\omega'}{2}\right) = A\,e^{-\frac{\pi i \omega'}{8\omega}}\theta_3(u)\,\theta_2(u),\\[2ex]\theta_3\left(u,\omega,\dfrac{\omega'}{2}\right) = A\,\theta_3\left(u - \dfrac{\omega'}{4}\right)\theta_3\left(u + \dfrac{\omega'}{4}\right).\end{cases}$$

La première formule se démontre en remarquant que le rapport de $\theta\left(u - \dfrac{\omega'}{4}\right)\theta\left(u + \dfrac{\omega'}{4}\right)$ à $\theta\left(u,\omega,\dfrac{\omega'}{2}\right)$ est une fonction entière et doublement périodique. Les autres formules s'en déduisent en accroissant l'argument de $\dfrac{\omega'}{4}$, $\dfrac{\omega}{2} + \dfrac{\omega'}{4}$, $\dfrac{\omega}{2}$.

Ces relations peuvent se mettre sous la forme

$$(20)\quad\begin{cases}\theta\left(u,\omega,\dfrac{\omega'}{2}\right) = A\,\dfrac{\theta^2\left(\dfrac{\omega'}{4}\right)\theta^2(u) - \theta_1^2\left(\dfrac{\omega'}{4}\right)\theta_1^2(u)}{\theta^2(0)}\\[3ex]\qquad = A\,\dfrac{\theta^2\left(\dfrac{\omega'}{4}\right)\theta^2(u)}{\theta^2(0)}\left[1 - \dfrac{\theta_1^2\left(\dfrac{\omega'}{4}\right)}{\theta^2\left(\dfrac{\omega'}{4}\right)}\dfrac{\theta_1^2(u)}{\theta^2(u)}\right],\\[3ex]\theta_1\left(u,\omega,\dfrac{\omega'}{2}\right) = A\,e^{-\frac{\pi i \omega'}{8\omega}}\theta^2(u)\,\dfrac{\theta_1(u)}{\theta(u)},\\[3ex]\theta_2\left(u,\omega,\dfrac{\omega'}{2}\right) = A\,e^{-\frac{\pi i \omega'}{8\omega}}\theta^2(u)\,\dfrac{\theta_3(u)}{\theta(u)}\dfrac{\theta_2(u)}{\theta(u)},\\[3ex]\theta_3\left(u,\omega,\dfrac{\omega'}{2}\right) = A\,\dfrac{\theta_3^2\left(\dfrac{\omega'}{4}\right)\theta^2(u) - \theta_2^2\left(\dfrac{\omega'}{4}\right)\theta_1^2(u)}{\theta^2(0)}\\[3ex]\qquad = A\,\dfrac{\theta_3^2\left(\dfrac{\omega'}{4}\right)\theta^2(u)}{\theta^2(0)}\left[1 - \dfrac{\theta_2^2\left(\dfrac{\omega'}{4}\right)}{\theta_3^2\left(\dfrac{\omega'}{4}\right)}\dfrac{\theta_1^2(u)}{\theta^2(u)}\right].\end{cases}$$

Or on a (387)

$$\theta^2\left(\frac{\omega'}{4}\right) = -\theta_1^2\left(\frac{\omega'}{4}\right), \quad \theta_2^2\left(\frac{\omega'}{4}\right) = \theta_3^2\left(\frac{\omega'}{4}\right), \quad \frac{\theta_1^2(u)}{\theta^2(u)} = \varepsilon k \operatorname{sn}^2 u.$$

Substituons ces valeurs dans les équations précédentes; divisons ces équations par la première d'entre elles; enfin remplaçons les quotients de fonctions θ par des fonctions elliptiques; il viendra

$$\operatorname{sn}(g_1 u, k_1) = A' \frac{\operatorname{sn} u}{1 + \varepsilon k \operatorname{sn}^2 u},$$

$$\operatorname{cn}(g_1 u, k_1) = B' \frac{\operatorname{cn} u \operatorname{dn} u}{1 + \varepsilon k \operatorname{sn}^2 u},$$

$$\operatorname{dn}(g_1 u, k_1) = C' \frac{1 - \varepsilon k \operatorname{sn}^2 u}{1 + \varepsilon k \operatorname{sn}^2 u}.$$

Posons $u = 0$ dans la dérivée de la première équation et dans les deux dernières, il viendra

$$g_1 = A', \quad B' = C' = 1.$$

Posons, dans la première, $u = \frac{\omega}{2}$, on aura

$$(21) \qquad \chi_1 = A' \frac{\chi}{1 + \varepsilon k}.$$

Faisant enfin $u = \frac{\omega}{2} + \frac{\omega'}{4}$, il viendra

$$\frac{\chi_1}{\varepsilon_1 k_1} = A' \frac{\operatorname{sn}\left(\frac{\omega}{2} + \frac{\omega'}{4}\right)}{1 + \varepsilon k \operatorname{sn}^2\left(\frac{\omega}{2} + \frac{\omega'}{4}\right)} = A' \frac{\chi \operatorname{cn}\frac{\omega'}{4} \operatorname{dn}\frac{\omega'}{4}}{\operatorname{dn}^2\frac{\omega'}{4} + \varepsilon k \operatorname{cn}^2\frac{\omega'}{4}}.$$

Mais on a (387)

$$\operatorname{sn}\frac{\omega'}{4} = \frac{i\chi}{\sqrt{\varepsilon k}},$$

d'où

$$\operatorname{cn}^2\frac{\omega'}{4} = \frac{1 + \varepsilon k}{\varepsilon k}, \quad \operatorname{dn}^2\frac{\omega'}{4} = 1 + \varepsilon k;$$

enfin

$$\operatorname{cn}\frac{\omega'}{4}\operatorname{dn}\frac{\omega'}{4} = \frac{\operatorname{cn}\frac{\omega'}{4}}{\operatorname{sn}\frac{\omega'}{4}\operatorname{dn}\frac{\omega'}{4}}\operatorname{sn}\frac{\omega'}{4}\operatorname{dn}^2\frac{\omega'}{4}$$

$$= \frac{\theta_2\left(\frac{\omega'}{4}\right)\theta\left(\frac{\omega'}{4}\right)}{\theta_1\left(\frac{\omega'}{4}\right)\theta_3\left(\frac{\omega'}{4}\right)}\,\frac{i(1+\varepsilon k)}{\sqrt{\varepsilon k}} = \frac{1+\varepsilon k}{\sqrt{\varepsilon k}}.$$

On aura donc enfin

$$(22) \qquad \frac{\gamma_1}{\varepsilon_1 k_1} = \frac{\Lambda'\gamma}{2\sqrt{\varepsilon k}}.$$

Des équations (21) et (22) on déduira

$$(23) \qquad g_1 = \Lambda' = \gamma\gamma_1(1+\varepsilon k), \quad k_1^2 = \frac{4\varepsilon k}{(1+\varepsilon k)^2}.$$

496. *Division de la première période par un nombre impair.* — Soit

$$\omega = n\omega_1, \quad \omega' = \omega_1,$$

d'où $\omega_1 = \frac{\omega}{n}$; on trouvera, par le même raisonnement qu'aux numéros précédents,

$$(24) \quad \begin{cases} \theta\left(u, \frac{\omega}{n}, \omega'\right) = A\prod\theta\left(u + \frac{m\omega}{n}\right), \\ \theta_1\left(u, \frac{\omega}{n}, \omega'\right) = (-1)^{\frac{n-1}{2}} A\prod\theta_1\left(u + \frac{m\omega}{n}\right), \\ \theta_2\left(u, \frac{\omega}{n}, \omega'\right) = A\prod\theta_2\left(u + \frac{m\omega}{n}\right), \\ \theta_3\left(u, \frac{\omega}{n}, \omega'\right) = A\prod\theta_3\left(u + \frac{m\omega}{n}\right), \end{cases}$$

le produit s'étendant de $m = -\frac{n-1}{2}$ à $m = \frac{n-1}{2}$.

On en déduit par la division

$$(25)\quad\begin{cases}\eta_1\sqrt{\varepsilon_1 k_1}\,\operatorname{sn}(g_1 u, k_1)=(-1)^{\frac{n-1}{2}}\eta(\varepsilon k)^{\frac{n}{2}}\prod^{n}\operatorname{sn}\left(u+\dfrac{m\omega}{n}\right),\\[2ex]\sqrt{\dfrac{\varepsilon_1 k_1}{\varepsilon_1' k_1'}}\,\operatorname{cn}(g_1 u, k_1)=\left(\dfrac{\varepsilon k}{\varepsilon' k'}\right)^{\frac{n}{2}}\prod^{n}\operatorname{cn}\left(u+\dfrac{m\omega}{n}\right),\\[2ex]\dfrac{1}{\sqrt{\varepsilon_1' k_1'}}\,\operatorname{dn}(g_1 u, k_1)=\left(\dfrac{1}{\varepsilon' k'}\right)^{\frac{n}{2}}\prod^{n}\operatorname{dn}\left(u+\dfrac{m\omega}{n}\right).\end{cases}$$

Associons ensemble dans ces formules les facteurs qui correspondent à des valeurs de m égales et opposées. Il viendra, en tenant compte des formules des n°s 370 et 392,

$$(26)\quad\begin{cases}\theta\left(u,\dfrac{\omega}{n},\omega'\right)=\dfrac{\mathrm{A}\,\theta(u)}{\theta^{n-1}(0)}\prod_{1}^{\frac{n-1}{2}}\left(\theta^2\dfrac{m\omega}{n}\,\theta^2 u-\theta_1^2\dfrac{m\omega}{n}\,\theta_1^2 u\right),\\[3ex]\theta_1\left(u,\dfrac{\omega}{n},\omega'\right)=\dfrac{\mathrm{A}\,\theta_1(u)}{\theta^{n-1}(0)}\prod_{1}^{\frac{n-1}{2}}\left(\theta_1^2\dfrac{m\omega}{n}\,\theta^2 u-\theta^2\dfrac{m\omega}{n}\,\theta_1^2 u\right),\\[3ex]\theta_2\left(u,\dfrac{\omega}{n},\omega'\right)=\dfrac{\mathrm{A}\,\theta_2(u)}{\theta^{n-1}(0)}\prod_{1}^{\frac{n-1}{2}}\left(\theta_2^2\dfrac{m\omega}{n}\,\theta^2 u-\theta_3^2\dfrac{m\omega}{n}\,\theta_1^2 u\right),\\[3ex]\theta_3\left(u,\dfrac{\omega}{n},\omega'\right)=\dfrac{\mathrm{A}\,\theta_3(u)}{\theta^{n-1}(0)}\prod_{1}^{\frac{n-1}{2}}\left(\theta_3^2\dfrac{m\omega}{n}\,\theta^2 u-\theta_2^2\dfrac{m\omega}{n}\,\theta_1^2 u\right);\end{cases}$$

$$(27)\quad\eta_1\sqrt{\varepsilon_1 k_1}\,\operatorname{sn}(g_1 u, k_1)=\eta(\varepsilon k)^{\frac{n}{2}}\operatorname{sn}u\prod_{1}^{\frac{n-1}{2}}\dfrac{\operatorname{sn}^2\dfrac{m\omega}{n}-\operatorname{sn}^2 u}{1-k^2\operatorname{sn}^2\dfrac{m\omega}{n}\operatorname{sn}^2 u},$$

$$(28)\quad\sqrt{\dfrac{\varepsilon_1 k_1}{\varepsilon_1' k_1'}}\,\operatorname{cn}(g_1 u, k_1)=\left(\dfrac{\varepsilon k}{\varepsilon' k'}\right)^{\frac{n}{2}}\operatorname{cn}u\prod_{1}^{\frac{n-1}{2}}\left(\dfrac{\operatorname{cn}^2\dfrac{m\omega}{n}+\operatorname{cn}^2 u}{1-k^2\operatorname{sn}^2\dfrac{m\omega}{n}\operatorname{sn}^2 u}-1\right),$$

$$(29) \quad \frac{1}{\sqrt{\varepsilon'_1 k'_1}}\, dn(g_1 u, k_1) = \left(\frac{1}{\varepsilon' k'}\right)^{\frac{n}{2}} dn\, u \prod_1^{\frac{n-1}{2}}\left(\frac{dn^2 \frac{m\omega}{n} + dn^2 u}{1 - k^2 sn^2 \frac{m\omega}{n} sn^2 u} - 1\right).$$

Les constantes A, g_1, k_1, k'_1 se déterminent aisément en posant $u = 0$ dans les équations (24), (28), (29) et dans la dérivée de l'équation (27). Il viendra

$$(30) \quad
\begin{cases}
0\left(0, \frac{\omega}{n}, \omega'\right) = A \prod_{-\frac{n-1}{2}}^{\frac{n-1}{2}} 0 \frac{m\omega}{n}, \\[2em]
\eta_1 \sqrt{\varepsilon_1 k_1}\, g_1 = \eta_1 (\varepsilon k)^{\frac{n}{2}} \prod_1^{\frac{n-1}{2}} sn^2 \frac{m\omega}{n}, \\[2em]
\sqrt{\frac{\varepsilon_1 k_1}{\varepsilon'_1 k'_1}} = \left(\frac{\varepsilon k}{\varepsilon' k'}\right)^{\frac{n}{2}} \prod_1^{\frac{n-1}{2}} cn^2 \frac{m\omega}{n}, \\[2em]
\frac{1}{\sqrt{\varepsilon'_1 k'_1}} = \left(\frac{1}{\varepsilon' k'}\right)^{\frac{n}{2}} \prod_1^{\frac{n-1}{2}} dn^2 \frac{m\omega}{n};
\end{cases}$$

d'où

$$(31) \quad g_1 = \eta \eta_1 \prod_1^{\frac{n-1}{2}} \frac{sn^2 \frac{m\omega}{n} dn^2 \frac{m\omega}{n}}{cn^2 \frac{m\omega}{n}},$$

$$(32) \quad k_1^2 = k^{2n} \prod_1^{\frac{n-1}{2}} \frac{cn^8 \frac{m\omega}{n}}{dn^8 \frac{m\omega}{n}},$$

$$33 \quad k_1'^2 = k'^{2n} \prod_1^{\frac{n-1}{2}} \frac{1}{dn^8 \frac{m\omega}{n}}.$$

407. *Division de la seconde période par un nombre impair.* — Soit

$$\omega = \omega_1, \qquad \omega' = n\omega'_1.$$

d'où $\omega'_1 = \dfrac{\omega'}{n}$. On trouvera, par des raisonnements identiques à ceux des numéros précédents,

$$\theta\left(u, \omega, \frac{\omega'}{n}\right) = \Lambda \prod \theta\left(u - \frac{m\omega'}{n}\right),$$

$$\theta_1\left(u, \omega, \frac{\omega'}{n}\right) = \Lambda \prod \theta_1\left(u - \frac{m\omega'}{n}\right),$$

$$\theta_2\left(u, \omega, \frac{\omega'}{n}\right) = \Lambda \prod \theta_2\left(u - \frac{m\omega'}{n}\right),$$

$$\theta_3\left(u, \omega, \frac{\omega'}{n}\right) = \Lambda \prod \theta_3\left(u - \frac{m\omega'}{n}\right),$$

m variant de $-\dfrac{n-1}{2}$ à $\dfrac{n-1}{2}$. On en déduit une série de relations semblables aux formules (25) à (33), sauf le remplacement de ω, $\mathrm{sn}(g_1 u, k_1)$, g_1, par ω', $(-1)^{\frac{n-1}{2}}\,\mathrm{sn}(g_1 u, k_1)$, $(-1)^{\frac{n-1}{2}}\,g_1$.

408. *Multiplication de l'argument.* — En effectuant successivement les deux transformations des n⁰ˢ **404** et **405** ou celles des n⁰ˢ **406** et **407**, on obtiendra l'expression des fonctions θ formées avec les périodes $\dfrac{\omega}{n}$, $\dfrac{\omega'}{n}$ par les fonctions θ formées avec les périodes ω, ω'.

Mais les fonctions θ étant homogènes et de degré zéro par rapport à u, ω, ω', on aura

$$\theta_\alpha\left(u, \frac{\omega}{n}, \frac{\omega'}{n}\right) = \theta_\alpha(nu, \omega, \omega').$$

La division simultanée des deux périodes équivaut donc à la multiplication de l'argument.

Il est d'ailleurs aisé d'obtenir directement l'expression des fonctions $\theta(nu)$, $\theta_1(nu)$, ... en fonction de $\theta(u)$, $\theta_1(u)$, ...

Bornons-nous, pour plus de simplicité, au cas où n est impair. On trouvera, par le même raisonnement qu'aux numéros précédents,

$$\theta_\alpha(nu) = A \prod \theta_\alpha\left(u + \frac{m\omega + m'\omega'}{n}\right), \tag{34}$$

A désignant une constante, et le produit s'étendant à tous les systèmes de valeurs de m, m' compris entre $-\frac{n-1}{2}$ et $\frac{n-1}{2}$.

La division de ces équations par la première d'entre elles donnera ensuite

$$(35)\quad \begin{cases} \operatorname{sn}(nu) = \eta_1^{n^2-1}(\varepsilon k)^{\frac{n^2-1}{2}} \prod \operatorname{sn}\left(u + \frac{m\omega + m'\omega'}{n}\right), \\ \operatorname{cn}(nu) = \left(\frac{\varepsilon k}{\varepsilon' k'}\right)^{\frac{n^2-1}{2}} \prod \operatorname{cn}\left(u + \frac{m\omega + m'\omega'}{n}\right), \\ \operatorname{dn}(nu) = \left(\frac{1}{\varepsilon' k'}\right)^{\frac{n^2-1}{2}} \prod \operatorname{dn}\left(u + \frac{m\omega + m'\omega'}{n}\right). \end{cases}$$

Associant dans ces divers produits les facteurs qui correspondent à des valeurs égales et opposées de m, m', et remarquant d'ailleurs que $\frac{n^2-1}{2}$ est pair, il viendra

$$(36)\quad \begin{cases} \theta(nu) = A \frac{\theta(u)}{\theta^{n^2-1}(0)} \prod \left(\theta^2 \frac{m\omega + m'\omega'}{n} \theta^2 u - \theta_1^2 \frac{m\omega + m'\omega'}{n} \theta_1^2 u\right), \\ \theta_1(nu) = A \frac{\theta_1(u)}{\theta^{n^2-1}(0)} \prod \left(\theta_1^2 \frac{m\omega + m'\omega'}{n} \theta^2 u - \theta^2 \frac{m\omega + m'\omega'}{n} \theta_1^2 u\right), \\ \theta_2(nu) = A \frac{\theta_2(u)}{\theta^{n^2-1}(0)} \prod \left(\theta_2^2 \frac{m\omega + m'\omega'}{n} \theta^2 u - \theta_3^2 \frac{m\omega + m'\omega'}{n} \theta_1^2 u\right), \\ \theta_3(nu) = A \frac{\theta_3(u)}{\theta^{n^2-1}(0)} \prod \left(\theta_3^2 \frac{m\omega + m'\omega'}{n} \theta^2 u - \theta_2^2 \frac{m\omega + m'\omega'}{n} \theta_1^2 u\right). \end{cases}$$

$$(37) \quad \begin{cases} \operatorname{sn}(nu) = k^{\frac{n^2-1}{2}} \operatorname{sn} u \prod \dfrac{\operatorname{sn}^2 \dfrac{m\omega + m'\omega'}{n} - \operatorname{sn}^2 u}{1 - k^2 \operatorname{sn}^2 \dfrac{m\omega + m'\omega'}{n} \operatorname{sn}^2 u}, \\[4ex] \operatorname{cn}(nu) = \left(\dfrac{k}{k'}\right)^{\frac{n^2-1}{2}} \operatorname{cn} u \prod \left[\dfrac{\operatorname{cn}^2 \dfrac{m\omega + m'\omega'}{n} + \operatorname{cn}^2 u}{1 - k^2 \operatorname{sn}^2 \dfrac{m\omega + m'\omega'}{n} \operatorname{sn}^2 u} - 1 \right], \\[4ex] \operatorname{dn}(nu) = \left(\dfrac{1}{k'}\right)^{\frac{n^2-1}{2}} \operatorname{dn} u \prod \left[\dfrac{\operatorname{dn}^2 \dfrac{m\omega + m'\omega'}{n} + \operatorname{dn}^2 u}{1 - k^2 \operatorname{sn}^2 \dfrac{m\omega + m'\omega'}{n} \operatorname{sn}^2 u} - 1 \right], \end{cases}$$

les nouveaux produits s'étendant : 1° aux systèmes de valeurs de m et m' respectivement compris entre 1 et $\dfrac{n-1}{2}$, $-\dfrac{n-1}{2}$ et $\dfrac{n-1}{2}$; 2° aux valeurs de m' comprises entre 1 et $\dfrac{n-1}{2}$, associées à la valeur $m = 0$.

Si, dans les formules (37), nous remplaçons $\operatorname{cn}^2 u$, $\operatorname{dn}^2 u$ par leurs valeurs en $\operatorname{sn}^2 u$, il viendra

$$(38) \quad \operatorname{sn} nu = \frac{P'}{P} \operatorname{sn} u, \quad \operatorname{cn} nu = \frac{P''}{P} \operatorname{cn} u, \quad \operatorname{dn} nu = \frac{P'''}{P} \operatorname{dn} u,$$

P, P', P'', P''' étant des polynômes pairs en $\operatorname{sn} u$ et de degré $n^2 - 1$. Ce résultat concorde avec celui du n° **372**; ces polynômes se présentent ici sous forme d'un produit de facteurs; au n° **372**, on avait vu que leurs coefficients sont des fonctions entières de k^2.

409. *Division de l'argument.* — Proposons-nous, réciproquement, de déterminer $\operatorname{sn} u$, $\operatorname{cn} u$, $\operatorname{dn} u$ en fonction de $\operatorname{sn}(nu)$, $\operatorname{cn}(nu)$, $\operatorname{dn}(nu)$. Nous aurons dans ce but à résoudre les équations (38) par rapport aux nouvelles inconnues. Il suffira d'ailleurs de résoudre la première de ces équations. En effet, les deux autres permettent d'exprimer rationnellement en u et dn u en fonction des quantités données en (nu), dn (nu) et de l'inconnue sn u déjà calculée.

L'équation en sn u est du degré n^2. Il est aisé de reconnaître qu'il en devait être ainsi, et de trouver la forme de ses racines. Remarquons en effet que l'arc nu, n'étant donné que par ses fonctions elliptiques, n'est déterminé qu'aux multiples près des périodes. Il a donc une infinité de valeurs, données par la formule générale

$$nu + 2m\omega + 2m'\omega'.$$

Divisant par n, on a pour la formule générale des arcs dont l'équation doit donner le sinus d'amplitude

$$u + \frac{2m\omega + 2m'\omega'}{n} = u + \frac{2r\omega + r'\omega'}{n} + 2p\omega + p'\omega',$$

p et p' désignant les quotients et r, r' les restes de la division de m et de $2m'$ par n.

Mais deux arcs dont la différence est de la forme $2p\omega + p'\omega'$ ont le même sinus d'amplitude. Les sinus d'amplitude distincts seront donc au nombre de n^2 et donnés par la formule

$$\mathrm{sn}\left(u + \frac{2r\omega + r'\omega'}{n}\right),$$

où r et r' varient chacun de o à $n-1$.

410. Il résulte immédiatement des formules d'addition que $\mathrm{sn}(a+b)$ et $\mathrm{cn}(a+b)\,\mathrm{dn}(a+b)$ s'expriment rationnellement en fonction de k^2, $\mathrm{sn}\,a$, $\mathrm{sn}\,b$, $\mathrm{sn}\,a\,\mathrm{cn}\,a$, $\mathrm{sn}\,b\,\mathrm{cn}\,b$. L'arc $u + \dfrac{2r\omega + r'\omega'}{n}$, résultant de l'addition successive d'arcs $\dfrac{\omega}{n}$, $\dfrac{\omega'}{n}$ à l'arc primitif u, son sinus d'amplitude sera une fonction rationnelle de k^2, $\mathrm{sn}\,u$, $\mathrm{cn}\,u\,\mathrm{dn}\,u$, $\mathrm{sn}\dfrac{\omega}{n}$, $\mathrm{cn}\dfrac{\omega}{n}\,\mathrm{dn}\dfrac{\omega}{n}$, $\mathrm{sn}\dfrac{\omega'}{n}$, $\mathrm{cn}\dfrac{\omega'}{n}\,\mathrm{dn}\dfrac{\omega'}{n}$. Mais, d'autre part, il résulte des formules du n° **372** que cn u dn u est égal au produit d'une fonction rationnelle de k^2 et de $\operatorname{sn} u$ par la quantité connue $\operatorname{cn} nu \, \operatorname{dn} nu$. De même, $\operatorname{cn} \dfrac{\omega}{n} \operatorname{dn} \dfrac{\omega}{n}$ est le produit d'une fonction de k^2 et de $\operatorname{sn} \dfrac{\omega}{n}$ par la quantité $\operatorname{cn} \omega \, \operatorname{dn} \omega$, laquelle est connue et égale à $= 1$. Enfin $\operatorname{cn} \dfrac{\omega'}{n} \operatorname{dn} \dfrac{\omega'}{n}$ s'exprime de même en fonction de k^2, $\operatorname{sn} \dfrac{\omega'}{n}$ et de la constante $\operatorname{cn} \omega' \, \operatorname{dn} \omega' = = 1$. On voit donc que les diverses racines $\operatorname{sn}\left(u + \dfrac{2r\omega + r'\omega'}{n}\right)$ de l'équation considérée peuvent s'exprimer rationnellement en fonction de l'une d'entre elles, $\operatorname{sn} u$, et des constantes k^2, $\operatorname{sn}\dfrac{\omega}{n}$, $\operatorname{sn}\dfrac{\omega'}{n}$.

Ces deux dernières constantes dépendent elles-mêmes d'une équation que nous allons discuter, en supposant, pour plus de simplicité, que n soit un nombre premier impair.

411. Si, dans l'équation $\operatorname{sn} nu = \dfrac{P'}{P} \operatorname{sn} u$, nous supposons $\operatorname{sn} nu = 0$, elle se réduira à

$$(38)' \qquad\qquad\qquad P' \operatorname{sn} u = 0.$$

L'équation $\operatorname{sn} nu = 0$ donne d'ailleurs

$$nu = m\omega + m'\omega' \qquad (m \text{ et } m' \text{ entiers}).$$

L'équation $(38)'$ a donc pour racines les valeurs distinctes de l'expression $\operatorname{sn} \dfrac{m\omega + m'\omega'}{n}$ ou, en exprimant les demi-périodes ω, ω' au moyen des demi-périodes primitives Ω, Ω', les valeurs distinctes de l'expression

$$\operatorname{sn} \dfrac{r\Omega + r'\Omega'}{n}.$$

On les obtiendra toutes en faisant varier les entiers r, r' de 0 à $n - 1$.

Il existe une racine nulle, correspondant à $r = r' = 0$. En la supprimant, les $n^2 - 1$ autres racines seront données par l'équation $P' = 0$.

Le premier membre de cette équation étant une fonction paire en $\operatorname{sn} u$, son degré s'abaissera de moitié en prenant pour variable $\operatorname{sn}^2 u$. Ses racines seront les valeurs distinctes de l'expression $\operatorname{sn}^2 \dfrac{r\Omega + r'\Omega'}{n}$.

112. Ces diverses valeurs seront données par la formule

$$\operatorname{sn}^2 \frac{s\varpi}{n},$$

s désignant un entier variable et ϖ représentant successivement les $n-1$ quantités

$$2\Omega \quad \text{et} \quad 2l\Omega + \Omega' \quad (l = 0, 1, \ldots, n-1).$$

En effet, si $r' = 0$, on n'aura qu'à poser $\varpi = \Omega$ et à prendre pour s une solution de l'équation indéterminée

$$2s = r + \text{mult. de } n.$$

Les deux arguments $\dfrac{s\varpi}{n}$ et $\dfrac{r\Omega}{n}$ ne différeront que par des demi-périodes, ce qui n'altère pas le carré du sinus d'amplitude.

Si r' n'est pas nul, on prendra $s = r'$, $\varpi = 2l\Omega + \Omega'$, en déterminant l par l'équation indéterminée

$$2r'l = r + \text{mult. de } n.$$

Les deux arguments $\dfrac{s\varpi}{n}$, $\dfrac{r\Omega + r'\Omega'}{n}$ ne différant ici encore que par des demi-périodes, les carrés de leurs sinus d'amplitude seront égaux.

D'ailleurs, pour obtenir toutes les valeurs distinctes de $\operatorname{sn}^2 \dfrac{s\varpi}{n}$, il suffira d'assigner à s les valeurs $1, 2, \ldots, \dfrac{n-1}{2}$; car, si s avait une valeur plus grande, on pourrait la rabaisser à l'aide des formules

$$\operatorname{sn}^2 \frac{s\varpi}{n} = \operatorname{sn}^2 \frac{(s-n)\varpi}{n} = \operatorname{sn}^2 \frac{(n-s)\varpi}{n}.$$

413. Cela posé, répartissons les racines en $n-1$ classes, en groupant ensemble celles qui correspondent à une même valeur de ϖ.

D'après le n° **372**, $\operatorname{sn}^2 mu$ s'exprime en fonction rationnelle de $\operatorname{sn}^2 u$ (et de k^2). Soit donc φ une fonction rationnelle quelconque de $\operatorname{sn}^2 u$, $\operatorname{sn}^2 2u$, ... $\operatorname{sn}^2 \dfrac{n-1}{2} u$, on aura

$$\varphi\left(\operatorname{sn}^2 u. \ldots, \operatorname{sn}^2 \frac{n-1}{2} u\right) = \mathrm{F}\left(\operatorname{sn}^2 u\right),$$

F désignant une fonction rationnelle.

On aura donc en particulier

$$\varphi\left(\operatorname{sn}^2 \frac{\varpi}{n}, \ldots. \operatorname{sn}^2 \frac{n-1}{2} \frac{\varpi}{n}\right) = \mathrm{F}\left(\operatorname{sn}^2 \frac{\varpi}{n}\right)$$

et plus généralement, a désignant un entier quelconque non divisible par n,

$$\varphi\left(\operatorname{sn}^2 \frac{a\varpi}{n}, \ldots. \operatorname{sn}^2 \frac{n-1}{2} \frac{a\varpi}{n}\right) = \mathrm{F}\left(\operatorname{sn}^2 \frac{a\varpi}{n}\right).$$

Mais le changement de ϖ en $a\varpi$ ne fait que permuter les racines $\operatorname{sn}^2 \dfrac{\varpi}{n}$, ..., $\operatorname{sn}^2 \dfrac{n-1}{2} \dfrac{\varpi}{n}$. En effet, si l'on désigne par r le reste de la division de as par n, et par σ le plus petit des deux nombres r, $n-r$, on aura

$$\operatorname{sn}^2 \frac{as\varpi}{n} = \operatorname{sn}^2 \frac{r\varpi}{n} = \operatorname{sn}^2 \frac{\sigma\varpi}{n}.$$

À chaque valeur de s correspondra d'ailleurs une valeur différente de σ; car soient s' une valeur différente de s, r' et σ' les nombres correspondants. Si l'on avait $\sigma = \sigma'$, on aurait $r' = r$ ou $r' = n - r$, d'où

$$a(s \mp s') = \text{mult. de } n, \quad s \mp s' = \text{mult. de } n,$$

ce qui est impossible, s et s' étant différents et ne pouvant surpasser $\dfrac{n-1}{2}$.

Si donc la fonction φ est symétrique par rapport à

$\operatorname{sn}^2 \dfrac{\varpi}{n}, \ldots \operatorname{sn}^2 \dfrac{n-1}{2} \dfrac{\varpi}{n}$, elle ne sera pas altérée par le changement de ϖ en $a\varpi$; on aura donc

$$\varphi = \mathrm{F}\left(\operatorname{sn}^2 \dfrac{\varpi}{n}\right) = \ldots = \mathrm{F}\left(\operatorname{sn}^2 \dfrac{s\varpi}{n}\right) = \ldots$$

$$= \dfrac{2}{n-1} \sum_s \mathrm{F}\left(\operatorname{sn}^2 \dfrac{s\varpi}{n}\right);$$

et plus généralement, λ étant un exposant quelconque,

$$\varphi^\lambda = \mathrm{F}^\lambda\left(\operatorname{sn}^2 \dfrac{\varpi}{n}\right) = \ldots = \mathrm{F}^\lambda\left(\operatorname{sn}^2 \dfrac{s\varpi}{n}\right) = \ldots$$

$$= \dfrac{2}{n-1} \sum_s \mathrm{F}^\lambda\left(\operatorname{sn}^2 \dfrac{s\varpi}{n}\right).$$

414. Supposons maintenant que l'on donne successivement à ϖ les $n-1$ valeurs dont il est susceptible. Soient φ, $\varphi_1, \ldots \varphi_n$ les fonctions φ correspondantes. On aura évidemment

$$\varphi = \varphi_1 = \ldots = \varphi_n = \dfrac{2}{n-1} \sum \mathrm{F}\left(\operatorname{sn}^2 \dfrac{s\varpi}{n}\right),$$

$$\varphi^\lambda = \varphi_1^\lambda = \ldots = \varphi_n^\lambda = \dfrac{2}{n-1} \sum \mathrm{F}^\lambda\left(\operatorname{sn}^2 \dfrac{s\varpi}{n}\right),$$

les sommations s'étendant à toutes les racines de l'équation $\mathrm{P}' = 0$.

Les seconds membres de ces équations, étant des fonctions symétriques des racines de l'équation P', s'exprimeront rationnellement par les coefficients de cette équation, lesquels sont rationnels en k^2.

Considérons maintenant l'équation

$$(\mathrm{X} - \varphi)(\mathrm{X} - \varphi_1) \ldots (\mathrm{X} - \varphi_n) = 0,$$

qui a pour racines φ, $\varphi_1, \ldots \varphi_n$. Ses coefficients, pouvant s'exprimer rationnellement, comme on sait, au moyen des puissances semblables de ses racines, seront rationnels en k^2. Nous obtenons donc ce résultat :

Toute fonction symétrique des racines d'une même

classe de l'équation $\mathrm{P}' = 0$ satisfait à une équation algébrique de degré $n + 1$, dont les coefficients sont rationnels en k^2.

415. D'après une proposition connue de la théorie des équations, une fonction quelconque de l'espèce φ étant supposée connue, toutes les fonctions semblables pourront s'exprimer rationnellement au moyen de celle-là et des coefficients de P'. On connaîtra donc les coefficients de l'équation de degré $\dfrac{n-1}{2}$ qui a pour racines $\mathrm{sn}^2 \dfrac{\varpi}{n}, \ldots, \mathrm{sn}^2 \dfrac{s\varpi}{n}, \ldots$.

La détermination d'une racine de l'équation $\mathrm{P}' = 0$ *dépend donc de la résolution de deux équations successives, ayant respectivement pour degrés* $n - 1$ *et* $\dfrac{n-1}{2}$.

416. *Équation modulaire.* — Soit ω, ω' un système de deux demi-périodes elliptiques de $\mathrm{sn}\,u$, $\mathrm{cn}\,u$, $\mathrm{dn}\,u$. Si l'on divise par n l'une quelconque ω^α de ces deux demi-périodes, sans altérer l'autre ω^β, le module k_1 des fonctions elliptiques transformées sera donné (**403** et **407**) par la formule

$$k_1^2 = k^{2n} \prod_1^{\frac{n-1}{2}} \frac{\mathrm{cn}^8 \dfrac{m\,\omega^\alpha}{n}}{\mathrm{dn}^8 \dfrac{m\,\omega^\alpha}{n}}.$$

Déterminons, comme au n° **412**, les deux quantités s et ϖ, de telle sorte que $\dfrac{s\varpi}{n}$ ne diffère de $\dfrac{\omega^\alpha}{n}$ que par des demi-périodes; une différence de ce genre n'altérant pas la valeur des carrés des fonctions cn et dn, on pourra écrire

$$(39) \qquad k_1^2 = k^{2n} \prod_1^{\frac{n-1}{2}} \frac{\mathrm{cn}^8 \dfrac{m s \varpi}{n}}{\mathrm{dn}^8 \dfrac{m s \varpi}{n}} = k^{2n} \prod_1^{\frac{n-1}{2}} \mathrm{F}\left(\mathrm{sn}^2 \dfrac{m s \varpi}{n}\right),$$

F désignant une fraction rationnelle.

Mais les quantités $\operatorname{sn}^2 \dfrac{ms\varpi}{n}$ sont les mêmes, à l'ordre près, que les quantités $\operatorname{sn}^2 \dfrac{m\pi}{n}$ (**113**); donc

$$k_1^2 = k^{2n} \prod_1^{\frac{n-1}{2}} \mathrm{F}\left(\operatorname{sn}^2 \dfrac{m\varpi}{n}\right).$$

Cette fonction, étant évidemment symétrique par rapport aux quantités $\operatorname{sn}^2 \dfrac{\varpi}{n}, \ldots \operatorname{sn}^2 \dfrac{n-1}{2}\dfrac{\varpi}{n}$, dépendra d'une équation de degré $n+1$ (**114**)

$$(40) \qquad\qquad \Phi(k_1^2, k^2) = 0$$

dont les racines s'obtiennent en donnant à ϖ ses diverses valeurs, et représenteront les valeurs de k_1^2 correspondant aux diverses manières de choisir la demi-période ω^a dont on veut opérer la division.

117. *Cette équation est symétrique par rapport à k^2 et k_1^2.*

En effet, si l'on passe des fonctions $\operatorname{sn}u$, $\operatorname{cn}u$, $\operatorname{dn}u$, dépendant du paramètre k^2, à des fonctions au paramètre k_1^2. en divisant par n la demi-période ω^a, on reviendra de celles-ci aux fonctions $\operatorname{sn}nu$, $\operatorname{cn}nu$, $\operatorname{dn}nu$ au paramètre k^2 en divisant par n l'autre demi-période. Si donc k_1^2, k^2 satisfont à l'équation donnée, k^2, k_1^2 sera un autre système de solutions.

118. *Cette équation n'est pas altérée si l'on change simultanément k^2 et k_1^2 en $\dfrac{1}{k^2}, \dfrac{1}{k_1^2}$.*

En effet, si k_1^2, k^2 satisfont à l'équation (40), et si nous désignons par ω, ω' un système de demi-périodes elliptiques convenablement choisi des fonctions au paramètre k^2, les fonctions au paramètre k_1^2 admettront l'un des deux systèmes de demi-périodes elliptiques suivants :

$$\frac{\omega}{n}, \quad \omega' \quad \text{ou} \quad \omega, \quad \frac{\omega'}{n}$$

selon qu'on a divisé la première ou la seconde période. Les fonctions au paramètre $\dfrac{1}{k^2}$ admettront (399) les demi-périodes elliptiques

$$\omega - \omega', \quad \omega',$$

et, comme n est impair, elles admettront encore le système elliptique

$$\omega - \omega' - (n-1)\omega' = \omega - n\omega', \quad \omega'.$$

D'autre part, les fonctions au paramètre $\dfrac{1}{k_1^2}$ admettront l'un des systèmes de demi-périodes elliptiques

$$\frac{\omega}{n} - \omega', \quad \omega' \quad \text{ou} \quad \omega - \frac{\omega'}{n}, \quad \frac{\omega'}{n}.$$

Dans ce dernier cas, elles admettront cet autre système de demi-périodes elliptiques

$$\omega - \frac{\omega'}{n} - (n^2-1)\frac{\omega'}{n} = \omega - n\omega', \quad \frac{\omega'}{n}.$$

On obtiendra donc dans tous les cas un système de demi-périodes elliptiques de ces fonctions en divisant par n l'une des deux demi-périodes $\omega - n\omega'$, ω' des fonctions au paramètre $\dfrac{1}{k^2}$. Donc $\dfrac{1}{k_1^2}$, $\dfrac{1}{k^2}$ satisferont à l'équation (40).

419. *Cette équation n'est pas altérée si l'on change simultanément* k^2 *et* k_1^2 *en* k'^2 *et* $k_1'^2$.

En effet, les fonctions au paramètre k'^2 admettent (400) pour demi-périodes elliptiques

$$- \omega', \quad \omega.$$

Celles au paramètre $k_1'^2$ admettent de même pour demi-périodes elliptiques

$$-\omega', \quad \frac{\omega}{n} \quad \text{ou} \quad \frac{-\omega'}{n} \cdot \quad \omega.$$

qui résultent de la division par n d'une des deux précédentes. Donc $k_1'^2$, k'^2 satisferont à l'équation (40).

420. Si, dans l'équation (40), nous posons $k^2 = u^8$, $k_1^2 = v^8$, l'équation de degré $8(n+1)$ ainsi obtenue pour v se décomposera en huit facteurs rationnels en u et v.

En effet, extrayons la racine huitième de l'équation (39) : il viendra

$$\frac{\alpha v}{u^n} = \prod_1^{\frac{n-1}{2}} \frac{\operatorname{cn} \dfrac{ms\varpi}{n}}{\operatorname{dn} \dfrac{ms\varpi}{n}},$$

α désignant une racine huitième de l'unité. Or on a, d'après le nº **372**,

$$\frac{\operatorname{cn} \dfrac{ms\varpi}{n}}{\operatorname{dn} \dfrac{ms\varpi}{n}} = \frac{\operatorname{cn} ms\varpi}{\operatorname{dn} ms\varpi} \mathrm{F}_1\left(\operatorname{sn}^2 \frac{ms\varpi}{n}\right),$$

F_1 désignant une fonction rationnelle.

D'ailleurs, si $\varpi = 2\Omega$, on aura $\operatorname{cn} ms\varpi = 1$, $\operatorname{dn} ms\varpi = 1$, et si $\varpi = 2l\Omega - \Omega'$, $\operatorname{cn} ms\varpi = (-1)^{ms}$, $\operatorname{dn} ms\varpi = (-1)^{ms}$. On a donc dans tous les cas $\dfrac{\operatorname{cn} ms\varpi}{\operatorname{dn} ms\varpi} = 1$ et

$$\frac{\alpha v}{u^n} = \prod_1^{\frac{n-1}{2}} \mathrm{F}_1\left(\operatorname{sn}^2 \frac{ms\varpi}{n}\right) = \prod_1^{\frac{n-1}{2}} \mathrm{F}_1\left(\operatorname{sn}^2 \frac{m\varpi}{n}\right).$$

Les diverses valeurs de la quantité $\dfrac{\alpha v}{u^n}$, correspondantes à une même valeur de α, dépendent donc d'une équation de degré $n+1$, dont les coefficients sont rationnels en $k^2 = u^8$.

On nomme *équation modulaire* celle qui correspond à $\alpha = 1$, lorsqu'on prend pour u celle des racines huitièmes de

k^2 qui a pour valeur $\varphi(\rho)$ (388), ρ désignant le rapport $\dfrac{\Omega'}{\Omega}$ des deux périodes primitives ; elle est évidemment de degré $n+1$ tant par rapport à u que par rapport à v. Les autres équations s'en déduiront par le changement de v en zv.

On pourra obtenir ses coefficients par la méthode des coefficients indéterminés, en substituant dans son premier membre les développements en fonction de q des quantités u et

$$v = u^n \prod_{1}^{\frac{n-1}{2}} \mathrm{F}_1\left(\mathrm{sn}^2 \frac{2m\Omega}{n}\right) = u^n \prod_{1}^{\frac{n-1}{2}} \frac{\mathrm{cn}\dfrac{2m\Omega}{n}}{\mathrm{dn}\dfrac{2m\Omega}{n}}$$

et égalant à zéro les coefficients des diverses puissances de q.

Cette équation jouit de propriétés remarquables et joue un rôle important en Arithmétique.

V. — Intégrales elliptiques de seconde et de troisième espèce.

421. Soit

$$\int \frac{\varphi(z)\,dz}{\sqrt{(1-z^2)(1-k^2z^2)}}$$

une intégrale elliptique quelconque. Posons $x = \mathrm{sn}\,u$, elle deviendra

$$\int \varphi(\mathrm{sn}\,u)\,du.$$

Cette nouvelle intégrale, portant sur une fonction doublement périodique, pourra s'exprimer au moyen de la transcendante $Z(u)$ (337).

422. Considérons, par exemple, l'intégrale de seconde espèce

$$\int \frac{z^2\,dz}{\sqrt{(1-z^2)(1-k^2z^2)}} = \int \mathrm{sn}^2 u\,du.$$

La fonction $\operatorname{sn}^2 u$ admet les périodes Ω et Ω'.

Ses infinis sont doubles et donnés par la formule

$$\frac{\Omega'}{2} + m\Omega + m'\Omega'.$$

Considérons un parallélogramme des périodes qui contienne $\frac{\Omega'}{2}$, on aura, en posant $u = \frac{\Omega'}{2} + h$,

$$\operatorname{sn}^2 u = \operatorname{sn}^2\left(\frac{\Omega'}{2} + h\right) = \frac{1}{k^2 \operatorname{sn}^2 h} = \frac{1}{k^2 h^2} + A + A_1 h^2 + \dots$$

La formule (5) du n° 337 donnera donc

$$(1) \qquad \operatorname{sn}^2 u = -\frac{1}{k^2} Z'\left(u - \frac{\Omega'}{2}\right) + \text{const.}$$

Or on a

$$\theta_1\left(u - \frac{\Omega'}{2}\right) = -\theta_1\left(\frac{\Omega'}{2} - u\right) = -iq^{-\frac{1}{4}} e^{\frac{i\pi u}{\omega}} \theta(u)$$

et, en prenant la dérivée logarithmique seconde,

$$Z'\left(u - \frac{\Omega'}{2}\right) = \left[\frac{\theta'(u)}{\theta(u)}\right]'.$$

Substituant cette valeur et déterminant la constante de telle sorte que l'équation (1) soit satisfaite pour $u = 0$, il viendra [en remarquant que la fonction impaire $\theta'(u)$ s'annule pour $u = 0$]

$$\operatorname{sn}^2 u = \frac{1}{k^2}\left\{\frac{\theta''(0)}{\theta(0)} - \left[\frac{\theta'(u)}{\theta(u)}\right]'\right\}.$$

Intégrant l'équation précédente de 0 à u, il viendra

$$(2) \qquad \begin{cases} \displaystyle\int_0^u \operatorname{sn}^2 u\, du = \frac{1}{k^2}\left[\frac{\theta''(0)}{\theta(0)} u - \frac{\theta'(u)}{\theta(u)}\right] \\[2ex] \qquad = \frac{1}{k^2}\left[\frac{\theta''(0)}{\theta(0)} u - D \log \theta(u)\right]. \end{cases}$$

423. Désignons par $\zeta(u)$ l'intégrale précédente. On aura évidemment

$$\begin{aligned}
\zeta(u+v)+\zeta(u-v)-2\zeta(u)
&= -\frac{1}{k^2}\,\mathrm{D}_u \log\frac{\theta(u+v)\,\theta(u-v)}{\theta^2(u)}\\
&= -\frac{1}{k^2}\,\mathrm{D}_u \log\frac{\theta^2(u)\,\theta^2(v)-\theta_1^2(u)\,\theta_1^2(v)}{\theta^2(0)\,\theta^2(u)}\\
&= -\frac{1}{k^2}\,\mathrm{D}_u \log\frac{\theta^2(v)}{\theta^2(0)}(1-k^2\,\mathrm{sn}^2 u\,\mathrm{sn}^2 v)\\
&= \frac{2\,\mathrm{sn}^2 v\,\mathrm{sn}\,u\,\mathrm{cn}\,u\,\mathrm{dn}\,u}{1-k^2\,\mathrm{sn}^2 u\,\mathrm{sn}^2 v}.
\end{aligned}$$

Permutons u et v dans cette formule ; il viendra (ζ étant une fonction impaire)

$$\zeta(u+v)-\zeta(u-v)-2\zeta(v)=\frac{2\,\mathrm{sn}^2 u\,\mathrm{sn}\,v\,\mathrm{cn}\,v\,\mathrm{dn}\,v}{1-k^2\,\mathrm{sn}^2 u\,\mathrm{sn}^2 v}.$$

Ajoutant les deux formules précédentes, on obtiendra la formule d'addition des fonctions ζ

$$(3)\qquad \zeta(u+v)=\zeta(u)+\zeta(v)+\mathrm{sn}\,u\,\mathrm{sn}\,v\,\mathrm{sn}(u+v).$$

424. Passons à l'intégrale de troisième espèce

$$\int\frac{dz}{(z^2-\alpha^2)\,\Delta z}.$$

Si nous posons $z=\mathrm{sn}\,u$, $\alpha=\mathrm{sn}\,a$, elle deviendra

$$\int\frac{du}{\mathrm{sn}^2 u-\mathrm{sn}^2 a}.$$

La fonction à intégrer admet pour pôles les points

$$u=\pm a+2m\Omega+m'\Omega'.$$

Considérons un parallélogramme des périodes contenant le pôle a ; le résidu correspondant sera

$$\frac{1}{(\mathrm{sn}^2 a)'}=\frac{1}{2\,\mathrm{sn}\,a\,\mathrm{cn}\,a\,\mathrm{dn}\,a}.$$

Le parallélogramme renferme un autre pôle a' contenu dans la série $-a + 2m\Omega + m'\Omega'$; le résidu correspondant sera

$$\frac{1}{2\,\operatorname{sn}a'\,\operatorname{cn}a'\,\operatorname{dn}a'} = -\frac{1}{2\,\operatorname{sn}a\,\operatorname{cn}a\,\operatorname{dn}a};$$

en remarquant que $Z(u - a') = Z(u - a) + \text{const.}$, on aura donc

$$\frac{1}{\operatorname{sn}^2 u - \operatorname{sn}^2 a} = \frac{1}{2\,\operatorname{sn}a\,\operatorname{cn}a\,\operatorname{dn}a}\left[Z(u-a) - Z(u+a)\right] + C$$

et, en intégrant,

$$\int \frac{\operatorname{sn}a\,\operatorname{cn}a\,\operatorname{dn}a}{\operatorname{sn}^2 u - \operatorname{sn}^2 a}\,du = \frac{1}{2}\log\frac{\theta_1(u - a)}{\theta_1(u + a)} + Cu + C'.$$

Si, dans cette formule, nous changeons u en $u + \dfrac{\Omega'}{2}$, elle deviendra

$$\int \frac{k^2\,\operatorname{sn}a\,\operatorname{cn}a\,\operatorname{dn}a\,\operatorname{sn}^2 u}{1 - k^2\,\operatorname{sn}^2 a\,\operatorname{sn}^2 u}\,du = \frac{1}{2}\log\frac{\theta(u - a)}{\theta(u + a)} + Cu + C''.$$

Prenons o et u pour limites de l'intégration. L'intégrale du premier membre deviendra la fonction que Jacobi représente par le symbole $\Pi(u, a)$ et qui dépend, comme on le voit, de trois quantités, l'*argument* u, le *paramètre* a et le *module* k. Les constantes C, C'' s'obtiendront en posant $u = o$ dans l'équation précédente et dans sa dérivée. On trouvera

$$C'' = o, \quad \frac{1}{2}\left[\frac{\theta'(-a)}{\theta(-a)} - \frac{\theta'(a)}{\theta(a)}\right] + C = o$$

ou, comme θ est une fonction paire,

$$C = \frac{\theta'(a)}{\theta(a)}.$$

Nous obtiendrons donc, comme résultat définitif, la formule suivante :

$$(4) \qquad \Pi(u, a) = \frac{\theta'(a)}{\theta(a)}\,u + \frac{1}{2}\log\frac{\theta(u - a)}{\theta(u + a)}.$$

425. Permutons les lettres u et a et retranchons la nouvelle formule de la précédente, il viendra

$$(5) \quad \left\{ \begin{aligned} \Pi(u,a) - \Pi(a,u) &= \frac{\theta'(a)}{\theta(a)}u - \frac{\theta'(u)}{\theta(u)}a \\ &= k^2[a\zeta(u) - u\zeta(a)]. \end{aligned} \right.$$

On déduit encore de la formule (4)

$$(6) \quad \left\{ \begin{aligned} \Pi(u,a) &= \Pi\left(\frac{a+u}{2}, \frac{a+u}{2}\right) - \Pi\left(\frac{a-u}{2}, \frac{a-u}{2}\right) \\ &\quad - \frac{a+u}{2}\frac{\theta'\left(\frac{a+u}{2}\right)}{\theta\left(\frac{a+u}{2}\right)} + \frac{a-u}{2}\frac{\theta'\left(\frac{a-u}{2}\right)}{\theta\left(\frac{a-u}{2}\right)} + u\frac{\theta'(a)}{\theta(a)}. \end{aligned} \right.$$

La transcendante $\Pi(u,a)$, qui dépend de trois quantités k, u, a, se trouve ainsi exprimée par une somme de fonctions dont chacune ne dépend que de deux quantités.

On a enfin

$$(7) \quad \left\{ \begin{aligned} \Pi(u+v,a) &- \Pi(u,a) - \Pi(v,a) \\ &= \frac{1}{2}\log\frac{\theta(u+a)\theta(v+a)\theta(u+v-a)}{\theta(u-a)\theta(v-a)\theta(u+v+a)}. \end{aligned} \right.$$

426. La combinaison des formules (5) et (7) permet d'exprimer la fonction plus générale $\Pi(u+v, a+b)$ au moyen de $\Pi(u, a+b)$. $\Pi(v, a+b)$, puis au moyen de $\Pi(a+b, u)$. $\Pi(a+b, v)$, puis au moyen de $\Pi(a,u)$, $\Pi(b,u)$, $\Pi(a,v)$. $\Pi(b,v)$, et enfin au moyen de $\Pi(u,a)$, $\Pi(u,b)$, $\Pi(v,a)$. $\Pi(v,b)$. Dans les termes complémentaires figurent les fonctions $\zeta(u)$, $\zeta(v)$, $\zeta(a)$, $\zeta(b)$, $\zeta(a+b)$. Mais elles disparaîtront si l'on élimine $\zeta(a+b)$ par la formule (3). On trouvera ainsi

$$(8) \quad \left\{ \begin{aligned} \Pi(u+v, a+b) &= \Pi(u,a) + \Pi(u,b) + \Pi(v,a) + \Pi(v,b) \\ &\quad - k^2(u+v)\,\mathrm{sn}\,a\,\mathrm{sn}\,b\,\mathrm{sn}(a+b) \\ &\quad + \frac{1}{2}\log\frac{\theta(u+a)\theta(u+b)\theta(v+a)\theta(v+b)\theta(u+v-a-b)}{\theta(u-a)\theta(u-b)\theta(v-a)\theta(v-b)\theta(u+v+a+b)}. \end{aligned} \right.$$

Le terme logarithmique peut se mettre sous la forme

$$(9)\qquad \frac{1}{4}\log\frac{[1-k^2\operatorname{sn}^2(u-a)\operatorname{sn}^2(v-b)][1-k^2\operatorname{sn}^2(u-b)\operatorname{sn}^2(v-a)]}{[1-k^2\operatorname{sn}^2(u+a)\operatorname{sn}^2(v+b)][1-k^2\operatorname{sn}^2(u+b)\operatorname{sn}^2(v+a)]}.$$

On peut le vérifier immédiatement en partant de la formule

$$\theta(x+a)\,\theta(x-a)\,\theta^2(0)=\theta^2(a)\,\theta^2(x)-\theta_1^2(a)\,\theta_1^2(x),$$

qui peut s'écrire

$$\frac{\theta(x+a)\,\theta(x-a)\,\theta^2(0)}{\theta^2(a)\,\theta^2(x)}=1-k^2\operatorname{sn}^2a\operatorname{sn}^2x.$$

On n'aura qu'à transformer au moyen de cette formule chacun des quatre facteurs de l'expression (9).

427. L'intégrale $\displaystyle\int_0^z\frac{dz}{\Delta(z)}=u$ s'accroît respectivement des périodes 2Ω et Ω', lorsque z décrit successivement deux contours élémentaires autour des points 1 et -1, ou autour des points $\frac{1}{k}$ et 1. Cherchons les périodes correspondantes $2\Omega_1$ et Ω'_1, $2\Omega_2$ et Ω'_2 des intégrales de deuxième et de troisième espèce

$$\int_0^z\frac{z^2\,dz}{\Delta(z)}=\zeta(u)=\frac{1}{k^2}\left[\frac{\theta''(0)}{\theta(0)}u-\frac{\theta'(u)}{\theta(u)}\right],$$

$$\int_0^z\frac{k^2\operatorname{sn}a\operatorname{cn}a\operatorname{dn}a\,z^2\,dz}{(1-k^2\operatorname{sn}^2a\,z^2)\,\Delta(z)}=\Pi(u,a)=\frac{\theta'(a)}{\theta(a)}u+\frac{1}{2}\log\frac{\theta(u-a)}{\theta(u+a)}.$$

1° Lorsque u augmente de 2Ω, $\theta(u)$, $\theta'(u)$, $\theta(u+a)$, $\theta(u-a)$ ne changent pas, et $\frac{1}{2}\log\frac{\theta(u-a)}{\theta(u+a)}$ se reproduit aux multiples près de πi; on aura donc

$$2\Omega_1=\frac{1}{k^2}\frac{\theta''(0)}{\theta(0)}2\Omega,\qquad 2\Omega_2=\frac{\theta'(a)}{\theta(a)}2\Omega+m\pi i,$$

m étant un entier à déterminer. L'intégrale Ω_2 variant d'une manière continue avec a, la valeur de m sera constante. On l'obtiendra en posant $a = 0$, d'où $\Omega_2 = 0$, $\theta'(a) = 0$, ce qui donne $m = 0$.

2° Lorsque u augmente de Ω', $\theta(u)$ se reproduit multiplié par $-q^{-1}e^{-\frac{2\pi i u}{\Omega}}$; $\dfrac{\theta(u-a)}{\theta(u+a)}$ est multiplié par $e^{\frac{4\pi i a}{\Omega}}$; donc $\dfrac{\theta'(u)}{\theta(u)}$, $\dfrac{1}{2}\log\dfrac{\theta(u-a)}{\theta(u+a)}$ sont respectivement accrus de $-\dfrac{2\pi i}{\Omega}$ et de $\dfrac{2\pi i a}{\Omega} + m'\pi i$, m' étant un entier. On aura donc

$$\Omega'_1 = \frac{1}{k^2}\left[\frac{\theta''(0)}{\theta(0)}\Omega' + \frac{2\pi i}{\Omega}\right], \quad \Omega'_2 = \frac{\theta'(a)}{\theta(a)}\Omega' + \frac{2\pi i a}{\Omega} + m'\pi i.$$

Faisant encore $a = 0$, on trouvera $m' = 0$.

L'élimination des fonctions $\dfrac{\theta''(0)}{\theta(0)}$ et $\dfrac{\theta'(a)}{\theta(a)}$ entre les formules précédentes donne les relations

$$\Omega\Omega'_1 - \Omega'\Omega_1 = \frac{2\pi i}{k^2},$$

$$\Omega\Omega'_2 - \Omega'\Omega_2 = 2\pi i a.$$

FIN DU TOME SECOND.

7612   Paris. — Imprimerie de GAUTHIER-VILLARS, quai des Augustins, 55.

Chacun des numéros est illustré de nombreuses figures explicatives sur les grands phénomènes célestes. Des éphémérides font connaître aux amateurs de la plus belle et de la plus vaste des sciences l'état du Ciel et les observations les plus intéressantes à faire soit à l'œil nu, soit à l'aide d'instruments de moyenne puissance.

Absolument correcte au point de vue scientifique. cette Revue est néanmoins *populaire*, et ses rédacteurs suivent avec succès la voie ouverte par le sympathique astronome, qui a toujours su présenter la Science sous une forme agréable.

Elle donne, au jour le jour, le tableau vivant des conquêtes rapides et grandioses de l'Astronomie contemporaine. En résumé, comme on l'a remarqué dès les premiers numéros, sa lecture est aussi intéressante pour les gens du monde que pour les savants.

Cette publication forme la suite naturelle de l'*Astronomie populaire* et des *Étoiles*.

N° 3 (Mars 1883). *Les Pierres tombées du Ciel* (suite et fin), par M. A. Daubrée, Membre de l'Institut, Directeur de l'Ecole des Mines (4 figures). — *Curieux phénomènes météorologiques*. Spectres aériens observés au Pic du Midi et en ballon, par M. C. Flammarion (2 figures). — *Où commence lundi? Où finit Dimanche?* Le méridien universel, les heures et les jours, par M. A. Lepaute.— *Académie des Sciences*. Prochain retour de la comète périodique de d'Arrest, par M. G. Leveau. — *Nouvelles de la Science. Variétés :* La grande Comète (2 figures). Comète apocryphe. Vénus visible près du Soleil. Taches solaires visibles à l'œil nu. Explosion d'un bolide. Un arc-en-ciel dans la brume. Simultanéité des grandes perturbations magnétiques. L'espace est-il infini ? Influence politique des comètes en Chine. Imitation artificielle de la surface lunaire. Orientation du disque solaire suivant l'heure (1 figure). Bibliographie. — *Le Ciel en Mars 1883* (5 figures).

N° 4 (Avril 1883). *Les progrès de l'Astronomie physique*. La Photographie céleste, par M. Janssen, Membre de l'Institut, Directeur de l'Observatoire de Meudon. — *D'où viennent les pierres qui tombent du Ciel?* par M. C. Flammarion. — *Observation télescopique de la planète Mercure,* par M. W.-F. Denning. — *Académie des Sciences :* Accroissement d'intensité de la scintillation des étoiles pendant les aurores boréales, par M. Ch. Montigny. — *Nouvelles de la Science :* La grande comète de 1882. Comète a 1883. L'éclipse totale de Soleil du 6 mai prochain. — *Le Ciel en Avril 1883* et l'observation de la Lune, par M. Gérigny. — Ce Numéro contient 13 figures.

N° 5 (Mai 1883). *Les étoiles doubles*, par M. C. Flammarion (10 figures et une planche en couleur). — *La grande comète de* 1882. Marche de la comète sur la sphère céleste (1 figure). — *Académie des Sciences*. Séance publique annuelle. Prix d'Astronomie décernés en 1883. Prix proposés pour 1884 et 1885. *Nouvelles de la Science. Variétés :* Comète a 1883. Vénus visible à l'œil nu en plein midi (1 figure). Les taches du Soleil et la température. Observation d'Uranus à l'œil nu. Société scientifique Flammarion à Bruxelles. La *Tribune astronomique*. Un généreux ami de la Science. — *Observations astronomiques à faire du 1er mai au 15 juin*. Etudes sélénographiques, par M.P. Gérigny (3 figures).

A LA MÊME LIBRAIRIE.

ANNUAIRE pour l'an 1883, publié par le Bureau des Longitudes, contenant les Notices suivantes : *Sur la figure des comètes*, par M. Faye, Membre de l'Institut. — *Les Méthodes en Astronomie*, par M. Janssen, Membre de l'Institut (Congrès de la Rochelle). — *La prochaine éclipse totale de Soleil du 6 mai* 1883, par M. Janssen, Membre de l'Institut. In-18, de 800 pages environ, avec figures dans le texte et carte des courbes d'égale déclinaison magnétique en France.

Broché...................... 1 fr. 50 c.

Cartonné.................... 2 fr.

Pour recevoir l'*Annuaire* franco ajouter 35 c.

ANNUAIRE DE L'OBSERVATOIRE MÉTÉOROLOGIQUE DE MONT-SOURIS pour 1883; Météorologie, Agriculture, Hygiène (contenant le résumé des travaux de l'Observatoire durant l'année 1882). 12° année In-18 de 550 pages, avec des figures représentant les divers organismes microscopiques rencontrés dans l'air, le sol et leurs eaux........ 2 fr.

CONNAISSANCE DES TEMPS ou DES MOUVEMENTS CÉLESTES à l'usage des astronomes et des navigateurs, pour l'année 1884, publiée par le Bureau des Longitudes. Grand in-8 de 830 pages, avec 1 carte pour l'éclipse de Soleil du 25 avril 1884.................. 4 fr.

Depuis le Volume pour l'an 1879, la *Connaissance des Temps* forme chaque année un Volume unique, qui se vend : Broché........................ 4 fr. » c.

Cartonné....................... 4 fr. 75 c.

Pour recevoir l'Ouvrage franco, ajouter 1 franc.

MANUEL

DE

TÉLÉGRAPHIE PRATIQUE,

Par R.-S. CULLEY.

TRADUIT DE L'ANGLAIS SUR LA 7ᵉ ÉDITION

ET

Augmente de notes sur les appareils Breguet, Hughes, Meyer et Baudot,
sur les transmissions pneumatiques et téléphoniques;

PAR

M. Henri BERGER,
Ancien élève de l'École Polytechnique,
Directeur-ingénieur
des lignes télégraphiques.

M. Paul BARDONNAUT,
Ancien élève de l'École Polytechnique,
Directeur
des postes et des télégraphes.

UN BEAU VOLUME GRAND IN-8, AVEC 252 FIGURES DANS LE TEXTE
ET 7 PLANCHES; 1882.

PRIX : Broché, **18** fr.; Cartonné, **20** fr.

En Angleterre, l'excellent Ouvrage de Culley a obtenu un succès si complet qu'il est parvenu, en quelques années, à sa 7ᵉ édition; conçu dans un esprit éminemment pratique, il présente, sous une forme simple et claire, le résumé de toutes les connaissances nécessaires au personnel télégraphique, auquel il s'adresse plus spécialement. Sans entrer dans des développements purement scientifiques, le *Manuel* de Culley ne laisse de côté aucune des brillantes découvertes de la télégraphie moderne.

Les inventions et les perfectionnements pratiques qui se sont produits dans ces dernières années, surtout pour ce qui regarde les méthodes de transmission rapide en duplex et en quadruplex, et qui ont apporté des modifications profondes dans le service télégraphique, occupent dans cet Ouvrage une place proportionnée à l'importance de ces divers sujets.

La traduction, que nous annonçons aujourd'hui, rendra en France un réel service à tous les employés soucieux de leur instruction professionnelle et à toutes les personnes qui s'occupent de télégraphie; c'est dans cette pensée que M. le Ministre des Postes et des Télégraphes a bien voulu encourager dans leur travail MM. Berger et Bardonnaut, auteurs de cette traduction, et honorer l'édition française d'une souscription.

Dans le but de fournir aux lecteurs tous les renseignements dont ils peuvent avoir besoin, on a introduit dans l'édition française plusieurs additions importantes.

Ainsi l'appareil Hughes, dont l'auteur anglais, resserré dans les limites de son Manuel, ne pouvait donner qu'une description sommaire, a reçu dans la traduction tout le développement que comporte l'emploi de cet appareil en France.

Lors de l'apparition du *Manuel* de M. Culley, l'appareil de M. Baudot était encore peu connu; les traducteurs ont été heureux de pouvoir reproduire une description complète de ce merveilleux appareil qui rend déjà tant de services à l'Administration française.

Enfin les additions comprennent également la description détaillée des appareils Breguet et Mayer, ainsi que l'exposé de l'organisation et du mode de fonctionnement des réseaux téléphoniques et de la téléphonie pneumatique et optique.

TABLE DES MATIÈRES.

Ire Partie. Sources d'électricité. — **IIe Partie**. Lois des courants électriques. — **IIIe Partie**. Rôle de la Terre considérée comme faisant partie du circuit. — **IVe Partie** Magnétisme et Électromagnétisme. — **Ve Partie**. Induction statique. Induction dynamique. — **VIe Partie**. Électricité atmosphérique. Courants terrestres — **VIIe Partie**. Construction des lignes télégraphiques. Fils souterrains et fils placés dans les tunnels. Commutateurs. — **VIIIe Partie**. Appareils en usage pour les essais électriques. Méthodes d'expériences. Défauts dans les appareils et sur les lignes Détermination de la distance à laquelle se trouvent les défauts. Termes techniques en usage. Essai des fils recouverts. — **IXe Partie**. Appareils à signaux. Relais et translateurs. Système duplex. Système quadruplex. Appareil Hughes. Appareil Meyer à transmissions multiples. Disposition des circuits. — **Xe Partie**. Câbles sous-marins. Conducteur. Enveloppe du conducteur. Capacité électrostatique. Isolement. Essais faits sur le câble atlantique français. Recherche des points défectueux dans les câbles. Essais faits pendant la pose. Mode de transmission à travers les câbles. — **XIe Partie**. Appareils automatiques. Système de transmission multiple et télégraphe imprimeur de M. Baudot: 1° Principe de la transmission multiple; 2° Description générale de l'ensemble de l'appareil, et rôle de chaque organe; 3° Description particulière des divers organes. (type 1880; 4° Phénomènes perturbateurs et procédés pour les combattre) — **XIIe Partie**. Inventions nouvelles. Téléphone. Télégraphie pneumatique. Télégraphie optique.

Tables. — I. Carrés et Logarithmes des nombres de 1 à 1049. — II. Sinus et tangentes. — III. Conversion des degrés du thermomètre centigrade en degrés du thermomètre Fahrenheit. — IV, V, VI. Conversion des poids, mesures, distances. — VII. Cube approché des poteaux d'après leur diamètre. — VIII. Tensions correspondant aux flèches des fils suspendus par leurs deux extrémités. — IX. Fils de fer et de cuivre : Diamètre en millimètres pour chaque numéro ; Nombre de mètres contenus dans 1^{ks}; Poids en kilogrammes de 1^{km} ; Résistance à 0° C.; etc. — X. Fils de fer recuit, d'acier, de cuivre. de laiton : Poids par numéro pour 1000 pieds de longueur (jauge américaine). — XI. Résistance en Ohms de divers métaux ou alliages à 0° C — XII. Résistances en Ohms, à différentes températures, de 1ᵐ de fil de cuivre pesant 1ᵍʳ. — XIII. Calcul de la résistance des fils de cuivre de conductibilités diverses. suivant la température. — XIV. Résistance à différentes températures de 1 mille de fil de cuivre pur pesant 1ᵏˢ. — XV. Influence de la température sur les substances isolantes. — XVI. Résistances comparées, à différentes températures, de la gutta-percha ordinaire, de la gutta-percha de Willoughby Smith et de la composition Hooper. — XVII. Poids d'un cylindre de cuivre ou de gutta-percha. — XVIII. Composition et conditions mécaniques et électriques des principaux câbles immergés depuis 1864.

Planches.— I. Morse monté en translation (Double courant). — II. Système quadruplex). Disposition des appareils. — III et IV. Appareil Hughes. — V et VI. Appareil automatique de Wheatstone. — VII. Translateur rapide.

TABLE ANALYTIQUE.

A

Absorption (*voir* Électrification), 440.

Aimant, 69 — Aimantation, 73 — Aiguille aimantée, 72 — Aimant en fer à cheval, 72 — Composé, 72 — Acier pour aimant, 75 — Armature, 75 — Barreau aimanté, 72 — Construction des aimants. 73 — Comparaison des aimants, 76 — Force des aimants, 76 — Conservation de l'aimantation, 75 — Trempe, 76.

Alphabétique (Télégraphe), 277.

Armature, 75, 315 — Armature polarisée, 317.

Artificielle (Ligne), 103. 510.

Atmosphérique (Électricité), 115.

Atlantique (Câble) et autres longs câbles, 508 — Chute à mi-charge, 518 — Essai en manufacture. 437, 469 — Pendant la pose, 487 — Méthode de travail, 500 — Méthode en duplex, 510, 619 — Résistance de l'isolateur et du conducteur, 445 — Retard du courant, 496 — Câble atlantique français, 469.

Automatiques (Systèmes), 523 — De Bain, 527 — De Edison, 538 — De Siemens, 528 — De Wheatstone, 529 — Compensation, 530 — Translateur, 542.

B

Bain (Télégraphe de), 298 — Préparation du papier chimique, 299 — Système automatique de Bain, 527 — Combinaison avec le système de Wheatstone, 541 — Modification de Edison, 538.

Balance ou pont de Wheatstone, 220.

Baudot, Appareil imprimeur, 544.

Bitume (Matière isolante), 187.

Boucherie (Procédé du docteur), 126.

Bréguet (Appareil à cadran), 281.

C

Câble artificiel, 103, 510, 619.

Câble atlantique, 508.

Câbles pour lignes souterraines, 183, 191 — Système allemand, 191.

Câbles sous-marins, 432.

De l'âme du câble (proportion convenable), 434 — Durée de l'essai, 441 — Température d l'essai, 442 — Réduction a 24°, 443 — Formule pour le poids de l'âme, 453 — Estimation de la température de la cuve et du fond de la mer par la résistance de l'âme, 443 — Soudure de l'âme, 436.

Capacité du câble, 433 — Capacité d'une petite longueur de câble, 451 — Essai de la capacité, 446 — Par la méthode de comparaison, 447 — Par les oscillations d'une aiguille aimantée, 451 — Dimension à donner pour obtenir une capacité déterminée 453.

Charge et décharge, 443 — Chute de la charge, 456, 458 — Dans le câble atlantique, 518 — Distribution de la charge sur les condensateurs, 451 — Essai au moyen de la chute de charge, 454, 455, 456, 457 — Loi de la chute de charge, 517 — Mesure de la charge, 444.

Conducteur du câble, 436 — Calcul de la résistance du conducteur par son poids, 438 — Effet de la température sur la résistance, 442 — Effet du degré de pureté du cuivre, 437 — Détermination du degré de pureté, 438 — Variation de la résistance du conducteur suivant sa température, 513 — Soudure du conducteur, 189.

1.

I

Induction, statique ou électrostatique, 86 — Sur un courant, 96 — Sur les fils aériens, 97, 102 — Sur des fils souterrains ou des câbles, 98 — Sur les signaux, 102 — Emploi d'une ligne artificielle pour montrer ces effets, 103 — Influence de la substance intermédiaire, 88 — De la distance, 86 — Prolongement de la durée et retard des signaux, 102, 496.

Induction. Dynamique ou électro-magnétique, 104 — Sur des fils rectilignes, 104 — Sur un fil en spirale. 105 — Sur une bobine, 106 — Action exercée entre des fils télégraphiques voisins. 102 — Action d'un courant sur lui-même, 109 — Courant produits dans les fils télégraphiques, par le magnétisme terrestre, 107 ; — par les aimants, 106, 112 ; — par l'établissement ou la rupture du contact de pile, 108 — Action des fers doux placés dans les bobines, 106 — Extra-courant, 110 — Commotion produite par l'induction, 110 — Retard de l'aimantation, 109 — Retard de l'aimantation, 109 — Retard de la désaimantation, 111.

Induction (Bobine d'), 107.

Inductive (Capacité) — 88 Décharge ou courant de retour, 98 — Table de la capacité inductive, 88.

Isolateurs, 4, 34, 164, 420 — Isolateur pour fil aérien : principes généraux de leur construcion. 164 — Influence de forme, 166 — De la surface, 166 — Du mode de fixation de l'isolateur, 165 — Du mode de fixation des fils de ligne, 176 — Influence de la substance, 167 — Ebonite, 168 — Grès, 169 — Porcelaine, 169 — Verre,, 167 — Vernissage des isolateurs, 169 — Fixation des isolateurs sur les poteaux. 175 — Support ou tige des isolateurs, 175 — Maintien des fils de ligne sur l'isolateur, 177 — Essai des isolateurs, 170 — Nettoyage, 173 — Effet de la présence d'insectes, 174 — Usure du fil sur les supports, 177.

L

Leyde (Bouteille de), 89.

Ligatures sur le fil de fer, 139 — Sur le fil de cuivre, 189 — Sur le fil recouvert de gutta-percha, 192 — Dans les câbles, 436 — Essai des joints, 463 — Fourneaux portatifs, 153·

Ligne artificielle, 103, 511.

Ligne télégraphique, 123.

Local (Circuit), 314 — Action locale, 14.

Logarithmes. Table I.

M

Magnétique (Attraction et répulsion) 70 — Champ magnétique, 71 — Induction magnétique, 71 — Inclinaison magnétique, 70 — Polarité magnétique, 69.

Magnétisme, 69 — Rémanent, 72 — Terrestre, 69-74 — Courant produit dans les fils par l'aimantation, 107 — Electro-magnétisme, 104 — Machine électro-magnétique de Gramme, 113 — de Wheatstone, 114.

Manipulateur à simple courant, 308 — A double courant, 311 — Américain, 306.

Mégafarad, 90.

Mégohm, 224.

Mélange, 38, 49, 263 — Atmosphérique, 138 — Usage des fils de terre pour y remédier. 181.

Meyer (Appareil télégraphique de), 394,

Microfarad. 90.

Morse (Système), 294 — Alphabet Morse, 295 — Circuit fermé, 305 — Circuit ouvert, 308, — A simple courant, 308 — A double courant. 308 — Parleur américain, 297 — Relais Morse, 304.

O

Ohm (Lois de), 39 — Solution graphique des problèmes d'électricité, 520.

P

Paraffine, 90 — Son emploi dans la construction des condensateurs, 91 — Pour améliorer l'isolement, 174.

Parleur, 297.

Peltier, (Électromètre de), 226.

T

Tangentes (Galvanomètre des), 208.

Techniques (Explication des termes), 267.

Télégraphie optique, 614.

Téléphone, 597.

Température (Effet de la) sur la résistance, table XII à XVI, 36, 438, 442, 513

Terre (Conductibilité de la), 65 — Courant terrestre, 119 — Diurne, 119 — Causé par les orages magnétiques, 119 — Corrélation de ces courants avec l'aurore boréale, 119 — Direction générale des courants terrestres, 120 — Lignes particulièrement exposées, 128 — Moyen de diminuer les effets produits sur les signaux, 121 — Essai de la conductibilité de la terre, 68, 241 — Emploi d'un fil de retour, 68 — Plaque de terre, 67 — Courant produit par les plaques de terre défectueuses, 68 — Rôle de la terre, 64 — Effet des courants terrestres dans l'essai pour la résistance, 238 — Effet d'une sécheresse prolongée sur la perte des fils, 173 — Emploi d'un fil de terre pour diminuer la perte d'un fil sur l'autre, 138, 181.

Thermo-électrique (Courant), 431.

Translateur, 324 — A simple courant, 323 — A double courant, 325 — A courant simple d'un côté et double de l'autre, 331 — Duplex, 354 — Pour la transmission automatique, 542

Tubes pneumatiques, 608.

Tunnels (Effet des suintements dans les), 189 — Installation des fils en tunnel, 183 = Moyen d'améliorer un fil défectueux, 189 — De trouver le lieu d'un défaut, 274.

V

Volt, 32.

Voltaïque (Électricité), 8

W

Wheatstone (Balance ou pont de), 220 — Forme à adopter, 223 — Usage du pont dans le système Duplex, 340, 352, 519, 619.

Z

Zinc (Amalgamation du), 14 — Choix et analyse du zinc, 21 — Moyen de retirer le mercure des vieilles plaques, 30 — Précaution à prendre en les fondant, 14.

A LA MÊME LIBRAIRIE.

DU MOUVEMENT ATOMIQUE.

ROTATION DES ATOMES

SUR

DES SURFACES MOLÉCULAIRES SPHÉRIQUES,

Par M. Marcellin LANGLOIS,

Professeur de Physique au Collège de Châteaudun.

Cet Ouvrage, dont M. Würtz a bien voulu accepter la dédicace, débute par une exposition de l'origine mécanique de la chaleur. La sensation particulière que nous éprouvons lorsque nos organes se trouvent en contact avec un corps chaud, et que nous désignons sous le nom de chaleur, résulte d'un travail intérieur, qui est réalisé dans les molécules elles-mêmes, et qui se traduit par une certaine variation de force vive des atomes constituants. Lorsque les plus petites particules de la substance nerveuse prises dans un certain état d'équilibre se trouvent au contact de ces molécules et que leur force vive varie par suite de ce contact, nous éprouvons une sensation calorifique provenant du changement d'état, d'une variation des éléments dynamiques qui sont la base de la sensation elle-même.

Cette conception de la chaleur est aujourd'hui admise dans la science et l'on est bien d'accord sur ce point que le travail peut se transformer en chaleur et réciproquement la chaleur en travail. Mais les idées diffèrent dans la manière dont s'effectue le mouvement intestin, invisible, qui est en dehors de notre observation directe, *mouvement* dont nous ne percevons qu'une impression générale, vague, qui est l'impression calorifique.

La plupart des physiciens sont des partisans convaincus du mouvement rectiligne des molécules. Suivant eux, les molécules se meuvent dans toutes les directions, se mêlent, se heurtent, mais toujours en ligne droite. Il est cependant difficile d'admettre, même sans avoir besoin de recourir à des considérations d'ordre mécanique, que ces molécules puissent se mouvoir au milieu d'un tel conflit sans dévier de cette ligne droite. « Et en effet, dit l'auteur, de quel droit les suppose-t-on soustraites à l'action de la pesanteur afin de pouvoir conserver leur mouvement rectiligne? »

L'auteur, après avoir passé en revue la théorie actuelle, la rejette pour rentrer dans l'hypothèse newtonienne de l'attraction universelle. Son système est celui-ci, au moins pour ce qui regarde les gaz simples diatomiques : La molécule comprend deux atomes assujettis à se mouvoir sur un grand cercle de sphère en conjugaison parrapport à l'axe de rotation.

Mais d'où résulte le mouvement? de l'attraction du centre de la molécule? Et cette attraction elle-même? De la résultante des pressions vives extérieures à la surface.

L'auteur établit donc dans ces conditions la loi fondamentale de son système, loi dont il donne successivement quatre démonstrations.

Cette loi, combinée à celle des groupements moléculaires sphériques, lui permet de déterminer les chaleurs spécifiques des divers gaz, ce qu'on n'avait jamais fait jusqu'ici par le calcul seulement. Les résultats qu'il obtient sont en parfaite harmonie avec ceux qui sont fournis par l'expérience. La méthode de l'auteur lui permet aussi de donner l'explication des anomalies que présentent les chaleurs spécifiques du chlore, du brome, de l'acide carbonique et de déterminer la position réciproque des atomes dans la molécule.

Un autre résultat, qu'il importe particulièrement de signaler, est la détermination, d'après les mêmes lois mécaniques, de la chaleur latente de vaporisation de l'eau. C'est une vérification précieuse de la nouvelle théorie.

On trouve encore dans ce travail une démonstration toute particulière de la loi de Mariotte, une explication, vérifiée par les résultats, des faits relatifs à l'allotropie, dont l'auteur voit l'origine dans des différences de groupement sphérique moléculaire sans changement du volume de la molécule.

Un Chapitre tout entier est consacré à l'étude de l'état naissant, étude dans laquelle est donnée l'explication d'un grand nombre de faits d'ordre chimique restés obscurs jusqu'ici ou insuffisamment expliqués. Cette étude roule spécialemeut sur l'état atomique et en particulier sur celui de l'oxygène. L'auteur est conduit à rejeter l'hypothèse d'une molécule mono-atomique de vapeur de mercure dont il va démontrer l'instabilité d'après les propriétés mêmes des gaz naissants et l'attraction réciproque des atomes de même espèce.

En résumé, l'auteur établit une nouvelle théorie qui tend à déterminer plus exactement la constitution de la matière. Les résultats obtenus embrassent à la foi la thermodynamique, l'acoustique, l'élasticité, l'allotropie ou dimorphisme; et ils donnent ainsi à cette théorie une supériorité réelle sur celle du mouvement rectiligne.

L'auteur annonce qu'il étudie maintenant les applications de sa théorie à la détermination des propriétés des divers gaz, des chaleurs spécifiques et de vaporisation des liquides; mais, sans attendre cette seconde partie de son travail, on peut dire, dès à présent, que sa méthode permet de déterminer par le calcul des phénomènes de divers ordres, en nombre assez considérable pour que l'on puisse admettre dans le domaine scientifique sa conception des molécules. S'il arrivait à compléter son travail par la détermination exacte de l'affinité atomique, ce qui permettrait de soumettre au calcul les phénomènes chimiques qui en sont l'expression, la Chimie et la Physique deviendraient, pour ainsi dire, une branche de l'Astronomie : l'astronomie des atomes.

L'auteur appelle de tous ses vœux la critique des physiciens.

LIBRAIRIE DE GAUTHIER-VILLARS,

QUAI DES AUGUSTINS, 55, A PARIS.

LES

ORGANISMES VIVANTS

DE

L'ATMOSPHÈRE.

Étude sur les semences aériennes des moisissures et des bactéries, sur les procédés usités pour récolter, isoler, compter et cultiver ces deux classes de microbes, et sur l'application de ces recherches à l'hygiène générale des villes et des asiles hospitaliers.

Par M. P. MIQUEL,

DOCTEUR ÈS SCIENCES, DOCTEUR EN MÉDECINE,
CHEF DU SERVICE MICROGRAPHIQUE A L'OBSERVATOIRE DE MONTSOURIS.

Un beau volume grand in-8, avec 86 figures dans le texte, 2 planches gravées sur acier, et de nombreux tableaux de statistique microscopique; 1883.— Prix : **9 fr. 50 c.**

L'importance de l'étude des microbes atmosphériques est aujourd'hui reconnue par tous, et l'on ne conteste plus les services que cette branche de la Science rend à la Médecine, à la Chirurgie, à l'Hygiène comme à l'étiologie des maladies infectieuses et à l'épidémicité.

Le livre de M. le Dr Miquel, fruit de patientes recherches exécutées depuis sept années à l'Observatoire de Montsouris, initie le lecteur au monde invisible des germes voltigeant sans cesse dans l'atmosphère. Après un historique impartial des travaux de micrographie ancienne, exécutés depuis Ehrenberg jusqu'à nos jours, l'Auteur aborde l'exposition des procédés très simples et la description des appareils *aéroscopiques* destinés à recueillir et à montrer les semences cryptogamiques des moisissures répandues en abondance parmi les sédiments atmosphériques; l'Auteur discute ensuite le mérite respectif de chaque instrument depuis l'appareil primitif inventé par Pouchet jusqu'aux aéroscopes installés actuellement à l'Observatoire de

Montsouris. Cela fait, plusieurs paragraphes sont spécialement consacrés aux organismes de l'air, faciles à discerner avec le secours des grossissements vulgaires, aux pollens, aux grains d'amidon, aux spores des mucédinées, des algues, des lichens, etc., au dénombrement de ces mêmes cellules, aux lois qui régissent leur apparition et leur disparition, aux causes qui provoquent leurs recrudescences subites ou progressives, etc. Mais c'est surtout l'histoire des germes aériens des bactéries qui a paru à M. Miquel demander le plus de développement. Après un aperçu des travaux de MM. Pasteur, Tyndall et de plusieurs autres savants sur cette matière, un long Chapitre traite de la nature et de la physionomie des bactéries peuplant les atmosphères libres et confinées, des espèces microbiques communes et des formes diverses qu'elles peuvent adopter momentanément en laissant alors le champ ouvert aux illusions ; cette partie, comme toutes d'ailleurs, est essentiellement pratique. Dans les Chapitres qui suivent, l'Auteur développe les procédés de fabrication et les modes de stérilisation des liquides propres au rajeunissement et à la culture des bactéries.

Les derniers Chapitres sont surtout affectés à l'exposition des résultats de la statistique des germes tenus en suspension dans l'air du parc de Montsouris, du centre de Paris, des égouts, des habitations, des hôpitaux, des régions élevées de l'atmosphère. Comme pour les spores des moisissures, il existe des lois générales qui régissent la diffusion des semences infiniment petites des bactéries ; leur détermination et leur étude font l'objet de plusieurs paragraphes d'un grand intérêt ; car on ne découvrira des mesures prophylactiques efficaces contre l'invasion des microbes qu'en mettant en œuvre les méthodes indiquées par l'expérience : soit pour fixer les bactéries, soit pour les faire disparaître des lieux où elles peuvent s'accumuler, s'éterniser ou prendre naissance et pulluler. Le parallélisme manifeste entre le chiffre des décès observés à Paris par les maladies dites *zymotiques* et le nombre des germes récoltés à la rue de Rivoli est un fait dont l'Auteur fait ressortir l'importance. Enfin, dans le Chapitre IX et dernier, on classe les diverses substances antiseptiques suivant leur puissance d'action déterminée par une longue suite de recherches expérimentales.

Les sommaires des Chapitres reproduits ci-après indiquent nettement la nature des questions traitées dans cet Ouvrage, tout à fait nouveau, qui sera favorablement accueilli, nous l'espérons, par les médecins, les hygiénistes, les micrographes et toutes les personnes désireuses de connaître les organismes vivants de l'atmosphère.

TABLE DES MATIÈRES.

Chap. IV. — Des micrococcus. — Des bactériums. — Des bacilles. — Des vibrion et microbes spiralés.

Chap. V. — Des procédés employés pour récolter les germes aériens des bactéries. — Des précautions dont il faut s'entourer pour obtenir des liqueurs parfaitement stérilisées par la chaleur. — Des liquides nutritifs vulgaires : liqueurs dites minérales, infusions et bouillons divers. — De l'obtention des liqueurs animales et végétales stérilisées sans le secours de la chaleur.

Chap. VI. — Des manipulations qui précèdent les recherches statistiques sur les bactéries. — Du procédé adopté à Montsouris pour compter les germes atmosphériques des schizophytes; des prétendus nuages *bactéridiques*. — De la durée d'incubation des germes atmosphériques et de l'aspect macroscopique des liqueurs altérées par les bactéries nées de ces germes. — De l'altérabilité des liqueurs nutritives. — Des cultures à l'état de pureté.

Chap. VII. — Du chiffre des bactéries trouvées dans l'air au parc de Montsouris; de l'influence de la température, de l'humidité, de la sécheresse, de la force et de la direction des vents sur le nombre des microbes atmosphériques. — Expériences de laboratoire démontrant que l'humidité est une des causes d'affaiblissement les plus puissantes du chiffre des germes aériens. — Résultats statistiques obtenus au centre de Paris et au sommet du Panthéon. — Bactéries et maladies épidémiques.

Chap. VIII. — Des bactéries qui peuplent l'intérieur des habitations. — Bactéries des hôpitaux. Expériences effectuées à l'Hôtel-Dieu et à l'hôpital de la Pitié. — Composition micrographique de l'air des égouts. — Bactéries des poussières sèches.

Chap. IX. — Des substances antiseptiques.

Conclusion.

A LA MÊME LIBRAIRIE.

CAHOURS (Auguste), Professeur à l'École Polytechnique. — **Traité de Chimie générale élémentaire**. Leçons professées à l'École Centrale des Arts et Manufactures et à l'École Polytechnique. (*Autorisé par décision ministérielle.*)

> CHIMIE INORGANIQUE. 4ᵉ édition. 3 volumes in-18 jésus, avec plus de 200 figures et 8 planches; 1878 . . . . 15 fr.
> Chaque volume se vend séparément . . . . 6 fr.
>
> CHIMIE ORGANIQUE. 3ᵉ édition. 3 volumes in-18 Jésus avec figures; 1874-1875 . . . . 15 fr.
> Chaque volume se vend séparément . . . . 6 fr.

DUMAS, Secrétaire perpétuel de l'Académie des Sciences. — **Leçons sur la Philosophie chimique**, professées au Collège de France en 1876, recueillies par M. *Bineau*. 2ᵉ édition. In-8; 1878 . . . . 7 fr.

DUMAS, Secrétaire perpétuel de l'Académie des Sciences. — **Études sur le Phylloxera et sur les Sulfocarbonates**. In-8, avec planches; 1876.
3 fr.

JAMIN (J.), Membre de l'Institut, Professeur de Physique à l'École Polytechnique, et **BOUTY**, Professeur au Lycée Saint-Louis. — **Cours de Physique de l'École Polytechnique**. 3ᵉ édition, augmentée et entièrement refondue. 4 forts vol. in-8, ornés de plus de 1200 figures dans le texte et 12 planches sur acier, dont 2 en couleur; 1878-1883. (*Autorisé par décision ministérielle.*)

Tome I.

1er FASCICULE — *Instruments de mesure, Hydrostatique* (Cours de Mathématiques spéciales); avec 1 8 figures dans le texte et 1 planche.   5 fr.

2e FASCICULE. — *Actions moléculaires;* avec 91 fig. dans le texte.   4 fr.

3e FASCICULE. — *Gravitation universelle, Électricité statique;* avec 110 figures dans le texte et 1 planche...................   6 fr.

Tome II. — Chaleur.

1er FASCICULE. — *Thermométrie, Dilatations* (Cours de Mathématiques spéciales); avec 84 figures dans le texte........................   5 fr.

2e FASCICULE. — *Calorimétrie, Théorie mécanique de la Chaleur; Conductibilité;* avec 89 figures dans le texte et 2 planches.......   7 fr.

Tome III. — Acoustique ; Optique.

1er FASCICULE. — *Acoustique;* avec 122 figures dans le texte....   4 fr.

2e FASCICULE. — *Optique géométrique* (Cours de Mathématiques spéciales); avec 139 figures dans le texte et 3 planches............   4 fr.

3e FASCICULE. — *Étude des radiations lumineuses, chimiques et calorifiques; Optique physique;* avec 226 figures dans le texte et 5 planches, dont 2 planches de spectres en couleur......................   12 fr.

Tome IV. — Électricité dynamique ; Magnétisme.

1er FASCICULE. — *La pile; Phénomènes électrothermiques et électrochimiques;* avec 171 figures dans le texte et 1 planche ....   6 fr.

2e FASCICULE. — *Magnétisme; Actions mécaniques des courants. Induction*...................................... (*Sous presse.*)

3e FASCICULE. — *Applications de l'électricité; Complément sur les principales découvertes faites pendant la publication de l'Ouvrage. Table par noms d'auteurs*.................................. (*Sous presse.*)

PASTEUR (L.), Membre de l'Institut. — **Études sur la maladie des Vers à soie;** *moyen pratique assuré de la combattre et d'en prévenir le retour.* Deux beaux volumes grand in-8, avec figures dans le texte et 38 planches; 1870..   20 fr.

PASTEUR (L.), Membre de l'Institut. — **Études sur la bière et ses maladies,** *causes qui les provoquent, procédé pour la rendre inaltérable,* avec une **Théorie nouvelle de la fermentation.** Un beau volume grand in-8, contenant 12 pl. gravées et 85 figures dans le texte; 1876.   20 fr.

PRÉFECTURE DE LA SEINE. — **Assainissement de la Seine.** — **Epuration et utilisation des eaux d'égout.** — 4 beaux volumes in-8 jésus; avec 17 planches, dont 10 en chromolithographie; 1876-1877........   26 fr.

On vend séparément :

Les 3 premiers Volumes (*Documents administratifs. — Enquête. — Annexes*)..   20 fr.

Le 4e Volume (*Documents anglais*)...........................   6 fr

VIDAL (Léon). — **Traité pratique de Photographie au charbon,** complété par la description de divers *Procédés d'impressions inaltérables* (*Photochromie et tirages photomécaniques*). 3e édition. In-18 jésus, avec une planche spécimen de Photochromie et 2 planches spécimens d'impression à l'encre grasse; 1877.......................   4 fr. 50 c.

INTRODUCTION

A LA

THÉORIE DE L'ÉNERGIE,

PAR E. JOUFFRET,

Chef d'escadron d'Artillerie,
Chevalier de la Légion d'Honneur, Officier d'Académie,
Membre de la Société mathématique de France.

UN VOLUME PETIT IN-8; 1883. — PRIX : **3** FR. **50** C.

Cet Ouvrage présente, sous une forme claire, concise, attrayante et dégagée de l'appareil mathématique, les principes fondamentaux de la Dynamique moderne. Il met en relief leur vrai caractère et précise leur portée, s'attachant à ceux qui paraissent devoir être les plus utiles pour les diverses sciences auxquelles on commence à donner des explications dynamiques.

Très au courant de la littérature scientifique en France, en Angleterre, en Allemagne et en Italie, l'Auteur s'est inspiré surtout de la Science anglaise, qui, depuis la création de la Thermodynamique, a toujours occupé le premier rang dans cette partie.

Pour donner une idée de l'esprit et du contenu de l'Ouvrage, on en reproduit le préambule et la Table des matières.

PRÉAMBULE.

Une des principales propriétés du mouvement des corps consiste dans l'aptitude à vaincre ou à détruire des obstacles matériels.

Cette aptitude est une grandeur susceptible d'augmentation et de diminution, comme on dit en Mathématiques. A ce titre, elle doit pouvoir être mesurée, c'est-à-dire être rapportée à une autre grandeur déterminée et de même nature, de même qu'on rapporte les longueurs au mètre, les surfaces au mètre carré, etc.

Dans les pages qui suivent, on se propose de fixer les principes de Mécanique rationnelle sur lesquels repose cette mesure. On y trouvera l'occasion d'expliquer diverses notions qu'il est indispensable d'avoir bien comprises et de posséder à fond, pour étudier avec fruit une branche quelconque de la Philosophie naturelle.

Les exemples qu'il faudra citer, afin de donner un corps à des idées trop abstraites, seront empruntés à ces diverses branches, et principalement à la science de l'Artillerie. Il est remarquable que celle-ci, obligée d'appeler à son aide quelques théories très élevées, leur est à son tour d'une précieuse utilité en les revêtant d'une forme concrète. C'est ainsi que tout le *Calcul des probabilités* prend une vie saisissante par la considération de l'arrivée du projectile, et la difficile question des *Effets des forces sur un corps tournant,* par celle de son trajet dans l'air.

On verra ci-après que le tir du canon, en donnant de même un point d'appui concret aux principes fondamentaux de la Dynamique, en fournit l'exposition la plus claire.

Table des Matières.

8682   Paris. — Imprimerie de GAUTHIER-VILLARS, quai des Augustins, 55.

TRAITÉ
D'ASTRONOMIE PRATIQUE,

COMPRENANT

L'EXPOSITION DU CALCUL DES ÉPHÉMÉRIDES

ASTRONOMIQUES ET NAUTIQUES,

D'APRÈS LES MÉTHODES EN USAGE DANS LA COMPOSITION DE LA *Connaissance des Temps* ET DU *Nautical Almanac*,

AVEC UNE

INTRODUCTION HISTORIQUE

ET DE NOMBREUSES NOTES,

PAR M. ABEL SOUCHON,

Membre adjoint du Bureau des Longitudes, attaché à la rédaction de la *Connaissance des Temps*.

UN VOL. GRAND IN-8, AVEC FIGURES DANS LE TEXTE; 1883. — **15 FR.**

AVERTISSEMENT.

Il n'existe aucun Ouvrage où le *Calcul des Éphémérides* ait été exposé d'une manière complète. Delambre et Francœur, dans leurs excellents Traités d'Astronomie, ont compris ce sujet dans le programme des matières qu'ils avaient à traiter, mais ces savants auteurs n'ont abordé qu'un très petit nombre des questions relatives à la composition des Éphémérides, et ils les ont résolues, en général, par des méthodes que l'on s'accorde à regarder aujourd'hui comme surannées. Nous avons donc cru faire une chose utile en composant un Ouvrage destiné à combler la lacune importante que nous signalons.

Ce Traité est divisé en cinq Parties, dont nous allons rendre un compte succinct.

La première Partie contient les principes généraux de l'Astronomie sphérique et est une introduction aux deux suivantes ; elle a pour titre : *Correction des positions célestes.* On trouve, en effet, dans cette première Partie, et sous la forme la plus commode pour les applications, toutes les formules qui servent à opérer la transformation des lieux apparents en lieux vrais, et réciproquement.

La deuxième et la troisième division du Livre traitent respectivement de la *Construction des Éphémérides* et de la *Prédiction des phénomènes astronomiques;* leur ensemble constitue la partie essentielle de l'Ouvrage. L'ordre dans lequel les matières y sont exposées est le même que celui où on les trouve classées dans la *Connaissance des Temps,* Ouvrage que nous avons pris pour modèle et dont nous nous sommes proposé d'expliquer la composition.

On trouvera dans la quatrième Partie le résumé des formules contenues dans les Parties II et III, et, dans la cinquième, une suite de Tables numériques destinées à faciliter le calcul des Éphémérides. La plupart de ces Tables sont inédites.

L'Ouvrage est précédé d'une *Introduction historique,* divisée en deux Sections. La première résume l'histoire des Éphémérides astronomiques et des Tables qui ont servi de fondement à leur calcul ; la seconde contient l'historique des principaux phénomènes dont la prédiction fait le sujet des Éphémérides.

Ce Traité s'adresse principalement aux élèves des Observatoires, aux calculateurs d'Éphémérides et aux marins; mais il pourra être lu avec fruit par toutes les personnes qui voudront se familiariser avec les méthodes et les calculs de l'Astronomie pratique. Les auditeurs des cours de Facultés, en particulier les candidats à la licence, ainsi que les élèves de nos Écoles, y puiseront des connaissances très utiles.

A. S.

TABLE DES CHAPITRES.

IVe PARTIE. — *Résumé des formules contenues dans les Parties II et III.*

I. Composition du calendrier. — II. Éphémérides du Soleil. — III. Éphémérides des planètes. — IV. Éphémérides de la Lune. — V. Calcul des positions apparentes des étoiles. — VI. Calcul des distances lunaires. — VII. Prédiction des éclipses et des configurations des satellites de Jupiter. — VIII. Prédiction des éclipses de Lune et de Soleil. — IX. Prédiction des éclipses de Lune. — X. Calcul des occultations d'étoiles et de planètes par la Lune. — XI. Prédiction des marées. — XII. Prédiction des passages de Vénus et de Mercure sur le disque du Soleil. — XIII. Prédiction des phénomènes relatifs aux disparitions de l'anneau de Saturne.

Ve PARTIE. — *Tables numériques destinées à faciliter le calcul des Éphémérides.*

I. Calendrier grégorien. — II. Table pour trouver la fête de Pâques. — III. Conversion du temps sidéral en temps moyen. — IV. Conversion du temps moyen en temps sidéral. — V. Demi-diamètre de la Lune. — VI et VII. Calcul de τ et de Ω. — VIII. Obliquité moyenne de l'écliptique. — IX. Valeur du log du rayon de la Terre. — X. Valeurs de (D) — D ou de α correction. — XI. Augmentation du demi-diamètre de la Lune. — XII. Réduction des latitudes géocentriques en latitudes géographiques ou inversement. — XIII-XV. Tables pour le calcul des occultations. — XVI. Transformation du temps moyen de la conjonction vraie en ascension droite en temps moyen de la conjonction apparente. — XVII. Facteurs d'interpolation. — XVIII. Angle parallactique pour la latitude de Paris. — XIX. Arcs semi-diurnes du Soleil. — XX. Réduction du temps en parties de l'équateur ou en degrés de longitude terrestre. — XXI. Réduction des parties de l'équateur ou des degrés de longitude en temps. — XXII. Quantité qu'il faut ajouter à l'équation du temps à midi vrai, pour avoir l'équation du temps à midi moyen. — XXIII. Conversion de chaque jour des mois en jours de l'année, et des heures, minutes et secondes en fractions décimales du jour.

A LA MÊME LIBRAIRIE.

LIBRAIRIE DE GAUTHIER-VILLARS,

QUAI DES AUGUSTINS, 55, A PARIS.

Envoi franco dans l'Union postale contre mandat de poste ou valeur sur Paris

TRAITÉ ÉLÉMENTAIRE

DU

MICROSCOPE

PAR

Eugène TRUTAT,

CONSERVATEUR DU MUSÉE D'HISTOIRE NATURELLE DE TOULOUSE.

UN JOLI VOLUME PETIT IN-8, AVEC 171 FIGURES DANS LE TEXTE; 1882.
Prix : Broché, **8** fr. ; Cartonné à l'anglaise, **9** fr.

EXTRAIT DE LA PRÉFACE

L'emploi du microscope présente aux commençants de telles difficultés qu'un grand nombre d'entre eux, privés de conseils et d'appui, renoncent à poursuivre une étude qui leur aurait procuré les plus vives jouissances intellectuelles. Le livre que nous présentons au public a pour but de venir en aide à cette nombreuse catégorie des *isolés*, en même temps qu'il pourra servir de guide aux commençants, que ceux-ci appartiennent à une Faculté des Sciences, de Médecine ou de Pharmacie.

Tout en rendant pleine justice au mérite de plusieurs traités spéciaux, dans lesquels les questions de micrographie ont été étudiées d'une façon complète par des hommes d'un mérite reconnu, nous croyons pouvoir revendiquer, pour notre Ouvrage, une qualité que nos prédécesseurs n'ont pas tous possédée au même point, *la simplicité*. En effet, nous nous sommes efforcé, par-dessus tout, d'être simple, pratique, et de laisser de côté toutes les questions qui sont du ressort de l'érudition pure.

Ce Traité comprend deux Parties : la première contient la description des divers genres de microscopes et leur maniement; la seconde, qui paraîtra prochainement, est consacrée aux différentes méthodes de préparation et de conservation des objets microscopiques.

Disons, en terminant, que le lecteur trouvera dans l'ouvrage tous les renseignements propres à le guider dans le choix des instruments nécessaires à ses études.

TABLE DES MATIÈRES

LIVRE I. — Des différentes sortes de microscopes.

CHAPITRE I. — DES MICROSCOPES SIMPLES.

Loupes simples. Biloupe. Triloupe. Compte-fils. Déformations. Achromatisme. — *Doublet. Loupes achromatiques.* Loupe de Chevalier. Loupe d'Hofman. Loupe de Prazmowski. Loupe de Brucke. — *Porte-loupe.* Porte-loupe de Kunckel d'Herculais. Porte-loupe de Strauss. Porte-loupe de Lacaze-Duthiers.

Microscopes simples. Microscope Raspail. Microscopes simples de Chevalier. Microscope de Nachet. Microscope simple de Vérick. Microscope simple pour dissection de M. Prazmowski. Microscope simple de Molteni.

CHAPITRE II. — DES MICROSCOPES COMPOSÉS.

Objectifs. Distance focale. Distance frontale. Grossissement. Angle d'ouverture. Des qualités de l'objectif. Pouvoir définissant. Pouvoir pénétrant. Pouvoir résolvant. Objectifs à correction. Des objectifs à immersion. Essai des objectifs. — *Oculaires.* Oculaire holostérique. — *Du pied et de la platine.* — *Diaphragmes.* Valets. Platine à tourbillon. Platine mobile ou à chariot. — *Du miroir réflecteur.* — *Tube porte-lentilles.* — *De l'appareil de mise au point.* Mise au point par le coulant. Mise au point par la colonne. Mise au point par le tube porte-lentilles. Mise au point par l'oculaire. — *Des accessoires du microscope.* Éclairage des corps opaques. Loupe d'éclairage. Miroir de Lieberkühn. Éclairage à fond noir. Des condensateurs. Condensateur direct. Condensateur oblique. Des appareils de polarisation. Oculaire redresseur. Oculaire redresseur d'Hartnack. Prisme redresseur de Chevalier. Oculaire à dissection de Nachet. De la chambre claire. Chambre claire d'Oberhauser. Chambre claire de Chevalier. Chambre claire de Nachet. Chambre claire de Milne-Edwards. Chambre claire d'Hofman. Des spectroscopes. Des micromètres. Micromètre objectif. Micromètre oculaire. Compte-globules. Mélangeur Potain. Chambre humide graduée de Malassez. Capillaire artificiel. Hématimètre du docteur Hayem et de Nachet. Compresseurs. Revolver porte-objectif. Extracteurs. Chercheurs. Appareils binoculaires. Microscope à plusieurs corps. — *Des microscopes à démonstration.* — *Des microscopes à projection.* Microscope solaire. Microscope à gaz oxydrique. Microscope photo-électrique. Lanternes à projection. — *Choix du microscope.* Série Chevalier (Description et prix de 13 types de microscopes). Série Nachet (Description et prix de 16 types de microscopes). Série Prazmowski (Description et prix de 6 types de microscopes, tableaux de grossissement, etc). Série Vérick (Description et prix de 11 types de microscopes). — *Appareils spéciaux.* Appareils Dubosc (Microscope polarisant; appareil de Norrenberg; appa-

reil à projection pour les phénomènes de polarisation; lanterne à pro·
jection, etc.). Appareils Ducrétet (Microscope polarisant de Nodot, etc.)
Appareils Molteni (Appareils de projection pour famille, pour l'enseigne
ment; polyoramas, microscopes divers).

LIVRE II. — Emploi du Microscope.

Chapitre V. — Des microscopes destinés aux recherches minéralogiques et de leur emploi.

Description. Microscope pétrologique de Nachet. Microscope goniométrique de Vérick. Modèle Bertrand. Des objectifs nécessaires dans les recherches minéralogiques. Des oculaires à réticule. Mise en place des fils de réticule . Appareils de polarisation. Goniomètres.

De l'emploi du microscope dans les recherches lithologiques. Corps étrangers. Illusion d'optique. Reliefs et renfoncements. De la représentation des images microscopiques. Pile Tomasi. Mesure des angles plans. Mesure des angles dièdres (Méthode Bertrand. Méthode Thoulet). De l'emploi des appareils de polarisation (Méthode Bertrand). De l'emploi de la lumière polarisée parallèle. Polychroïsme. De la lumière polarisée convergente. Étude des phénomènes de polarisation avec le microscope polarisant de Nodot. Lumière convergente. Lumière parallèle (Polarisation rotatoire. Polarisation chromatique. Double réfraction irrégulière). Projections (Double réfraction. Polarisation chromatique. Expérience d'Huygens. Dichroïsme). Détermination des éléments minéraux au moyen du microscope.

Appendice. Tableaux dichotomiques pour la détermination microscopique des éléments minéralogiques.

LIBRAIRIE DE GAUTHIER-VILLARS.

BIOT, Membre de l'Académie des Sciences. — **Traité élémentaire d'Astronomie physique.** 3ᵉ édition, corrigée et augmentée. 5 vol. in-8, avec 94 planches ; 1857.   40 fr.

CROULLEBOIS, Professeur à la Faculté des Sciences de Besançon. — **Théorie des lentilles épaisses.** *Interprétation géométrique et Exposition analytique des résultats de Gauss.* In-8 ; 1882.   3 fr. 50 c.

EVERETT, Professeur de Philosophie naturelle au Queen's College de Belfast. — **Unités et constantes physiques.** Ouvrage traduit de l'anglais par M. Jules Raynaud, Docteur ès Sciences, Professeur à l'École supérieure de Télégraphie, avec le concours de MM. *Thévenin, de la Touanne et Massin,* sous-ingénieurs des télégraphes. In-18 jésus ; 1882.   4 fr.

MILNE EDWARDS, Membre de l'Institut, doyen de la Faculté des Sciences, Président de l'Association scientifique de France. — **Nouvelles causeries scientifiques,** ou *Notes adressées aux Membres de l'Association à l'occasion de l'Exposition internationale de 1878.* In-8 ; 1880. (Se vend au profit de l'Association.)   6 fr.

MIQUEL (P.), Docteur ès Sciences, Docteur en Médecine, chef du service micrographique à l'Observatoire de Montsouris. — **Les Organismes vivants de l'atmosphère.** Étude sur les semences aériennes des moisissures et des bactéries, sur les procédés usités pour récolter, compter et cultiver ces deux classes de microbes et sur l'application de ces recherches à l'hygiène générale des villes et des asiles hospitaliers. Un beau volume grand in-8, avec 86 figures dans le texte et 2 planches en taille-douce ; 1883.   9 fr. 50 c.

Quelques exemplaires pour bibliophiles ont été tirés sur papier vélin, *format in-4.*   20 fr.

8891   Paris. — Imp. Gauthier-Villars, 55, quai des Grands-Augustins

ÉLÉMENTS

DE

CONSTRUCTION DE MACHINES

OU

Introduction aux principes qui régissent les dispositions et les proportions des organes des machines,

CONTENANT

UNE COLLECTION DE FORMULES POUR LA CONSTRUCTION DES MACHINES,

PAR M. W. CAUTHORNE UNWIN,

Professeur de Mécanique au Collège Royal Indien des Ingénieurs civils.

TRADUIT DE L'ANGLAIS, AVEC L'APPROBATION DE L'AUTEUR,

PAR M. J.-A. BOCQUET,

Ancien Élève de l'École Centrale,
Chef des Travaux à l'École Municipale d'Apprentis de la Villette (Paris).

ET AUGMENTÉ D'UN APPENDICE,

PAR M. H. LÉAUTÉ,

Docteur ès sciences, Répétiteur a l'École Polytechnique.

IN-18 JÉSUS, ILLUSTRÉ DE 237 FIGURES DANS LE TEXTE ; 1882.
Broché..... 7 fr. — Cartonné à l'anglaise ..... 8 fr.

RAPPORT

présenté à la Société d'encouragement, au nom du Comité des Arts mécaniques, par M. ED. COLLIGNON, *Ingénieur en chef des Ponts et Chaussées, et* approuvé par le Conseil de la Société *dans la séance du 9 février 1883.*

MESSIEURS,

Votre Comité des Arts mécaniques a pensé qu'il y avait lieu de vous présenter une analyse sommaire d'un Ouvrage qu'il regarde comme très utile aux ingénieurs, et qui, sous le titre d'*Eléments de construction de machines,* renferme une masse énorme de faits, de chiffres et de données, et constitue un excellent résumé des principes qui règlent les dispositions et les proportions des divers organes de la Mécanique moderne. L'auteur de cet aide-mémoire est M. W. CAUTHORNE UNWIN, professeur de Mécanique au Collège Royal indien des ingénieurs civils, à Londres. Deux éditions de son Ouvrage, enlevées en moins d'un an, témoignent de l'intérêt qu'il offre aux ingénieurs anglais et américains. Un ancien élève de l'École Centrale, M. *J.-A. Bocquet*, chef des travaux à l'École municipale d'apprentis de la Villette, l'a traduit en français, et notre collègue, M. *Gauthier-Villars*, vient d'en faire paraître une édition qui n'a rien à envier, comme correction et comme élégance, à l'Ouvrage original.

Cet Ouvrage contient treize Chapitres, sans compter un Supplément dont nous parlerons plus loin.

Après avoir, dans un premier Chapitre, étudié les *matériaux de construction* en eux-mêmes, fonte, fer, acier, cuivre,... jusqu'au bronze phosphoreux, dont l'emploi tend aujourd'hui à se répandre, après avoir passé en revue le mode de préparation des matières et fait connaître les dimensions les plus usuelles auxquelles on les ramène dans l'industrie, l'auteur passe à l'étude des *forces extérieures* auxquelles les matériaux sont appelés à résister, et dont l'effet varie, suivant qu'il s'agit d'un poids mort ou d'un poids en mouvement.

Les expériences de Wöhler, et les diverses règles plus ou moins hypothétiques proposées par certains auteurs pour apprécier les effets variables des charges et en déduire des valeurs pratiques du *coefficient de sécurité*, ne sont pas oubliées dans ce second Chapitre, non plus que l'influence des charges mobiles et l'évaluation des efforts dus à l'inertie des pièces.

L'Auteur étudie ensuite la résistance des constructions aux efforts de divers genres, tels que traction, compression, flexion, torsion, cisaillement. Un tableau des aires et des modules des sections de différentes formes, un autre de la distribution des moments fléchissants et des efforts tranchants dans les pièces soumises à des forces déterminées, complètent ce Chapitre, et mettent sous les yeux du constructeur les formules dont il a à chaque instant à faire usage.

Les deux Chapitres suivants sont consacrés aux *assemblages*, c'est-à-dire aux rivures, aux boulons, aux articulations, aux clavettes, etc. Des formules simples et des croquis cotés donnent, avec tous les détails nécessaires, les règles à suivre dans la rédaction des projets

Le sixième Chapitre a pour objet la résistance des tuyaux, des cylindres des conduites d'eaux, et l'assemblage des diverses parties qui les composent.

Les Chapitres VII et VIII sont relatifs aux arbres tournants, avec leurs tourillons, pivots, paliers, coussinets, aux procédés divers d'accouplement des arbres, aux mesures à prendre pour assurer le graissage des parties qui glissent les unes sur les autres.

Les cinq derniers Chapitres passent en revue les engrenages et toutes leurs variétés, les transmissions par courroie et par câbles télodynamiques, les systèmes articulés, enfin les pistons et autres accessoires des cylindres dans les machines à eau ou à vapeur.

Un des caractères qui distinguent particulièrement cet aide-mémoire est l'abondance des documents recueillis, le nombre des Tables et des formules réunies, la netteté, l'exactitude et l'élégance des croquis qui y sont joints.

Un autre mérite de l'Ouvrage est de donner sur chaque question spéciale l'ensemble des renseignements les plus nouveaux, sans se borner, comme dans tant d'autres compilations, à reproduire pour la centième fois des résultats déjà vieillis et contestés.

Un Appendice, avons-nous dit, est joint à l'Ouvrage de M. Unwin, et n'en constitue pas la partie la moins intéressante. Il est dû à M. Léauté, dont la réputation n'est plus à faire et qui, par d'excellents travaux, a rapidement conquis un rang élevé dans la Science contemporaine. M. Léauté a consacré un Supplément à la transmission par câbles métalliques, un second au tracé des engrenages, un troisième aux divers systèmes de régulateurs à force centrifuge, toutes questions qu'il a étudiées pour son propre compte, et auxquelles il a apporté de notables perfectionnements pratiques : ce n'est pas toujours, on le sait, le résultat des recherches spéculatives, au niveau surtout où les a portées le jeune Auteur. L'introduction de ces résumés, à la suite d'un aide-mémoire destiné aux mécaniciens, met bien en évidence ce caractère éminemment pratique des résultats qu'il a su obtenir.

L'Ouvrage de M. Cauthorne Unwin nous paraît, en définitive, appelé à figurer sur la table de tout ingénieur qui s'occupe de la construction des machines. Il vient remplir en quelque sorte une lacune qui existait jusqu'ici dans la bibliographie française de la Mécanique appliquée. L'Angleterre et l'Amérique nous avaient de beaucoup devancés à cet égard. Le Volume qui paraît aujourd'hui est, du reste, le premier d'une série d'Ouvrages industriels qui seront successivement publiés dans notre langue.

Nous ne saurions trop féliciter M. Bocquet d'avoir entrepris cette traduction, et M. Gauthier-Villars de lui avoir prêté son concours pour la publication de l'Ouvrage. Nous vous proposerons, Messieurs, de remercier à la fois l'éditeur et le traducteur, et de décider que le présent Rapport sera inséré dans le *Bulletin* de la Société d'encouragement.

Ces conclusions sont approuvées par le Conseil.

TABLE DES MATIÈRES.

Appendice.

SPÉCIMEN DE LA TABLE ALPHABÉTIQUE.

D

E